압축성 유체 유동

盧五鉉 著

博英社

머 리 말

먼저 밝혀 두고자 하는 것은 이 책은 저자가 서울대학교 공과대학 항공우주공학과에서 30여 년간 학부 고학년과 대학원에서 주로 항공공학과 기계공학을 전공하는 학생들을 대상으로 강의한 내용을 체계적으로 정리한 것에 불과하다. 그러므로 이 책은 항공우주공학이나 기계공학을 전공하는 학생은 물론 관련분야의 학생들을 위한 압축성 유체역학의 강의 교재로서 부족함이 없도록 꾸며 보았다. 비압축성 유체를 대상으로 한 저속 유체 유동을 공부한 학생들이 계속하여 유체 유동이 음속 내지 음속보다 더 빠른 유체 유동에서 유체의 밀도를 필수적으로 고려하여야 하는 압축성 유체 유동에 대한 근본적인 물리적 이해와 공학적 응용을 공부할 수 있도록 준비하였다. 압축성 유동에서는 밀도가 일정하지 않고 시간과 위치에 따라 변하게 되면서 유동을 기술하는 수학적 복잡성이 증가할 뿐만 아니라 유동 현상이 비압축성 유동에서 존재하지 않는 현상이 일어난다. 그러므로 이 책은 압축성 유체 유동의 현상과 특성을 고려하여 순서에 따라 여러 장으로 나누어 기술하였고 물리적으로 깊고 수학적으로는 간결하게 기술하도록 노력하여 보았다. 이 책이 학부나 대학원 교재로서 사용될 경우에 담당 교수님에 따라 주제를 적절히 선택하여 한 학기 또는 두 학기에 걸쳐 사용될 수 있다.

1장에서는 압축성 유동의 개념에 대하여 기술하였으며 2장에서는 이 책 전체를 통하여 압축성 유동이 만족하여야 하는 각각 미분형과 적분형의 일반 방정식을 유도하였으며 저속 유체역학을 이미 공부한 학생들에게는 에너지방정식만을 유도하고 물리적 이해를 돕는 데 그치도록 하여도 좋다. 3장부터 11장까지는 실제로 자연현상에서 흔히 일어나는 문제로서 2장에서 유도한 일반 방정식들이 대수방정식 또는 선형방정식들로 단순화되어 닫힌 형태의 해나 또는 간단한 수치적 해가 가능한 문제들을 다루고 있다. 즉 3장에서는 대수방정식으로 지배되는 수직충격파 문제를 기술하고 있으며, 4장에서는 초음속으로 비행하는 끝이 뾰족한 물체에 형성되는 경사충격파 문제를 다루고 있다. 5장에서는 로켓 모터나 초음속풍동에 필수적인 노즐유동을 기술하고 있다. 6장에서는 이동충격파와 반사충격파를 다루는 비정상파 운동을 기술하고 있다. 7장에서는 항공기 제트 엔진이나 압축성 가스를 긴 파이프라인을 통하여 수송하는 문제에서 관속을 흐르는 기체의 마찰과 가열의 효과를 정량적으로 기술하고 있다. 8장과 9장에서는 선형화된 지배방정식에 의하여 지배되는 문제로서 파형 벽면의 문제를 선택하여 유체의 압축성 효과를 정량적으로 기술하고 있다. 9장에서는 이 책에서 유일하게 비선형방정식의 해석적 해가 존재하면서 유도탄 등 실제로 응용되는 원추 유동을 기술하고 있다. 11장에서는 노즐 내부에 압축파가 일어나지 않는 노즐 외형을 설계하는 데 필요한 2차원 특성곡선 해법을 소개하고 있다. 끝으로 12장에서는 초음속 유동에서 대표적으로 발생하는 충격파를 가시화하는 몇 가지 방법을 소개하고 있다.

압축성 유동에 대한 교재를 준비하는데 저자의 은사이신 New York University의 항공우주공학과 고 Antonio Ferri 교수의 강의와 한 학기 University of Maryland 방문교수로서 연구 가운데 청강하게 된 John Anderson Jr. 교수의 강의내용이 기초가 되었으며 이에 저자의 심심한 감사를 드린다. 이 책의 복잡한 그림들을 정확하고 깨끗하게 그려준 김민성 군과 원고를 최종적으로 정리하여 주고 12장의 내용을 정리한 김성수 박사에게도 감사의 말을 전한다.

이 보잘것 없는 책이 독자 여러 분들에게 압축성 유체 유동을 공부하거나 연구하는 데 조금이라도 도움이 되었으면 하는 마음 간절하다.

이 책을 출판하도록 노력하여 주시고 허락하여 주신 박영사의 여러분과 회장님에게 깊이 감사드립니다.

2004. 7

著者 識

차 례

1장 압축성 유동의 개념

1.1 압축성 유동의 정의 ··· 1
1.2 유동영역 ··· 4
1.3 열역학 복습 ·· 9
1.4 물체에 작용하는 공기역학적 힘 ······························· 25
■ 연습문제 ·· 30

2장 비점성 유동의 일반방정식

2.1 개 념 ··· 31
2.2 운동학의 사전 지식 ··· 35
2.3 연속방정식 ·· 42
2.4 운동량방정식 ··· 45
2.5 에너지방정식 ··· 49
2.6 Crocco 정리: 열역학과 압축성 유동의 운동학과의 관계식··· 60
2.7 요 약 ·· 62
■ 연습문제 ·· 64

3장 정상 1차원 유동

3.1 서 론 ·· 65
3.2 1차원 유동의 지배방정식 ··· 66
3.3 음속과 마하수 ·· 72

3.4 1차원 유동의 에너지방정식의 여러 형태 ························· 81

3.5 수직충격파 관계식들 ······································· 89

3.6 Hugoniot 식 ··· 101

■ 연습문제 ··· 106

4장 경사충격파와 팽창파

4.1 서   론 ··· 109

4.2 경사충격파의 관계식 ······································ 111

4.3 쐐기나 원추 주위의 초음속 유동 ···························· 122

4.4 충격파 극좌표 ·· 123

4.5 고체면으로부터의 정규반사 ································· 131

4.6 압력-꺾임각선도 ·· 134

4.7 반대군의 충격파 교차 ······································ 138

4.8 같은 군의 충격파 교차 ····································· 143

4.9 마하반사 ··· 146

4.10 끝이 뭉툭한 물체로부터 분리된 분리충격파 ················· 149

4.11 3차원 충격파 ·· 151

4.12 Prandtl-Meyer 팽창파 ···································· 153

4.13 충격파-팽창파 이론 ······································ 164

■ 연습문제 ··· 169

5장 준 1차원 유동

5.1 준 1차원 유동의 지배방정식 ······························· 173

5.2 유관의 단면적 A와 속도 u와의 관계 ······················ 177

5.3 노즐유동 ··· 181

5.4 수직충격파의 위치 ··· 192

5.5 확 산 기 ··· 199

5.6 자유경계면에서 파의 반사 ··· 207
■ 연습문제 ··· 211

6장 비정상파 운동

6.1 이동충격파 ·· 215
6.2 반사충격파 ·· 224
6.3 1차원 비정상 등엔트로피 유동 ································· 228
■ 연습문제 ··· 268

7장 마찰이나 가열이 있는 정상 1차원 유동

7.1 서   론 ·· 269
7.2 마찰이 있는 단열 1차원 정상 유동 ····························· 270
7.3 가열이 있는 1차원 유동 ··· 286
7.4 Rayleigh곡선과 Fanno곡선의 교차점 ······················ 296
■ 연습문제 ··· 298

8장 비회전류와 속도퍼텐셜

8.1 서   론 ·· 301
8.2 비회전류 ·· 301
8.3 속도퍼텐셜 방정식 ·· 304

9장 선형화된 유동

9.1 서   론 ·· 309
9.2 선형화된 속도퍼텐셜 방정식 ····································· 311
9.3 선형화된 압력계수 ·· 316
9.4 선형 아음속 유동 ·· 319

9.5   개선된 압축성 보정 ···································· 328

9.6   선형 초음속 유동 ······································ 330

9.7   얇은 초음속 날개 이론 ······························ 338

9.8   마하수에 따른 항력의 변화 ························ 348

9.9   임계마하수 ·· 350

■   연습문제 ·· 355

10장   원추 주위의 유동

10.1   서   론 ·· 359

10.2   원추 유동에 대한 물리적 고찰 ················ 360

10.3   수치해를 구하는 절차 ······························ 367

10.4   원추 주위의 초음속 유동의 물리적 특성 ·············· 370

■   연습문제 ·· 374

11장   특성곡선해법

11.1   특성곡선해법의 원리 ······························ 377

11.2   특성곡선의 결정 ······································ 380

11.3   적합조건방정식의 결정 ··························· 386

11.4   단위절차 ·· 388

11.5   초음속 노즐의 설계 ······························ 395

11.6   축대칭, 비회전 유동에 대한 특성곡선해법 ·············· 402

11.7   회전 유동에 대한 특성곡선해법 ··············· 407

■   연습문제 ·· 409

12장   초음속 유동의 가시화

12.1   서   론 ·· 411

12.2   압력의 측정 ·· 411

12.3　충격파 가시화 ···································· 416

■　연습문제···································· 427

부　록

표 1.　기체역학에 관계되는 물리적 양에 대한 차원공식 및 단위··· 430

표 2.　단위환산 ···································· 431

표 3.　일반 물리상수 ···································· 432

표 4.　일반기체의 열역학 상수 ···································· 432

표 5.　해수면상 표준대기의 기본특성 ···································· 433

표 6.　표준대기의 성질···································· 434

참고문헌 ···································· 436

표 Ⅰ. 등엔트로피 유동값 ···································· 439

표 Ⅱ. 수직충격파 값···································· 445

표 Ⅲ. 경사충격파 ···································· 450

표 Ⅳ. Prandtl-Meyer함수와 마하각 ···································· 462

표 Ⅴ. 마찰이 있는 1차원 유동 ···································· 467

표 Ⅵ. 가열이 있는 1차원 유동 ···································· 473

찾아보기 ···································· 479

1장

압축성 유동의 개념

1.1 압축성 유동의 정의

균질(homogeneous)한 유체의 유동에서 밀도가 변하지 않고 일정한 유동을 비압축성 유동이라고 정의하며, 이에 반하여 압축성 유동은 밀도가 일정하지 않고 변하는 유체유동으로 정의한다. 실제의 유체유동에 있어서는 모든 유체가 정도의 차이는 있지만 어느 정도의 압축성은 다 갖고 있으므로 엄밀한 의미에서의 비압축성 유동은 존재하지 않는다. 그러나 거의 모든 액체는 물론 기체도 어느 일정한 조건하에서는 밀도의 변화가 매우 작으므로 밀도의 변화를 무시하여 비압축성으로 가정하여도 무방한 경우가 있다. 유체의 압축성 계수 (coefficient of compressibility)는 다음과 같이 정의한다.

$$x = -\frac{1}{V}\frac{dV}{dp} \qquad (1.1)$$

물리적으로 압축성 계수 x는 단위압력변화에 대한 유체요소(fluid element)의 체적변화의 비를 의미한다. 그러나 식 (1.1)은 유체의 압축성을 나타내는 데 완전하지 못하다.

경험적으로 기체가 압축될 때 열이 계로 들어오거나 나감에 따라 기체의 온도가 변한다는 것을 알고 있다. 그러므로 어떤 열전달 방법에 의하여 계의 온도를 일정하게 유지하면서 압축성 계수를 측정할 수가 있는데 이를 등온 압축성 계수 x_T라 하며 다음과 같이 정의한다.

$$x_T = -\frac{1}{V}\left(\frac{\partial V}{\partial p}\right)_T \qquad (1.2)$$

반면에 계의 경계면을 통한 열전달이 없는 단열과정이면서 계 내부에서의 유체의 점성(viscosity), 물질확산(mass diffusion) 및 열전도(heat conduction)와 같은 소산적 전달작용(dissipative transport mechanism)이 무시될 수 있는 과정에 의하여 유체의 압축이 일어날 때 측정된 압축성 계수를 등엔트로피 압축성 계수라고 하며 다음과 같이 정의된다.

$$x_s = -\frac{1}{V}\left(\frac{\partial V}{\partial p}\right)_s \qquad (1.3)$$

식 (1.2)와 (1.3)에서의 첨자(subscript)는 각각 온도와 엔트로피를 고정시켰을 때의 변화율을 의미한다.

압축성 계수는 유체의 성질이다. 액체는 매우 작은 값의 압축성 계수(1기압에서의 물: $x_T = 5 \times 10^{-10} \text{m}^2/\text{N}$)를 가지며, 기체는 매우 큰 값의 압축성 계수(1기압에서의 공기: $x_T = 10^{-5} \text{m}^2/\text{N}$)를 가진다. 즉 공기의 압축성 계수는 물의 그것보다 10^4배 이상의 값을 갖게 되는 것이다. 그러므로 같은 크기의 압력이 작용했을 때 기체는 액체보다 훨씬 쉽게 압축될 수 있다는 것을 알 수 있다.

만일 유체의 체적 V를 단위질량을 가지는 체적요소로 생각한다면 체적은 비체적(specific volume) v로 대체될 수 있고, 또한 밀도는 비체적의 역수$\left(\text{즉,} \ \rho = \frac{1}{v}\right)$가 되므로 식 (1.1)을 밀도항으로 표시하면 다음과 같이 된다.

$$x = -\frac{1}{v}\left(\frac{\partial v}{\partial p}\right) = -\frac{1}{\frac{1}{\rho}}\frac{\partial\left(\frac{1}{\rho}\right)}{\partial p} = \frac{1}{\rho}\frac{\partial \rho}{\partial p} \qquad (1.4)$$

식 (1.4)로부터 유체의 압력변화에 대한 밀도의 변화량을 다음과 같이 구할 수 있다.

$$d\rho = \rho x dp \qquad (1.5)$$

지금까지는 유체의 성질로서의 압축성 계수를 오직 정지해 있는 유체에 대해서만 고려해 왔다. 이제 유동하고 있는 유체를 생각해 보자. 유동은 유체 요소에 작용하는 힘, 대개 압력 차이에 의하여 이루어지며 유지된다. 나중에 좀더 자세히 설명되겠지만 특히 고속유동(high speed flow)은 매우 큰 압력구 배에 의하여 이루어진다. 주어진 압력차이, 즉 dp 같은 압력차이에 대하여 식 (1.5)는 액체의 경우 압축성 계수가 작은 값을 가지기 때문에 작은 밀도변화 $d\rho$를 가져옴을 보여 주고 있다. 그러므로 액체유동에 있어서는 큰 압력차이에 의하여 빠른 유동이 밀도의 큰 변화없이 이루어지므로 일반적으로 액체유동을 비압축성 유동으로 가정해도 큰 오차는 없다. 반면에 큰 값의 압축성 계수를 갖는 기체유동에 있어서는 압력구배가 별로 크지 않더라도 매우 빠른 유동이 이루어짐과 동시에 식 (1.5)에 의해서 상당한 밀도변화가 일어나므로 비압축성 유동으로 가정할 수 없고, 압축성 유동으로 고려하지 않으면 안 된다. 그러나 큰 값의 압축성 계수 x를 갖고 있는 기체의 경우라도 유속이 음속의 0.3배 이 하일 때는 유동과 관련된 압력변화 dp도 작게 되어 식 (1.5)에서 알 수 있는 바와 같이 밀도변화 $d\rho$도 작아지므로 저속기체유동은 비압축성 유동으로 가 정할 수 있다. 예를 들면, 1903년 최초로 라이트 형제가 만든 비행기로부터 1939년 제 2차 대전 초기까지의 비행기의 속도는 112m/sec 이하이며, 이 속도 를 마하수 M으로 나타내면 0.3 이하이므로 비압축성 유동으로 가정한 논문이 대부분이었다. 그러나 유속이 음속의 0.3배 이상일 때에는 큰 압력차이가 수반 되며 결국 큰 밀도변화를 가져오게 된다. 그러므로 오늘날의 고아음속 항공기 나 초음속 항공기 또는 유도탄 그리고 제트기관에 대한 유체역학에서는 과거 의 비압축성 유체역학 이론은 전적으로 맞지 않으며 압축성을 고려하여 해석 하여야 한다.

이 책에서는 식 (1.5)를 통하여 압력구배에 의한 밀도변화비$\left(\dfrac{d\rho}{\rho}\right)$가 무시 될 수 없는 경우의 기체유동만을 고려하게 된다. 일반적으로 실제 문제에서 밀 도 변화비가 5% 이상일 때(항상 그런 것은 아니지만)의 유동을 압축성 유동으로 고려한다.

그러나 압력이 일정하게 작용하는 평판 위의 경계층류(boundary layer flow)에 있어서 경계면을 통한 열전달 과정에 의해서나, 마찰에 의한 온도상승 에 의하여 상당한 밀도 변화가 일어나는 유동은 점성 유동(viscous flow)에 속 하며 위에서 정의한 압력변화에 따른 밀도변화가 중요한 압축성 유동과는 다르기 때문에 이 책에서는 제외되었다. 또한 다른 한 예로서 기름과 물과 같이 비중이 다른 액체가 밀도의 층을 이룬 성층유동(stratified flow)이나 염분의 포함량이 곳에 따라 다른 해류(ocean current)는 밀도의 변화가(곳에 따라 소금의 포함량에 의해 밀도가 다르므로) 있지만 역시 위에서 기술한 압축성 유동의 정의와는 다르기 때문에 압축성 유동으로 고려하지 않으며 이 책에서는 물론 제외되었다.

1. 2 유동영역

1903년 라이트 형제에 의하여 처음으로 동력비행이 성공한 이래로 현재의 고속항공기, 로켓, 그리고 지구 재돌입 우주선에 이르기까지 비행체의 속도는 상상할 수 없을 정도로 증가되었다. 따라서 20세기에 들어와서는 인간의 동력비행이 일반적으로 유체역학, 특히 압축성 유체역학의 발전에 크게 의존하여 왔다. 압축성 유체역학이 최근에는 공학의 전 분야에 응용되고 있으며, 특히 항공기나 유도탄의 공기역학(aerodynamics)과 추진이론(propulsion theory)에 크게 응용되고 있다.

유동현상은 속도영역에 따라 특이하므로 속도범위에 따라 유동을 구분하는 것이 유리하다.

(1) 아음속 유동(subsonic flow)

3장에서 자세히 기술하지만 우선 마하수(Mach number) M을 다음과 같이 정의한다.

$$M = \frac{V}{a}$$

여기서 V는 어떤 점에서의 유속이며, a는 그 점에서의 음속이다. 곳에 따라 유속과 음속이 변하므로 M도 곳에 따라 다른 값을 갖는다. 그림 1.1(a)에 나타나 있는 익형(airfoil) 주위의 유동을 생각해 보자. 여기서는 마하수가 모든 점에서 1보다 작다. 다시 말해서 모든 점에서의 유속이 음속보다 작다. 이와 같이 모든 점에서 마하수가 1보다 작은 유동을 아음속 유동이라고 정의한다.

아음속 유동은 매끄러운 유선으로 특징지워지며 물리적 양(예를 들면, 온도, 밀도, 압력 등)이 유선을 따라 연속적으로 변한다. 물체 앞쪽으로 멀리 떨어진 전방 유동, 즉 자유류(free stream)의 유선들이 물체 주위에 이르러서는 매끄럽게 비켜나가기 시작한다는 말이다. 이것은 자유류가 물체의 존재를 물체에 도달하기 전에 미리 경고받고 물체 주위에서 휘어지게 됨을 뜻한다.

익형의 두께가 가장 두꺼운 부분에서는 유속이 증가되어 자유류의 속도보다 큰 값을 가지게 되지만, 자유류의 마하수가 1보다 충분히 작으면 익형 주위의 모든 점에서의 유속은 마하수 1보다 작게 된다. 보통 사용하고 있는 비행기의 날개에 있어서 자유류의 마하수가 0.8보다 작으면 날개 주위의 전유장의 마하수는 1보다 작다. 항공유체역학자는 자유류의 유속이 다음과 같은 범위일 때의 유동을 아음속 유동으로 정의한다.

아음속 유동: $0 \leq M_\infty \leq 0.8$

비압축성 흐름은 아음속 유동의 특수한 경우이다. 즉 $M_\infty \to 0$일 경우의 아음속 유동을 말한다.

(2) 천음속 유동(transonic flow)

자유류의 마하수 M_∞가 1보다 작지만 충분히 1에 가까우면 그림 1.1(b)에서와 같이 익형 주위에서 유동이 팽창되어 어느 부분에는 초음속 영역, 즉 $M > 1$인 유동영역이 생긴다. 이와 같이 아음속과 초음속이 공존하는 유동을 천음속 유동(transonic flow)이라 부른다. 그림 1.1(b)에 나타나 있는 바와 같이 M_∞이 1보다는 작지만 익형 위의 어떤 점 부근에 초음속류의 포켓(pocket)을 형성할 만큼 충분히 클 때 이 포켓의 끝에서는 물리적인 양이 불연속적인 변화를 일으키는 충격파가 생기는 것이 보통이다. 충격파에 대해서는 3장과 4장에서 자세히 기술할 것이다.

M_∞가 더욱 증가되어 1보다 약간 클 때 충격파는 더욱 익형의 끝전(trailing edge)쪽으로 이동하며 또 다른 충격파가 익형의 앞전(leading edge)쪽에 생긴다. 이 충격파는 활모양과 비슷하기 때문에 궁형충격파(bow shock)라고 부르며 그림 1.1(c)에 잘 나타나 있다. 궁형충격파의 전방류의 유선은 수평방향

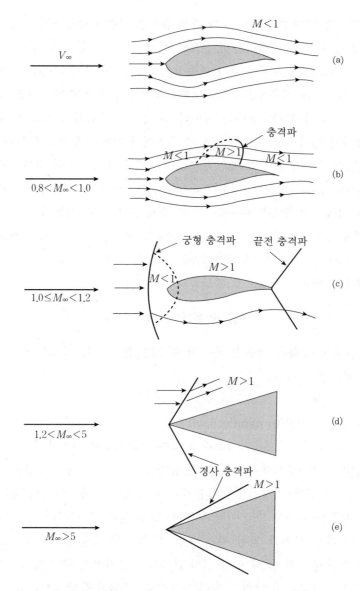

그림 1.1 압축성 유동의 여러 영역

으로 직선이며 평행하고, 마하수는 자유류의 마하수와 같다. 자유류가 궁형충
격파의 수직한 부분을 지난 유속은 아음속이 되지만 익형 주위를 지나면서 유
동팽창에 의하여 다시 속도가 증가되어 광범위한 초음속 유동이 형성되어 익
형 뒷전에 또 다른 충격파가 생긴다.

그림 1.1(b)와 그림 1.1(c)에서와 같이 익형 주위에 아음속류와 초음속류가 동시에 형성되어 공존하는 유동을 천음속 유동이라 정의하며, 자유류의 마하수 범위로 나타내면 다음과 같다.

천음속 유동: $0.8 \leq M_\infty \leq 1.2$

천음속 유동은 12장에서 자세히 기술할 것이다.

(3) 초음속 유동(supersonic flow)

모든 점에서 마하수가 1보다 큰 유동을 초음속 유동으로 정의한다. 그림 1.1(d)에서와 같은 쐐기모양 물체 주위의 초음속 유동을 생각하자. 직선경사충격파(straight oblique shock)가 쐐기의 정점에 붙어 있고, 이 경사충격파를 지난 유선은 불연속적으로 방향을 바꾸게 된다. 경사충격파에 도달하기 전의 유선은 수평방향으로 직선이며 평행하던 것이 충격파를 지나면서 갑자기 쐐기면에 평행하게 방향을 바꾸게 된다. 그림 1.1(a)의 아음속 유동과는 달리 초음속 유동에서는 물체전방의 유동이 물체의 존재를 미리 감지하지 못하기 때문이다. 대개 경사충격파를 지난 유선들은 그 마하수가 감소되긴 하지만 계속 초음속을 유지한다. 아음속류와 초음속류 사이에는 매우 판이한 물리적 수학적 차이가 있으며 나중에 자세히 기술할 것이다. 마하수 범위로 나타내면 다음과 같다.

초음속 유동: $1.2 \leq M_\infty \leq 5$

(4) 극초음속 유동(hypersonic flow)

그림 1.1(d)에서 보는 것과 같이 충격파를 지나면서 유동의 온도, 압력, 밀도 등 유동의 성질들은 갑자기 증가된다. M_∞가 1보다 훨씬 큰 값으로 증가되면 그에 따라 온도, 압력, 밀도의 증가가 더욱 커지게 되며 충격파는 그림 1.1(e)에서와 같이 물체표면에 가깝게 형성된다. M_∞가 5보다 크게 되면 충격파는 물체표면에 훨씬 가깝게 형성되며 충격파와 물체표면 사이의 유장은 기체가 해리(dissociation) 또는 전리(ionization)될 만큼 고온의 유장이 된다. 즉 고온화학반응이 일어나는 유동(high temperature chemically reacting flow)이 형성되어 이론적으로 해석하기가 매우 복잡하다. 이와 같이 M_∞가 5보다 큰 유동을

특별한 이름을 붙여 극초음속 유동(hypersonic flow)이라고 부른다.

극초음속 유동: $M_\infty > 5$

위에 기술한 방법과 달리 유동장을 구분할 수도 있다. 예를 들면 점성, 열전도, 물질확산 등이 중요한 유동을 점성 유동(viscous flow)이라 부르는데 이러한 유동현상은 속도, 온도 또는 농도구배가 매우 큰 유동영역에서 일어난다. 반면에 점성, 열전도, 물질확산 등이 무시되는 유동을 비점성 유동(inviscid flow)이라 부른다.

실제의 유체는 점성, 열전도 등을 가지고 있으나 대부분의 기체들에 있어서는 그 값이 매우 작고 또한 속도나 온도구배가 그다지 크지 않은 영역에서는 점성 및 열전도를 무시하여 비점성 유동으로 가정해도 무방하다. 그러나 점성이나 열전도도가 매우 작더라도 상대적으로 속도 및 온도구배가 매우 큰 경우, 즉 물체표면과 매우 가까운 영역, 다시 말하면 경계층 내에서는 점성의 효과와 열전도의 영향을 무시할 수 없다.

비점성 유동의 가정이 매우 극단적으로 보이나—왜냐하면 실제 유체는 점성이나 열전도를 갖고 있는데 이를 완전히 무시하기 때문에—실제로 속도 및 온도구배가 매우 작아서 이들을 무시해도 좋은 유동영역이 존재하며 따라서 유동을 비점성 유동으로 가정하여 응용할 수 있는 경우가 매우 많다. 예를 들면, 날개 주위의 유장이나 로켓엔진 노즐 내부의 유동, 제트엔진의 압축기 및 터빈 깃(blade) 주위의 유동은 비점성 유동으로 가정할 수 있다. 유선형 물체의 표면압력분포나 양력(lift) 및 모멘트를 비점성 유동으로 가정하여 계산하여도 정확하다. 그러므로 이 책에서는 점성 및 열전도의 영향을 충격파 형성(formation) 및 두께(shock thickness) 등을 물리적으로 설명할 경우 이외에는 그 역할을 무시하게 될 것이며, 따라서 결국 이 책에서 관심을 가지게 되는 유동은 비점성 압축성 유동(inviscid compressible flow)이 될 것이다.

끝으로 기체에 대한 연속체(continuum) 가정의 타당성을 추가하여 설명하고자 한다. 실제로 기체는 임의 방향으로 운동하면서 끊임없이 충돌하는 많은 수(표준상태의 공기는 1cm³에 2×10^{19}개의 분자들이 들어 있음)의 분자나 원자들로 구성되어 있다. 이와 같은 기체의 미시적 양상은 고온기체의 열역학 및 화학적 성질을 이해하는 데는 필수적인 것이지만 유체유동의 기본방정식을 유도하거나 유동의 개념을 이해하는 데는 유체를 연속체로 가정하여도 무방하다. 연속체로 가정할 수 있는 조건은 유동의 특성 길이(예를 들면 관유동에 있어서는 관의 지름, 날개 주위의 유동에 있어서는 날개의 시위)가 분자 또는 원자의 평균자유행정(mean free path)보다 훨씬 커야 한다는 것이다. 이 조건을 만족시키지 못할 경우, 즉 유동의 특성길이가 분자의 평균자유행정과 같은 크기이거나 그보다 작을 때의 유동을 저밀도유동(low density flow) 또는 희박기체유동(rarified flow)이라고 하는데, 이와 같은 유동은 이 책의 범위를 벗어나기 때문에 여기서는 다루지 않는다.

1.3 열역학 복습

고속유동에 있어서 단위질량당 운동에너지 $\left(\dfrac{v^2}{2}\right)$은 매우 큰 값을 가진다. 유동이 노즐이나 확산기(diffuser)와 같은 관을 통과하거나 또는 고체표면 위를 흐를 때 속도가 곳에 따라 변하기 때문에 운동에너지도 곳에 따라 변한다. 비압축성 유동이나 저속유동에 비하여 고속유동에서는 운동에너지의 변화가 매우 크며 유동의 다른 물리적 양들과 상호작용을 하게 된다. 대부분의 경우에 고속유동과 압축성 유동은 같은 뜻으로 사용되며 이를 연구하고 이해하는 데 에너지 개념이 매우 큰 역할을 한다. '에너지의 과학'(science of energy)을 열역학이라고 한다면, 따라서 열역학은 압축성 유동을 연구하는 데 없어서는 안될 필수 분야라고 할 수 있다.

이 장에서는 앞으로 압축성 유동을 공부하는 데 필요한 열역학의 개념과 관계식을 간단히 기술하고자 한다. 그러므로 열역학에 대한 이론전개가 아니고 직접 사용하게 될 열역학의 기본개념과 관계식에 대한 복습으로 그치기로 하자.

(1) 완전기체(perfect gas)

기체는 임의운동을 하고 있는 분자들(분자, 원자, 이온, 전자 등)의 집합이다. 상온의 기체는 대부분이 분자들로 구성되어 있다. 이들의 분자구조에 의해 분자 주위에는 분자간 역장(intermolecular force field)이 형성된다. 분자력은

그림 1.2에 나타나 있는 바와 같이 분자간의 거리에 따라 크기와 방향이 다르다. 분자간의 거리가 멀 때는(예를 들면 분자간 거리가 분자의 지름보다 훨씬 클 때) 분자력은 분자의 전기적 분극(electrical polarization)에 의한 약한 인력(weak attractive force)이 형성되는 반면에, 분자간 거리가 매우 가까우면(예를 들면 분자간 거리가 분자의 지름과 거의 같은 경우) 전자각(electron shell)의 교환가능 여부에 따라 강한 인력 또는 반발력이 형성된다. 이와 같은 분자력은 분자들의 운동에 영향을 미쳐 결국은 입자운동의 거시적 결과(macroscopic result)인 기체의 열역학적 성질(온도, 압력 등)에 영향을 주게 된다. 압축성 유동의 표준상태의 압력과 온도에서 기체분자들은 평균적으로 서로 멀리 떨어져 있다. 즉 분자간 평균 거리는 보통 분자 지름의 10배 이상이며 그림 1.2에서 알 수 있는 것과 같이 분자력은 약한 인력으로만 작용한다. 대부분의 공학문제에 있어서는 이런 약한 인력만이 작용하는 분자력의 영향을 무시하고 기체의 성질을 계산한다. 따라서 완전기체는 분자간의 힘의 영향을 무시할 수 있는 기체, 즉 분자의 운동에너지에 비하여 분자 주위의 역장에 의한 분자의 퍼텐셜 에너지(potential energy)를 무시할 수 있는 기체로 정의한다.

완전기체의 상태방정식은 최근의 통계역학(statistical mechanics)이나 분자운동론(kinetic theory)으로부터 유도될 수 있으나 역사적으로 볼 때 17세기 Robert Boyle, 18세기의 Jacques Charles, 1800년대의 Joseph Gay-Lussac 과 John Dalton에 의하여 다음과 같이 실험적으로 구해졌다.

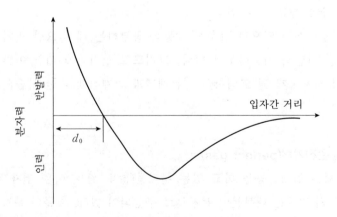

입자간 거리

분자력   척력 / 인력 d_0

그림 1.2 입자간 거리의 함수로 표시된 분자력

$$pV = MRT \qquad (1.6)$$

여기서 p는 압력(N/m² 또는 lb/ft²), V는 계의 체적(m³ 또는 ft³), M은 계의 질량(kg 또는 slug), R은 비(比)기체상수(specific gas constant)[joule/(kg·K) 또는 ft·lb$_f$/(slug·°R)], 그리고 T는 계의 절대온도(K 또는 °R)이다.

상태방정식은 여러 가지 형태로 쓰이며 그 중 흔히 쓰이는 몇 가지를 열거하면 다음과 같다. 식 (1.6)을 계의 질량으로 나누면

$$pv = RT \qquad (1.7)$$

여기서 v는 비체적(m³/kg 또는 ft³/slug)이다. 밀도 $\rho = 1/v$이므로 식 (1.7)은 다음과 같이 된다.

$$p = \rho RT \qquad (1.8)$$

화학반응이 일어나는 계에 특히 유용한 상태방정식은

$$pV = N\mathcal{R}T \qquad (1.9)$$

이다. 여기서 N은 계를 이루는 기체의 몰(mole)수이다. 그리고 $\mathcal{R}$은 기체종류에 무관한 일반기체상수(universal gas constant)이며 단위는 joule/(mole·K) 또는 ft·lb$_f$/(mole·°R)이다.

계속하여 식 (1.9)를 계의 몰수로 나누면

$$pV' = \mathcal{R}T \qquad (1.10)$$

여기서 V'는 몰체적[m³/(kg·mole) 또는 ft³/(slug·mole)]이다. 식 (1.9)를 계의 질량으로 나눈 형태로 쓸 때도 있다.

$$pv = \eta RT \qquad (1.11)$$

여기서는 η는 몰-질량비(mole-mass ratio)이며 단위는 (kg·mole)/kg 또는 (slug·mole)/slug이다. 한 가지 주의할 점은 단위에서 분자, 분모의 kg이나 slug를 상쇄할 수 없다는 것이다. 왜냐하면, 위의 단위에서 (kg·mole), (slug·mole)은 하나의 독립된 양이기 때문이다.

마지막으로 상태방정식을 입자수로 표시할 수도 있다.

$$p = nkT \tag{1.12}$$

여기서 n은 수밀도(number density)이며 k는 Boltzmann 상수이다.

이상으로 기술한 여러 형태의 상태방정식은 동일한 식이며 문제에 따라 적합한 형태를 현명하게 사용하기 바란다. 이 책에서는 특히 식 (1.7), (1.8) 형태를 많이 이용하게 될 것이다.

기체상수의 여러 가지 값을 요약하면 다음과 같다.

(a) 몰로서 상태방정식을 취급할 때는 기체종류에 무관한 일반기체상수를 사용한다.
- 국제단위(SI단위, International System)

  $\mathcal{R}=8314$ joule/(kg · mole · K)
- 영국공학단위(English Engineering System)

  $\mathcal{R}=4.97 \times 10^4$ (ft · lb)/(slug · mole · °R)

(b) 질량으로서 상태방정식을 취급할 경우에는 "단위질량당 기체상수"인 비기체상수 R을 사용한다. 이 기체상수는 분자에 따라 다르며 일반기체상수를 기체의 분자량으로 나눈 값이다($R=\mathcal{R}/M$). 표준상태에서 공기의 R은 다음과 같다.
- SI단위: $R=287.04$ joule/(kg · K)
- 영국공학단위: $R=1716$ (ft · lb)/(slug · °R)

(c) 입자수로서 상태방정식을 취급할 때에는 "입자당 기체상수"인 Boltzmann상수를 사용한다.
- SI단위: $k=1.38 \times 10^{-23}$ joule/K
- 영국공학단위: $k=0.565 \times 10^{-23}$ (ft · lb)/°R

완전기체로 가정한 이러한 상태방정식은 얼마나 정확할까? 실험에 의하면 표준상태에서의 거의 모든 기체의 $\dfrac{pv}{RT}$의 값이 완전기체의 값과 1% 이내의 오차로 근사한다. 하지만 아주 낮은 온도와 아주 높은 압력에서는 기체를 이루는 분자들이 더 밀집되어 분자간 거리가 줄어들어 분자력을 무시할 수 없다. 이러한 조건 아래의 기체를 실제기체(real gas)로 정의한다. 이 경우에는 완전기체의 상태방정식을 사용할 수 없고 더 정확한 상태방정식인 van der Waals 방정식을 사용하지 않으면 안 된다.

$$\left(p+\frac{a}{v^2}\right)(v-b)=RT \tag{1.13}$$

여기서 a, b는 기체의 종류에 따른 상수이다. 공기의 경우 a, b의 실험값은 각각 다음과 같다.

$$a=3\times10^{-3}\times p_0/(\rho_0)^2$$
$$b=3\times10^{-3}\times1/\rho_0 \quad \text{(p_0, ρ_0는 표준상태에서의 압력과 밀도)}$$

그러나 기체역학에 응용하는 과정에서 일어나는 대개의 경우의 온도와 압력범위 내에서는 완전기체로 가정했을 때의 상태방정식 $p=\rho RT$를 사용하여도 무방하다. 이 책에서도 기체를 완전기체로 가정하여 상태방정식으로 $p=\rho RT$를 사용한다.

1950년 초에 공기역학자들은 속도 8km/sec(26,000ft/sec)의 극초음속 지구재돌입 비행체의 출현을 맞게 되었다. 이와 같은 비행체에서는 그 주위의 충격파층에서 고온이 발생하여 기체의 해리 또는 전리와 같은 화학반응이 일어나는데 그 당시에는 이런 조건을 "실제기체영향"이라 하였다. 그러나 고전물리화학에 있어서의 실제기체는 분자력이 중요한 기체로 정의되며 화학반응개념과는 거리가 먼 것이다. 지금까지 기술한 실제기체는 고전적 정의를 따른 것이다.

(2) 내부에너지(internal energy)와 엔탈피(enthalpy)

기체를 임의의 운동을 하고 있는 입자들의 집합으로 보는 관점으로 되돌아와서 볼 때, 입자 하나하나의 운동에너지의 총합이 전체에너지를 이룬다. 입자들이 분자로 되어 있으면 분자의 병진운동과 진동 및 회전운동 등 입자의 에너지는 여러 가지 형태로 이루어져 있으며, 이런 개개 입자가 가진 에너지를 모든 입자들에 대하여 합한 것이 내부에너지이다. 기체(여기서는 열역학의 계와 동일하게 사용된다)의 입자들이 최대 무질서 상태(maximum disorder)에 있을 때 입자들이 형성하는 계는 평형상태에 도달하게 된다. 기체를 연속체로 보는 거시적 관점에서의 평형상태는 계 전체를 통하여 속도, 압력, 온도 및 농도의 구

배가 존재하지 않을 때를 의미한다. 즉 계 전체를 통하여 모든 열역학적 상태
변수들이 균일한 경우이다.

실제기체나 반응기체의 혼합물이 평형상태에 있을 때의 내부에너지는 온
도와 밀도의 함수이다. e를 비(比)내부에너지(단위질량당 내부에너지)라면 엔탈
피 h(단위질량당)는 $h=e+\dfrac{p}{\rho}$로 정의되며 따라서 이때의 엔탈피도 온도와 밀도
의 함수이다. 즉,

$$e=e(T,\ \rho)$$
$$h=h(T,\ \rho) \qquad (1.14)$$

화학반응이 없고 분자력을 무시할 수 있을 때의 기체를 열적 완전기체(ther-
mally perfect gas)라 하며 이때의 e와 h는 온도만의 함수이다. 또한 일정한 압
력과 일정한 체적에서의 비열 c_p와 c_v도 온도만의 함수이다. 즉,

$$e=e(T)$$
$$h=h(T)$$
$$c_p=c_p(T)$$
$$c_v=c_v(T)$$
$$de=c_v dT$$
$$dh=c_p dT \qquad (1.15)$$

c_p와 c_v의 온도에 대한 변화는 기체를 이루는 분자들의 회전 및 진동운동
과 관계가 있다. 그러나 c_p, c_v가 온도에 관계없이 일정할 때의 기체를 열량적
완전기체(calorically perfect gas)라 하며 내부에너지와 엔탈피는 다음과 같이
표시된다.

$$c_p=일정$$
$$c_v=일정$$
$$e=c_v T+상수$$
$$h=c_p T+상수 \qquad (1.16)$$

압축성 유동을 응용하는 대부분의 실제 공학 문제에 있어서는 압력과 온
도의 변화 범위가 그다지 크지 않으므로 온도변화를 무시하여 기체를 열량적

완전기체로 가정하여도 무방하다. 이 가정은 기체의 온도가 1000K 이하일 때 유효하다. 1000K보다 더 높은 온도에서는 공기의 대부분을 구성하고 있는 O_2 와 N_2의 분자 진동운동에 의한 분자운동이 중요하게 되어 결국 공기를 열량적 완전기체로 가정할 수 없으며 온도의 변화를 고려할 수밖에 없는 열적 완전기체로 가정하여야 한다. 나아가서 기체의 온도가 2500K 이상이 되면 공기 중의 O_2분자들이 O원자로 해리되며 공기는 화학적 반응을 일으키게 된다. 4000K 이상에서는 N_2분자도 해리되므로 이런 경우에는 공기를 화학반응기체의 혼합물로 고려하여야 하며, 식 (1.14)에서 e는 온도와 밀도 두 상태변수들의 함수가 된다.

열역학계가 평형상태에 있을 때 어느 하나의 상태변화는 다른 두 개의 상태변수로 나타낼 수 있다. e는 보통 온도와 밀도의 함수로 나타내고 h는 온도와 압력의 함수로 표시하는 것이 편리하다. c_p와 c_v는 각각 다음 식으로 정의되며, 그 관계는 다음과 같다.

$$c_p = \left(\frac{\partial h}{\partial T}\right)_p$$

$$c_v = \left(\frac{\partial e}{\partial T}\right)_v$$

$$c_p - c_v = R \tag{1.17}$$

통계열역학에 의하면 c_p, c_v는 다음과 같이 분자의 자유도(degree of freedom)로 표시된다.

$$c_p = \frac{n+2}{2} R$$

$$c_v = \frac{n}{2} R \tag{1.18}$$

여기서 n은 분자모델(molecular model)의 자유도이다. 예를 들면, 기체를 이루는 분자가 헬륨(He)이나 아르곤(Ar)같은 단일 원자로 된 분자이면 분자의 자유도는 분자의 운동이 병진운동뿐이므로 $n=3$이며, 온도에 관계없이 c_p, c_v 값은 일정하며$\left(c_p = \frac{5}{2}R, \; c_v = \frac{3}{2}R\right)$ 열량적 완전기체로 취급할 수 있다. 만일 N_2, O_2와 같은 2원자로 되어 있는 분자모델은 온도에 따라 분자의 자유도가 다르다. 분자모델의 운동은 질량 중심(center of mass)의 병진운동(자유도 3)과 회전

(a) 2-원자 분자(diatomic morecule)

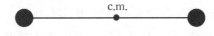

(b) 병진에너지 ε'_{trans}

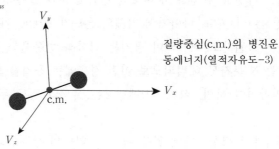

질량중심(c.m.)의 병진운
동에너지(열적자유도-3)

(c) 회전에너지 ε'_{rot}

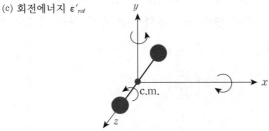

회전운동에너지
(각각 x-축, y-축에 대한
회전에너지로서 열적자유
도-2, 분자간을 잇는 z-축
에 대한 회전에너지는 무시
할 수 있을 만큼 작다)

(d) 진동에너지 ε'_{vib}

운동에너지와 퍼텐셜에너지로
구성되어 있다.(열적자유도-2)

그림 1.3 분자에너지의 다양한 모드(mode)

운동(자유도 2), 진동운동(자유도 2)으로 되어 있는데, 온도가 1000K 이하이면
대개 병진운동과 회전운동만 일어나므로 $n=5$이며, 1000K 이상이면 진동운동
도 일어나게 되어 $n=7$로 증가된다. 그러므로 온도의 증가에 따라 운동의 자
유도가 증가되어 c_p와 c_v의 값도 변하게 된다.

　식 (1.17)은 다같이 열량적 완전기체 및 열적 완전기체에 적용되나 실제기
체나 화학반응기체의 화합물에는 적용되지 않는다.

　식 (1.17)로부터 다음과 같은 유용한 두 형태를 얻을 수 있다. 식 (1.17)을
c_p로 나누면

$$\frac{R}{c_p} = 1 - \frac{c_v}{c_p} \tag{1.19}$$

비열비 γ를 $\gamma = \frac{c_p}{c_v}$ 라고 놓으면

$$c_p = \frac{\gamma R}{\gamma - 1} \tag{1.20}$$

같은 방법으로 식 (1.17)을 c_p로 나누고 c_v에 대하여 풀면

$$c_v = \frac{R}{\gamma - 1} \tag{1.21}$$

그런데 식 (1.18)을 사용하여 비열비 γ를 자유도로 나타내면

$$\gamma = \frac{n+2}{n} \tag{1.22}$$

공기는 대부분 N_2와 O_2로 되어 있으며 또한 1000K 이하에서 $n=5$이므로 $\gamma = \frac{7}{5}$이 된다. 대개 공기의 γ값을 1.4로 하는 이유가 여기에 있다. 식 (1.20)과 (1.21)은 열적 및 열량적 완전기체 모두에 적용되며 압축성 유동을 해석하는

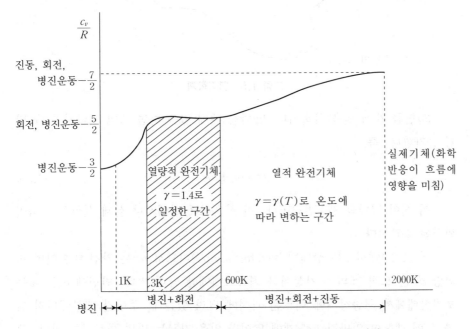

그림 1.4 2원자 분자의 기체의 비열의 온도에 따른 변화

데 유용하게 쓰일 것이다.

(3) 열역학 제1법칙

그림 1.5에서와 같이 유연한 경계면으로 둘러싸인 단위질량으로 된 기체의 계를 생각하자. 우선 유속이 없는 정지계를 생각한다면 계의 운동에너지는 없다. δq를 경계면을 통하여 가해진 열(예를 들면 직접적인 열복사나 열전달에 의하여)이라 하고, δw를 외계(surrounding)에 의하여 계에 가해진 일(예를 들면 경계면의 변위의 변화에 의한 체적감소)이라 하자. 그리고 기체의 분자운동에 의하여 계가 가지는 에너지를 e라 한다.

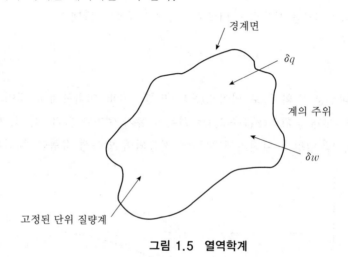

경계면

δq

계의 주위

δw

고정된 단위 질량계

그림 1.5   열역학계

δq만큼 계에 열을 가하거나 δw만큼 계에 일을 하면 계의 에너지가 de 만큼 증가한다. 즉,

$$de = \delta q + \delta w \tag{1.23}$$

이 식이 열역학 제1법칙이다. 이 식은 실험실에서나 실제 실험을 통하여 확인된 결과이다.

식 (1.23)에서 e는 상태변수(state variable)이므로 de는 완전 미분이며 변화량 de는 오직 계의 초기상태와 최종상태에만 달려 있다. 반면에 δq, δw는 초기상태에서 최종상태에 이르는 과정에 달려 있는데, 주어진 내부에너지 변화 de에 대하여 일반적으로 계에 열이나 일을 가하는 방법은 무한히 많다. 그러나 다음의 3가지가 가장 중요한 과정이라고 할 수 있다.

a. 단열과정(adiabatic process)

계가 외계로부터 열적으로 완전 격리되어 있어 계의 경계면을 통한 열의 교환없이($\delta q = 0$) 계의 변화가 일어나는 과정을 단열과정이라 한다.

b. 가역과정(reversible process)

점성, 열전도, 질량 확산의 영향에 의한 소산 현상이 없이 일어나는 과정을 가역과정이라 한다.

c. 등엔트로피 과정(isentropic process)

단열이고 가역인 과정을 통하여 변화가 일어나는 과정을 말한다.

계에 일을 가하는 방법에는 여러 가지가 있지만 유동문제에 있어서 일어나는 방법은 오직 계의 경계면의 변위가 안으로 향하는 압축에 의한 일이며 $\delta w = -pdv$로 표시된다. 따라서 식 (1.23)은 다음과 같이 된다.

$$de = \delta q - pdv \tag{1.24}$$

(4) 엔트로피 및 열역학 제 2 법칙

고온의 철판과 접촉해 있는 얼음덩어리를 생각해 보자. 경험적으로 얼음은 철판으로부터 열을 얻게 될 것이고 철판은 열을 잃어 그 온도가 낮아질 것이다. 그렇지만 식 (1.23)은 반드시 이러한 현상만 일어난다고 말하지 않는다. 다시 말해서, 제 1법칙에 의하면 과정 중에 에너지가 보존되는 한 얼음이 열을 잃고 온도가 더 낮아지고 철판에 그 열을 흡수하여 온도가 더 높아질 수도 있다. 그러나 경험적으로 보아 확실히 이러한 현상은 일어나지 않는다. 따라서 자연은 열역학 제 1법칙 이외에 과정의 방향을 알려 주는 또 하나의 조건을 찾도록 강요한다. 그 조건으로서 새로운 상태변수인 엔트로피를 다음과 같이 정의한다.

$$ds = \frac{\delta q_{rev}}{T} \tag{1.25a}$$

여기서 δq_{rev}는 가역과정을 통하여 계에 가해진 열이고, s는 계의 엔트로피이며 ds는 δq_{rev}에 의한 엔트로피 변화이다. 이 식은 가역과정을 통하여 가해진 열 δq_{rev}에 의한 엔트로피 변화를 의미하지만 엔트로피가 상태변수이기 때문에 가역이나 비가역과정에 모두 사용될 수 있다. 가역과정은 대개 잘 알려진 과정이기 때문에 δq_{rev}를 쉽게 계산할 수 있으나, 실제과정은 대부분 비가역적이고 잘 알려지지 않는 과정이기 때문에 이러한 비가역과정에 대한 엔트로피 계산은 엔트로피가 상태변수라는 점에서, 다시 말하면 엔트로피 변화가 최종값과 초기값과의 차이이며 그 변화의 경로와는 무관하다는 점에서 실제의 비가역과정을 잘 알려진 가역과정으로 대치하여 δq_{rev}를 계산한다. 그러나 기체의 점성과 열전도에 의한 소산현상(dissipative phenomena)이 존재하는 기체계에서의 엔트로피 변화는, 실제로 계의 경계면을 통하여 가해진 열 δq(주로 경계면을 통한 열복사나 열전도에 의함)에 의한 엔트로피 변화 $\dfrac{\delta q}{T}$ 외에 계 내부에서 일어나는 기체의 점성, 열전도의 비가역 소산현상에 의한 엔트로피 변화 ds_{irr}가 존재한다. 그러므로 엔트로피 변화는 위 두 변화의 합으로 표시되므로 식 (1.25a)는 다음과 같이 된다.

$$ds = \frac{\delta q}{T} + ds_{irr} \tag{1.25b}$$

기체의 점성과 열전도의 소산현상에 의한 엔트로피 ds_{irr}은 각각 속도구배의 제곱과 온도구배의 제곱에 비례하기 때문에[예를 들면 1차원 유동에 있어서는 $ds_{irr} \propto \dfrac{\mu}{T}\left(\dfrac{du}{dx}\right)^2 + \dfrac{k}{T^2}\left(\dfrac{dT}{dx}\right)^2$] 항상 영보다 크거나 같다(참고문헌 [18] 참조). 즉,

$$ds_{irr} \geq 0 \tag{1.26}$$

여기서 등호는 속도 및 온도구배가 존재하지 않는 기체유동에서나 또는 $\mu=0$이고 $k=0$인 완전기체 유동에서만 유효하다.

식 (1.26)을 식 (1.25b)에 적용하면 다음과 같은 결과를 얻는다.

$$ds \geq \frac{\delta q}{T} \tag{1.27}$$

더욱이 단열과정이면 $\delta q=0$이므로 식 (1.27)은

$$ds \geq 0 \tag{1.28}$$

이 된다.

식 (1.27)과 (1.28)은 열역학 제2법칙의 형태이다. 제2법칙은 우리들에게 과정이 어느 방향으로 진행될 것인가를 말해 준다. 계의 경계면을 통한 열의 유입이 없을 때 과정은 항상 엔트로피가 증가하거나 기껏해야 변하지 않는 방향으로 진행될 뿐이다. 철판과 얼음의 문제를 다시 예로 들면, 얼음이 열을 얻음과 동시에 철판은 그만큼 열을 잃게 되는 과정은 얼음과 철판이 이루는 계의 엔트로피의 증가를 가져오므로 가능하지만, 반대로 얼음의 온도가 더 낮아져서 열을 잃고 그 열을 받아 철판의 온도가 상승되는 과정은 계의 엔트로피의 감소를 가져오므로 불가능하다. 다시 종합하여 보면 엔트로피 정의와 더불어 제2법칙은 자연현상이 일어나는 방향을 말해 주며, 제1법칙은 그 방향으로 진행되는 자연현상의 정량적인 크기를 결정하여 준다.

지금까지 엔트로피의 정의를 고전열역학적인 측면에서 고찰하여 보았으나 통계열역학적인 측면에서 보면 그 의미는 보다 더 분명하다. 엔트로피는 어떤 상태의 열역학적 확률과 관계되기 때문에 "계의 무질서(disorder)" 정도를 나타낸다. 즉 엔트로피가 크면 계의 무질서 정도가 크다. 예를 들면, 담뱃갑 크기의 용기에 고압의 기체가 들어 있다고 하자. 고압상태에 있는 기체분자들은 그 용기에 밀집되어 있다. 작은 공간에 많은 분자들이 있기 때문에 비교적 "정돈된 계"라고 할 수 있으며, 그러므로 엔트로피의 값은 그리 크지 못하다. 그런데 이번에는 담뱃갑 크기의 수만배 되는 방안에 놓고 담뱃갑을 열면 담뱃갑 내의 분자들이 빠져 나와 방안 전체를 차지하게 된다. 부피가 증가되었으므로 압력은 떨어지고 분자간의 거리도 멀어진다. 그렇게 되면 분자가 어디에 있는지 그 위치를 알기가 더 어렵게 된다. 결국 더 큰 "무질서" 상태에 놓이게 되며 엔트로피가 증가하게 된다.

(5) 엔트로피 계산

식 (1.24)로 주어진 제1법칙을 생각하여 보자. 열이 가역과정을 통하여 가하여졌다고 가정하면, 엔트로피 정의로부터 $\delta q = Tds$이다.

그러므로 식 (1.24)는 다음과 같이 된다.

$$Tds = de + pdv \qquad (1.29)$$

식 (1.29)는 다른 형태의 제1법칙이다. 그런데 엔탈피 정의 $h=e+pv$로부터

$$dh=de+pdv+vdp \tag{1.30}$$

이 식과 식 (1.29)에서 내부에너지 항을 소거하면

$$Tds=dh-vdp \tag{1.31}$$

식 (1.29)와 (1.31)은 자주 쓰이는 중요한 식으로 제1법칙의 원래 형태와 함께 기억해 두는 것이 좋다.

열적 완전기체에 대하여 식 (1.15)의 $dh=c_p dT$를 식 (1.31)에 대입하면

$$Tds=c_p dT-vdp$$

$$\text{또는 } ds=c_p\frac{dT}{T}-\frac{v}{T}dp \tag{1.32}$$

식 (1.32)에 완전기체의 상태방정식 $pv=RT$를 대입하면

$$ds=c_p\frac{dT}{T}-R\frac{dp}{p} \tag{1.33}$$

이 식을 상태 1과 상태 2 사이에서 적분하면

$$s_2-s_1=\varDelta s=\int_{T_1}^{T_2}c_p\frac{dT}{T}-R\ln\frac{p_2}{p_1} \tag{1.34}$$

이 식은 열적 완전기체에 대한 상태 1과 상태 2 사이의 엔트로피 변화이며 주어진 기체의 c_p의 온도에 대한 변화를 알면 쉽게 적분할 수 있다. 열량적 완전기체로 한번 더 가정하면 c_p는 상수이기 때문에 식 (1.34)는

$$s_2-s_1=\varDelta s=c_p\ln\frac{T_2}{T_1}-R\ln\frac{p_2}{p_1} \tag{1.35}$$

똑같은 방법으로 열량적 완전기체에 대하여 $de=c_v dT$를 이용하여 식 (1.29)를 상태 1과 상태 2 사이에서 적분하면 다른 형태의 엔트로피 변화식을 얻는다.

$$s_2 - s_1 = \Delta s = c_v \ln \frac{T_2}{T_1} + R \ln \frac{v_2}{v_1} \qquad (1.36)$$

열량적 완전기체에 대하여 식 (1.35)와 (1.36)으로부터 두 상태에서의 압력과 온도 또는 체적과 온도를 알면 엔트로피 변화를 계산할 수 있다. 다시 담뱃갑 문제의 예를 생각해 보자. 엔트로피를 "무질서" 정도와 관련시켜 더 큰 체적으로 팽창했을 때 압력이 감소되고 체적이 증가되어 더 큰 "무질서" 상태가 되고 엔트로피가 증가된다는 것을 정성적으로 설명한 바 있으나 식 (1.35)와 (1.36)으로부터 압력이 감소되고 체적이 증가되면 엔트로피가 증가된다는 사실을 분명히 알 수 있다.

(6) 등엔트로피 관계식

본절의 (3)에서 등엔트로피 과정을 단열, 가역과정으로 정의하였다. 단열과정이므로 $\delta q = 0$이고 가역과정이므로 $ds_{irr} = 0$이다. 그러므로 식 (1.25)로부터 $ds = 0$가 되며 s는 일정하다는 결과를 얻는다. 등엔트로피 과정에 대한 중요한 관계식을 직접 식 (1.35)와 (1.36)으로부터 얻을 수 있다.

식 (1.35)에 등엔트로피 과정을 적용하면, $s_1 = s_2$이기 때문에 다음과 같이 된다.

$$0 = c_p \ln \frac{T_2}{T_1} - R \ln \frac{p_2}{p_1}$$

$$\frac{p_2}{p_1} = \left(\frac{T_2}{T_1} \right)^{c_p/R} \qquad (1.37)$$

그런데 식 (1.20)으로부터 $\dfrac{c_p}{R} = \dfrac{\gamma}{\gamma - 1}$이므로 식 (1.37)은 다음과 같이 된다.

$$\frac{p_2}{p_1} = \left(\frac{T_2}{T_1} \right)^{\frac{\gamma}{\gamma-1}} \qquad (1.38)$$

똑같이 등엔트로피 과정일 때 식 (1.36)으로부터

$$0 = c_v \ln \frac{T_2}{T_1} + R \ln \frac{v_2}{v_1}$$

$$\frac{v_2}{v_1} = \left(\frac{T_2}{T_1} \right)^{-c_v/R} \qquad (1.39)$$

식 (1.21)로부터 $\dfrac{c_v}{R} = \dfrac{1}{\gamma - 1}$ 이므로 식 (1.39)는 다음과 같이 된다.

$$\frac{v_2}{v_1} = \left(\frac{T_2}{T_1}\right)^{-\frac{1}{\gamma-1}} \tag{1.40}$$

또한 $\dfrac{\rho_2}{\rho_1} = \dfrac{v_1}{v_2}$ 이므로 식 (1.40)은

$$\frac{\rho_2}{\rho_1} = \left(\frac{T_2}{T_1}\right)^{\frac{1}{\gamma-1}} \tag{1.41}$$

식 (1.38)과 (1.41)을 결합하면 다음과 같은 중요한 관계식을 얻는다.

$$\frac{p_2}{p_1} = \left(\frac{\rho_2}{\rho_1}\right)^{\gamma} = \left(\frac{T_2}{T_1}\right)^{\frac{\gamma}{\gamma-1}} \tag{1.42}$$

여기서 상태 1과 상태 2는 초기조건과 최종조건을 각각 나타낸다. 예를 들면 상태 1을 정체실(또는 큰 저장탱크)이라 할 때, $p_1 = p_0$, $\rho_1 = \rho_0$, $T_1 = T_0$가 된다. 그리고 상태 2를 어떤 점이라 하면, $p_2 = p$, $\rho_2 = \rho$, $T_2 = T$가 되며 관계식 (1.42)는 다음과 같다.

$$\frac{p}{p_0} = \left(\frac{\rho}{\rho_0}\right)^{\gamma} = \left(\frac{T}{T_0}\right)^{\frac{\gamma}{\gamma-1}} \tag{1.43}$$

식 (1.42)이나 (1.43)은 등엔트로피 과정에 의한 압력, 온도, 밀도의 관계식, 즉 등엔트로피 관계식이라 부르며, 압축성 유동을 해석하는 데 빈번하게 사용되므로 기억하여 두는 것이 좋다.

여러분들은 왜 관계식 (1.42) 또는 (1.43)이 매우 중요하며 왜 자주 사용하게 되는가라는 의문을 가지게 될 것이다. 얼핏 생각했을 때 등엔트로피 과정에 대한 가정이 단열, 가역과정이므로 일반적인 가정이 될 수 없어 그 응용이 매우 제한될 것으로 기대할 것이다. 그러나 그렇지 않다. 그 응용분야가 매우 넓다. 예를 들면 그림 1.6과 같은 날개 주위의 유동이나 로켓 엔진 내의 유동이 그 좋은 예이다. 물론 날개 표면이나 로켓 노즐벽에 아주 가깝게 형성되는 경계층 내에서는 점성, 열전도에 의한 소산작용(dissipation mechanism)이 중요하며 엔트로피가 증가하므로 등엔트로피 유동으로 가정할 수 없다. 그러나 경계층(그림 1.6) 밖의 유동의 두 점 A와 B에서의 유체입자를 생각해 보면 이런 점

들에서는 속도 및 온도구배가 크지 않으므로 소산작용에 의한 엔트로피 증가를 무시할 수 있다. 또한 두 점에서 유체에 열을 가하거나 뽑아내지 않았으므로 단열조건이 성립한다. 결과적으로 점 A와 B에서의 유체입자들은 단열 및 가역조건을 만족하므로 등엔트로피 운동으로 가정할 수 있다. 대개 속도 및 열경계층은 매우 얇으므로 대부분의 유동영역은 점 A와 B와 같은 등엔트로피 유동이다. 그러므로 등엔트로피 유동의 연구는 실제 많은 경우의 유동에 직접 적용되며 열량적 완전기체의 등엔트로피 관계식(식 (1.42)와 식 (1.43))이 매우 중요하게 된다. 이상으로 압축성 유동을 해석하는 데 필요한 열역학의 개념과 식들을 모아 기술해 보았다.

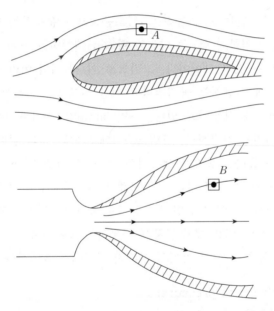

그림 1.6 등엔트로피 유동영역에서의 유동 요소

1.4 물체에 작용하는 공기역학적 힘(aerodynamic forces)

유체역학의 역사는 유체 속을 운동하는 물체에 작용하는 힘을 예상하는 문제로 지배되어 왔다. 공기역학적 힘(aerodynamic force)과 수력학적 힘(hydrodynamic force)을 계산하는 것이 아직도 유체역학의 중심을 차지하고 있

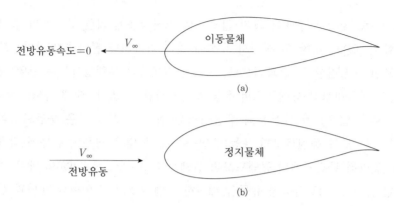

전방유동속도=0 ← V_∞ 이동물체

(a)

V_∞ →
전방유동   정지물체

(b)

그림 1.7 정지상태 유체중을 이동중인 물체와 정지물체 주위를 흐르는 유동의 등가관계

다. 특히 고아음속, 천음속, 초음속 및 극초음속으로 운동하는 항공기나 유도탄에 작용하는 공기역학적 힘, 즉 양력과 항력을 계산하는 것이 압축성 유동의 중심을 이루고 있는 것이 사실이다. 그러므로 이 책 내의 여러 곳에서 고속으로 운동하는 물체에 작용하는 공기역학적 힘을 실제로 계산하는 데 압축성 유체역학의 기본원리가 적용되고 있다. 자연(nature)이 물체표면에 공기역학적 힘을 전달하는 원리는 간단하다. 그림 1.7(a)에 나타난 것과 같이 정지된 유체 속을 속도 V_∞로 운동하는 물체를 생각하여 보자. 또 그림 1.7(b)에서와 같이 우리가 물체에 뛰어 올라 타고 간다고 상상해 보자. 이렇게 되면 물체는 정지되어 있고 유체가 멀리 떨어진 전방에서 물체를 향하여 V_∞로 오고 있는 것처럼 보인다. 그림 1.7(a)와 1.7(b)에서 물체에 사용하는 공기역학적 힘은 동일하다.

공기역학적 힘은 다음 두 가지의 기본적 원인에서 유래한다.

(1) 표면압력(surface pressure)
(2) 표면전단응력(surface shear stress)

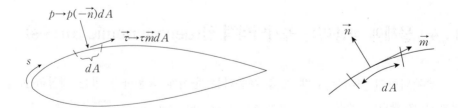

$p \rightarrow p(-\vec{n})dA$

$\vec{\tau} \rightarrow \tau \vec{m} dA$

s

dA

$\vec{n}$

$\vec{m}$

dA

그림 1.8 물체표면의 압력과 전단력   **그림 1.9 수직방향과 접선방향의 단위벡터**

예를 들어 그림 1.8에 그려진 익형을 생각해 보자. s를 물체 앞부분에서 물체의 표면을 따라 측정한 길이라고 하면, 압력 p와 전단응력 τ는 일반적으로 s의 함수이다; $p=p(s)$, $\tau=\tau(s)$. 이 압력과 전단응력 분포에 의한 힘의 전달이 자연(nature)이 날개에 공기역학적 힘을 전달하는 유일한 방법이다. 더 구체적으로 기술하기 위하여 그림 1.8에 표시된 것과 같이 물체 표면의 임의의 점에서의 면적요소 dA를 생각하자. 압력 p는 dA에 수직하게 작용하며 전단 응력 τ는 dA의 접선방향으로 작용한다. $\vec{n}$와 $\vec{m}$를 각각 그림 1.9에서 표시된 것과 같이 면적요소 dA에 대한 수직 및 접선방향의 단위벡터라고 하자. dA에 작용하는 힘 $\vec{F}$는 다음과 같이 표시할 수 있다.

$$d\vec{F}=-p\vec{n}dA+\tau\vec{m}dA \tag{1.44}$$

여기서 주의할 점은 그림 1.8과 1.9와 같이 p는 물체 표면 쪽으로 작용하고 $\vec{n}$는 물체 표면에서 바깥쪽으로 향하기 때문에 식 (1.44)는 우변 첫 항에 음부호를 붙여야 한다는 것이다. 물체 표면 전체에 작용하는 총 공기역학적 힘 $\vec{F}$는 모든 면적요소에 작용하는 힘을 표면 전체에 대하여 적분하면 된다.

$$\vec{F}=\iint_A d\vec{F}=-\iint_A p\vec{n}dA+\iint_A \tau\vec{m}dA \tag{1.45}$$

여기서 A는 물체의 전체면적이다. 식 (1.45)의 우측의 첫번째 적분은 압력분포에 의한 힘(pressure force)이며, 두 번째 적분은 전단력(또는 마찰력)(shear force 또는 friction force)이다.

x와 y축을 그림 1.10에서 표시된 것과 같이 각각 V_∞에 평행하고 수직한 축이라 하자. 식 (1.45)에 계산된 힘 $\vec{F}$를 x축에 수직한 힘 $\vec{L}$와 y축에 수직한 힘 $\vec{D}$로 나누면, 보통 $\vec{L}$를 양력(lift)이라 하고, $\vec{D}$를 항력(drag)이라 부른다. 대

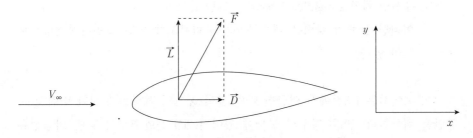

그림 1.10 양력과 항력으로의 공기력 분해

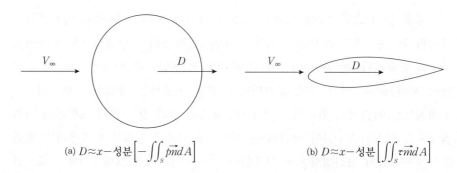

(a) $D \approx x-$성분$\left[-\displaystyle\iint_{S} p\vec{n}dA \right]$ (b) $D \approx x-$성분$\left[\displaystyle\iint_{S} \tau\vec{m}dA \right]$

그림 1.11 뭉툭한 물체와 유선형 물체의 비교

개의 실제 공기역학적 물체(aerodynamic body)에 발생하는 $\vec{L}$은 대부분 압력분포에 의한 힘이며 전단응력분포에 의한 힘은 매우 작다. 그러므로 식 (1.45)와 그림 1.11로부터 양력은 전단응력에 의한 것을 무시하고 압력분포에 의한 것만을 고려할 때, 아래와 같이 된다.

$$\vec{L} \cong -\iint_{A} p\vec{n}dA\text{의 } y\text{축 성분} \tag{1.46}$$

항력도 마찬가지로

$$\vec{D} = -\iint_{A} p\vec{n}dA\text{의 } x\text{축 성분} + \iint_{A} \tau\vec{m}dA\text{의 } x\text{축 성분} \tag{1.47}$$
$$\textbf{(압력저항)} \qquad\qquad \textbf{(표면마찰저항)}$$

그림 1.11(a)와 1.11(b)에서와 같이 공기역학적 물체에는 두 가지의 극단적인 모양이 있다.

(1) 앞 부분이 뭉툭한 물체(blunt body) — 그림 1.11(a)
   이러한 물체의 항력은 대부분 압력분포에 의한 압력저항으로 되어 있다.

(2) 유선형 물체(streamlined body) — 그림 1.11(b)
   이러한 물체의 항력은 대부분 전단응력분포에 의한 표면마찰저항으로 되어 있다.

이 책에서는 1.3절에서 언급한 바와 같이 공기의 점성을 무시한 비점성 유동만을 취급한다. 많은 경우의 물체에 있어서(예를 들면 유선형 물체) 비점성류 이론으로부터 매우 정확한 압력분포를 얻을 수 있으며 따라서 식 (1.46)을 사용하여 매우 정확한 양력을 계산할 수 있다. 그러나 항력은 비점성류 이론으로부터 계산할 수 없다. 압력분포에 의한 압력저항은 계산할 수 있어도 표면마찰저항을 구할 수 없기 때문이다.

만일 흐름의 박리가 일어나면 실제 압력분포가 비점성류 이론에 의한 압력분포와는 판이하게 달라지기 때문에 비점성류 이론에 의한 양력계산이 타당하지 못하다. 항력에 있어서도 마찬가지이다. 흐름의 박리가 일어나지 않는(예를 들면 유선형 또는 세장형 물체 주위의 유동) 아음속 비점성 유동에서는 압력저항이 매우 작아 무시할 수 있지만 초음속 유동이 되면 충격파가 형성되어 그로 인한 표면압력분포로부터 압력저항, 일명 조파저항이 발생하는데, 초음속 항공기나 유도탄의 저항은 대부분 이 조파저항으로 되어 있다. 조파저항은 비점성 압축성 유동 이론에 의하여 상당히 정확하게 계산할 수 있다.

연 습 문 제

1.1 큰 탱크내의 기체의 압력과 온도는 각각 500kPa, 60℃이다. 이 기체가 공기인 경우에 기체의 밀도를 계산하라.

1.2 부피가 10m³인 압력 탱크가 있다. 탱크내의 압력과 온도가 각각 20기압이고 300K이다. 탱크에 저장된 공기의 질량은 얼마인가?

1.3 문제 1의 고압 탱크를 생각하자. 탱크내의 공기를 가열하여 공기의 온도를 600K로 올렸을 때, 탱크내의 공기의 엔트로피 변화를 계산하라.

1.4 로켓 엔진의 노즐을 흐르는 유동을 생각하자. 노즐을 지나는 유동은 열량적 완전기체의 등엔트로피 과정을 통하여 일어난다. 연소실의 연소는 압력과 온도가 각각 15기압과 2500K인 상태에서 연료와 산화제가 연소함으로써 일어난다. 연소가스의 분자량과 c_p는 각각 다음과 같다.

$$\text{분자량}=12.0, \quad c_p=4157\text{J/kg} \cdot \text{K}$$

가스는 노즐을 지나면서 팽창되고 노즐 출구에서 연소 가스의 속도는 초음속에 이른다. 노즐 출구에서의 압력을 계산하라. $M=3$이다.

1.5 관을 지나는 공기의 흐름이 등엔트로피 과정이다. 관의 한 점에서 압력과 온도는 각각 1800lb/ft², 500°R이다. 관의 다른 점에서 온도가 400°R일 때, 그 점에서 압력과 밀도를 계산하라.

2장

비점성 유동의 일반방정식

2.1 개   념

  그림 2.1에서와 같이 앞부분이 뭉툭한 원추로 된 공기역학적 물체 (aerodynamic body)가 초음속으로 운동할 때 생기는 그 주위의 유동을 생각해 보자. 유동장의 모든 점에서 유동값들(flow properties) p, ρ, T, $\vec{v}$를 계산해 내면 물체표면에서의 p, ρ, T, $\vec{v}$분포를 알 수 있으며, 나아가 물체에 작용하는 힘(양력, 항력)이나 모멘트, 그리고 표면에서의 열전달을 계산할 수 있다. 물체가 공기속을 비행하는 초음속 유도탄이거나, 물 속을 운동하는 잠수함이거나, 폭풍우 속에 있는 고층건물이거나 간에 그 물체에 작용하는 실제 자료(힘, 모멘트, 표면에서의 열전달, … 등등)를 얻는 것이 이론유체역학의 중요한 기능중의 하나이다.

  그러면 유동장 내의 유동값들 p, ρ, T, $\vec{v}$를 어떻게 구할 것인가? 먼저 유동성질들을 서로 관련시켜 주는 수학적인 일반 방정식(대수형, 미분형, 적분형)을 유도한 다음, 알고자 하는 특정 유동문제에 대하여 경계조건(필요하다면 초기조건과 함께)을 만족하는 방정식의 해를 구하면 된다. 이 방정식은 유동을 지배하는 기본적 자연법칙으로부터 얻을 수 있는데 그 유도과정은 다음과 같다.

(1) 자연법칙으로부터 다음과 같은 적절한 물리적 기본원리를 선택한다;

  a. 질량은 보존된다(질량보존법칙)

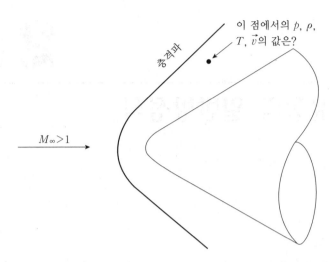

그림 2.1   공기역학이론의 한 목적은 유동장의 임의의 점에서 유동값들을 계산하는 것이다.

b. 힘 = 질량×가속도 (선형운동량보존법칙)

c. 에너지는 보존된다 (에너지보존법칙)

(2) (1)의 물리적 기본법칙을 적절한 유동모델에 적용한다.

(3) (2)로부터 물리적 법칙을 모두 만족하는 수학적 방정식을 유도한다.

위 제 (2)항에서 기술한 적절한 유동모델이란 무엇이며 어떻게 구성하는 가를 먼저 알아보아야 하겠다.

고체역학에서는 대체로 힘과 모멘트의 작용점이 분명한데 반하여, 유체역학에서는 광범위한 영역의 연속체를 대상으로 하기 때문에 이해하기가 쉽지 않다. 그러므로 유체역학자들은 유체문제의 전 유동장으로부터 모든 물리적 원리를 포함할 수 있는 어떤 특정한 영역에 초점을 둔 유동모델을 선택하여 그 모델에 위의 제 (1)항의 법칙들을 적용한다. 이러한 유동모델을 선택하는 방법 으로서는 보통 다음과 같은 4가지가 있다.

(1) 유한검사체적방법(finite control volume approach)

그림 2.2(a)에서와 같이 검사체적(control volume)은 유동영역 내의 어떤 위치에 고정된 일정한 체적 V_0와 그 표면적(검사면) S_0로 된 폐체적(closed volume)으로 정의한다. 질량유동(mass flux)이나 운동량유동(momentum flux), 에너지유동(energy flux) 등이 일정한 검사면(control surface)을 통하여 검사체

적 내로 들어오거나 나갈 수 있다. 검사체적의 유선은 그림 2.2(a)에 나타나 있는 바와 같다. 이와 같은 유한체적에 물리적 기본원리를 적용하여 p, ρ, T, $\vec{v}$로 표시된 수학적 방정식을 유도하는 방법이 유한검사체적방법이다.

(2) 유한물질체적방법(finite material volume approach)

유한물질체적이라 함은 항상 동일한 유체 입자들로 구성된 유한한 체적 V와 그 표면적(material surface) S로 이루어진 폐체적으로 정의되는데, 유장 내의 고정된 위치에 일정한 체적 및 표면적을 갖는 검사체적과는 달리 물질체적은 유동과 함께 운동하므로 체적과 표면적이 연속적으로 변하는 시간의 함수이다. 그림 2.2(b)와 같은 유선을 갖는다. 이와 같은 유한물질체적에 물리적 기본법칙을 적용하여 유동성질로 표시된 유동의 일반방정식을 얻는 것이 유한물질체적방법이다.

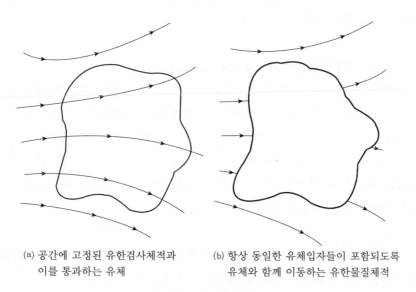

(a) 공간에 고정된 유한검사체적과   (b) 항상 동일한 유체입자들이 포함되도록
이를 통과하는 유체   유체와 함께 이동하는 유한물질체적

그림 2.2   유한체적방법

(3) 미소유체요소방법(infinitesimal fluid element approach)

그림 2.3에 표시된 유선으로 이루어진 유동장을 생각하자. 그리고 유동장 내에 체적 dV인 미소유체요소를 생각하자. 이 유체요소는 수학의 미분학에서 정의한 바와 같은 미소한 크기이지만 제1장에서 정의한 대로 기체를 연속체

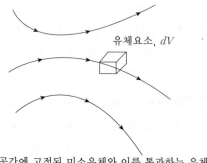

유체요소, dV

공간에 고정된 미소유체와 이를 통과하는 유체

그림 2.3   미소유체요소방법

로 가정할 수 있을 만큼 충분한 수의 분자들을 포함할 수 있는 크기이다. 또한 유동 내에서의 그 위치가 보통 고정되어 있다고 생각한다. 이러한 미소유체요소에 기본 물리법칙을 적용하여 유동성질로 표시된 방정식을 구하는 것이 미소유체요소방법이다.

(4) 분자유동모델방법(molecular approach)

실제 유체 유동은 유체를 구성하는 개개 분자운동의 통계적 평균(statistical average)을 취한 것이다. 그러므로 분자유동모델방법은 분자 하나하나에 물리적 법칙을 직접 적용하여 통계적 평균을 취하는 미시적 방법이다. 이 방법은 결국 분자운동론(kinetic theory)의 Boltzmann방정식의 해를 얻는 것으로 귀착되기 때문에 이 책의 범위를 벗어나게 된다. 이 방법에 흥미있는 독자는 참고문헌 [20]을 읽기 바란다.

이상으로 여러 유동모델을 소개하였는데, 사람에 따라 유동을 지배하는 일반방정식을 유도하기 위하여 적합한 유동모델을 선택하여 사용할 수 있다. 이 책에서는 (1)과 (2)의 방법을 택하였으며 (3)의 미소유체요소방법은 (1)의 유한제어체적 방법과 유사하며 연습문제로 주어져 있다. 끝으로 독자들이 유체의 점성과 열전달을 고려한 일반방정식을 알고자 한다면 참고문헌 [18]을 주의 깊게 읽기 바란다.

2.2 운동학의 사전 지식

2.1절의 개념으로부터 유동을 지배하는 방정식을 유도하기 전에 필요한 운동학에 관한 몇 가지만 기술하고자 한다.

(1) 유동장의 기술 방법

처음 순간에 위치 $\vec{\xi}$에 있었던 어떤 유체입자가 얼마 후 다음 순간에 위치 $\vec{x}$에 있었다 하자. 객관성을 잃지 않고 처음 순간을 시간 $t=0$으로, 다음 순간을 시간 t로 놓을 수 있다.

어떤 유체입자의 초기 좌표 $\vec{\xi}$와 시간 t를 그 입자의 물질변수(material variables)라 부르며 유동장을 물질변수 $(\vec{\xi}, t)$로 나타낼 때 우리는 Lagrangian방식에 의하여 유장을 기술한다고 말한다. 이에 반하여 위치 좌표 $\vec{x}$와 시간 t를 공간변수(spatial variables)라 하고 유장을 공간변수 $(\vec{x}, t)$로 표시할 때 우리는 Eulerian방식에 의하여 유장을 기술한다고 말한다. 예를 들어 밀도 ρ를 Lagrangian방식에 의하여 기술한다고 하면 $\rho=\rho(\vec{\xi}, t)$로 표시하는데 그 물리적 의미는 초기위치 $\vec{\xi}(t=0)$에 있던 특정 입자가 시간 t일 때 가지는 밀도를 나타낸다. 그러므로 이 방식은 입자의 시간에 따른 물리적 양을 알게 해 주므로 어떤 특정 입자에 대한 시간에 따른 과정을 알기에 유리한 기술방식이다.

밀도 ρ를 Eulerian방식에 의하여 기술하면 $\rho=\rho(\vec{x}, t)$로 표시되며 물리적으로 위치 $\vec{x}$에서 시간 t일 때의 밀도를 의미하게 된다. 우리는 특정한 입자에 대해서보다는 유장에서의 물리적 양 $(p, \rho, T, \vec{v}, \cdots etc)$의 분포를 알고자 하기 때문에 특별한 문제(예를 들어 밀도층을 이루는 성층유동(stratified flow))를 제외하고는 Eulerian방식에 의하여 기술하는 것이 유리하다. 물론 두 방식의 상호 변환은 이론적으로 가능하나 실제로는 매우 어렵다.

(2) Eulerian 도함수 $\dfrac{\partial}{\partial t}$와 물질도함수 $\dfrac{d}{dt}$

Eulerian 도함수 $\dfrac{\partial}{\partial t}$는 $\dfrac{\partial}{\partial t} \equiv \dfrac{\partial}{\partial t}\Big|_{\vec{x}}$, 즉 $\vec{x}$를 고정시켰을 때의 시간에 대한 미분이며, 물질도함수(material derivative) $\dfrac{d}{dt}$는 $\dfrac{d}{dt} \equiv \dfrac{d}{dt}\Big|_{\vec{\xi}}$, 즉 $\vec{\xi}$를 고정시켰

을 때의 시간에 대한 미분을 의미한다.

이제 어떤 물리적 양 F를 생각하자. $\dfrac{\partial F}{\partial t}$는 고정된 위치 $\vec{x}$에서 관찰한 F의 시간에 대한 변화율이며, $\dfrac{dF(\vec{x},\ t)}{dt}=\dfrac{\partial F(\vec{\xi},\ t)}{\partial t}\Big|_{\vec{\xi}}$는 $\vec{\xi}$ 유체입자($t=0$일 때 $\vec{\xi}$위치에 있던 입자)의 운동과 함께 움직이면서 관찰한 F의 시간에 대한 변화율이다. 그러므로 $\dfrac{dF(\vec{x},\ t)}{dt}$는 다음과 같이 정의된다.

$$\frac{dF(\vec{x},\ t)}{dt}=\lim_{\Delta t\to 0}\frac{F[\vec{x}_p(t+\Delta t),\ t+\Delta t]-F[\vec{x}_p(t),\ t]}{\Delta t} \tag{2.1}$$

여기서 $\vec{x}_p(t+\Delta t)$와 $\vec{x}_p(t)$는 어떤 입자 p가 각각 시간 $t+\Delta t$와 시간 t일 때의 위치이다. 즉,

입자 p : $t=t$일 때 $\vec{x}_p(t)=\vec{x}$

$\qquad\quad t=t+\Delta t$일 때 $\vec{x}_p(t+\Delta t)=\vec{x}_p(t)+\Delta\vec{x}=\vec{x}+\Delta\vec{x}$

그러니까 입자 p가 시간 Δt후에 $\vec{x}$로부터 $\Delta\vec{x}$만큼 이동한 것이다. 식 (2.1)에 $\vec{x}_p(t)$와 $\vec{x}_p(t+\Delta t)$의 값을 대입하면

$$\frac{dF(\vec{x},\ t)}{dt}=\lim_{\Delta t\to 0}\frac{F(\vec{x}+\Delta\vec{x},\ t+\Delta t)-F(\vec{x},\ t)}{\Delta t} \tag{2.2}$$

먼저 $F(\vec{x}+\Delta\vec{x},\ t+\Delta t)$를 $\vec{x}$부근에서 $\vec{x}$에 관하여 Taylor급수로 전개하여 보자.

$$F(\vec{x}+\Delta x,\ t+\Delta t)\cong F(\vec{x},\ t+\Delta t)+\sum_{i=1}^{3}\frac{\partial F(\vec{x},\ t+\Delta t)}{\partial x_i}\Delta x_i \tag{2.3}$$

여기서 2차항 $O(\Delta x_i^2)$ 이상은 무시하였다. 그런데 $\Delta\vec{x}=\vec{v}(\vec{x},\ t)\Delta t$로 표시할 수 있으므로 이것을 식 (2.3)에 대입하면 다음과 같이 된다.

$$F(\vec{x}+\Delta\vec{x},\ t+\Delta t)\cong F(\vec{x},\ t+\Delta t)+\Delta t\sum_{i=1}^{3}\frac{\partial F(\vec{x},\ t+\Delta t)}{\partial x_i}v_i \tag{2.4}$$

다시 윗 식을 $t=t$부근에서 t에 관하여 Taylor급수로 전개한다. 우변 각 항에 대하여 전개하면

$$F(\vec{x},\ t+\Delta t)=F(\vec{x},\ t)+\frac{\partial F(\vec{x},\ t)}{\partial t}\Delta t+O(\Delta t^2)$$

$$\frac{\partial F(\vec{x},\ t+\Delta t)}{\partial x_i}=\frac{\partial F(\vec{x},\ t)}{\partial x_i}+\frac{\partial^2 F(\vec{x},\ t)}{\partial t\partial x_i}\Delta t+O(\Delta t^2) \tag{2.5}$$

그러므로

$$\sum_{i=1}^{3}\frac{\partial F(\vec{x},\ t+\Delta t)}{\partial x_i}v_i=\sum_{i=1}^{3}\frac{\partial F(\vec{x},\ t)}{\partial x_i}v_i+\Delta t\sum_{i=1}^{3}\frac{\partial^2 F(\vec{x},\ t)}{\partial x_i\partial t}v_i+O(\Delta t^2) \tag{2.6}$$

식 (2.5)와 (2.6)의 결과를 식 (2.4)에 대입하면

$$F(\vec{x}+\Delta\vec{x},\ t+\Delta t)\cong F(\vec{x},\ t)+\frac{\partial F(\vec{x},\ t)}{\partial t}\Delta t$$
$$+\Delta t\left[\sum_{i=1}^{3}\frac{\partial F(\vec{x},\ t)}{\partial x_i}v_i+\Delta t\sum_{i=1}^{3}\frac{\partial^2 F(\vec{x},\ t)}{\partial x_i\partial t}v_i\right]+O(\Delta t^2) \tag{2.7}$$

식 (2.7)을 식 (2.2)에 대입하면

$$\frac{dF(\vec{x},\ t)}{dt}$$
$$=\lim_{\Delta t\to 0}\frac{F(\vec{x},\ t)+\Delta t\left[\frac{\partial F(\vec{x},\ t)}{\partial t}+\sum_{i=1}^{3}\frac{\partial F(\vec{x},\ t)}{\partial x_i}v_i+\Delta t\sum_{i=1}^{3}\frac{\partial^2 F(\vec{x},\ t)}{\partial x_i\partial t}v_i\right]-F(\vec{x},\ t)}{\Delta t}$$
$$=\lim_{\Delta t\to 0}\left[\frac{\partial F(\vec{x},\ t)}{\partial t}+\sum_{i=1}^{3}v_i\frac{\partial F(\vec{x},\ t)}{\partial x_i}+\Delta t\sum_{i=1}^{3}\frac{\partial^2 F(\vec{x},\ t)}{\partial x_i\partial t}v_i\right]$$
$$=\frac{\partial F(\vec{x},\ t)}{\partial t}+\sum_{i=1}^{3}v_i\frac{\partial F(\vec{x},\ t)}{\partial x_i}$$
$$=\frac{\partial F(\vec{x},\ t)}{\partial t}+(\vec{v}\cdot\nabla)F \tag{2.8}$$

또는

$$\frac{d}{dt}=\frac{\partial}{\partial t}+\vec{v}\cdot\nabla \tag{2.9}$$

식 (2.8)과 (2.9)는 $O(\Delta x^2)$과 $O(\Delta t^2)$ 이상의 항을 무시하고 얻은 결과이다. 식 (2.9)는 바로 앞서 정의한 바 있는 물질도함수이다. 이것은 물리적 의미로서 유동과 함께 움직이면서 본 시간에 따른 변화율이라고 이미 설명한 바 있는데, 식 (2.9)는 고정된 위치 $\vec{x}$에서 본 시간에 따른 변화율 $\frac{\partial}{\partial t}$와 위치이동에

의한 효과인 전달률(convective rate) $\vec{v} \cdot \nabla$ 로 되어 있음을 알 수 있다.

(3) Reynolds 전달정리(Reynolds Transport Theorem)

Reynolds 전달정리는 물질체적 내의 유동성질 변화와 검사체적 내의 유동성질 변화 사이의 관계이다. 일반적으로 대부분의 유체역학의 문제해결에 있어서 검사체적에 의한 해석방법이 물질체적에 의한 해석방법보다 편리하다. 그러나 총 유동성질의 변화는 일정한 유체입자들을 포함하는 물질체적을 고려함으로써 쉽게 계산된다. 이것은 물리적 기본법칙이 대개 일정한 유체입자로 구성된 고정된 질량에 적용되기 때문이다. 따라서 우리는 물질체적 내의 유동성질변화를 검사체적 내의 그것과 관련지을 필요가 있다.

항상 일정한 입자들을 갖는 물질체적은 유동과 함께 운동하면서 그 체적이 연속적으로 변하는 시간 t 의 함수이며, 이것을 $V(t)$ 라 놓자. 이 물질체적은 그림 2.4에서와 같이 $t = t_0$ 일 때 $V(t_0)$ 가 되며 이때 물질체적이 차지하는 공간을 검사체적 V_0 로 삼는다(즉, $V(t_0) = V_0$). 검사체적 V_0 의 검사표면을 S_0 로 하자.

시간 t, 위치 $\vec{x}$ 에서 단위체적이 갖는 유동성질을 $F(\vec{x}, t)$ 라 하면 물질체적 $V(t)$ 가 갖는 총(總)유동성질(예를 들면, 운동량, 에너지)은

$$\mathfrak{S}(t) = \iiint_{V(t)} F(\vec{x}, t) dV \qquad (2.10)$$

로 표시된다. 시간 t_0 와 $t_0 + \varDelta t$ 사이에 물질체적 $V(t)$ 내의 유동성질변화와 검사체적 V_0 내의 그것과 관련짓기 위해 그림 2.4와 같이 A, B, C 로 표시된 체적을 생각한다. $V_0 = V_0(t)$ 내의 $\mathfrak{S}$ 는 $\mathfrak{S}_{A, t_0}$ 와 $\mathfrak{S}_{B, t_0}$ 로 이루어져 있고, $V(t_0 + \varDelta t)$ 내의 $\mathfrak{S}$ 는 $\mathfrak{S}_{B, t_0 + \varDelta t}$ 와 $\mathfrak{S}_{C, t_0 + \varDelta t}$ 로 이루어져 있다. 시간 $\varDelta t$ 사이에 물질체적 내의 유체입자들은 $V(t_0)$ 에서 $V(t_0 + \varDelta t)$ 로 옮겨가는데, 그 사이에 $\mathfrak{S}$ 의 변화 $\varDelta \mathfrak{S}$ 는 다음과 같다.

$$\varDelta \mathfrak{S} = \mathfrak{S}(t_0 + \varDelta t) - \mathfrak{S}(t_0) = \mathfrak{S}_{B, t_0 + \varDelta t} - \mathfrak{S}_{B, t_0} + \mathfrak{S}_{C, t_0 + \varDelta t} - \mathfrak{S}_{A, t_0}$$

이 식에 $\mathfrak{S}_{A, t_0 + \varDelta t}$ 를 도입하여 재정리하여 보면

$$\varDelta \mathfrak{S} = (\mathfrak{S}_{B, t_0 + \varDelta t} + \mathfrak{S}_{A, t_0 + \varDelta t}) - (\mathfrak{S}_{B, t_0} + \mathfrak{S}_{A, t_0}) + (\mathfrak{S}_{C, t_0 + \varDelta t} - \mathfrak{S}_{A, t_0 + \varDelta t})$$

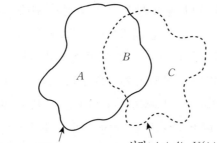

시간: t_0 $V(t_0)=V_0=A+B$ 시간: $t_0+\Delta t$ $V(t+\Delta t)=B+C$

그림 2.4

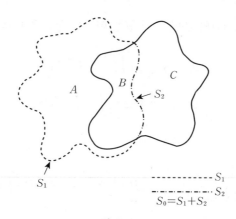

$------- S_1$
$-\cdot-\cdot-\cdot-\cdot- S_2$
$S_0=S_1+S_2$

그림 2.5

$\Im$ 의 순간변화율은 다음과 같다.

$$\frac{d\Im}{dt}=\lim_{\Delta t\to 0}\frac{\Delta\Im}{\Delta t}=\lim_{\Delta t\to 0}\frac{\Im_{A+B,\,t_0+\Delta t}-\Im_{A+B,\,t_0}}{\Delta t}+\lim_{\Delta t\to 0}\frac{\Im_{C,\,t_0+\Delta t}-\Im_{A,\,t_0+\Delta t}}{\Delta t} \quad (2.11)$$

이 식의 의미를 살펴보면, 우변의 첫째 항은 검사체적 $V_0=A+B$ 내에서의 $\Im$ 의 시간변화율, 즉 V_0에 $\Im$ 가 축적되는 율을 의미하고 있으며, 둘째 항은 그림 2.5에서 보듯이, $\Im_{C,\,t_0+\Delta t}$가 Δt 동안 S_2를 통해 나간 양이며, $\Im_{A,\,t_0+\Delta t}$가 Δt 동안 S_1을 통해서 들어온 양이므로, 결과적으로 단위시간당 검사표면 $S_0=S_1+S_2$를 통해 **빠져나간** $\Im$ 의 양을 의미한다.

그러므로 식 (2.11)의 우변 첫째 항을 다음과 같이 나타낼 수 있다.

$$\lim_{\Delta t\to 0}\frac{\Im_{A+B,\,t_0+\Delta t}-\Im_{A+B,\,t_0}}{\Delta t}=\frac{\partial\Im}{\partial t}\bigg|_{c.v.}=\frac{\partial}{\partial t}\iiint_{V_0}F\,dV \quad (2.12)$$

그리고 식 (2.11)의 우변 둘째 항의 표현을 얻기 위해 그림 2.6과 같은 검사표면 S_0 위에 미소면적요소 dS를 생각한다. 미소면적 dS에서의 유체속도는 $\vec{v}$이며, dS에 수직한 성분은 $V_n = \vec{v} \cdot \vec{n}$으로 주어진다. 따라서 시간 Δt 동안에 dS를 빠져나간 유동입자들이 이루는 체적은 $dS(v_n \Delta t) = dS(\vec{v} \cdot \vec{n} \Delta t)$이며, 이 체적에 의해 Δt 동안 검사표면을 빠져나간 미소증분 $\delta \mathfrak{S}$는 $\delta \mathfrak{S} = F dS \vec{v} \cdot \vec{n} \Delta t$ 가 된다. 그러므로 미소면적요소 dS를 통한 $\mathfrak{S}$의 유출률은 다음과 같다.

$$\frac{\delta \mathfrak{S}}{\Delta t} = F \vec{v} \cdot \vec{n} dS$$

그러므로 식 (2.11)의 우변 둘째 항을 이루는 항들은 다음과 같이 표시된다.

$$\mathfrak{S}_{C,\, t_0 + \Delta t} = \Delta t \iint_{S_2} F \vec{v} \cdot \vec{n} dS$$

$$\mathfrak{S}_{A,\, t_0 + \Delta t} = -\Delta t \iint_{S_1} F \vec{v} \cdot \vec{n} dS$$

따라서

$$\lim_{\Delta t \to 0} \frac{\mathfrak{S}_{C,\, t_0 + \Delta t} - \mathfrak{S}_{A,\, t_0 + \Delta t}}{\Delta t} = \lim_{\Delta t \to 0} \frac{\Delta t \iint_{S_2} F \vec{v} \cdot \vec{n} dS + \Delta t \iint_{S_1} F \vec{v} \cdot \vec{n} dS}{\Delta t}$$

$$= \iint_{S_1 + S_2} F \vec{v} \cdot \vec{n} dS = \iint_{S_0} F \vec{v} \cdot \vec{n} dS \tag{2.13}$$

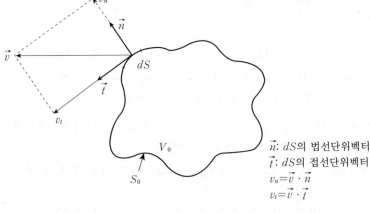

$\vec{n}$: dS의 법선단위벡터
$\vec{t}$: dS의 접선단위벡터
$v_n = \vec{v} \cdot \vec{n}$
$v_t = \vec{v} \cdot \vec{t}$

그림 2.6

식 (2.12), (2.13)을 식 (2.11)에 대입하고 식 (2.11)의 정의를 이용하면 다음과 같은 중요한 결과를 얻는다.

$$\frac{d}{dt}\,\Im(t) = \frac{d}{dt}\iiint_{V(t)} F(\vec{x}\cdot t)dV$$

$$= \frac{\partial}{\partial t}\iiint_{C.V.} F(\vec{x},\,t)dV + \iint_{C.S.} F(\vec{x},\,t)\vec{v}\cdot\vec{n}dS \qquad (2.14)$$

여기서 $V(t)$는 물질체적이며, $C.V.$와 $C.S.$는 $t=t$일 때의 물질체적과 그 체적이 이루는 표면을 말하며, 각각 검사체적 V_0와 검사면 S_0라 부른다. 식 (2.14)의 우변 둘째 항에 발산정리를 적용하면

$$\frac{d}{dt}\iiint_{V(t)} FdV = \frac{\partial}{\partial t}\iiint_{C.V.} FdV + \iiint_{C.V.} \nabla\cdot(F\vec{v})dV$$

$$= \iiint_{V(t)}\left\{\frac{\partial F}{\partial t}+\nabla\cdot(F\vec{v})\right\}dV \qquad (2.15)$$

또 식 (2.8)이나 (2.9)를 이용하면 식 (2.15)는

$$\frac{d}{dt} = \iiint_{V(t)} FdV + \iiint_{V(t)}\left\{\frac{dF}{dt}+F\nabla\cdot\vec{v}\right\}dV \qquad (2.16)$$

식 (2.14), (2.15), (2.16)은 Reynolds 전달정리의 여러 형태들이다.

식 (2.14)로 표현된 Reynolds 전달정리는 물질체적 내의 F의 체적변화율을 $\frac{\partial F}{\partial t}$의 검사체적 $C.V.$에 대한 체적분과 검사면 $C.S.$를 통한 F의 순유동 (net flow)으로 되어 있다. 식 (2.14)에서 꼭 알아두어야 할 것은 좌변 적분항의 $V(t)$는 유동과 함께 운동하는 물질체적에 대한 적분을 의미하고 있으며 우변의 $C.V.$와 $C.S.$는 각각 시간 $t=t$일 때의 물질체적과 그 표면적으로 이루어진 검사체적과 검사면을 가리키고 있다는 것이다.

Reynolds 전달정리는 2.1절에서 기술한 유한체적 유동모델 방법으로 유동을 지배하는 일반방정식을 유도하는 데 사용되므로 확실히 기억해 두는 것이 좋다.

2.3 연속방정식(continuity equation)

물리적 원리: 질량은 생성되지도 않으며 소멸되지도 않는다.(질량보존법칙)

(1) 유한물질체적 유동모델방법

유한물질체적 유동모델에 위의 물리적 원리를 적용하여 보자. $\rho(\vec{x}, t)$를 위치 $\vec{x}$와 시간 t에서의 밀도(단위체적당 질량)라 하자. 그러면 어떤 유한체적 V의 질량은 다음과 같이 주어진다.

$$M(t) = \iiint_{V(t)} \rho(\vec{x}, t) dV \qquad (2.17)$$

그러나 위의 적분에 표시된 체적 V가 항상 동일한 유체입자들로 구성된 물질체적이라면 $M(t)$는 물질체적 $V(t)$가 갖는 총질량이다. 질량보존법칙을 식 (2.17)에 적용하면 M은 시간에 대하여 일정해야 하므로 $\dfrac{dM}{dt} = 0$이어야 한다. 즉,

$$\frac{dM}{dt} = \frac{d}{dt} \iiint_{V(t)} \rho(\vec{x}, t) dV = 0 \qquad (2.18)$$

이 식의 물질체적 내의 밀도에 대한 적분의 신간에 대한 변화율은 식 (2.16)으로 표시된 Reynolds전달정리를 이용하여 식 (2.16)에서 $F = \rho$로 놓으면 식 (2.18)은 다음과 같이 된다.

$$\frac{dM}{dt} = \iiint_{V(t)} \left(\frac{d\rho}{dt} + \rho \nabla \cdot \vec{v} \right) dV = 0 \qquad (2.19)$$

이 식에 표시된 적분이 유장 내에서 임의로 선택한 유한물질체적에 대하여 항상 영이 되어야 하므로 피적분이 항상 영이 되지 않으면 안 된다.

$$\frac{d\rho}{dt} + \rho \nabla \cdot \vec{v} = 0 \qquad (2.20)$$

또는 물질도함수 $\dfrac{d}{dt} = \dfrac{\partial}{\partial t} + \vec{v} \cdot \nabla$를 이용하면 식 (2.20)을 다음과 같이 표시할 수도 있다.

$$\frac{\partial \rho}{\partial t} + \nabla \cdot (\rho \vec{v}) = 0 \qquad (2.21)$$

식 (2.20)과 (2.21)은 미분형으로 주어진 연속방정식이며 특히 식 (2.21)의 형태를 보존형(conservation form) 연속방정식이라 한다.

식 (2.16)으로 표시된 Reynolds정리에서 $F = \rho Q(x, t)$로 놓으면,

$$\frac{d}{dt} \iiint_{V(t)} \rho Q \, dV = \iiint_{V} \left[\frac{d(\rho Q)}{dt} + \rho Q \nabla \cdot \vec{v} \right] dV$$

$$= \iiint_{V} \left[\rho \frac{dQ}{dt} + Q \left(\frac{d\rho}{dt} + \rho \nabla \cdot \vec{v} \right) \right] dV$$

연속방정식에서 $\frac{d\rho}{dt} + \rho \nabla \cdot \vec{v} = 0$이므로 이 식은 다음과 같다.

$$\frac{d}{dt} \iiint_{V(t)} \rho Q \, dV = \iiint_{V(t)} \rho \frac{dQ}{dt} \, dV \qquad (2.22)$$

여기서 $V(t)$는 물질체적이다.

식 (2.22)는 앞으로 유한물질체적 유동모델방법으로 유동의 일반방정식을 유도하는 데 자주 사용될 것이다.

(2) 유한검사체적 유동모델방법

그림 2.7로 주어진 검사체적에 물리적 원리를 적용하자. 체적은 V_0이고 표면적은 S_0이며 유장 내에 한 위치에 고정되어 있다. 먼저 경계면의 임의의 한 점 B와 점 B에서의 면적요소 dS를 생각하자. 그리고 $\vec{n}$를 점 B에서의 dS에 수직하며 면의 바깥쪽을 향한 단위벡터라 하자. $\vec{v}$와 ρ를 각각 점 B에서의 유속과 밀도라 하면 $\rho\vec{v}$는 질량 유동으로서, 단위시간에 $\vec{v}$방향에 수직한 단위면적을 통하여 $\vec{v}$방향으로 이동하는 유량을 나타낸다. $\rho\vec{v} \cdot \vec{n}$는 $|\rho\vec{v}|\cos\theta$이므로 단위시간에 $\vec{n}$에 수직한 단위면적을 통하여 나가는 $\vec{n}$ 방향의 유량이 된다. 그러므로 $-\rho\vec{v} \cdot \vec{n}dS$는 단위시간에 dS를 통하여 검사체적 내로 들어오는 유량이 된다. 따라서 단위시간당 전 검사면을 통하여 검사체적 내에 들어오는 총 유량은 $-\rho\vec{v} \cdot \vec{n}dS$를 전 검사면에 대하여 적분한 값이 된다.

$$-\iint_{S_0} \rho\vec{v} \cdot \vec{n}dS \qquad (2.23)$$

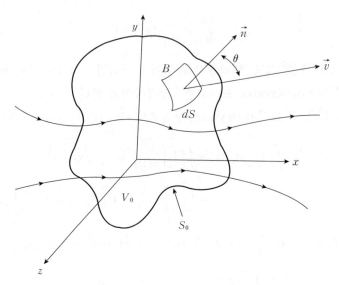

그림 2.7 지배방정식 유도를 위한 고정된 검사체적

한편 단위시간당 검사체적 내의 질량증가는 다음과 같다.

$$\frac{\partial}{\partial t}\iiint_{V_0}\rho\,dV$$

질량보존법칙에 의하여 전 검사면을 통하여 단위시간에 들어온 총 유량은 단위시간에 검사체적 내의 질량증가와 같아야 한다.

$$-\iint_{S_0}\rho\vec{v}\cdot\vec{n}\,dS=\frac{\partial}{\partial t}\iiint_{V_0}\rho\,dV$$

$$\therefore\ \frac{\partial}{\partial t}\iiint_{V_0}\rho\,dV+\iint_{S_0}\rho\vec{v}\cdot\vec{n}\,dS=0 \tag{2.24}$$

식 (2.24)는 미분형의 연속방정식이다. 그런데 V_0는 검사체적이며 일정하다. 그러므로 시간에 대한 적분을 적분기호 안으로 넣을 수 있다. 따라서

$$\frac{\partial}{\partial t}\iiint_{V_0}\rho\,dV=\iiint_{V_0}\frac{\partial\rho}{\partial t}\,dV \tag{2.25}$$

식 (2.24)에 식 (2.25)를 대입함과 동시에 발산정리를 사용하여 면적분을 체적분으로 바꾸면 식 (2.24)는 다음과 같이 된다.

$$\iiint_{V_0} \left[\frac{\partial \rho}{\partial t} + \nabla \cdot (\rho \vec{v}) \right] dV = 0 \tag{2.26}$$

이 식은 유장 내의 임의로 선택한 모든 검사체적에 유효한 식이다. 따라서 피적분이 $\vec{x}$의 연속함수일 때 이 적분이 항상 0이 되려면 피적분이 영이 되어야만 한다.

$$\frac{\partial \rho}{\partial t} + \nabla \cdot (\rho \vec{v}) = 0 \tag{2.27}$$

또는 $\dfrac{d}{dt} = \dfrac{\partial}{\partial t} + \vec{v} \cdot \nabla$를 이용하면 이 식은 다음과 같이 쓸 수도 있다.

$$\frac{d\rho}{dt} + \rho \nabla \cdot \vec{v} = 0 \tag{2.28}$$

식 (2.27)과 (2.28)은 물질체적 유동모델방법으로 유도한 연속방정식과 동일함을 발견할 수 있다.

2.4 운동량방정식(momentum equation)

물리적 원리: 물체의 선형운동량(linear momentum)의 시간에 대한 변화율은 물체에 작용하는 모든 힘의 합과 같다.(선형운동량보존법칙)

(1) 유한물질체적 유동모델방법

위의 물리적 원리를 물질체적에 적용하면, 물질체적 $V(t)$가 갖는 선형운동량의 시간에 대한 변화율은 물질체적에 작용하는 모든 힘과 같다.

$$\frac{d}{dt} \iiint_{V(t)} \rho \vec{v} \, dV = \vec{F} \tag{2.29}$$

여기서 $V(t)$는 그림 2.8에 표시되어 있는 것과 같이 유동과 함께 운동하며 항상 동일한 유체입자들로 구성된다. 또한 모든 물리적 원리를 포함하는 이 물질체적은 주어진 유동문제의 전(全) 유장일 수도 있고 유장 내의 일부분인 임의의 유한한 체적일 수도 있다.

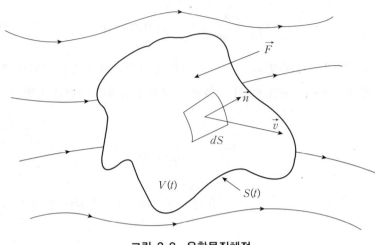

그림 2.8 유한물질체적

식 (2.29)의 $\vec{F}$는 다음 2가지의 힘으로 되어 있다.

$$\vec{F} = \vec{F_b} + \vec{F_s} \tag{2.30}$$

여기서 $\vec{F_b}$와 $\vec{F_s}$는 각각 체적력(body force)과 표면력(surface force)으로 불린다.

체적력(body force)

체적력은(단위질량 또는 단위체적에 작용하는 힘) 예를 들어 중력장이나 자기장과 같은 멀리서 작용하는 힘이며 인접한 유체입자 접촉면 간의 상호작용에는 무관하다. 체적력은 밀도나 전기전도율(electrical conductivity)과 같은 유체의 성질에 따라 다르다.

유한한 물질체적에 작용하는 체적력은 다음과 같이 표시된다.

$$\vec{F_b} = \iiint_{V(t)} \rho \vec{f}\, dV \tag{2.31}$$

여기서 $\rho\vec{f}$는 단위체적당 작용하는 체적력이다.

표면력(surface force)

표면력은 인접한 입자의 접촉면 간의 상호작용으로부터 일어나는 압력이나 점성력과 같은 내부응력에 의한 힘이다.

전 물질면에 작용하는 표면력은 다음과 같이 표시된다.

$$\vec{F}_s = \iint_S \vec{\tau} \, dS \tag{2.32}$$

여기서 $\vec{\tau}$는 단위면적당 작용하는 표면력이다.

그러나 유체를 완전기체로 가정한 비점성 유체에서는 표면력이 물질체적의 경계면에 수직으로 작용하는 압력뿐이므로 $\vec{\tau} = -p\vec{n}$으로 표시되며 따라서 식 (2.32)로 주어진 표면력은 다음과 같이 된다.

$$\vec{F}_s = -\iint_S p\vec{n} \, dS \tag{2.33}$$

여기서 음부호는 압력방향이 $\vec{n}$ 방향과 반대이기 때문에 붙은 것이다.

식 (2.31)과 (2.33)으로 표시된 체적력과 표면력을 식 (2.30)에 대입하면 다음과 같이 된다.

$$\frac{d}{dt} \iiint_{V(t)} \rho \vec{v} \, dV = \iiint_{V(t)} \rho \vec{f} \, dV - \iint_{S(t)} p\vec{n} \, dS \tag{2.34}$$

그런데 식 (2.22)의 결과를 이용하기 위해 $Q = \vec{v}$로 놓으면

$$\frac{d}{dt} \iiint_{V(t)} \rho \vec{v} \, dV = \iiint_{V(t)} \rho \frac{d\vec{v}}{dt} \, dV \tag{2.35}$$

이 되고, 발산정리를 써서 식 (2.34)의 우변 둘째 항의 면적분을 체적분으로 고치면

$$\iint_S p\vec{n} \, dS = \iiint_V \nabla p \, dV \tag{2.36}$$

이 된다. 식 (2.35)와 식 (2.36)을 식 (2.34)에 대입하면 최종적으로 다음과 같이 된다.

$$\iiint_{V(t)} \left[\rho \frac{d\vec{v}}{dt} - \rho \vec{f} + \nabla p \right] dV = 0 \tag{2.37}$$

이 적분은 유장 내의 임의로 선택한 유한물질체적에 유효하므로 피적분이

$\vec{x}$의 연속함수인 한, 피적분이 모든 점에서 영이 되지 않으면 안 된다. 즉

$$\rho \frac{d\vec{v}}{dt} = \rho \vec{f} - \nabla p \tag{2.38}$$

이 식은 미분형 운동량방정식으로서, 처음으로 이 식을 유도한 사람의 이름을 따라 Euler방정식이라고도 불린다.

(2) 유한검사체적 유동모델방법

본절 첫 머리에 기술한 물리적 원리를 그림 2.7에 표시된 유한검사체적에 적용하여 보자. 고정된 질량에 대하여 절대좌표계에서 선형운동량보존법칙이 다음과 같이 표시된다는 것을 이미 말한 바 있다.

$$\frac{d}{dt} \iiint_{V(t)} \rho \vec{v} dV = \vec{F}_b + \vec{F}_s \tag{2.39}$$

$V(t)$는 시간에 대하여 일정한 질량을 갖는 물질체적이다. 검사체적에 이 식을 적용하기 위하여 Reynolds 전달정리를 상기하자.

$$\frac{d}{dt} \iiint_{V(t)} F(\vec{x}, t) dV = \frac{\partial}{\partial t} \iiint_{V_0} F dV + \iint_{S_0} F\vec{v} \cdot \vec{n} dS \tag{2.14}$$

여기서 V_0와 S_0는 시간 t일 때 물질체적 $V(t)$가 이루는 체적과 표면적이다.

식 (2.14)에서 $F = \rho\vec{v}$로 놓으면 식 (2.39)의 좌변, 즉 고정된 질량에 대한 운동량의 시간에 대한 변화율을 검사체적에 대한 적분으로 고칠 수 있다. 즉

$$\frac{d}{dt} \iiint_{V(t)} \rho\vec{v} dV = \frac{\partial}{\partial t} \iiint_{V_0} \rho\vec{v} dV + \iint_{S_0} \rho\vec{v}(v, \vec{n}) dS \tag{2.40}$$

물리적 의미는, 고정된 질량에 대한 운동량의 변화율 $\frac{d}{dt} \iiint_{V(t)} \rho\vec{v} dV$ 은 단위시간에 검사면을 통과하는 순운동량(net flow of momentum) $\iint_{S_0} \rho\vec{v}(\vec{v} \cdot \vec{n}) dS$와 검사체적 내의 운동량의 변화율 $\frac{\partial}{\partial t} \iiint_{V_0} \rho\vec{v} dV$ 로 되어 있다. 식 (2.40)을 식 (2.39)에 대입하면 검사체적에 대한 방정식을 얻는다.

$$\frac{\partial}{\partial t} \iiint_{V_0} \rho\vec{v} dV + \iint_{S_0} \rho\vec{v}(\vec{v} \cdot \vec{n}) dS = \vec{F}_b + \vec{F}_s \tag{2.41}$$

여기서 $\vec{F}_b$는 검사체적에 작용하는 체적력으로서 아래와 같다.

$$\vec{F}_b = \iiint_{V_0} \rho \vec{f} \, dV \tag{2.42}$$

또한 $\vec{F}_s$는 검사면에 작용하는 표면력으로서 아래와 같이 표시가 된다.

$$\vec{F}_s = -\iint_{S_0} p\vec{n} \, dS \tag{2.43}$$

이제 식 (2.42)와 (2.43)을 식 (2.41)에 대입하면 다음과 같은 결과를 얻는다.

$$\frac{\partial}{\partial t} \iiint_{V_0} \rho \vec{v} \, dV + \iint_{S_0} \rho \vec{v}(\vec{v} \cdot \vec{n}) \, dS = \iiint_{V_0} \rho \vec{f} \, dV - \iint_{S_0} p\vec{n} \, dS \tag{2.44}$$

이것이 적분형 운동량방정식이다.

지금까지 유도한 연속방정식과 운동량방정식은 그 형태가 미분형 또는 적분형으로 주어진 복잡한 형태이지만 유체유동을 해석하고 이해하는 데 매우 강력한 도구들이다. 현재로선 이 방정식들의 역할을 분명히 이해하지 못한다 하더라도 다음 장에서 실제적인 응용을 하게 되면 실감하리라 생각한다.

밀도가 일정한 비압축성 유동에 있어서는 밀도가 기지량(既知量)이기 때문에 유동값들, 즉 미지수는 압력 p와 속도 $v(v_1, v_2, v_3)$로 모두 4개이다. 그런데 방정식의 수를 보면, 연속방정식 1개, 운동량방정식이 벡터방정식이므로 3개, 따라서 모두 4개이다. 그러므로 비압축성 유동을 연구하는 데는 연속방정식과 운동량방정식만으로 충분하며 열역학이 요구되지 않는다. 그러나 압축성 유동에서는 밀도도 미지수이므로 위에서 기술한 방정식들 외에 추가로 에너지 방정식을 새로 도입하지 않으면 안 된다.

결국은 열역학이 필요로 하게 된다. 그럼 다음 절에서 에너지 방정식을 유도해 보기로 하자.

2.5 에너지방정식(energy equation)

물리적 원리: 에너지는 생성되거나 소멸되지 않으며 그 형태만 바꿀 뿐이다.

　　　(에너지보존법칙)

(1) 물질체적 유동모델방법

앞서 기술한 물리적 원리는 식 (1.23)으로 주어진 열역학 제1법칙에 포함되어 있다. 그림 2.8에 표시된 유한물질체적에 열역학 제1법칙을 적용하여 보자.

먼저 A_1, A_2, A_3를 다음과 같이 정의한다.

A_1 = 외부로부터 단위시간당 물질체적의 경계면을 통하여 물질체적 내로 가하여진 열

A_2 = 물질체적에 작용하는 힘에 의하여 단위시간당 물질체적 내의 유체에 한 일

A_3 = 물질체적 내의 에너지 변화율

열역학 제1법칙에 의하면 다음과 같은 관계가 성립한다.

$$A_3 = A_1 + A_2 \tag{2.45}$$

그러면 A_1, A_2, A_3에 대하여 구체적으로 생각해 보자.

A_1: 물질체적 내로 단위시간에 가하여진 열을 분석해 보면, 첫째로 물질체적 내의 유체에 가하여진 열이 있을 것이고, 둘째는 유체가 열전도율을 가지고 있을 때 물질체적의 경계면을 통하여 전달된 열 등 크게 두 가지로 나눌 수 있다. 먼저 둘째 번의 단위시간에 전(全) 물질경계면을 통하여 물질체적 내로 전달된 열 Q_1은 다음과 같이 표시한다.

$$Q_1 = -\iint_{S_o} k \frac{\partial T}{\partial n}\bigg|_w dS$$

여기서 $\dfrac{\partial T}{\partial n}\bigg|_w$은 경계면에서의 온도구배를 의미한다. 그러나 이 책에서는 유체를 완전기체로 가정하였으므로 점성과 열전도율 k가 없다. 따라서 $Q_1 = 0$가 되므로 경계면을 통한 전도열(熱)은 없다.

다음 첫번째의 가열량은 다음과 같이 표시할 수 있다.

$$Q_2 = \iiint_{V(t)} \rho \dot{q} \, dV$$

여기서 $\dot{q}$는 단위시간당 유체의 단위질량당 가하여진 열량이다.

그러므로

$$A_1 = Q_2 = \iiint_{V(t)} \rho \dot{q} dV \tag{2.46}$$

A_2: 첫째로, 물질체적의 경계면에 작용하는 표면력에 의하여 단위시간에 유체에 한 일은 다음과 같다.

$$W_p = \iint_S \vec{\tau} \cdot \vec{v} dS \tag{2.47}$$

그러나 완전기체일 때 점성에 의한 점성력은 없고 압력뿐이므로 $\vec{\tau}$는 다음과 같이 주어진다.

$$\vec{\tau} = -p\vec{n} \tag{2.48}$$

위 결과를 식 (2.47)에 대입하면

$$W_p = -\iint_S p\vec{v} \cdot \vec{n} dS \tag{2.49}$$

둘째로, 체적력에 의하여 단위시간당 유체에 한 일은 다음과 같다.

$$W_f = \iiint_V \rho \vec{f} \cdot \vec{v} dV \tag{2.50}$$

그러므로

$$A_2 = W_p + W_f = -\iint_S p\vec{v} \cdot \vec{n} dS + \iiint_V \rho \vec{f} \cdot \vec{v} dV \tag{2.51}$$

A_3: 1장에서는 정지된 계를 생각하였기 때문에 에너지라면 내부에너지뿐이었다. 그러나 지금은 계가 $\vec{v}$라는 속도로 유동과 함께 운동하고 있기 때문에 계의 내부에너지 외에 운동에너지가 있다. 단위질량당 내부에너지는 e이고 운동에너지는 $\frac{1}{2}\vec{v} \cdot \vec{v}$이다. 그러므로 물질체적 내의 에너지변화율은

$$A_3 = \frac{d}{dt} \iiint_{V(t)} \rho \left(e + \frac{1}{2}\vec{v} \cdot \vec{v} \right) dV \tag{2.52}$$

가 된다.

이상과 같이 식 (2.46), (2.51), (2.52)로 표시된 A_1, A_2, A_3를 식 (2.45)에 대입하면 다음과 같이 된다.

$$\frac{d}{dt}\iiint_{V(t)}\rho\left(e+\frac{1}{2}\vec{v}\cdot\vec{v}\right)dV$$
$$=\iiint_{V(t)}\rho\dot{q}dV-\iint_{S(t)}p\vec{v}\cdot\vec{n}dS+\iiint_{V(t)}\rho\vec{f}\cdot\vec{v}\,dV \qquad (2.53)$$

이 식으로부터 미분형 에너지방정식을 유도하기 위하여 다음과 같이 수학적 절차를 밟는다.

첫째로, 식 (2.22)를 이용하여 좌변을 다음과 같이 고친다.

$$\frac{d}{dt}\iiint_{V(t)}\rho\left(e+\frac{1}{2}\vec{v}\cdot\vec{v}\right)dV=\iiint_{V(t)}\rho\frac{d}{dt}\left(e+\frac{1}{2}\bar{v}^2\right)dV \qquad (2.54)$$

여기서 $\bar{v}^2=\vec{v}\cdot\vec{v}$이다.

둘째로, 식 (2.53)의 우변 두 번째 항에 발산정리를 적용하여 면적분을 체적분으로 고친다.

$$\iint_{S}p\vec{v}\cdot\vec{n}dS=\iiint_{V}\nabla\cdot(p\vec{v})dV \qquad (2.55)$$

식 (2.54)와 (2.55)를 식 (2.53)에 대입하고 하나의 체적분으로 묶으면

$$\iiint_{V(t)}\left[\rho\frac{d}{dt}\left(e+\frac{1}{2}\bar{v}^2\right)-\rho\dot{q}+\nabla\cdot(p\vec{v})-\rho\vec{f}\cdot\vec{v}\right]dV=0 \qquad (2.56)$$

이 식에서 유장 내에서 임의로 선택한 물질체적에 대하여 적분이 항상 영이 되기 위해서는 피적분이 영이 되지 않으면 안 된다. 즉,

$$\rho\frac{d}{dt}\left(e+\frac{1}{2}\bar{v}^2\right)=\rho\vec{f}\cdot\vec{v}-\nabla\cdot(p\vec{v})+\rho\dot{q} \qquad (2.57)$$

이 식이 미분형 에너지방정식이다.

(2) 유한검사체적 유동모델방법

그림 2.7과 같은 유한검사체적에 열역학 제1법칙을 적용하자. 먼저 B_1, B_2, B_3, B_4를 각각 다음과 같이 정의한다.

▶ 단위시간에 검사체적 내의 유체에 가하여진 열량:

$$B_1 = \iiint_{c.v.} \rho \dot{q}\, dV$$

▶ 단위시간에 체적력과 표면력이 유체에 한 일 :

$$B_2 = \iiint_{c.v.} \rho \vec{f} \cdot \vec{v}\, dV - \iint_{c.s.} p\vec{v} \cdot \vec{n}\, dS$$

▶ 단위시간당 검사면을 통하여 검사체적 밖으로 나가는 에너지:

$$B_3 = \iiint_{c.s.} \rho \left(e + \frac{1}{2} \cdot \bar{v}^2 \right)(\vec{v} \cdot \vec{n})\, dS$$

▶ 검사체적 내 에너지의 시간에 대한 변화율 :

$$B_4 = \frac{\partial}{\partial t} \iiint_{c.v.} \rho \left(e + \frac{1}{2} \cdot \bar{v}^2 \right) dV$$

열역학 제1법칙으로부터

$$B_4 = B_1 + B_2 - B_3 \qquad (2.58)$$

B_1 , B_2, B_3, B_4의 정의를 식 (2.58)에 각각 대입하여 정리하면,

$$\frac{\partial}{\partial t} \iiint_{c.v.} \rho \left(e + \frac{1}{2} \bar{v}^2 \right) dV + \iint_{c.s.} \rho \left(e + \frac{1}{2} \bar{v}^2 \right)(\vec{v} \cdot \vec{n})\, dS$$

$$= \iiint_{c.v.} \rho \dot{q}\, dV + \iiint_{c.v.} \rho \vec{f} \cdot \vec{v}\, dV - \iint_{c.s.} p\vec{v} \cdot \vec{n}\, dS \qquad (2.59)$$

이 식이 적분형 에너지방정식이다.

에너지방정식은 여러 가지 형태로 표시할 수 있는데 여러분들은 조만간 여러 문헌들에서 여러 형태의 에너지방정식을 대하여야 하기 때문에 이 기회

에 각 형태를 소개하고자 한다.

먼저 식 (2.57)로 표시된 에너지방정식으로부터 시작하자.

$$\rho \frac{d}{dt}\left(e+\frac{1}{2}\bar{v}^2\right)=\rho\dot{q}+\rho\vec{f}\cdot\vec{v}-\nabla\cdot(p\vec{v}) \tag{2.57}$$

여기서 $\nabla\cdot(p\vec{v})$를 전개하면

$$\nabla\cdot(p\vec{v})=\vec{v}\cdot\nabla p+p\nabla\cdot\vec{v}$$

연속방정식 $\frac{d\rho}{dt}+\rho\nabla\cdot\vec{v}=0$으로부터 $\nabla\cdot\vec{v}=-\frac{1}{\rho}\frac{d\rho}{dt}$를 윗 식에다 대입하면

$$\nabla\cdot(p\vec{v})=\vec{v}\cdot\nabla p-\frac{p}{\rho}\frac{d\rho}{dt} \tag{2.60}$$

이 식을 식 (2.57)에 대입하면

$$\rho \frac{d}{dt}\left(e+\frac{1}{2}\bar{v}^2\right)=\rho\dot{q}+\rho\vec{f}\cdot\vec{v}-\vec{v}\cdot\nabla p+\frac{p}{\rho}\frac{d\rho}{dt} \tag{2.61}$$

그런데 $\frac{p}{\rho}\frac{d\rho}{dt}=-\rho\frac{d}{dt}\left(\frac{p}{\rho}\right)+\frac{dp}{dt}$이므로 이것을 이용하여 식 (2.61)을 정리하면

$$\rho \frac{d}{dt}\left(e+\frac{p}{\rho}+\frac{1}{2}\bar{v}^2\right)=\rho\dot{q}+\rho\vec{f}\cdot\vec{v}-\vec{v}\cdot\nabla p+\frac{dp}{dt} \tag{2.62}$$

이 식에서 $\frac{dp}{dt}-\vec{v}\cdot\nabla p=\frac{\partial p}{\partial t}$이고 $e+\frac{p}{\rho}=h$(엔탈피의 정의)이므로

$$\rho \frac{d}{dt}\left(h+\frac{1}{2}\bar{v}^2\right)=\frac{\partial p}{\partial t}+\rho\dot{q}+\rho\vec{f}\cdot\vec{v} \tag{2.63}$$

또한 총(總)엔탈피 h_0를 $h_0=h+\frac{1}{2}\bar{v}^2$로 정의하면 식 (2.63)은 다음과 같이 된다.

$$\rho\frac{dh_0}{dt}=\frac{\partial p}{\partial t}+\rho\dot{q}+\rho\vec{f}\cdot\vec{v} \tag{2.64}$$

에너지방정식 형태들 중에 식 (2.64)가 압축성 유체역학에서 가장 많이 쓰

이는 형태인데, 이 식을 보면 비점성 유동에서 유체입자 경로를 따라 총엔탈피 변화는 다음과 같은 요인에 의하여 좌우된다는 사실을 알 수 있다.

(1) 비정상류: $\dfrac{\partial p}{\partial t} \neq 0$

(2) 열전달(가열): $\dot{q} \neq 0$

(3) 체 적 력: $\vec{f} \cdot \vec{v} \neq 0$

그러나 대부분의 비점성 압축성 유동 문제에 있어서 체적력이 관성력이나 압력에 비하여 무시되고, 나아가 단열과정($\dot{q}=0$)으로 취급되기 때문에 이런 경우에는 식 (2.64)가 다음과 같이 간단한 형태가 된다.

$$\rho \frac{dh_0}{dt} = \frac{\partial p}{\partial t} \tag{2.65}$$

더욱이 정상류로 가정되기까지 한다면 $\dfrac{\partial p}{\partial t} = 0$이므로 이 식은

$$\frac{dh_0}{dt} = 0 \tag{2.66}$$

또는

$$h_0 = 일정 \tag{2.67}$$

하게 된다. 다시 말해서 식 (2.67)로부터 체적력을 무시할 수 있는 비점성, 단열, 정상류(steady flow)에서는 h_0가 유선을 따라 항상 일정하다는 매우 중요한 결과를 얻는다. 식 (2.67)은 압축성 유동 문제를 다루는 데 자주 쓰이는 식이기 때문에 가정조건과 함께 잘 기억해 두는 것이 좋다. 예를 들면, 유동이 일정한 총엔탈피를 가지는 저기조(reservoir)로부터 시작되었거나 또는 대기 속을 운동하는 물체가 맞이하는 먼 전방의 균일한 자유류(uniform free stream)에서 시작되는 경우, 모든 유선들이 동일한 총엔탈피를 지니기 때문에 전(全) 유장의 모든 점에서 총엔탈피가 일정하다.

연속방정식과 운동량방정식은 복잡한 편미분방정식으로 다루어야 하지만 에너지방정식은 이미 말한 가정조건만 만족한다면 유선의 모양이 아무리 복잡하더라도 $h_0 = 일정$이라는 간단한 형태를 이용할 수 있다.

다시 식 (2.57)로 돌아와서

$$\rho \frac{d}{dt}\left(e + \frac{1}{2}\vec{v}^2\right) = \rho\dot{q} + \rho\vec{f}\cdot\vec{v} - \nabla\cdot(p\vec{v}) \qquad (2.57)$$

식 (2.38)로 표시된 운동량방정식을 상기하자.

$$\rho \frac{d\vec{v}}{dt} = \rho\vec{f} - \nabla p \qquad (2.38)$$

식 (2.38)에 $\vec{v}$로 스칼라곱(scalar product)을 하면

$$\rho\vec{v}\cdot\frac{d\vec{v}}{dt} = -\vec{v}\cdot\nabla p + \rho\vec{f}\cdot\vec{v} \qquad (2.68)$$

$$\rho\frac{d}{dt}\left(\frac{1}{2}\vec{v}^2\right) = -\vec{v}\cdot\nabla p + \rho\vec{f}\cdot\vec{v} \qquad (2.69)$$

여기서 $\vec{v}^2 = \vec{v}\cdot\vec{v}$이다. 식 (2.69)는 비점성류의 역학적 에너지(mechanical energy)방정식이다. 이 식을 식 (2.57)에 대입하여 역학적 에너지항들을 소거하면

$$\rho\frac{de}{dt} = -p\nabla\cdot\vec{v} + \rho\dot{q} \qquad (2.70)$$

식 (2.70)은 내부에너지로 표시된 에너지방정식이다.
연속방정식을 이용하여

$$p\nabla\cdot\vec{v} = -\frac{p}{\rho}\frac{d\rho}{dt} = \rho\frac{d}{dt}\left(\frac{p}{\rho}\right) - \frac{dp}{dt}$$

식 (2.70)에 대입하면

$$\rho\frac{d}{dt}\left(e + \frac{p}{\rho}\right) = \frac{dp}{dt} + \rho\dot{q} \qquad (2.71)$$

여기에 엔탈피의 정의 $h = e + \dfrac{p}{\rho}$를 대입하면

$$\rho\frac{dh}{dt} = \frac{dp}{dt} + \rho\dot{q} \qquad (2.72)$$

식 (2.72)는 엔탈피로 표시된 에너지방정식이다.

식 (2.72)의 양변을 ρ로 나누면

$$\frac{dh}{dt} = \frac{1}{\rho}\frac{dp}{dt} + \dot{q} \tag{2.73}$$

열역학 제1및 제2법칙으로부터 다음 식

$$T\frac{ds}{dt} = \frac{dh}{dt} - \frac{1}{\rho}\frac{dp}{dt} \tag{2.74}$$

을 얻을 수 있는데 이 식을 식 (2.73)에 대입하여 $\frac{dh}{dt}$ 항을 소거하면

$$T\frac{ds}{dt} = \dot{q} \tag{2.75}$$

단열계에서는 $\dot{q} = 0$이므로, 즉

$$\frac{ds}{dt} = 0 \tag{2.76}$$

식 (2.76)은 엔트로피로 표시된 에너지방정식이다. 이 식을 적분하면 다음과 같은 매우 중요한 결과를 얻을 수 있다.

$$s = \text{일정} \tag{2.77}$$

식 (2.77)은 비점성, 단열, 정상유동에서의 엔트로피가 유선을 따라 일정하다는 사실을 말해 준다. 만약 유동이 먼 전방에서 균일한 엔트로피로 시작되면 모든 유선을 따라 동일한 엔트로피 값을 가지므로 유동장 내의 모든 점에서 엔트로피가 일정하다. 이러한 유동을 균일 엔트로피 유동(homentropic flow)이라 부른다.

대부분의 압축성 유동 문제의 해를 구하는 데 있어서 연속방정식, 운동량방정식, 에너지방정식(엔트로피로 표시된 방정식은 제외) 및 상태방정식으로 충분하다. 엔트로피로 주어진 에너지방정식 (2.76)은 주로 유동현상이 일어나는 방향을 알아낼 경우 외에는 사용되지 않는다.

이상으로 비점성 압축성 유동을 지배하는 일반방정식을 유도해 보았다. 유체역학 문제에 있어서 체적력은 대개 주어진다. 예를 들어 대기 속을 비행하

는 초음속항공기, 유도탄, 지구재돌입 비행체, 로켓 노즐 유동 등과 같은 실제
압축성 유동 문제에 있어서 체적력은 바로 지구중력에 의한 것이다. 그러나 이
러한 체적력은 대체로 관성력이나 압력에 비하여 매우 작기 때문에 무시되는
것이 보통이다. 그래서 이 책에서도 체적력을 고려하지 않는다. 에너지방정식
의 가열의 항 $\dot{q}$는 단위시간에 단위질량의 유체에 가한 열이다. 그리고 계의 경
계면을 통한 열전도에 의한 열의 유입은 기체를 완전기체로 가정하였기 때문
에 없으며 에너지방정식 유도과정에서 이미 고려하였다.

그러면 지금까지 유도한 모든 방정식을 총정리하기로 하자.

A. 적분형으로 표시된 일반방정식

적분형으로 표시된 일반방정식은 검사체적 유동모델방법에 의하여 유도
된 결과들이다.

연속방정식: $\dfrac{\partial}{\partial t}\iiint_{c.v.}\rho\,dV + \iint_{c.s.}\rho\vec{v}\cdot\vec{n}\,dS = 0$ 　　　　　(2.24)

운동량방정식: $\dfrac{\partial}{\partial t}\iiint_{c.v.}\rho\vec{v}dV + \iint_{c.s.}\rho\vec{v}(\vec{v}\cdot\vec{n})dS = -\iint_{c.s.}p\vec{n}dS$

(여기서 체적력이 무시되었다.) 　　　　　(2.44)

에너지방정식: $\dfrac{\partial}{\partial t}\iiint_{c.v.}\rho\left(e+\dfrac{1}{2}\bar{v}^2\right)dV + \iint_{c.s.}\rho\left(e+\dfrac{1}{2}\bar{v}^2\right)\vec{v}\cdot\vec{n}dS$

$$= -\iint_{c.s.}p\vec{v}\cdot\vec{n}dS + \iiint_{c.v.}\rho\dot{q}\,dV \qquad (2.59)$$

(여기서 $\bar{v}^2 = \vec{v}\cdot\vec{v}$이며 체적력항이 무시되었다.)

위의 식들에서 $C.V.$는 검사체적이며 $C.S.$는 검사면을 의미한다. 검사체
적은 시간에 대하여 항상 일정하므로 미분기호를 적분기호 안으로 넣을 수 있
다. 예를 들면

$$\frac{\partial}{\partial t}\iiint_{c.v.}FdV = \iiint_{c.v.}\frac{\partial F}{\partial t}\,dV$$

B. 미분형으로 표시된 일반방정식(체적력은 없다.)

연속방정식: $\dfrac{d\rho}{dt} + \rho\nabla\cdot\vec{v} = 0$ 　　　　　(2.20)

또는 $\dfrac{\partial \rho}{\partial t} + \nabla \cdot (\rho \vec{v}) = 0$ (2.21)

운동량방정식: $\rho \dfrac{d\vec{v}}{dt} = \rho \left(\dfrac{\partial \vec{v}}{\partial t} + \vec{v} \cdot \nabla \vec{v} \right) = -\nabla p$ (2.38)

또는 $\dfrac{\partial (\rho v_i)}{\partial t} + \sum\limits_{j=1}^{3} \dfrac{\partial}{\partial x_j} (\rho v_i v_j) = -\dfrac{\partial p}{\partial x_i}$, $(i=1, 2, 3)$ (2.78)

에너지방정식: $\rho \dfrac{d}{dt} \left(e + \dfrac{1}{2} \vec{v}^2 \right) = -\nabla \cdot (p\vec{v}) + \rho \dot{q}$ (2.57)

또는 $\dfrac{\partial}{\partial t} \left[\rho \left(e + \dfrac{1}{2} \vec{v}^2 \right) \right] + \nabla \cdot \left[\rho \left(e + \dfrac{1}{2} \vec{v}^2 \right) \vec{v} \right] = -\nabla \cdot (p\vec{v}) + \rho \dot{q}$ (2.79)

또는 $\rho \dfrac{dh_0}{dt} = \dfrac{\partial p}{\partial t} + \rho \dot{q}$ (2.64)

$$\left(\text{여기서 } h_0 = h + \dfrac{1}{2} \vec{v}^2 \right)$$

위 에너지식들은 역학적 에너지를 포함하고 있음을 유의하라.

위의 식들 중 식 (2.21), (2.78), (2.79)로 표시된 방정식은 보존형 방정식으로서 특히 수치계산을 위하여 자주 쓰이므로 기억해 두는 것이 좋다.

추가적으로 역학적 에너지가 소거된 에너지방정식의 형태를 정리하면

내부에너지로 표시된 에너지방정식: $\rho \dfrac{de}{dt} = -p\nabla \cdot \vec{v} + \rho \dot{q}$ (2.70)

엔탈피로 표시된 에너지방정식: $\rho \dfrac{dh}{dt} = \dfrac{dp}{dt} + \rho \dot{q}$ (2.72)

엔트로피로 표시된 에너지방정식: $T \dfrac{ds}{dt} = \dot{q}$ (2.76)

총엔탈피로 표시된 에너지방정식: $\rho \dfrac{dh_0}{dt} = \dfrac{\partial p}{\partial t} + \rho \dot{q}$ (2.64)

위에 기술한 에너지방정식들은 서로 독립적이 아니고 형태만을 달리한 동일한 방정식이므로 여러분의 취미나 특정한 유동문제에 따라 적절히 선택하여 사용하면 된다. 특히 엔트로피로 표시된 에너지방정식 (2.76)은 유동문제의 해를 얻기보다는 유동현상이 일어나는 방향을 알고자 할 경우에만 주로 사용된다. 단열인 경우에는 $\dot{q} = 0$ 이다.

상태방정식: $p = p(\rho, t)$ (2.80)

유체의 종류에 따라 상태방정식은 실험적으로 주어진다. 완전기체의 상태
방정식은

$$p = \rho RT \tag{2.81}$$

그리고

$$e = c_v T + 상수 \tag{2.82}$$

$$h = c_p T + 상수 \tag{2.83}$$

여기서 c_v, c_p는 열적 완전기체일 때 온도의 함수이며, 열량적 완전기체일
때는 항상 일정하다. 둘 중 어느 경우나 c_v, c_p는 기지량(旣知量)이다.

끝으로, 체적력이 무시되는 비점성 압축성 유동문제에 있어서 미지수는
ρ, p, $\vec{v}$, T(또는 e, h, s 중의 하나)로 되어 그 개수가 6개이고 이에 대한 방정식
의 개수는, 연속방정식 1개, 운동량방정식 3개(벡터방정식이므로), 에너지방정
식 1개(여러 형태 중에 하나를 선택), 그리고 상태방정식 1개로서 총 6개이다. 이
것은 유동문제의 해를 구하기에 충분한 수이다. 다만 이 6개의 방정식들은 서
로 연계되어 있으므로 알고자 하는 문제의 경계조건(필요하다면 초기조건)을 만
족하도록 동시에 풀지 않으면 안 된다. 그리고 위에 주어진 방정식은 벡터형으
로 표시되어 있으므로 필요에 따라 편리한 좌표계를 사용할 수 있다.

2.6 Crocco정리: 열역학과 압축성 유동의 운동학과의 관계식

Crocco정리는 나중에 8장과 9장을 공부하는 데 필요하므로 지금 당장 유
도를 필요로 하지 않는다. 미루어 두었다가 8장이나 9장 바로 전에 다시 되돌
아와서 읽어도 좋다.

유체입자는 병진운동과 회전운동을 한다. 병진운동을 속도 $\vec{v}$로 나타내고
회전운동을 각속도 $\vec{\omega}$로 표시하자. 유장 내의 어떤 점에서 속도의 curl, 즉
$\nabla \times \vec{v} = \vec{\xi}$은 그 점에서 유체입자가 갖는 각속도의 2배를 나타낸다. 등식으로
쓰면 $\vec{\xi} = \nabla \times \vec{v} = 2\vec{\omega}$이고 $\vec{\xi} = \nabla \times \vec{v}$를 유체의 와도(vorticity)라 부른다. 이제

우리는 와도와 열역학 성질 사이의 관계식을 유도하려고 한다.

Euler 방정식으로부터 시작하자.

$$\rho\left(\frac{\partial \vec{v}}{\partial t} + \vec{v} \cdot \nabla \vec{v}\right) = -\nabla p \tag{2.38}$$

열역학 제1및 제2법칙을 결합한 방정식 $Tds = dh - \dfrac{1}{\rho} dp$를 구배형으로 쓰면

$$T\nabla s = \nabla h - \frac{1}{\rho}\nabla p \tag{2.84}$$

식 (2.38)과 (2.84) 사이에 압력구배항을 소거하면

$$T\nabla s = \nabla h - \frac{1}{\rho}\left[-\rho\frac{\partial \vec{v}}{\partial t} - \rho(\vec{v} \cdot \nabla)\vec{v}\right]$$
$$= \nabla h + \frac{\partial \vec{v}}{\partial t} + \vec{v} \cdot \nabla \vec{v} \tag{2.85}$$

그리고 총엔탈피 정의로부터 $h = h_0 - \dfrac{1}{2}\vec{v}^2$을 구배형으로 쓰면

$$\nabla h = \nabla h_0 - \nabla\left(\frac{1}{2}\vec{v}^2\right) \tag{2.86}$$

식 (2.86)을 식 (2.85)에 대입하면

$$T\nabla s = \nabla h_0 - \nabla\left(\frac{1}{2}\vec{v}^2\right) + \frac{\partial \vec{v}}{\partial t} + \vec{v} \cdot \nabla \vec{v} \tag{2.87}$$

벡터 동일성(同一性) $\vec{v} \cdot \nabla \vec{v} = \nabla\left(\dfrac{1}{2}\vec{v}^2\right) - \vec{v}\times(\nabla\times\vec{v})$에 대입하면

$$T\nabla s = \nabla h_0 - \vec{v}\times\vec{\xi} + \frac{\partial \vec{v}}{\partial t}, \quad ((\vec{v}\times(\nabla\times\vec{v})) = \vec{v}\times\vec{\xi}) \tag{2.88}$$

이 식이 Crocco정리이다.

정상류에서라면 $\dfrac{\partial}{\partial t}$항이 없어지므로 식 (2.88)은

$$T\nabla s \quad = \quad \nabla h_0 \quad - \quad \vec{v}\times\vec{\xi} \tag{2.89}$$

(엔트로피 구배) (총엔탈피 구배)   (와류)

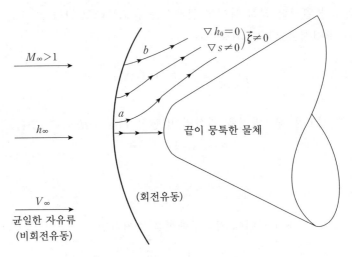

그림 2.9   끝이 뭉툭한 물체 주위의 초음속 유동: 회전류의 예

여기서 주의할 사항은 이 식은 체적력을 무시한 비점성류에서만 유효하다는 것이다.

식 (2.89)는 중요한 물리적 의미를 가지고 있다. 정상류의 유장에 총엔탈피의 구배나 엔트로피의 구배가 있다면 식 (2.89)에서 우리는 그 유장이 회전류(rotational flow)임을 알 수 있다. 예를 들어 그림 2.9에 나와 있는 문제에 Crocco정리를 적용해 보자. 단열유동에서 h_0는 모든 유선을 따라 일정하므로 곡선충격파 전후에서도 보존되어 $\nabla h_0 = 0$이지만, 엔트로피는 곡선충격파를 전후하여 중앙유선을 따른 엔트로피는 크게 증가되고 중앙유선에서 멀리 떨어진 유선을 따른 엔트로피는 비교적 작게 증가되므로 자연히 유선 수직방향의 엔트로피의 구배가 발생하게 된다. 즉 이 문제에서는 $\nabla s \neq 0$이다.

따라서 Crocco정리로부터 $\vec{\xi} \neq 0$이며 이것은 곡선충격파 뒤의 유장이 회전류임을 말해 준다. 나중에 알게 되겠지만 비회전류(irrotational flow)에 비하여 회전류를 수학적으로 취급하기란 매우 어려운 일이다.

2.7 요   약

이 장에서 유도한 방정식들은 언뜻 보기에 해가 거의 불가능한 것 같지만 유동문제 해결을 위하여 매우 중요한 식들이다. 여러분들은 다음 장으로 넘어가기 이전에 이 장을 여러번 숙독함으로써 이 방정식들을 자유자재로 다룰 수 있도록 매우 친숙해지지 않으면 안 된다.

3차원 비정상, 비점성 유동에 대한 일반방정식인 이들은 비선형 방정식인데다가 연속방정식, 운동량방정식, 에너지방정식 등이 서로 연계되어 있어 동시에 풀어야 한다는 점이 그 일반해를 구하기 어려운 요인이 되고 있다. 따라서 지난 반세기 동안 이론기체역학자나 공기역학자는 주어진 문제와 주어진 경계조건을 만족하는 해를 구하는 데 대부분 노력을 기울여왔다. 역사적으로 이와 같은 비선형 방정식의 닫혀진 형태의 일반해가 발견되지 않았기 때문에 기존 해석방법에 의해 해를 구할 수 있도록 방정식을 선형화하게 되며 가정을 추가로 하지 않으면 안 된다. 이렇게 선형화된 방정식의 해는 비록 근사해이지만 알고자 하는 특정문제에 대하여 귀중한 자료를 제공해 준다. 이와 같은 문제가 9장의 내용이다.

간혹 비선형 방정식의 완전해를 구할 수 있는 몇 가지 특수한 문제가 있긴 하다. 예를 들면 6장에 기술한 1차원 비정상류 문제나 10장에 기술한 원추 주위 축대칭 유동 문제 등이 그것이다.

최근에 고속컴퓨터가 압축성 유동 문제의 해결에 새로운 수단으로 등장했다. 1930년대, 1940년대, 1950년대에 비선형 방정식으로 지배되는 압축성 유동 문제를 풀기 위하여 막대한 시간과 노력이 요구되었던 특성곡선해법과 완전수치방법이 최근에는 이 고속컴퓨터에 의하여 쉽게 이용될 수 있게 되었다. 이 책은 1차원 비정상유동의 해를 위한 특성곡선해법을 제6장에, 2차원과 3차원 정상유동의 해를 위한 특성곡선해법을 제11장에 각각 수록하고 있다.

연 습 문 제

2.1 미소제어체적에 물리적 기본원리를 적용하여 미분형의 유동 지배방정식을 유도하여라. (미소유체요소방법)

2.2 위에서 유도한 미분형의 지배방정식을 원주좌표계와 구좌표계에 대하여 각각 써 보아라.

3 장

정상 1차원 유동

3.1 서   론

정상 1차원 유동은 유동변수 u, p, ρ, T 등이 한 쪽 방향으로만 변하는 유동으로 그림 3.1(a)에 그려진 것과 같이 x만의 함수이다.

$$\vec{v} = (u,\ 0,\ 0),$$
$$p = p(x),$$
$$\rho = \rho(x),$$
$$T = T(x),\ \cdots \text{etc}$$

그런데 그림 3.1(b)와 같이 유관의 단면적이 x를 따라 변하는 유동문제들이 많이 있다. 단면적이 변하는 유장은 실제로 3차원 유동이어서 유동성질(ρ, T, p 등)이 일반적으로 x, y, z의 함수이다. 그러나 이 경우에도 단면적 $A = A(x)$가 매우 완만하게 변한다면 y, z 방향의 변화를 무시하고 x만의 함수로 가정할 수 있다. 이런 유동을 준 1차원 유동(quasi-one-dimensional flow)이라 한다. 이 장은 1차원 유동만을 대상으로 하는데 그 대표적인 예로는 수직충격파(normal shock)가 존재하는 일정한 단면의 유동이다. 준 1차원 유동으로서는 그 대표적인 예가 노즐과 확산기 유동이 있는데 5장에서 이것을 다룰 것이다.

1차원 유동을 이론적으로 해석하자면 먼저 이 유동을 지배하는 지배방정식을 구하여야 하는데 이것은 2장에서 유도한 일반방정식을 1차원 유동에 직

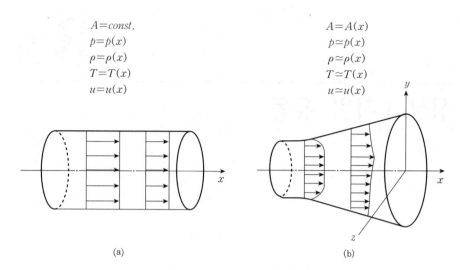

$$A=const.$$
$$p=p(x)$$
$$\rho=\rho(x)$$
$$T=T(x)$$
$$u=u(x)$$

$$A=A(x)$$
$$p\approx p(x)$$
$$\rho\approx\rho(x)$$
$$T\approx T(x)$$
$$u\approx u(x)$$

(a)   (b)

그림 3.1 1차원 유동과 준 1차원 유동의 비교

접 적용함으로써 구할 수 있다. 지배방정식은 형태상 유동변수들의 대수형으로 주어지게 된다.

3.2 1차원 유동의 지배방정식

그림 3.2의 빗금친 영역을 통과하는 1차원 유동을 생각하자. 빗금친 영역은 수직충격파일 수도 있고 열의 첨가가 있는 영역일 수도 있다. 어느 경우든 기체가 이런 영역을 통과함에 따라 유동변수들이 x만의 함수로서 변한다. 검사체적의 왼쪽 영역 ①에서 속도, 압력, 온도, 밀도, 내부에너지 등의 유동변수들을 u_1, p_1, T_1, ρ_1, e_1으로 표시하고, 유동이 빗금친 영역을 통과한 후 오른쪽 영역 ②에서 그 변화된 변수들을 u_2, p_2, T_2, ρ_2, e_2로 나타내자. 이제 u_1, p_1, T_1, ρ_1, e_1과 u_2, p_2, T_2, ρ_2, e_2 사이의 대수적 관계식을 구하기 위하여 그림 3.2와 같이 점선으로 둘러싸인 직사각형 검사체적에 2장에서 공부한 적분형 일반방정식을 적용하자. 1차원 유동이므로 u, p, T, ρ 및 e는 각각 검사체적의 면 ①과 면 ②에서 균일하다. 검사체적의 면 ①과 ②는 흐름에 수직인 단면적 A를 갖는다. 양의 x축 방향을 흐름방향으로 하고 단위벡터를 $\vec{i}$로 표시한다. 그리고 체적력을 무시한다.

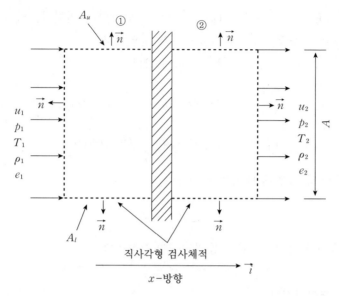

그림 3.2 1차원 유동의 직사각형 검사체적

(1) 연속방정식

$$\frac{\partial}{\partial t}\iiint_{c.v.}\rho dV+\iint_{c.s.}\rho\vec{v}\cdot\vec{n}dS=0 \qquad (2.24)$$

문제의 유동은 정상류이므로 $\frac{\partial}{\partial t}$ 항이 0이 된다. 따라서 식 (2.24)는

$$\iint_{c.s.}\rho\vec{v}\cdot\vec{n}dS=0 \qquad (3.1)$$

여기서 검사면 $C.S.$는 닫힌 면이므로 검사체적을 이루는 모든 면에 대하여 적분해야 한다. 문제의 검사면은 면 ①과 ②, 아래면 A_l과 윗면 A_u로 되어 있다. 따라서 식 (3.1)은 다음과 같이 된다.

$$\iint_A(\rho\vec{v}\cdot\vec{n})_1dS+\iint_A(\rho\vec{v}\cdot\vec{n})_2dS+\iint_{A_l}\rho\vec{v}\cdot\vec{n}dS+\iint_{A_u}\rho\vec{v}\cdot\vec{n}dS=0 \quad (3.2)$$

먼저 $\iint_{A_l}\rho\vec{v}\cdot\vec{n}dS$와 $\iint_{A_u}\rho\vec{v}\cdot\vec{n}dS$를 생각하자. 면 A_l과 A_u에서는 $\vec{v}\perp\vec{n}$ 이므로 $\vec{v}\cdot\vec{n}=0$이다. 그러므로 이 두 적분은 모두 영이다. 다음으로 나머지의 두 적분항 $\iint_A(\rho\vec{v}\cdot\vec{n})_1dS$와 $\iint_A(\rho\vec{v}\cdot\vec{n})_2dS$를 생각하자. 영역 ①에서

$\vec{v}=u_1 \cdot \vec{i}$이고 $\vec{n}=-\vec{i}$이므로 $(\rho\vec{v} \cdot \vec{n})_1=-\rho_1 u_1$이며 균일하다. 영역 ②에서는 $\vec{v}=u_2\vec{i}$, $n=\vec{i}$이므로 $(\rho\vec{v} \cdot \vec{n})_2=\rho_2 u_2$이며 균일하다.

그러므로 이 두 적분은 각각 다음과 같다.

$$\iint_A (\rho\vec{v} \cdot \vec{n})_1 dS=-\rho_1 u_1 \iint_A dS=-\rho_1 u_1 A$$

$$\iint_A (\rho\vec{v} \cdot \vec{n})_2 dS=\rho_2 u_2 \iint_A dS=\rho_2 u_2 A$$

이것을 식 (3.2)에 대입하면

$$\rho_1 u_1 = \rho_2 u_2 \tag{3.3}$$

식 (3.3)이 정상 1차원 유동의 연속방정식이다.

(2) 운동량방정식

$$\frac{\partial}{\partial t} \iiint_{c.v.} \rho\vec{v}dV + \iint_{c.s.} \rho\vec{v}(\vec{v} \cdot \vec{n})dS = -\iint_{c.s.} p\vec{n}dS + \iiint_{c.v.} \rho\vec{f}dV \tag{2.44}$$

체적력을 무시하였으므로 체적력항이 영이 되고 또 정상류이므로 $\frac{\partial}{\partial t}$ 항도 역시 영이 된다. 따라서 이 식은

$$\iint_{c.s.} \rho\vec{v}(\vec{v} \cdot \vec{n})dS = -\iint_{c.s.} p\vec{n}dS \tag{3.4}$$

먼저 $\iint_{c.s.} \rho\vec{v}(\vec{v} \cdot \vec{n})dS$를 계산하자.

$$\iint_{c.s.} \rho\vec{v}(\vec{v} \cdot \vec{n})dS = \iint_A [\rho\vec{v}(\vec{v} \cdot \vec{n})]_1 dS + \iint_A [\rho\vec{v}(\vec{v} \cdot \vec{n})]_2 dS$$
$$+ \iint_{A_l} \rho\vec{v}(\vec{v} \cdot \vec{n})dS + \iint_{A_u} \rho\vec{v}(\vec{v} \cdot \vec{n})dS \tag{3.5}$$

면 A_u와 A_l에서 $\vec{v} \cdot \vec{n}=0$이므로 위 식에서 $\iint_{A_l} \rho\vec{v}(\vec{v} \cdot \vec{n})dS$와 $\iint_{A_u} \rho\vec{v}(\vec{v} \cdot \vec{n})dS$는 모두 0이다. 그리고 면 ①에서 $[\rho\vec{v}(\vec{v} \cdot \vec{n})]_1=-\rho_1 u_1^2 \vec{i}$로 균일하며 면 ②에서도 $[\rho\vec{v}(\vec{v} \cdot \vec{n})]_2=\rho_2 u_2^2 \vec{i}$로 균일하므로

$$\iint_A [\rho\vec{v}(\vec{v} \cdot \vec{n})]_1 dS=-\rho_1 u_1^2 \vec{i} \iint_A dS=-\rho_1 u_1^2 A\vec{i}$$

$$\iint_A [\rho \vec{v}(\vec{v} \cdot \vec{n})]_2 dS = \rho_2 u_2^2 \vec{i} \iint_A dS = \rho_2 u_2^2 A\vec{i}$$

이것을 식 (3.5)에 대입하면

$$\iint_{c.s.} \rho \vec{v}(\vec{v} \cdot \vec{n}) dS = (\rho_2 u_2^2 - \rho_1 u_1^2) A\vec{i} \qquad (3.6)$$

다음 $\iint_{c.s.} p\vec{n} dS$를 계산하자.

$$\iint_{c.s.} p\vec{n} dS = \iint_A (p\vec{n})_1 dS + \iint_A (p\vec{n})_2 dS + \iint_{A_u} p\vec{n} dS + \iint_{A_l} p\vec{n} dS$$

여기서 $A_u = A_l$이고 (직사각형의 검사체적) A_u와 A_l에 각각 작용하는 압력이 서로 그 크기는 같지만 방향이 반대이므로

$$\iint_{A_u} p\vec{n} dS + \iint_{A_l} p\vec{n} dS = 0$$

이다. 또

$$\iint_A (p\vec{n})_1 dS = -p_1 A\vec{i}, \quad \iint (p\vec{n})_2 dS = p_2 A\vec{i}$$

이므로 압력항의 적분은 다음과 같다.

$$\iint_{c.s.} p\vec{n} dS = (p_2 - p_1) A\vec{i} \qquad (3.7)$$

이제 식 (3.6)과 식 (3.7)을 식 (3.4)에 대입하면 다음과 같은 정상 1차원 운동량방정식을 얻는다.

$$p_1 + \rho_1 u_1^2 = p_2 + \rho_2 u_2^2 \qquad (3.8)$$

(3) 에너지방정식

$$\frac{\partial}{\partial t} \iiint_{c.v.} \rho \left(e + \frac{1}{2}\vec{v}^2\right) dV + \iint_{c.s.} \rho \left(e + \frac{1}{2}\vec{v}^2\right)(\vec{v} \cdot \vec{n}) dS$$
$$= \iiint_{c.v.} \rho \dot{q} dV + \iiint_{c.v.} \rho \vec{f} \cdot \vec{v} dV - \iint_{c.s.} p\vec{n} \cdot \vec{v} dS \qquad (2.59)$$

여기서 1차원 유동이므로 $\vec{v}^2 = \vec{v} \cdot \vec{v} = u^2$이다.

정상상태에서는 $\dfrac{\partial}{\partial t}$ 항이 0이 되고, 또 체적력을 무시하므로

$$\iiint_{c.v.} \rho\vec{f} \cdot \vec{v} dV = 0$$

이다. 그러므로 이 식은

$$\iint_{c.s.} \rho\left(e + \frac{1}{2}u^2\right)(\vec{v} \cdot \vec{n})dS = \iiint_{c.v.} \rho\dot{q}dV - \iint_{c.s.} p\vec{n} \cdot \vec{v}dS \qquad (3.9)$$

식 (3.9)의 좌변을 그림 3.2의 직사각형 검사체적에 적용하면

$$\begin{aligned}
\iint_{c.s.} \rho\left(e + \frac{1}{2}u^2\right)(\vec{v} \cdot \vec{n})dS =\ & \iint_A \left[\rho\left(e + \frac{1}{2}u^2\right)(\vec{v} \cdot \vec{n})dS\right]_1 dS \\
& + \iint_A \left[\rho\left(e + \frac{1}{2}u^2\right)(\vec{v} \cdot \vec{n})\right]_2 dS \\
& + \iint_{A_l} \rho\left(e + \frac{1}{2}u^2\right)(\vec{v} \cdot \vec{n})dS \\
& + \iint_{A_u} \rho\left(e + \frac{1}{2}u^2\right)(\vec{v} \cdot \vec{n})dS
\end{aligned}$$

면 A_l과 A_u에서 $\vec{v} \cdot \vec{n} = 0$이므로 이 식의 우변 셋째, 넷째 항은 영이 되고, 첫째, 둘째 항은 다음과 같다.

$$\iint_A \left[\rho\left(e + \frac{1}{2}u^2\right)(\vec{v} \cdot \vec{n})\right]_1 dS = -\rho_1\left(e_1 + \frac{1}{2}u_1^2\right)u_1 A$$

$$\iint_A \left[e\left(\rho + \frac{1}{2}u^2\right)(\vec{v} \cdot \vec{n})\right]_2 dS = \rho_2\left(e_2 + \frac{1}{2}u_2^2\right)u_2 A$$

따라서

$$\iint_{c.s.} \rho\left(e + \frac{1}{2}u^2\right)(\vec{v} \cdot \vec{n})dS = \left[\rho_2\left(e_2 + \frac{1}{2}u_2^2\right) - \rho_1\left(e_1 + \frac{1}{2}u_1^2\right)\right]A \qquad (3.10)$$

다음으로 식 (3.9)의 우변 압력항을 검사체적에 적용할 차례이다.

$$\begin{aligned}
\iint_{c.s.} p\vec{n} \cdot \vec{v}dS =\ & \iint_A (p\vec{n} \cdot \vec{v})_1 dS + \iint_A (p\vec{n} \cdot \vec{v})_2 dS \\
& + \iint_{A_l} p\vec{n} \cdot \vec{v}dS + \iint_{A_u} p\vec{n} \cdot \vec{v}dS
\end{aligned}$$

마찬가지로 면 A_l과 A_u에서는 $\vec{n} \cdot \vec{v}=0$이므로 셋째, 넷째 항은 0이 된다. 그리고 처음 두 항은

$$\iint_A (p\vec{n} \cdot \vec{v})_1 dS = -p_1 u_1 A$$

$$\iint_A (p\vec{n} \cdot \vec{v})_2 dS = p_2 u_2 A_2$$

이므로

$$\iint_{c.s.} p\vec{n} \cdot \vec{v} dS = (p_2 u_2 - p_1 u_2) A \tag{3.11}$$

마지막으로 식 (3.9)의 우변 가열항을 적분한 결과를 다음과 같이 쓰기로 하자.

$$\iiint_{c.v.} \rho \dot{q} dV = \dot{Q} \tag{3.12}$$

이 항은 단위시간당 검사체적에 가한 열량을 의미한다. 이제 식 (3.10), (3.11)과 (3.12)를 식 (3.9)에 대입하면 에너지방정식을 얻을 수 있다.

$$\rho_2\left(e_2 + \frac{1}{2}u_2^2\right)u_2 A - \rho_1\left(e_1 + \frac{1}{2}u_1^2\right)u_1 A = \dot{Q} - (p_2 u_2 - p_1 u_1)A$$

또는

$$\frac{\dot{Q}}{\rho_1 u_1 A} + \frac{p_1}{\rho_1} + e_1 + \frac{1}{2}u_1^2 = \frac{p_2}{\rho_2} + e_2 + \frac{1}{2}u_2^2 \tag{3.13}$$

$\dot{Q}$가 단위시간당 검사체적에 가한 열량(에너지/시간)이고 $\rho_1 u_1 A$(또는 $\rho_2 u_2 A$)가 단위시간당 질량유동(질량/시간)이므로, $q = \dfrac{\dot{Q}}{\rho_1 u_1 A}\left(또는 \dfrac{\dot{Q}}{\rho_2 u_2 A}\right)$ 는 단위질량당 가한 열량이다. 엔탈피 정의 $h = e + \dfrac{p}{\rho}$를 사용하면 식 (3.13)은 다음과 같은 간단한 형태를 얻을 수 있다.

$$h_1 + \frac{1}{2}u_1^2 + q = h_2 + \frac{1}{2}u_2^2 \tag{3.14}$$

식 (3.14)는 영역 1과 영역 2 사이에 열이 가해진 1차원 정상류의 에너지 방정식이다. 만약 단열계이면 $q=0$가 되므로 더욱 간단하다.

$$h_1 + \frac{1}{2}u_1^2 = h_2 + \frac{1}{2}u_2^2 \tag{3.15}$$

식 (3.15)는 단열 1차원 정상류의 에너지방정식이다.

이상으로 유도한 결과들을 요약하자면 식 (3.3), (3.8), (3.14)가 정상상태의 1차원 유동을 지배하는 지배방정식이다. 이 식들은 일정한 단면적을 갖는 1차원 유동의 두 영역 ①과 ② 사이의 유동성질들을 관계지워 주는 대수식이다. 1차원 정상류라는 가정에 의하여 2장의 복잡한 적분형 지배방정식들이 간단하게 되었다.

3.3 음속과 마하(Mach)수

우리 주위의 공기는 순간순간 다른 속도와 에너지를 가지고 끊임없이 운동하고 있는 분자들로 구성되어 있다. 그렇지만 상당한 시간이 흐른 다음이라면 평균분자속도와 에너지를 결정할 수 있는데 완전기체인 경우에는 이것이 온도만의 함수이다. 지금 폭죽이 가까운 곳에서 터졌다고 생각하자. 그 폭죽에 의하여 방출된 에너지는 인접한 공기 분자에 흡수됨으로써 공기의 평균분자속도가 빨라진다. 빨라진 분자들은 이웃 분자들과 충돌하고 동시에 새로 얻은 에너지를 다른 이웃 분자들에게 전한다. 차례로 이웃 분자들 사이에 충돌이 일어남으로써 폭죽의 에너지가 차례로 전달되는, 말하자면 에너지 전파가 공간 속에서 이루어진다. 이 에너지는 분자간의 충돌에 의하여 전파되기 때문에 에너지파는 분명히 공기분자의 평균속도와 관련있는 속도로 공기중을 전파할 것이다.

파는 에너지 증가, 즉 약간의 압력(밀도, 온도 등) 변화를 일으킨다. 파가 여러분 곁을 지나감에 따라 이러한 조그만 압력변화는 여러분의 귀의 고막에 잡혀서 소리의 형태로 뇌에 전달된다. 그러므로 이런 약한 파를 음파(音波)라고 정의한다. 이 절의 목적은 음파가 얼마나 빨리 공기중을 통과하는지 그 값을 계산하는 데 있다. 차츰 알게 되겠지만 음파의 속도는 압축성 유체 유동을 공부하는 데 매우 중요한 양의 하나이다.

기체 속을 어떤 속도 a로 전파하는 음파를 생각하자. 우리가 그 음파를 타고 함께 움직인다고 가상하면 음파는 정지하여 있고 공기가 속도 a로 다가오는 것처럼 보일 것이다. 그림 3.3은 이것을 나타낸다.

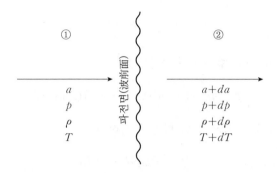

그림 3.3 음파의 개략도

공기가 파를 통과한 뒤에는 유동성질들의 변화가 있기 때문에 파 뒤의 유동은 약간 다른 속도로 움직인다. 음파는 파를 전후한 유동성질들의 차이가 미소한 약파(weak shock)로 정의되는데 유동성질들의 변화가 크다면 그 때의 파를 충격파라고 한다. 충격파의 속도는 음파(음파의 속도)보다 크다. 하여튼 음파를 전후한 속도의 변화는 미소량 da로 가정할 수 있다. 음파 전방의 공기는 압력, 밀도, 온도가 각각 p, ρ, T로서 속도 a로 정지된 파를 향하여 운동하고 파 후방의 공기는 압력, 밀도, 온도가 각각 $p+dp$, $\rho+d\rho$, $T+dT$로 변하여 속도 $a+da$로 정지된 파로부터 멀어져 간다. 음파를 통과하는 유동은 1차원으로 가정할 수 있으므로 앞 절에서 구한 1차원 유동의 지배방정식들을 그림 3.3의 유동에 직접 적용할 수 있다. 3.2절의 그림 3.2의 영역 ①과 ②가 그림 3.3에서 파의 전방과 후방 유동에 각각 해당된다. 즉

그림 3.2의 영역 ① = 그림 3.3의 파의 전방

$$u_1=a,\ p_1=p,\ \rho_1=\rho,\ T_1=T$$

그림 3.2의 영역 ② = 그림 3.3의 파의 후방

$$u_2=a+da,\ p_2=p+dp,\ \rho_2=\rho+d\rho,\ T_2=T+dT$$

따라서 식 (3.3)으로 주어진 연속방정식은 다음과 같이 된다.

$$\rho a=(\rho+d\rho)(a+da)=\rho a+\rho da+ad\rho+d\rho da \qquad (3.16)$$

두 미소량의 곱으로 된 항(H.O.T.)은 다른 항들에 비하여 2차항이므로 무시할 수 있다. 따라서 위 식은 다음과 같이 된다.

$$a = -\rho \frac{da}{d\rho} \qquad (3.17)$$

다음에 식 (3.8)로 주어진 운동량방정식은

$$p + \rho a^2 = (p + dp) + (\rho + d\rho)(a + da)^2 \qquad (3.18)$$

마찬가지로 미소량의 곱으로 된 항을 무시하면

$$dp = -2a\rho da - a^2 d\rho \qquad (3.19)$$

식 (3.19)를 da에 대하여 풀면

$$da = \frac{dp + a_2 d\rho}{-2a\rho} \qquad (3.20)$$

식 (3.20)을 식 (3.17)에 대입하면

$$a = -\rho \left[\frac{\dfrac{dp}{d\rho} + a^2}{-2a\rho} \right] \qquad (3.21)$$

식 (3.21)을 a^2에 대해 풀면

$$a^2 = \frac{dp}{d\rho} \qquad (3.22)$$

식 (3.22)의 물리적 의미를 알아보기 위하여 잠시 음파를 통하여 일어나는 물리적 과정을 생각하여 보자. 첫째로 음파 전후의 유동성질들의 변화량이 미소하다는 점이다. 바꿔 말하면 유동변수의 구배가 작다는 것인데 이것은 마찰, 열전도에 의한 비가역적인 소산의 영향을 무시할 수 있다는 것을 뜻한다(소산의 영향은 각각 속도나 온도 구배의 제곱에 비례하기 때문이다). 또한 가열과정이 없으므로 유동을 단열유동으로 가정할 수 있다. 따라서 식 (3.22)로 표시된 압력변화에 대한 밀도변화는 등엔트로피 변화이다. 즉 식 (3.22)는 다음과 같이 쓸 수 있다.

$$a^2 = \left(\frac{\partial p}{\partial \rho} \right)_s \qquad (3.23)$$

식 (3.23)은 음파에 대한 기본표현식이다. 더욱이 이 식은 음속이 1장에서 정의한 기체의 압축성에 대한 직접적인 측정도가 될 수 있음을 보여 준다. 그 이유를 설명하기 위하여, $\rho=\dfrac{1}{v}$에서 $d\rho=-\dfrac{dv}{v^2}$이므로 이것을 식 (3.23)에 대입하면

$$a^2=\left(\frac{\partial p}{\partial \rho}\right)_s=-\left(\frac{\partial p}{\partial v}\right)_s v^2=\frac{v}{-\dfrac{1}{v}\left(\dfrac{\partial p}{\partial p}\right)_s}$$

그런데 1장에서 등엔트로피 압축성 계수 $\varkappa_s$의 정의를 상기하면

$$a=\sqrt{\left(\frac{\partial p}{\partial \rho}\right)_s}=\sqrt{\frac{v}{\varkappa_s}} \tag{3.24}$$

이 식은 1장에서 언급한 바와 같이 비압축성 유동일 때는 $\varkappa_s=0$이므로 음속이 무한대가 된다는 사실을 확인시켜 준다.

열량적 완전기체이면 식 (3.24)는 더욱 간단히 된다. 열량적 완전기체의 등엔트로피 관계식 $p\rho^{-\gamma}=const.$ 이라는 것으로부터 식 (3.24)는

$$\left(\frac{\partial p}{\partial \rho}\right)_s=\frac{\gamma p}{\rho}, \ \text{즉} \ a=\sqrt{\frac{\gamma p}{\rho}} \tag{3.25}$$

한 걸음 더 나아가 상태방정식 $p=\rho RT$를 사용하면

$$a=\sqrt{\gamma RT} \tag{3.26}$$

요약하면, 식 (3.23)이 일반기체의 음속의 관계식이고 식 (3.25) 그리고 (3.26)은 완전기체일 때 식 (3.23)을 간단히 표현한 식들이다. 식 (3.26)을 보면 완전기체 내의 음속은 온도만의 함수이며 온도의 제곱근에 비례한다는 것을 알 수 있다. 이 사실은 분자운동론에서 음속이 $\sqrt{\dfrac{8R}{\pi}T}$로 주어지는 분자의 평균속도와 관계가 있다는 앞절의 내용과 일치한다. 다시 말해서 음속은 분자평균속도의 약 $\dfrac{3}{4}$배이다.

표준상태하에서 공기속의 음속은 식 (3.26)으로부터

$$a=340.9\text{m/sec}=1117\text{ft/sec}$$

이다.

아래는 대표적인 기체의 온도 $0\,^{\circ}\text{C}$에서의 음속을 나타내주는 표이다.

표 3.1 각 기체의 음속

기 체	분 자 량	비열비 γ	음속(m/sec)
공기(Air)	28.960	1.404	331
아르곤(Ar)	39.940	1.667	308
탄산가스	44.010	1.300	258
프레온 12	120.900	1.139	146
수 소	2.016	1.407	1270
제 논	131.300	1.667	170

추가적으로 1장에서 정의한 마하수 $M = \dfrac{V}{a}$로 유동영역을 나누고 각 유동영역의 특성을 살펴보자.

① $0 < M \leq 0.8$: 아음속 유동

$M < 0.3$까지의 유동은 비압축성으로 가정하여도 결과가 매우 정확하다. 그러나 $M > 0.8$부터는 밀도변화의 효과가 상당하여 비압축성 유동해석을 보완하지 않으면 안 된다. 운동방정식은 타원형 미분방정식이다.

② $0.8 < M \leq 1.2$: 천음속 유동

쌍곡형($M > 1$일 때)과 타원형($M < 1$일 때) 미분방정식에 의하여 지배되므로 특별한 수학적 취급이 요구된다.

③ $1.2 < M < 5$: 초음속 유동

충격파와 같은 새로운 물리적 현상이 일어나며 운동방정식은 쌍곡형 미분방정식이다.

④ $M > 5$: 극초음속 유동

기체가 해리 또는 전리되어 경계층이 중요한 유동이다.

이 단계에서 마하수에 대한 물리적인 의미를 알아보는 것도 흥미있는 일이다. 유선을 따라 운동하는 유체입자를 생각하자. 이 유체입자의 질량당 운동 및 내부에너지는 각각 $\dfrac{\bar{v}^2}{2}$, e이다. 두 양의 비를 취하면

$$\frac{\bar{v}^2/2}{e} = \frac{\bar{v}^2/2}{c_v T} = \frac{\bar{v}^2/2}{RT/(\gamma-1)} = \frac{\gamma(\gamma-1)}{2} \frac{\bar{v}^2}{a^2} = \frac{\gamma(\gamma-1)}{2} M^2$$

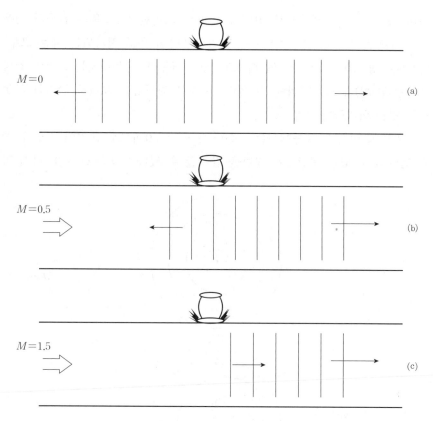

그림 3.4 아음속 및 초음속 유동에 의한 압력 교란의 전달

이 식은 열량적 완전기체에 있어서 마하수의 제곱이 운동에너지와 내부에
너지의 비에 비례한다는 것을 알려준다. 다시 말하면 마하수의 제곱은 분자들
의 임의의 열적운동에 비하여 일정한 방향의 기체 속도의 정도를 나타낸다.

좀더 나아가 초음속 유동의 물리적 의미를 이해하기 위하여 단면이 일정
한 관 내에서 운동하는 유동에서 마하수가 다른 세 가지의 유동을 생각하자.
관의 중간쯤에 망치로 관의 벽을 쳐서 유동하는 유체에 음파를 발생시키면 음
파는 그림 3.4에서 보여 주는 바와 같이 유체에 대하여 음속 a로 좌우로 전파
하게 된다. 그러므로 음파의 절대속도(정지좌표계에서 본) V_s는 다음과 같다.

$$V_s = u \pm a$$

여기서 u는 관 내의 속도이다. 양의 부호는 오른쪽으로 진행하는 파를 뜻

하며 음의 부호는 왼쪽으로 진행하는 파를 의미한다. 초음속 유동의 경우는 $u>a$이므로 $V_s=u\pm a>0$이다. 즉 망치로부터 좌우로 전파되는 파는 모두 후방류(유동방향)쪽으로만 전파한다. 그러므로 초음속 유동에서는 교란이 전방류(유동반대방향)쪽으로 전파될 수 없다. 이것은 전방류는 교란을 감지하지 못한다는 것을 의미한다(그림 3.4(c)).

  반면에 아음속 유동에서는 $u<a$, 즉 $u-a<0$이므로 교란이 전방류 쪽으로 전파될 수 있어 전방류는 교란을 감지할 수 있다(그림 3.4(a), (b)). 다시 말해

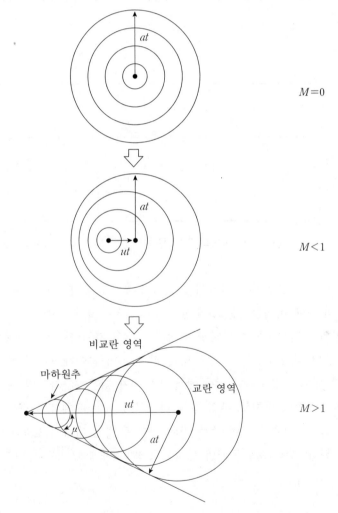

그림 3.5 3차원 아음속과 초음속 유동 내의 교란의 전달

서 아음속 유동에서는 유동이 물체에 도달하기 전에 물체의 존재를 감지하여 사전에 미리 연속적으로 대응하고 물체 주위에서 매끄럽게 변하지만 초음속 유동에서는 유동이 물체의 존재를 미리 감지하지 못하기 때문에 물체에 도달하는 순간 급작스럽게 대응하고 급격히 변하지 않으면 안 된다.

초음속 유동에서 교란의 영향이 제한된 영역에서만 미친다는 개념을 그림 3.5와 같은 3차원 유동 내의 미소교란을 통하여 이해를 좀더 넓혀 보자. 그림 3.5의 (a)는 상식대로 음파가 사방으로 무한히 전파되므로 별로 흥미로울 것이 없다. (b)의 경우도 (a)와 별로 다를 바 없는데 다만 유동에 의하여 파면이 동심구로부터 약간 변형되었을 뿐이다. 그러나 (c)의 경우는 아주 다르다. 모든 교란은 마하원추(Mach cone)라고 불리우는 원추영역에 제한되어 있다. 마하원추 외부에 위치해 있는 관찰자는 어떤 음파도 느끼지 못한다. 이러한 연유에서 마하원추 외부를 비(非)교란영역(zone of silence), 내부를 교란영역(zone of action)이라 부른다. 반원추의 각 μ를 마하각이라고 말하는데 이것은 그림 3.5 (c)의 기하학적 모양으로부터 다음과 같이 구할 수 있다.

$$\sin \mu = \frac{at}{ut} = \frac{a}{u} = \frac{1}{M}$$

끝으로 여러 초음속 마하수에서 원추 및 끝이 뭉툭한 물체 주위에 생기는 현상에 대한 사진이 그림 3.6에 주어져 있다.

그림 3.6(a)
$M=3.8$일 때 원추주위의 원추 정점에 부착된 경사충격파를 보여 주는 쉴리렌 사진. 물체는 정지하여 있고 공기가 $M=3.8$로 왼쪽에서 오른쪽으로 흐르고 있다. (서울공대 초음속 풍동 실험실)

그림 3.6(b)

$M=3.8$일 때, 반구와 원주로 된 물체 주위의 물체로부터 분리된 활모양의 충격파를 보여 주는 쉴리렌 사진. (서울공대 초음속 풍동 실험실)

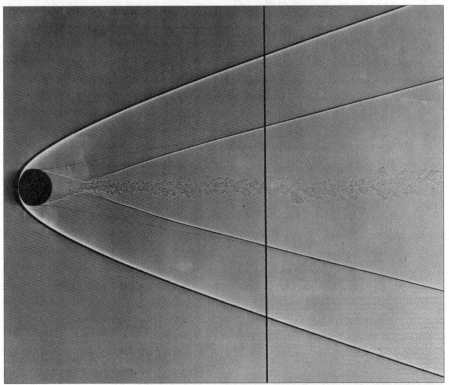

그림 3.6(c)

$M=4.01$으로 공기 속을 자유비행중인 구 주위의 충격파를 보여 주는 쉐도우 사진. 뒤의 난류로 된 후류를 보여 주고 있다. (Van Dyke의 An Album of Fluid Motion)

그림 3.6(d)

$M=5.7$로 공기속을 비행중인 구 주위의 충격파를 보여 주는 빛의 간섭 원리를 이용한 사진. 구 뒤의 후류는 보여지지 않고 있다. (Van Dyke의 An Album of Fluid Motion)

3.4 1차원 유동의 에너지방정식의 여러 형태

이 절에서는 1차원 압축성 유동의 기본원리들을 수직충격파와 가열이 있는 유동의 실제문제에 직접 적용하기 전에 자주 사용되는 정의와 보조식을 먼저 기술하고자 한다.

(1) 정체값 또는 전(全)값(stagnation properties or total properties)

정체값은 압축성 유동에서 보통 기준치로 자주 사용되는데 다음과 같이 정의한다. 유장의 어떤 점에서 유체입자가 정(靜)압 p, 정(靜)온도 T, 정(靜)밀도 ρ의 상태에서 속도 V와 마하수 M으로 운동한다고 하자. 그 점에서 정체값(stagnation properties) 또는 전(全)값(total properties)이란 그 점에서 유체입자를 등엔트로피 과정을 통하여 속도를 0으로 가져갔을 때 그 유체입자가 가지는 유동변수들의 값을 말하며, 보통 유동변수들에 하첨자 $_0$을 붙여 표시한다.

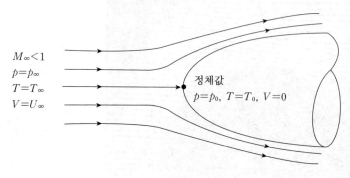

$M_\infty < 1$
$p = p_\infty$
$T = T_\infty$
$V = U_\infty$

정체값
$p = p_0,\ T = T_0,\ V = 0$

(1a) 등엔트로피 과정

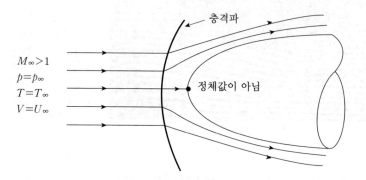

충격파

$M_\infty > 1$
$p = p_\infty$
$T = T_\infty$
$V = U_\infty$

정체값이 아님

(2a) 등엔트로피 과정이 아님

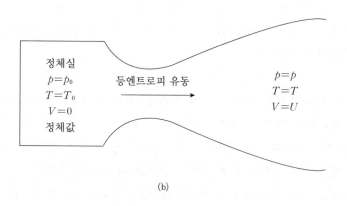

정체실
$p = p_0$
$T = T_0$
$V = 0$
정체값

등엔트로피 유동

$p = p$
$T = T$
$V = U$

(b)

그림 3.7 정체조건

예를 들면 정체압력, 밀도, 온도를 각각 로 p_0, ρ_0, T_0로 표시하는 것과 같다.

등엔트로피 유동에서는 유선을 따라 정체값이 일정하다. 물론 유선이 다르면 정체값이 다를 수도 있다. 만약 유동이 먼 전방으로부터 균일한 조건, 즉 모든 유선이 동일한 엔트로피를 가지고 시작되었으면 모든 유선을 따라 엔트로피가 일정하므로 유장의 모든 점에서 엔트로피가 일정하다. 이러한 유동을 균일 엔트로피 유동(homoentropic flow)이라 부르고, 균일 엔트로피 유동의 모든 점에서 정체성질들이 일정하다. 그러나 비가역 유동이나 가열이 있는 유동에서는 정체성질들이 일정하지 않고, 위치에 따라 그 값이 다르다.

비정상 유동이나 비가역 유동(가열이 있는 유동을 포함)에서는 시간이나 위치에 따라 정체성질이 달라지므로 가상적인 등엔트로피 과정을 통하여 계산으로서만 그 값을 구할 수밖에 없으나 정상 등엔트로피 유동에서는 그림 3.7의 (1a), (b)와 같이 실제로 $V = 0$를 만들어 정체성질을 측정할 수도 있다. 그림 3.7의 (b)에서는 정체성질을 저기조 조건이라고도 부른다.

(2) 음속값(sonic properties)

정체값을 정의할 때와 마찬가지로 유장의 어떤 점 (p, T, V, M)의 유체입자를 등엔트로피 과정을 통하여 $M = 1$일 때까지 감속시키든지($M > 1$일 때) 또는 가속시켰을 때($M < 1$일 때) 유체입자가 가지는 유동값들을 음속값이라고 정의하며, 보통 상첨자 *를 붙여서 표시한다. 예를 들면 p^*, T^*, ρ^*, a^* 등이다. 나중에 증명이 되겠지만 등엔트로피 유동에서는 유선을 따라 p^*, T^*, ρ^*, a^*가 일정하며, 균일 엔트로피 유동에서는 모든 점에서 그들이 일정하다. 정확히 말해서 T^*와 a^*는 단열과정이기만 하면 항상 일정하다.

그러나 비가역 과정이나 비정상의 유동에서는 위치와 시간에 따라 음속값이 달라지므로 오직 가상적인 등엔트로피 과정을 통하여, 즉 수식에 의하여서만 그 값을 알아낼 수 있다.

a^*는 $a = \sqrt{\gamma RT}$로부터 다음과 같이 구해진다.

$$a^* = \sqrt{\gamma RT^*}$$

아울러 위에 기술한 정의를 이용하여 몇 가지 매개변수(parameter)들을 소개하면 다음과 같다.

특성마하수 $M^* = \dfrac{V}{a^*}$ $\left(\textbf{실제마하수}\ M = \dfrac{V}{a} \right)$

정체음속 $a_0 = \sqrt{\gamma R T_0}$

정체밀도 $\rho_0 = \dfrac{p_0}{R T_0}$

그러면 이제 본론으로 돌아와서 1차원 유동의 다른 형태의 에너지방정식을 유도해 보자. 식 (3.14)를 다시 상기하여 가열이 없는 경우를 다시 써 보면

$$h_1 + \frac{1}{2} u_1^2 = h_2 + \frac{1}{2} u_2^2 \qquad (3.15)$$

여기서 첨자 1과 2는 그림 3.2의 검사체적 영역 ①과 ②에 해당된다. $h = c_p T$인 열량적 완전기체에 대하여 식 (3.15)는

$$c_p T_1 + \frac{1}{2} u_1^2 = c_p T_2 + \frac{1}{2} u_2^2 \qquad (3.27)$$

그런데 $c_p = \dfrac{\gamma R}{\gamma - 1}$이므로 윗 식은

$$\frac{\gamma R}{\gamma - 1} T_1 + \frac{1}{2} u_1^2 = \frac{\gamma R}{\gamma - 1} T_2 + \frac{1}{2} u_2^2 \qquad (3.28)$$

$a = \sqrt{\gamma R T}$를 써서 T를 소거하면

$$\frac{a_1^2}{\gamma - 1} + \frac{1}{2} u_1^2 = \frac{a_2^2}{\gamma - 1} + \frac{1}{2} u_2^2 \qquad (3.29)$$

또한 $a = \sqrt{\dfrac{\gamma p}{\rho}}$이므로

$$\frac{\gamma}{\gamma - 1} \left(\frac{p_1}{\rho_1} \right) + \frac{1}{2} u_1^2 = \frac{\gamma}{\gamma - 1} \left(\frac{p_2}{\rho_2} \right) + \frac{1}{2} u_2^2 \qquad (3.30)$$

식 (3.15)가 가열이 없는 경우이므로 식 (3.15)와 그에 관계되는 식 (3.27)과 식 (3.28), (3.29), (3.30) 등은 단열과정에만 유효한 식들임을 명심해야 한다. 이 식들에서 첨자 1을 어떤 특정점 $(p,\ T,\ \rho,\ a,\ V,\ M)$이라 하고 첨자 2를 특정점의 유체입자가 가상적인 단열과정을 통하여 도달한 $M = 1$인 점에 대치시켜 보자. 그 특정점(점1)에서의 실제 음속 및 유동속도는 각각 a와 u이고, 그 점에 상응하는 마하수 $M = 1$인 가상점(점2)에서의 음속 및 유동속도는 모두

a^*이다. 그러므로 식 (3.29)는 다음과 같이 된다.

$$\frac{a^2}{\gamma-1}+\frac{1}{2}u^2=\frac{a^{*2}}{\gamma-1}+\frac{1}{2}a^{*2}=\frac{(\gamma+1)}{2(\gamma-1)}a^{*2} \tag{3.31}$$

식 (3.31)은 일반적인 유장의 어떤 주어진 점에서 그 점에 상응하는 a^*를 계산하는 데 필요한 공식이다. 실제 유동장에서는 한 점에서 다른 점으로 유동이 항상 단열과정을 통하여 일어날 필요는 없다. 유장의 한 점 A에서 식 (3.31)로 계산한 a^*의 값을 a_A^*라 하고, 다른 점 B에서 마찬가지로 계산한 값을 a_B^*라고 놓자. 그러면 실제 유동장에서 점 A로부터 점 B까지가 단열과정이 아니면 $a_A^* \neq a_B^*$이고 단열과정이면 $a_A^*=a_B^*$이다. 만일 전 유장을 통하여 단열과정이면 모든 점에서 a^*는 일정한 값이다.

실제로 많은 공기역학 유동문제에서 단열과정으로 가정될 수 있기 때문에 이 사실을 잘 기억해 두는 것이 좋다.

이번에는 다시 정체조건들의 정의를 사용해 보자. 식 (3.27)의 첨자 1을 실제 유동장의 어떤 특정점 A라 하고 첨자 2를 점 A에서 등엔트로피 과정을 통하여 속도가 0이 되었을 때의 가상점이라 하자. T 및 u가 점 A에서 각각 정온도 및 유속의 실제값이라면, $u_1=u$, $T_1=T$이다. 또한 정체조건의 정의로부터 점 A에 상응하는 정체값은 속도 $u_2=0$, $T_2=T_0$이다. 그러므로 식 (3.27)은 다음과 같이 된다.

$$c_p T+\frac{1}{2}u^2=c_p T_0 \tag{3.32}$$

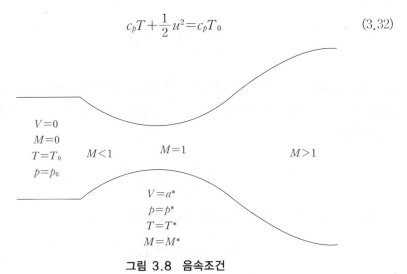

그림 3.8 음속조건

식 (3.32)는 일반적인 유장의 어떤 점에서 그 점에 상응하는 T_0를 계산하는 데 필요한 공식이다.

정체조건(정체값)은 유체입자가 가상적인 등엔트로피 과정을 통하여 속도가 영에 도달하였을 때의 유동성질들의 값이라고 정의한 바 있다. 다시 말하면, 유체입자의 속도가 영에 도달하였더라도 등엔트로피 과정에 의하지 않으면 정체값이 되지 못한다. 그런데 식 (3.32)를 유도하는 과정을 다시 살펴보면 단열조건만을 사용한 에너지방정식 (3.26)을 사용했다는 것을 알 수 있다. 이것은 정체온도를 정의하기 위하여는 단열과정이기만 하면 충분하며 가역과정의 조건까지 굳이 만족할 필요는 없다는 것을 시사하고 있다. 즉 식 (3.32)로 계산되는 T_0(정체온도)는 그 정의가 다른 정체조건들의 정의보다 덜 제한적이라는 것이다. 왜냐하면 어떤 과정이 가역단열과정일 때를 등엔트로피 과정이라고 정의하기 때문이다. 이제 우리는 T_0를 유체입자가 단열적으로 정지되었을 때의 온도라고 다시 정의해야 한다. 그렇지만 정체압력 p_0, 정체밀도 ρ_0의 정의는 변함없이 이미 정의한 대로 가상된 등엔트로피 과정을 요구한다.

정체조건들에 대한 다른 매우 유용한 식은 다음과 같다. 식 (3.32)로부터

$$\frac{T_0}{T}=1+\frac{u^2}{2c_pT}=1+\frac{u^2}{\dfrac{2\gamma RT}{\gamma-1}}=1+\frac{\gamma-1}{2}\left(\frac{u}{a}\right)^2$$

따라서

$$\frac{T_0}{T}=1+\frac{\gamma-1}{2}M^2 \tag{3.33}$$

식 (3.33)은 유장의 어떤 점에서 $\dfrac{T_0}{T}$를 그 점에서 실제 마하수로 표시하고 있다. 다른 정체값을 구하기 위하여 1장에서 구한 바 있는 등엔트로피 관계식을 다시 쓰면

$$\frac{p_0}{p}=\left(\frac{\rho_0}{\rho}\right)^\gamma=\left(\frac{T_0}{T}\right)^{\frac{\gamma}{\gamma-1}} \tag{3.34}$$

식 (3.33)과 (3.34)를 결합하면 다음 식을 얻는다.

$$\frac{p_0}{p}=\left(1+\frac{\gamma-1}{2}M^2\right)^{\frac{\gamma}{\gamma-1}} \tag{3.35}$$

$$\frac{\rho_0}{\rho}=\left(1+\frac{\gamma-1}{2}M^2\right)^{\frac{1}{\gamma-1}} \tag{3.36}$$

식 (3.35)와 (3.36)은 각각 어떤 점에서 정체압력 대 정압력, 정체밀도 대 정밀도를 그 점에서 실제 마하수의 함수로 표시하고 있다. 식 (3.33)과 함께 식 (3.35)와 (3.36)은 정체성질에 대한 중요한 관계식들이며 매우 자주 사용되므로 그 값들이 $\gamma=1.4$에 대하여 책 뒷 부분의 표(Table) Ⅰ (등엔트로피 유동)에 M의 함수로 계산되어 있다.

식 (3.32)와 (3.33), (3.35), (3.36) 등은 일반적인 유동장의 어떤 특정점에서 주어진 유동성질 M, u, T, p, ρ 등의 값으로부터 그 점의 정체값 T_0, p_0, ρ_0를 계산할 수 있는 공식임을 다시 한번 강조한다. 부언하자면 실제유동은 한 점에서 다른 점으로 변하는 과정에서 반드시 단열이거나 등엔트로피일 필요는 없다. 실제유동인 유장 내의 한 점 A에서 다른 점 B로 일어날 때 만일 그 유동이 등엔트로피 과정이 아니라면 $T_{0A}\neq T_{0B}$, $p_{0A}\neq p_{0B}$, $\rho_{0A}\neq\rho_{0B}$이고, 등엔트로피 과정이라면 전유장의 모든 점에서 T_0(또는 a_0), p_0, ρ_0가 각각 일정하다. 등엔트로피 유동에서는 정체값들이 일정하다는 사실은 압축성 유동의 여러 실제 문제를 뒷 장에서 다룰 때 매우 자주 사용되므로 잘 기억해 두어야 한다.

예제 1 $\gamma=1.4$인 완전기체가 관 속을 흐르고 있다. 점 1에서 공기의 온도는 27℃, 압력 $1.013\times10^5\,\mathrm{N/m^2}$, 마하수 2.0이고, 점 2에서 마하수는 3.0이다. 이 유동을 등엔트로피 과정으로 가정할 때 점 2에서 온도, 압력을 계산하여라.

풀 이 점 1: $p_1=1.013\times10^5\,\mathrm{N\times m^2}$, $T_1=300\mathrm{K}$, $M_1=2.0$
점 2: $p_2=?$, $T_2=?$, $M_2=3.0$

먼저 등엔트로피 유동 표 Ⅰ로부터 점 1에서의 정체압력 p_0와 정체온도 T_0를 계산한다.

$$M_1=2.0\text{과 표 Ⅰ로부터: } \frac{p_0}{p_1}=7.824,\ \frac{T_0}{T_1}=1.8$$

그러므로 $p_0=7.926\times10^5\,\mathrm{N/m^2}$
$T_0=540\mathrm{K}$

그런데 등엔트로피 유동이므로 모든 점에서 정체값이 일정하다. 그러므로 점 2에서의 정체값은 점 1에서의 정체값과 같다. 점 2에서의 압력과 온도는 $M_2=3.0$에 대한 등엔트로피 유동 표 I 로부터 계산할 수 있다.

$$M_2=3.0\text{에 대한 표 I 로부터: } \frac{p_0}{p_2}=36.73, \ \frac{T_0}{T_2}=2.800$$

그러므로
$$p_2=0.216\times10^5\,\text{N/m}^2$$
$$T_2=192.9\text{K}$$

계속하여 다른 형태의 에너지방정식을 몇 개 더 적어보면 다음과 같다. 식 (3.32)와 (3.26)으로부터

$$\frac{a^2}{\gamma-1}+\frac{1}{2}u^2=\frac{a_0^2}{\gamma-1} \tag{3.37}$$

여기서 a_0는 정체음속이다. 또 식 (3.31)과 (3.37)로부터

$$\frac{\gamma+1}{2(\gamma-1)}a^{*2}=\frac{a_0^2}{\gamma-1} \tag{3.38}$$

식 (3.38)을 $\frac{a^*}{a_0}$에 대하여 풀고 식 (3.26)을 이용하면

$$\left(\frac{a^*}{a_0}\right)^2=\frac{T^*}{T_0}=\frac{2}{\gamma+1} \tag{3.39}$$

그리고 p^*와 ρ^*는 마하수 1인 곳에서 정의된 조건들임을 상기하여 식 (3.35)와 (3.36)에 $M=1$을 대입하면

$$\frac{p^*}{p_0}=\left(\frac{2}{\gamma+1}\right)^{\frac{\gamma}{\gamma-1}} \tag{3.40}$$

$$\frac{\rho^*}{\rho_0}=\left(\frac{2}{\gamma+1}\right)^{\frac{1}{\gamma-1}} \tag{3.41}$$

이상의 3가지 비의 값을 표준상태의 공기($\gamma=1.4$)에 대하여 계산해 보면

$$\frac{p^*}{p_0}=0.528,$$

$$\frac{T^*}{T_0}=0.833,$$

$$\frac{\rho^*}{\rho_0}=0.634 \tag{3.42}$$

끝으로 식 (3.31)을 u^2로 나누면

$$\frac{1}{\gamma-1}\left(\frac{a}{u}\right)^2+\frac{1}{2}=\frac{\gamma+1}{2(\gamma-1)}\left(\frac{a^*}{u}\right)^2$$

$$\frac{1}{(\gamma-1)M^2}=\frac{\gamma+1}{2(\gamma-1)}\left(\frac{1}{M^*}\right)^2-\frac{1}{2}$$

$$M^2=\frac{2M^{*2}}{(\gamma+1)-(\gamma-1)M^{*2}} \tag{3.43}$$

식 (3.43)은 실제마하수 M과 특성마하수 M^*와의 직접적 관계를 나타내주는 식이다. 이 식을 보면 다음과 같은 중요한 결과를 얻는다.

$$M=1이면 M^*=1$$
$$M<1이면 M^*<1$$
$$M>1이면 M^*>1$$
$$M\to\infty이면 M^*\to\sqrt{\frac{\gamma+1}{\gamma-1}} \tag{3.44}$$

즉 정성적으로 M^*는 $M\to\infty$인 경우를 제외하면 M과 비슷하게 변한다. 앞으로 충격파와 팽창파를 다룰 때 M^*는 M이 무한대로 접근함에 따라 유한한 값에 접근하므로 M^*가 유용한 매개변수가 될 것이다.

직접적이든 간접적이든 이 절의 모든 식들은 단열 1차원 유동에 대한 최초의 기본 에너지방정식 (3.15)로부터 여러 가지 형태로 바뀌어진 식들이다. 여러분은 이와 같은 식들과 그 유도과정을 자세히 조사하여 확실히 이해해 두기 바란다.

3.5 수직충격파 관계식들

앞의 지식을 수직충격파의 실제 문제에 적용해 보자. 수직충격파는 초음

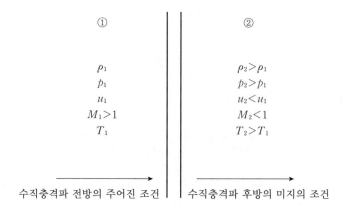

그림 3.9   수직충격파 전후의 변화의 개략도

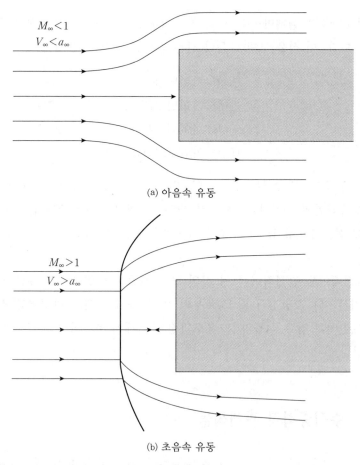

그림 3.10   앞부분이 평평한 원주 주위의 아음속 유동과 유동의 유선의 비교

속 유동의 일부로서 빈번히 나타나는 현상이다. 수직충격파는 그림 3.9에 보이는 바와 같이 흐름방향에 수직인 충격파를 말한다. 이 충격파는 아주 얇은 영역이어서 보통 그 두께가 표준상태 하에서 공기분자간의 평균자유행정(molecular mean free path)의 크기이며 10^{-5}cm 정도이다. 그림 3.9처럼 충격파의 전방은 초음속이고 후방은 아음속이다. 또한 압력 및 온도, 밀도는 충격파를 지나면서 증가하는 반면, 속도는 감소한다. 이러한 모든 현상이 곧 뒤에 자세히 보여지게 될 것이다.

초음속 유동에서의 충격파는 유동 내의 교란의 전파와 관계되는 복잡한 문제의 해로서 발생되는 자연현상이다. 충격파의 발생에 대한 약간의 예비적인 물리적 이해를 돕기 위하여 그림 3.10과 같은 앞면이 평평한 원주 주위의 유동을 생각하자.

유동은 개개의 분자들로 구성되었고, 그 분자들 중 일부는 원주의 앞면에 부딪힌다. 원주와의 충돌로 인하여 분자에너지와 운동량의 변화가 생기며 이 것은 다른 분자들에게 방해로 작용하게 될 것이다. 그러므로 앞 절에서 기술한 음파발생의 예에서와 같이 분자들의 임의의 운동에 의하여 다른 지역의 분자들에게도 에너지와 운동량의 변화를 전하게 된다. 그림 3.10(a)를 보면 물체에 접근하는 유동이 아음속 $V_\infty < a_\infty$이면 음파가 전방 유동방향으로 전파되어 물체의 존재신호를 전방류에 미리 보낼 수 있으며 따라서 유선과 유동성질들이 물체로부터 멀리 떨어진 전방에서부터 변하기 시작한다. 그러나 유동이 초음속 $V_\infty > a_\infty$이면 음파는 더 이상 전방으로 전파되어 나갈 수 없다. 그 대신에 물체의 조금 앞쪽에 음파가 쌓이고 또 합해질 것이다. 이 음파들 결합은 그림 3.10(b)에서 보는 바와 같은 얇은 충격파를 형성한다. 충격파 전방의 유동은 물체의 존재를 느끼지 못하나 충격파 후방에서는 즉시 아음속이 되므로 파 후방의 유선들은 물체의 존재대로 변하게 된다. 비록 그림 3.10(b)는 자연현상 가운데 일어나는 많은 충격파의 경우 중의 하나이지만 그 현상에 대하여 기술한 물리적 설명은 모든 경우에 적용할 수 있는 매우 일반적인 설명이다.

수직충격파 전후의 변화를 정량적으로 해석하기 위하여 그림 3.9를 다시 보자. 수직충격파는 충격파를 전후하여 유동값들이 갑자기 변하는 불연속으로 가정된다. 그래서 충격파 전방(영역 1)의 모든 유동조건을 알고 있을 때 그 후방(영역 2)의 유동조건을 전방의 유동조건으로 어떻게 나타낼 수 있는가를 알고자 하는 것이다. 먼저 유동이 충격파를 지날 때 가열이나 냉각이 없다고 가정하면(레이저로 가열하거나 냉각장치로 냉각시키지 않는다), 충격파를 전후한 유동은 단열이다. 그러므로 수직충격파 지배방정식은 식 (3.3)과 (3.8), (3.15)로부터 다음과 같이 주어진다.

$$\rho_1 u_1 = \rho_2 u_2 \tag{3.45}$$

$$p_1 + \rho_1 u_1^2 = p_2 + \rho_2 u_2^2 \tag{3.46}$$

$$h_1 + \frac{1}{2} u_1^2 = h_2 + \frac{1}{2} u_2^2 \tag{3.47}$$

식 (3.45)와 (3.46), (3.47)은 기체의 종류에 관계없이, 즉 완전기체나 반응기체의 경우에도 적용되는 일반적인 식이다. 그러나 열량적 완전기체로 제한시킬 때 우리는 당장 다음과 같은 열역학적 관계식을 추가할 수 있다.

$$p = \rho RT \tag{3.48}$$

$$h = c_p T \tag{3.49}$$

식 (3.45)~(3.49)까지의 미지수 5개(ρ_2, u_2, p_2, h_2, T_2)에 방정식 5개이다. 물론 여기서 c_p는 일정하며 기지량(既知量)이다.

식 (3.46)을 (3.45)로 나누면

$$\frac{p_1}{\rho_1 u_1} - \frac{p_2}{\rho_2 u_2} = u_2 - u_1 \tag{3.50}$$

$a^2 = \dfrac{\gamma p}{\rho}$ 를 기억하면

$$\frac{a_1^2}{\gamma u_1} - \frac{a_2^2}{\gamma u_2} = u_2 - u_1 \tag{3.51}$$

식 (3.51)은 연속 및 운동량방정식의 결합이다.

식 (3.47)로 주어진 에너지 방정식 대신에 식 (3.31)로 표시된 에너지 방정식을 사용하자. 그러면

$$a_1^2 = \frac{\gamma+1}{2} a^{*2} - \frac{\gamma-1}{2} u_1^2 \tag{3.52}$$

$$a_2^2 = \frac{\gamma+1}{2} a^{*2} - \frac{\gamma-1}{2} u_2^2 \tag{3.53}$$

유동이 충격파를 통하여 단열이므로 식 (3.52)와 (3.53)의 a^*는 일정하다. 식 (3.52)와 (3.53)을 식 (3.51)에 대입하면

$$\frac{(\gamma+1)a^{*2}}{2\gamma u_1}-\frac{\gamma-1}{2\gamma}u_1-\frac{(\gamma+1)a^{*2}}{2\gamma u_2}+\frac{\gamma-1}{2\gamma}u_2=u_2-u_1$$

즉

$$\frac{\gamma+1}{2\gamma}\cdot\frac{(u_2-u_1)}{u_1 u_2}a^{*2}+\frac{\gamma-1}{2\gamma}(u_2-u_1)=u_2-u_1$$

(u_2-u_1)로 나누면

$$\frac{\gamma+1}{2\gamma u_1 u_2}a^{*2}+\frac{\gamma-1}{2\gamma}=1$$

a^*에 대하여 풀면

$$a^{*2}=u_1 u_2 \tag{3.54}$$

식 (3.54)를 Prandtl관계식이라 부른다. 이 식을 고쳐 쓰면

$$1=\frac{u_1}{a^*}\cdot\frac{u_2}{a^*}$$
$$M_1^*\cdot M_2^*=1 \tag{3.55}$$

식 (3.55)로부터 다음과 같은 수학적 해가 가능하다.

(a) $M_1^*>1$이면 $M_2^*<1$이다.
   즉 $M_1>1$이면 $M_2<1$이다.
(b) $M_1^*<1$이면 $M_2^*>1$이다.
   즉 $M_1<1$이면 $M_2>1$이다.

그러나 후자의 경우는 물리적으로 불가능하다. 이것은 나중에 설명될 것이다. 유동이 수직충격파를 지나면서 초음속에서 아음속으로 감소된다. 식 (3.43)을 M^*에 대하여 풀면

$$M^{*2}=\frac{(\gamma+1)M^2}{2+(\gamma-1)M^2} \tag{3.56}$$

식 (3.56)을 식 (3.55)에 대입하면

$$\frac{(\gamma+1)M_2^2}{2+(\gamma-1)M_2^2}=\frac{2+(\gamma-1)M_1^2}{(\gamma+1)M_1^2} \tag{3.57}$$

식 (3.57)을 M_2^2에 관해서 풀면

$$M_2^2=\frac{1+\dfrac{\gamma-1}{2}M_1^2}{\gamma M_1^2-\dfrac{\gamma-1}{2}} \tag{3.58}$$

식 (3.58)은 일정한 γ를 갖는 열량적 완전기체에 대하여 충격파 후의 마하수가 충격파 전의 마하수만의 함수임을 보여 준다. 이 식에서 $M_1=1$이면 $M_2=1$임을 알 수 있는데, 이것은 무한히 약한 수직충격파의 경우로서 이러한 파를 마하파라고 정의한다. 마하파는 영의 강도를 가진 충격파이다. 이와 반대로 M_1이 1을 넘어 증가하면 할수록 수직충격파는 점점 강해지고 M_2는 1보다 점점 작아진다. $M_1\to\infty$인 극한의 경우에는 M_2가 유한한 최소값 $M_2=\sqrt{\dfrac{\gamma-1}{2\gamma}}$에 접근하는데 공기 속에 있어서 이 값은 0.378이 된다.

전방류의 마하수 M_1은 충격파의 성질을 지배하는 중요한 변수이다. 식 (3.58) 이외에 충격파 전후의 다른 유동변수간의 비를 나타내 주는 식들을 다음과 같이 구할 수 있다. 식 (3.45)와 (3.54)로부터

$$\frac{\rho_2}{\rho_1}=\frac{u_1}{u_2}=\frac{u_1^2}{u_1 u_2}=\frac{u_1^2}{a^{*2}}=M_1^{*2} \tag{3.59}$$

식 (3.56)을 (3.59)에 대입하면

$$\frac{\rho_1}{\rho_2}=\frac{u_2}{u_1}=\frac{2+(\gamma-1)M_1^2}{(\gamma+1)M_1^2} \tag{3.60}$$

또 압력비를 얻기 위하여 운동량방정식 (3.46)으로 되돌아 가면

$$p_2-p_1=\rho_1 u_1^2-\rho_2 u_2^2$$

식 (3.45)를 이용하면 이 식은

$$p_2-p_1=\rho_1 u_1(u_1-u_2)=\rho_1 u_1^2\Big(1-\frac{u_2}{u_1}\Big) \tag{3.61}$$

식 (3.61)을 p_1으로 나누고 $a^2=\dfrac{\gamma p_1}{\rho_1}$을 이용하면

$$\frac{p_2-p_1}{p_1}=\gamma M_1^2\left(1-\frac{u_2}{u_1}\right) \tag{3.62}$$

$\frac{u_2}{u_1}$에 대한 식 (3.60)을 식 (3.62)에 대입하면

$$\frac{p_2-p_1}{p_1}=\frac{2\gamma}{\gamma+1}(M_1^2-1) \tag{3.63}$$

$\frac{p_2-p_1}{p_1}=\frac{\Delta p}{p_1}$는 충격파의 강도를 나타내는 척도로서 (M_1^2-1)에 비례함에
유의하기 바란다. 식 (3.63)은 음파의 강도가 영임을 가르쳐 준다. 식 (3.63)을
간단히 하면

$$\frac{p_2}{p_1}=1+\frac{2\gamma}{\gamma+1}(M_1^2-1) \tag{3.64}$$

온도비 $\frac{T_2}{T_1}$를 얻기 위하여 $p=\rho RT$를 기억하면

$$\frac{T_2}{T_1}=\frac{p_2/\rho_2}{p_1/\rho_1}=\frac{p_2}{p_1}\cdot\frac{\rho_1}{\rho_2} \tag{3.65}$$

식 (3.60)과 (3.64)를 식 (3.65)에 대입하면

$$\frac{T_2}{T_1}=\frac{h_2}{h_1}=\left[1+\frac{2\gamma}{\gamma+1}(M_1^2-1)\right]\left[\frac{2+(\gamma-1)M_1^2}{(\gamma+1)M_1^2}\right] \tag{3.66}$$

식 (3.58)과 (3.60), (3.64), (3.66)을 자세히 살펴보면 주어진 r에 대하여
열량적 완전기체의 경우에 M_2, $\frac{p_2}{p_1}$, $\frac{\rho_2}{\rho_1}$, $\frac{T_2}{T_1}$ 등이 단지 M_1만의 함수로 되어
있다는 것을 알 수 있다. 이것은 압축성 유동을 정량적으로 기술하는 데 마하
수의 중요성을 보여 주는 예이다. 그러나 열적 완전기체의 경우는 수직충격파
를 전후한 변화량이 M_1과 T_1에 달려 있으며, 반응기체의 경우는 M_1, T_1,
p_1의 함수로 주어진다. 특히 이러한 고온의 경우에는 식 (3.58)~(3.60)과 같은
닫혀진 형태(closed form)의 표현식들을 얻기가 불가능하여 수직충격파 성질들
은 수치적으로만 계산되어진다. 이 절에서 제한한 바 열량적 완전기체로 가정
함으로써 오는 간단성은 명백하다. 다행히도 이 가정의 결과들이 표준상태의
공기에서 약 $M_1=5$까지는 상당히 정확하게 일치한다. 마하수 5를 넘어서는
수직충격파 뒤에는 온도의 증가가 상당히 높아 γ를 일정하다고 가정할 수 없
게 된다. 그러나 $M_1<5$인 유동영역은 일상생활의 많은 실제문제들을 포함하

므로 이 절의 결과는 매우 유용하다고 하겠다.

$M_1 \to \infty$인 경우는 $u_1 \to \infty$이든지 $a_1 \to 0$이든지 하는 두 경우를 생각할 수 있다. $u_1 \to \infty$로 접근하는 경우는 고온에서만 가능하기 때문에 기체를 열량적 완전기체로 가정할 수 없으며 $a_1 \to 0$으로 접근하는 경우는 아주 저온에서만 가능하기 때문에 완전기체의 상태방정식을 사용할 수 없다. 그렇지만 식 (3.58)과 (3.60), (3.64), (3.66) 등으로부터 $M_1 \to \infty$일 때 충격파의 전후의 유동성질들의 비를 조사하여 보는 것은 흥미있는 일이다.

$\gamma = 1.4$일 경우

$$\lim_{M_1 \to \infty} M_2 = \sqrt{\frac{\gamma-1}{2\gamma}} = 0.378$$

$$\lim_{M_1 \to \infty} \frac{\rho_2}{\rho_1} = \frac{\gamma+1}{\gamma-1} = 6$$

$$\lim_{M_1 \to \infty} \frac{p_2}{p_1} = \infty$$

$$\lim_{M_1 \to \infty} \frac{T_2}{T_1} = \frac{a_2^2}{a_1^2} = \frac{h_2}{h_1} = \infty$$

그리고 여기에서 $M_1 = 1$일 때는 M_2 이 또한 식 (3.58)에 의하여 1이 된다는 것을 알 수 있다. 이것은 이미 언급한 바와 같이 파의 전후를 유한한 변화를 수반하는 충격파에 비하여 파의 강도가 영인 무한히 약한 충격파인 마하파이다. 마하파는 앞 절에서 해석한 음파(音波)의 경우와 같다.

이제 식 (3.55)의 Prandtl 관계식의 수학적 해 두 가지 중 (a)만이 가능하고 (b)는 불가능함을 증명하기 위하여 열역학적 제2법칙을 적용하자. 식 (1.35)를 다시 써 보면

$$s_2 - s_1 = c_p \ln\left(\frac{T_2}{T_1}\right) - R \ln\left(\frac{p_2}{p_1}\right) \tag{1.35}$$

식 (3.64)와 (3.66)을 대입하면

$$s_2 - s_1 = c_p \ln\left\{\left[1 + \frac{2\gamma}{\gamma+1}(M_1^2 - 1)\right]\left[\frac{2 + (\gamma-1)M_1^2}{(\gamma+1)M_1^2}\right]\right\} - R \ln\left[1 + \frac{2\gamma}{\gamma+1}(M_1^2 - 1)\right]$$

$$\frac{s_2 - s_1}{R} = \frac{1}{(\gamma-1)} \ln\left[\frac{2\gamma M_1^2}{\gamma+1} - \frac{\gamma-1}{\gamma+1}\right] + \frac{\gamma}{(\gamma-1)} \ln\left[\frac{2 + (\gamma-1)M_1^2}{(\gamma+1)M_1^2}\right] \tag{3.67}$$

식 (3.67)은 수직충격파 전후의 엔트로피 변화도 M_1만의 함수임을 보여준다. 우리는 이 식에서 다음 사항을 알 수 있다.

$$M_1 = 1이면 \qquad s_2 - s_1 = 0$$
$$M_1 < 1이면 \qquad s_2 - s_1 < 0$$
$$M_1 > 1이면 \qquad s_2 - s_1 > 0$$

열역학 제 2 법칙으로부터 $s_2 - s_1 \geq 0$이어야 하므로 전방류의 마하수 M_1이 1보다 크거나 같아야만 한다. 따라서 $M_1 < 1$인 유동이 충격파를 지나면서 $M_2 > 1$로 속도가 증가되는 현상은 물리적으로 일어날 수 없다. 이것은 물리적 과정이 진행하는 방향을 열역학 제 2 법칙이 가르쳐 주는 하나의 예이다. 물리적으로 단지 가능한 해는 $M_1 \geq 1$이고 이때 식 (3.58), (3.60), (3.64) 및 (3.66)은 차례로 $M_2 \leq 1$, $\dfrac{\rho_2}{\rho_1} \geq 1$, $\dfrac{p_2}{p_1} \geq 1$, $\dfrac{T_2}{T_1} = \dfrac{a_2^2}{a_1^2} \geq 1$임을 보여 준다. 다시 말하면 유동이 그림 3.9에 그려진 수직충격파를 지나면서 압력, 온도, 밀도는 증가하는 반면에 속도는 감소하고 마하수는 아음속까지 감소한다는 것을 알 수 있다.

그러면 수직충격파를 지나면서 엔트로피를 증가하게 만드는 것은 무엇인가? 이것에 대한 해답을 얻기 위해서는 충격파를 전후한 변화들이 매우 짧은 거리, 즉 10^{-5}cm 정도에서 일어나는 것을 기억하라. 충격파 자체구조 내에서는 속도 및 온도구배가 매우 크므로 점성과 열전도의 효과가 커서 이를 무시할 수 없다. 이것이 바로 엔트로피를 증가시키는 소산적 비가역적 요인이다. 수직충격파의 두께는 열역학 제 2 법칙과 더불어 수직충격파 관계식으로 예측한 순(net) 엔트로피 증가에 상당하는 온도 및 속도 구배가 형성되도록 결정된다.

끝으로 이 절에서 우리는 또 하나의 문제, 즉 수직충격파를 전후해서 정체조건들은 어떻게 변하느냐 하는 문제를 다룰 필요가 있다. 충격파 전(前) 영역 ①에서 유체입자들의 실제조건들은 M_1, p_1, T_1, s_1이고, 이 영역에서 유체입자들이 등엔트로피 과정으로 정체에 이른 가상된 상태 1a를 생각하면 1a의 압력, 온도 등이 정체조건이므로 p_{01}, T_{01}이다. 유체입자의 정체조건은 등엔트로피 과정으로 이루어지기 때문에 상태 1a의 엔트로피는 여전히 s_1이다. 그리고 충격파 후 영역 ②에서 유체입자들의 실제조건들은 M_2, p_2, T_2, s_2이며, 이 영역에서 유체입자들이 등엔트로피 과정으로 정체에 이른 가상된 상태 2a를 생각하면 여기서도 정의에 따라 2a의 압력, 온도 등이 정체조건으로서 p_{02},

T_{02}이다. 마찬가지로 2a의 엔트로피는 여전히 s_2이다.

이제 해야 할 일은 충격파 후의 p_{02}, T_{02}를 충격파 전의 p_{01}, T_{01}과의 관계식을 얻어 서로 비교하는 것이다. 이 문제를 해결하기 위해서 식 (3.27)을 다시 생각해 보자.

$$c_p T_1 + \frac{u_1^2}{2} = c_p T_2 + \frac{u_2^2}{2} \tag{3.27}$$

식 (3.32)로부터 정체온도는 $c_p T_0 = c_p T + \frac{u^2}{2}$에서 얻어지므로

$$c_p T_{01} = c_p T_{02}$$

즉

$$T_{01} = T_{02} \tag{3.68}$$

식 (3.27)이 단열인 경우의 에너지방정식이므로 유동이 수직충격파 전후에서 단열인 한 식 (3.68)로부터 그 정체온도가 보존된다. 열량적 완전기체에 대하여 성립하는 식 (3.68)은 식 (3.47)에서 보여 준 충격파 전후의 정체엔탈피는 일반적으로 일정하다는 사실의 특별한 경우이다. 다시 말하면 정지되어 있는 수직충격파에 대하여 일반적으로 정체엔탈피가 충격파를 전후해서 일정하다. 그러나 반응기체에 대해서는 정체온도는 보존되지 않는다. 또한 충격파가 정지되어 있지 않는 경우, 즉 이동충격파(6장에서 취급되어 있다)의 경우 전(全)엔탈피나 전(全) 온도는 보존되지 않는다.

그림 3.9를 다시 보면서 가상된 상태 1a와 2a 사이에서 식 (1.35)로부터

$$s_{2a} - s_{1a} = c_p \ln\left(\frac{T_{2a}}{T_{1a}}\right) - R \ln\left(\frac{p_{2a}}{p_{1a}}\right) \tag{3.69}$$

여기서 $s_{2a} = s_2$, $s_{1a} = s_1$, $T_{2a} = T_{02}$, $T_{1a} = T_{01}$, $p_{2a} = p_{02}$, $p_{1a} = p_{01}$이므로 식 (3.69)는

$$s_2 - s_1 = -R \ln \frac{p_{02}}{p_{01}} \tag{3.70}$$

또는

$$\frac{p_{02}}{p_{01}} = e^{-(s_2 - s_1)/R} \tag{3.71}$$

식 (3.67)과 식 (3.71)로부터 $\dfrac{p_{02}}{p_{01}}$을 M_1의 함수로 표시할 수 있다. 또한 $s_2 - s_1 > 0$이어야 하므로 식 (3.70)에서 $\dfrac{p_{02}}{p_{01}} < 1$이어야 한다. 즉 전(全) 압력은 수직충격파를 지나면서 감소한다.

지금까지 유도한 수직충격파 결과식들로부터 $\gamma = 1.4$일 때 $\dfrac{p_2}{p_1}$, $\dfrac{\rho_2}{\rho_1}$, $\dfrac{T_2}{T_1}$, $\dfrac{p_{02}}{p_{01}}$, M_2의 변화량을 M_1에 대하여 책 뒤의 표Ⅱ (수직충격파)에 주어져 있다. 더욱이 물리적 이해를 돕기 위하여 이러한 변화량들이 그림 3.11에 그려져 있다. 앞에서 언급한 바와 같이 이러한 관계들은 M_1이 커짐에 따라 $\dfrac{T_2}{T_1}$ 및 $\dfrac{p_2}{p_1}$

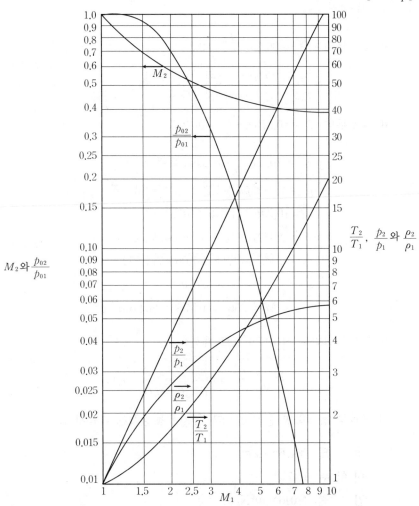

그림 3.11 전방 마하수 M_1에 대한 수직충격파 후방의 유동값

도 또한 커지는 반면에 $\frac{\rho_2}{\rho_1}$ 및 M_2는 유한한 극한값에 접근하는 것에 주목하라.

예제 2 압력 $1.013 \times 10^5 \, \text{N/m}^2$, 온도 $15\,^{\circ}\text{C}$ 마하수 3.0으로 유동하는 공기가 수직충격파를 통과하게 된다. 수직충격파 뒤의 공기의 속도, 압력, 온도, 정체압력, 정체온도 및 마하수를 구하라. 단 공기는 $\gamma = 1.4$인 완전기체로 가정한다.

풀이 수직충격파 전의 유동성질: $M_1 = 3.0$, $p_1 = 1.013 \times 10^5 \, \text{N/m}^2$, $T_1 = 288\text{K}$
$M_1 = 3.0$에 대해:

표 I 로부터; $\dfrac{p_{01}}{p_1} = 36.73$, $\dfrac{T_0}{T_1} = 2.8$

$$p_{01} = 36.73 p_1 = 3.721 \times 10^6 \, \text{N/m}^2$$

$$T_0 = 2.8 T_1 = 806.4 \text{K}$$

표 II 로부터; $M_2 = 0.4752$, $\dfrac{p_{02}}{p_{01}} = 0.3283$

$$\frac{p_2}{p_1} = 10.33, \quad \frac{T_2}{T_1} = 2.679 \text{로부터}$$

$$p_{02} = 0.3283 p_{01} = 1.222 \times 10^6 \, \text{N/m}^2$$

$$p_2 = 10.33 p_1 = 1.046 \times 10^6 \, \text{N/m}^2$$

$$T_2 = 2.679 T_1 = 771.552 \text{K} = 498.552\,^{\circ}\text{C}$$

$$a_2 = \sqrt{\gamma RT} = \sqrt{1.4 \times 287.06 \times 771.552}$$

$$= 556.8 \text{m/sec}$$

$$u_2 = a_2 M_2 = 556.8 \times 0.4752 = 264.6 \text{m/sec}$$

엔트로피 변화는 식 (3.70)으로 계산된다.

$$\frac{s_2 - s_1}{R} = -\ln \frac{p_{02}}{p_{01}} = \ln \frac{p_{01}}{p_{02}} = 1.11$$

위 결과를 정리하면 충격파 뒤의 공기유동성질은 다음과 같다.

속 도: 264.6m/sec

마 하 수: 0.4752

압 력: $1.046 \times 10^6 \, \text{N/m}^2$

온 도: $498.552\,^{\circ}\text{C}$

정체압력: $1.222 \times 10^6 \mathrm{N/m^2}$

정체온도: $806.4\mathrm{K}$

엔트로피 변화: $(s_2 - s_1)/R = 1.11$

3.6 Hugoniot식

앞 절에서 얻은 수직충격파에 대한 결과들은 속도와 마하수로 표시되어 있는데 이는 충격파의 유체역학적 성질을 잘 나타내는 양이다. 그런데 유동이 충격파를 지난 후에는 언제나 정압이 증가하기 때문에 우리는 충격파 그 자체를 기체를 압축하는 열역학적 도구로 생각할 수 있다. 그러므로 수직충격파 전후의 변화량들을 속도와 마하수의 함수로서가 아닌 다음과 같이 순전히 열역학적 변수들로도 나타낼 수 있다.

연속방정식 (3.45)로부터

$$u_2 = u_1 \left(\frac{\rho_1}{\rho_2} \right) \tag{3.72}$$

식 (3.72)를 운동량방정식 (3.46)에 대입하면

$$p_1 + \rho_1 u_1^2 = p_2 + \rho_2 \left(\frac{\rho_1}{\rho_2} u_1 \right)^2 \tag{3.73}$$

식 (3.73)을 u_1^2에 대하여 풀면

$$u_1^2 = \frac{p_2 - p_1}{\rho_2 - \rho_1} \cdot \frac{\rho_2}{\rho_1} \tag{3.74}$$

식 (3.45)를 이번에는 다음과 같이 u_1에 대하여 풀면

$$u_1 = u_2 \left(\frac{\rho_2}{\rho_1} \right)$$

이 식을 식 (3.46)에 대입하고 u_2에 대하여 풀면

$$u_2^2 = \frac{p_2 - p_1}{\rho_2 - \rho_1} \cdot \frac{\rho_1}{\rho_2} \tag{3.75}$$

이제 에너지방정식 (3.47)을 상기해 보자.

$$h_1 + \frac{u_1^2}{2} = h_2 + \frac{u_2^2}{2} \tag{3.47}$$

그리고 $h = e + \dfrac{p}{\rho}$의 정의를 사용하면 식 (3.47)은

$$e_1 + \frac{p_1}{\rho_1} + \frac{u_1^2}{2} = e_2 + \frac{p_2}{\rho_2} + \frac{u_2^2}{2} \tag{3.76}$$

식 (3.74), (3.75)를 식 (3.76)에 대입하여 속도항을 소거하면

$$e_1 + \frac{p_1}{\rho_1} + \frac{1}{2}\left[\frac{p_2 - p_1}{\rho_2 - \rho_1} \cdot \frac{\rho_2}{\rho_1}\right] = e_2 + \frac{p_2}{\rho_2} + \frac{1}{2}\left[\frac{p_2 - p_1}{\rho_2 - \rho_1} \cdot \frac{\rho_1}{\rho_2}\right] \tag{3.77}$$

이 식을 간단히 하면

$$e_2 - e_1 = \frac{p_1 + p_2}{2}\left(\frac{1}{\rho_1} - \frac{1}{\rho_2}\right) \tag{3.78}$$

또는

$$e_2 - e_1 = \frac{p_1 + p_2}{2}(v_1 - v_2) \tag{3.79}$$

여기서 v_1, v_2는 각각 영역 1과 2에서 기체의 비체적이다.

식 (3.79)를 Hugoniot식이라 부른다. 이 식은 충격파를 전후하여 단지 열역학적 양에 의하여서만 관련되어 있기 때문에 장점도 있다. 또한 우리는 기체 종류에 대하여 아무런 가정도 하지 않았기 때문에 식 (3.79)는 완전기체, 반응기체, 실제기체(real gas)에 대하여 모두 성립되는 일반적 관계식이다. 특히 이 식을 $\Delta e = -p_{ave}\Delta v$로 다시 써 놓고 보면 내부에너지의 변화는 충격파를 전후한 평균압력을 비체적의 변화와 곱한 것과 같다는 점에 주목하라. 이것은 바로 충격파를 전후한 단열과정($q = 0$)인 경우의 1장의 열역학 제1법칙과 같은 식이다.

일반적으로 열역학적 평형상태에 도달했을 때 어떤 한 열역학적 변수는 다른 두 상태변수들의 함수로 나타낼 수 있다. 예를 들면 $e = e(p, v)$로 표시할 수 있다. 이 관계식을 식 (3.79)에 대입하면 다음과 같은 함수 관계식을 얻을 수 있다.

$$p_2 = f(p_1,\ v_1,\ v_2) \tag{3.80}$$

수직충격파의 전방유동의 주어진 p_1, v_1에 대하여 식 (3.80)은 p_2는 v_2의 함수임을 보여 준다. 식 (3.80)으로 $p-v$선도에 그려 놓은 p_2-v_2곡선을 Hugoniot곡선이라 부르며, 그림 3.12에 그려져 있다. 이 곡선은 전방유동의 특정한 값 p_1, v_1(그림 3.12의 점 1)에 대하여 세기가 다른 각종 충격파 후방의 모든 가능한 점 (p_2, v_2)를 연결한 압력 대 비체적 관계의 곡선이다. 따라서 그림 3.12의 곡선상의 각 점은 유동속도 u_1에 대한 각기 다른 여러 강도의 충격파를 나타낸다.

그러면 지금 전방유동속도가 u_1(그림 3.12의 점 1)인 어떤 특정된 충격파가 있다고 하자. 우리는 어떻게 이 충격파에 해당하는 Hugoniot곡선상의 점 2(충격파 후방의 압력과 비체적)를 찾을 것인가? 이 문제를 해결하기 위하여 $v = \dfrac{1}{\rho}$ 을 식 (3.74)에 대입하면

$$u_1^2 = \frac{p_2 - p_1}{\dfrac{1}{v_2} - \dfrac{1}{v_1}} \cdot \frac{v_1}{v_2} \tag{3.81}$$

식 (3.81)을 간단히 하면

$$\frac{p_2 - p_1}{v_2 - v_1} = -\left(\frac{u_1}{v_1}\right)^2 \tag{3.82}$$

식 (3.82)를 관찰하면 좌변은 기하학적으로 그림 3.12의 점 1과 점 2를 잇는 직선의 기울기이다. 우변은 주어진 전방유동조건 즉, u_1, v_1으로 Hugoniot 선도 상의 점 1을 결정하여 준다. 그러므로 주어진 전방유동조건으로 $-(u_1/v_1)^2$ 을 계산하여 기울기로 삼고, 이 기울기로 점 1을 지나는 직선을 그을 때 $p-v$ 곡선과 만나는 또 하나의 점이 바로 점 2가 된다. 점 2의 p_2, v_2를 읽으면 그 값이 주어진 전방유동조건(u_1, p_1, v_1)에 대한 충격파 후방의 조건이다.

수직충격파에 의한 압축은 매우 효과적이다. 그림 3.13에 그려진 것과 같이 똑같은 초기점 (p_1, v_1)을 통과하는 등엔트로피 곡선과 Hugoniot곡선을 비교하여 보자. 점 1에서 두 곡선은 똑같은 기울기를 갖는다(Hugoniot 곡선상에 있는 점 1은 무한히 약한 충격파, 즉 마하파에 해당하는 것을 기억하면서 이를 증명해 보아라). 그러나 v가 감소함에 따라 Hugoniot 곡선은 등엔트로피 곡선보다 위

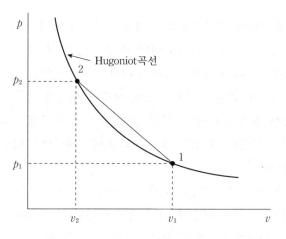

그림 3.12 Hugoniot곡선

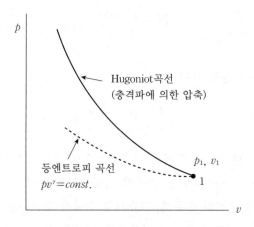

그림 3.13 등엔트로피 압축과 충격파에 의한 압축의 비교

로 올라간다. 이것은 동일한 비체적 감소에 대하여 충격파가 등엔트로피보다 더 높은 압력증가를 가져온다는 것을 의미한다. 그렇지만 충격파의 대가는 엔트로피의 증가에 있어 그 결과 정체압력이 감소하므로 효율성의 면에 있어서는 등엔트로피 압축보다 못하다.

열량적 완전기체에 대하여 $e=c_v T$, $T=\dfrac{pv}{R}$ 를 기억하면 식 (3.79)는 다음과 같이 된다.

$$\frac{p_2}{p_1} = \frac{\dfrac{\gamma+1}{\gamma-1}\dfrac{v_1}{v_2}-1}{\dfrac{\gamma+1}{\gamma-1}-\dfrac{v_1}{v_2}}$$

이것의 증명은 각자 해 보기 바란다.

연 습 문 제

3.1 저기조에서 얻을 수 있는 1차원 유동의 최대속도가 다음과 같음을 증명하라. (완전기체에 대하여)

$$u^2{}_{max}=2h_0=\frac{2}{\gamma-1}\,a_0^2$$

또한 그 때의 T와 M을 구하라.

3.2 (a) 단열 정상에너지방정식을 압축성 유체와 비압축성 유체 각각의 경우에 대하여 써라. (정압 p, 정체압력 p_0, 밀도 ρ, 속도 V와 γ를 사용하여 표시하라.)

(b) 각 경우에 대하여 속도가 다음과 같이 표시됨을 보여라.

$$\text{압축성 유체}: V_{com}=\left\{\frac{2\gamma}{\gamma-1}\frac{p}{\rho}\left[\left(\frac{p_0}{p}\right)^{\frac{\gamma-1}{\gamma}}-1\right]\right\}^{\frac{1}{2}} \qquad (3.83)$$

$$\text{비압축성 유체}: V_{incom}=\left[\frac{2}{\rho}(p_0-p)\right]^{\frac{1}{2}} \qquad (3.84)$$

(c) 공기의 흐름 속에 pitot관이 놓여 있다. 공기의 정체압력이 $2.0\times10^5\,N/m^2$, 정압이 $1.5\times10^5\,N/m^2$일 때, 압축성 유체와 비압축성 유체 각각의 경우에 대한 속도는 얼마인가?

(d) $\dfrac{(p_0-p)}{p}$ 가 작다고 가정하면, 비압축성 유체의 경우에 대한 일차오차가 다음과 같음을 보여라.

$$E=\frac{V_{incom}-V_{com}}{V_{incom}}\times100=\frac{100}{4\gamma}\left(\frac{p_0-p}{p}\right)(\%)$$

◆ 힌트: $\dfrac{p_0-p}{p}=\varepsilon$ 이라고 놓으면 $\dfrac{p_0}{p}=1+\varepsilon$ 이 되는데, 여기서는 $\varepsilon\ll1$ 이 된다. 따라서 식 (3.83)을 Binomial Expansion을 사용하여 전개한 다음, 제일 큰 항만을 남겨놓은 다음 나머지는 H.O.T.로써

무시한다.

3.3 압력이 $1.0133 \times 10^5 \text{N/m}^2$, 온도가 $15\,^{\circ}\text{C}$, 마하수 3인 공기의 흐름이 수직충격파를 지나고 있다. 충격파 전후의 정적 유동성질과 정체유동성질을 비교하라. 또한 엔트로피 변화는 얼마인가? (공기에 대하여 $\gamma = 1.4$)

3.4 그림 3.14와 같은 대기권 재돌입 물체(re-entry body)가 지구의 대기로 들어올 때의 마하수를 10이라 하자. 충격파 전후의 온도를 계산하라. 그리고 공기는 충격파를 거쳐 압축된 후 등엔트로피 과정에 의하여 대기압으로 팽창될 때 최종온도를 구하여라. 단, 고도는 100km이며 그 때의 온도는 $45\,^{\circ}\text{C}$라고 가정한다. ($\gamma_{air} = 1.4$)

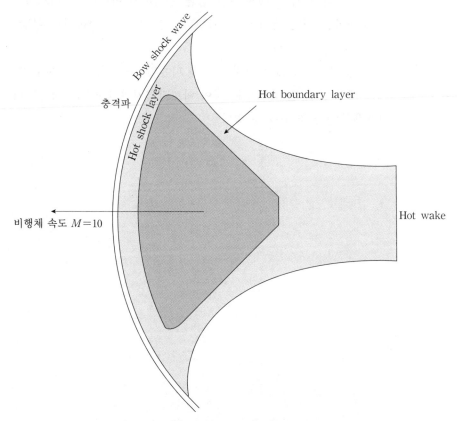

그림 3.14 지구 재돌입 비행체에 형성된 충격파

3.5 약한 충격파의 경우에 다음 관계가 성립함을 보여라. $\left(\dfrac{\Delta p}{p_1}=\dfrac{p_2-p_1}{p_1}\ll 1\right)$

$$\frac{\Delta \rho}{\rho_1}\cong -\frac{\Delta u}{u_1}\cong \frac{1}{\gamma}\frac{\Delta p}{p_1}$$

$$M_1^2=1+\frac{\gamma+1}{2\gamma}\frac{\Delta p}{p_1}$$

$$M_2^2\cong 1-\frac{\gamma+1}{2\gamma}\frac{\Delta p}{p_1}$$

$$\frac{\Delta p_0}{p_{01}}\cong -\frac{\gamma+1}{12\gamma^2}\left(\frac{\Delta p}{p_1}\right)^3$$

$$\frac{\Delta s}{R}\cong -\frac{\Delta p_0}{p_{01}}\cong \frac{\gamma+1}{12\gamma^2}\left(\frac{\Delta p}{p_1}\right)^3$$

▶ 유의 사항 : 위의 결과로부터 알 수 있듯이, 정체압력과 엔트로피 변화는 충격파 세기의 3승에 비례함을 주의하기 바라며, 그러므로 약한 충격파를 지난 유동은 등엔트로피 유동으로 가정하여도 무방하다는 것을 알 수 있다.

◆ 힌트: 문제 3.2.(d)에 주어진 힌트를 따른다. 단, $\dfrac{\Delta s}{R}$의 경우에 있어서는 제일 큰 항만 남겨두는 것이 아니라 3차항까지 Taylor 급수를 전개해야만 답을 구할 수 있다.

4장

경사충격파와 팽창파

4.1 서 론

제3장에서 고려한 수직충격파는 초음속 유동에서 발생하는 더 일반적인 경사충격파의 특별한 경우이다. 경사충격파들의 사진이 3장의 그림 3.6에 보여져 있다. 이러한 경사충격파는 초음속유동이 그림 4.1(a)에서와 같이 오목한 모퉁이(concave corner)를 돌 때 보통 일어난다. 여기서 균일한 초음속 유동이 표면의 한 면으로 경계를 이루고 있다. 그림 4.1(a)의 점 A에서 경계면은 각 θ만큼 위쪽으로 꺾어져 있다. 결과적으로 유선도 각 θ만큼 위쪽으로 꺾어지게 된다. 흐름방향의 변화는 전방의 자유유동에 대해 경사진 경사충격파에 의해 일어난다. 모든 유선들은 충격파를 지나면서 꺾임각(deflection angle) θ만큼 위쪽으로 꺾이게 된다. 충격파를 통과한 후방의 유동도 또한 균일하고 평행하며 점 A에서 벽면(경계면)에 평행하게 흐른다. 충격파를 지나면서 마하수는 감소하고 압력, 온도, 밀도는 증가한다.

이와는 대조적으로 초음속 흐름이 그림 4.1(b)에서 보는 바와 같이 볼록한 모퉁이(convex corner)를 돌 때는 팽창파가 형성된다. 여기서 경계면은 각 θ만큼 아래쪽으로 꺾어져 있다. 그 결과로 유선은 아래쪽으로 꺾어지게 되고 유동으로부터 멀어진다. 흐름방향의 변화는 점 A에 중심을 둔 팽창파를 통하여 일어난다. 표면에서 떨어진 곳에서는 이 팽창파는 그림 4.1(b)에서 보는 것과 같이 부채처럼 펴진다. 유선들은 점 A의 후방에 있는 벽면과 평행하게 될 때까

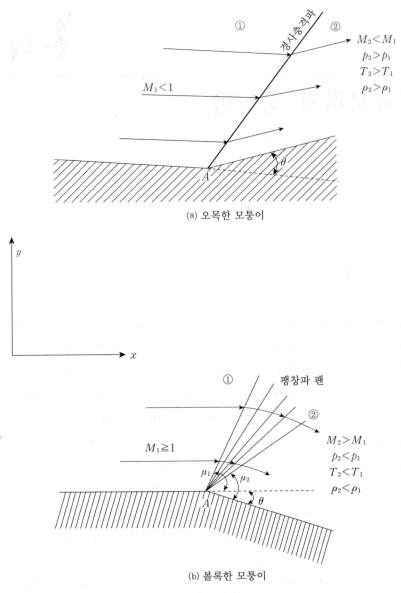

(a) 오목한 모퉁이

(b) 볼록한 모퉁이

그림 4.1 모퉁이를 지나는 초음속 흐름

지 무수한 팽창파를 통하여 연속적으로 변하게 된다. 따라서 팽창파 후방의 유동도 그림 4.1(b)에서 보여 주는 것과 같이 각 θ만큼 아래쪽으로 꺾어진 방향, 즉 벽면에 평행하게 된다. 충격파를 전후하여 유동값들은 불연속으로 변하지만 팽창파를 지나면서 모든 유동값들은 점 A에서 불연속으로 변하는 벽면유선(wall stream line)을 제외하고는 연속적으로 변한다. 팽창파를 지나면서 마하수는 증가하고 압력, 온도, 밀도 등은 감소한다. 경사충격파와 팽창파는 2차원 및 3차원의 초음속 유동에서 잘 나타난다. 3장의 1차원 수직충격파와는 대조적으로 경사충격파와 팽창파는 본질적으로 2차원이다. 즉 유동값들은 그림 4.1에서 ⟨z = 일정⟩인 평면상에서 x와 y의 함수이다. 이 장의 주요 과제는 1차원 수직충격파를 해석할 때와 같이 2차원파(波) 전후의 유동값들 사이의 관계식을 구하는 것이다.

4.2 경사충격파의 관계식

경사충격파를 지나는 유동의 기하학적 모양이 그림 4.2에 그려져 있다. 경사충격파 전방의 속도는 V_1이며 수평이다. 이에 대한 마하수는 M_1이다. 그리고 경사충격파는 속도 V_1방향에 대하여 각 β를 이루고 있다. 경사충격파 후방은 유동이 충격파쪽으로 꺾임각 θ만큼 꺾여져 있다. 경사충격파 후방의 속도, 마하수를 각각 V_2, M_2로 표시하자. 그림 4.2에서 보는 바와 같이, 경사충

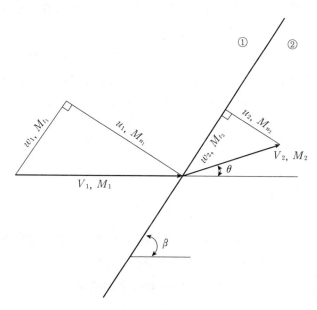

그림 4.2 경사충격파의 기하학적 모양

격파에 대하여 수직, 평행인 V_1의 성분은 각각 u_1, w_1이며 V_2의 이와 같은 성분을 u_2, w_2로 표시하자. 그러면, 우리는 경사충격파 전방에서 경사충격파에 대하여 수직, 수평한 방향의 마하수를 각각 M_{n_1}, M_{t_1}이라 할 수 있으며, 똑같은 방법으로 경사충격파 후방의 마하수를 각각 M_{n_2}, M_{t_2}로 할 수 있다.

제2장에서 적분형으로 주어진 일반방정식을 3장에서 1차원 유동에 대하여 특정한 검사체적에 적용함으로써 궁극적으로 수직충격파 관계식들을 유도하였다. 여기서도 같은 방법을 택하자. 그림 4.3의 점선으로 표시된, 경사충격파를 통과하는 두 유선 사이에 그려진 검사체적을 생각하자. 면 a와 d는 경사충격파에 평행하다. 먼저 연속방정식 (2.24)를 정상류의 경우 이 검사체적에 적용하자. 식 (2.24)에서 시간에 대한 미분항은 0이다. 그림 4.3의 검사체적의 면 a, d의 면적분은 $(-\rho_1 u_1 A_1 + \rho_2 u_2 A_2)$이고, 여기서 면 a와 d에서 단면적은 같다. 즉, $A_1 = A_2$이다. 검사체적의 면 b, c, e, f들은 속도와 평행하므로 면적분에 아무런 기여를 못한다. 즉, 이 경우는 면 b, c, e, f에서 $\vec{v} \cdot \vec{n} = 0$이다. 결과적으로 경사충격파의 연속방정식은

$$\rho_1 u_1 = \rho_2 u_2 \tag{4.1}$$

운동량방정식 (2.44)는 적분형 벡터방정식이다. 이 식을 그림 4.3의 경사충격파에 대한 평행 및 수직인 두 성분으로 나누어 고려한다. 식 (2.44)를 그림 4.3의 검사체적에 적용하면 평행인 방향의 성분은 다음과 같다. ($p\vec{n}dS$의 경사충격파에 평행한 방향의 성분은 면 a, d에서 그 값이 0이며, 면 b의 성분과 면 f의 성분은 서로 상쇄되므로 똑같은 방법으로 면 c, e에서도 서로 상쇄되는 것을 유의하기 바란다.)

$$(-\rho_1 u_1)w_1 + (\rho_2 u_2)w_2 = 0 \tag{4.2}$$

식 (4.2)를 식 (4.1)로 나누면,

$$w_1 = w_2 \tag{4.3}$$

이것은 상식적인 결과이다. 즉 흐름속도의 충격파에 평행한(또는 접선방향) 방향의 성분은 경사충격파를 전후하여 보존된다는 것이다. 그림 4.3으로 되돌아와서 식 (2.44)의 수직성분은 다음과 같이 주어진다.

$$(-\rho_1 u_1)u_1 + (\rho_2 u_2)u_2 = -(-p_1 + p_2)$$

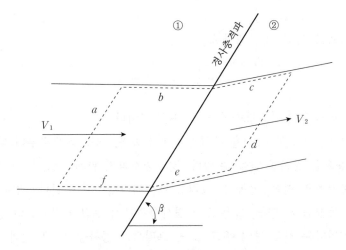

그림 4.3 경사충격파의 검사체적

또는

$$p_1 + \rho_1 u_1^2 = p_2 + \rho_2 u_2^2 \tag{4.4}$$

식 (4.3)과 식 (4.4)는 경사충격파의 운동량방정식이다.

끝으로 에너지방정식 (2.59)를 그림 4.3의 검사체적에 적용하면, 정상단열 유동의 경우에 대하여 다음과 같이 된다.

$$-(-p_1 u_1 + p_2 u_2) = -\rho_1\left(e_1 + \frac{V_1^2}{2}\right)u_1 + \rho_2\left(e_2 + \frac{V_2^2}{2}\right)u_2$$

또는

$$\left(h_1 + \frac{V_1^2}{2}\right)\rho_1 u_1 = \left(h_2 + \frac{V_2^2}{2}\right)\rho_2 u_2 \tag{4.5}$$

식 (4.5)를 식 (4.1)로 나누면,

$$h_1 + \frac{1}{2}V_1^2 = h_2 + \frac{1}{2}V_2^2 \tag{4.6}$$

그러나 그림 4.2의 기하학적 관계로부터 $V^2 = u^2 + w^2$ 이며 $w_1 = w_2$ 이므로

$$V_1^2 - V_2^2 = (u_1^2 + w_1^2) - (u_2^2 + w_2^2) = u_1^2 - u_2^2$$

이다.

이 결과를 식 (4.6)에 대입하면,

$$h_1 + \frac{1}{2}u_1^2 = h_2 + \frac{1}{2}u_2^2 \qquad (4.7)$$

로 된다. 이 식은 경사충격파의 에너지방정식이다.

식 (4.1), (4.4)와 (4.7)을 주의깊게 관찰하자. 이들 식으로부터 다음과 같은 매우 중요한 결론을 얻을 수 있다. 경사충격파의 관계식 (4.1), (4.4)와 (4.7)은 수직충격파의 연속, 운동량, 그리고 에너지방정식과 똑같다. 경사충격파를 전후한 유동성질의 변화량들은 오직 경사충격파에 수직한 자유류의 성분에 의하여 지배된다는 것을 보여 주고 있다. 그러므로 경사충격파의 결과는 수직충격파의 결과식들에서 수직충격파의 M_1대신에 경사충격파의 수직성분 $M_1\sin\beta$ $\left(\frac{u_1}{a_1} = \frac{V_1}{a_1}\sin\beta = M_1\sin\beta\right)$로 대치시킴으로써 간단히 얻을 수 있다. 수직충격파 결과식들을 이용하여 경사충격파 결과를 써 보면 다음과 같다.

$$M_{n_1} = \frac{u_1}{a_1} = \frac{V_1\sin\beta}{a_1} = M_1\sin\beta \qquad (4.8)$$

여기서 β는 경사충격파가 자유류 방향과 이루는 각이며 파각(波角)이라고 부른다.

$$\frac{\rho_2}{\rho_1} = \frac{(\gamma+1)M_{n_1}^2}{(\gamma-1)M_{n_1}^2 + 2} \qquad (4.9)$$

$$\frac{p_2}{p_1} = 1 + \frac{2\gamma}{\gamma+1}(M_{n_1}^2 - 1) \qquad (4.10)$$

$$M_{n_2}^2 = \frac{M_{n_1}^2 + \frac{2}{\gamma-1}}{\frac{2\gamma}{\gamma-1}M_{n_1}^2 - 1} \qquad (4.11)$$

$$\frac{T_2}{T_1} = \frac{p_2}{p_1}\frac{\rho_1}{\rho_2} \qquad (4.12)$$

충격파 후방의 마하수 M_2는 (4.11)에서 계산된 M_{n_2}를 가지고 그림 4.3의 기하학적 관계로부터

$$M_2 = \frac{M_{n_2}}{\sin(\beta-\theta)} \qquad (4.13)$$

가 된다.

3장에서 수직충격파를 전후한 변화량들은 단지 1개의 양으로만, 즉 자유류의 마하수만의 함수로 되어 있었다. 이제 식들 (4.9)~(4.12)로부터 알 수 있는 것과 같이 경사충격파의 전후한 변화량들은 두 개의 양, 즉 M_1과 β의 함수로 주어져 있다. 우리는 또한 실제로 수직충격파는 경사충격파의 단지 $\beta = \dfrac{\pi}{2}$의 특별한 경우임을 알 수 있다.

식 (4.13)으로부터 M_2를 계산할 때 파각 β을 알고 있지 않으면 안 된다. β는 다음과 같이 M_1과 θ의 유일한 함수이며, 그림 4.2의 기하학적 관계로부터

$$\tan \beta = \frac{u_1}{w_1} \tag{4.14}$$

$$\tan (\beta - \theta) = \frac{u_2}{w_2} \tag{4.15}$$

식 (4.14)와 식 (4.15)를 결합하고 $w_1 = w_2$를 이용하면 다음과 같이 된다.

$$\frac{\tan (\beta - \theta)}{\tan \beta} = \frac{u_2}{u_1} \tag{4.16}$$

식 (4.16)을 식 (4.1), (4.8), (4.9)와 결합하면,

$$\frac{\tan (\beta - \theta)}{\tan \beta} = \frac{2 + (\gamma - 1) M_1^2 \sin^2 \beta}{(\gamma + 1) M_1^2 \sin^2 \beta} \tag{4.17}$$

약간의 삼각함수 조작에 의하여 윗 식은 다음과 같이 표시된다.

$$\tan \theta = 2 \left[\frac{M_1^2 \sin^2 \beta - 1}{M_1^2 (\gamma + \cos 2\beta) + 2} \right] \cot \beta \tag{4.18}$$

식 (4.18)을 $\theta - \beta - M$ 관계식이라 부르며, θ는 M, β의 유일한 함수로써 표시되어 있다. 이 관계식은 경사충격파 해석에 매우 중요한 식이다. $\gamma = 1.4$ 일 때, 식 (4.18)의 해가 그림 4.4에 그려져 있으며 책 뒤의 부록에 표 Ⅲ으로 주어져 있다. 이 그림을 자세히 살펴보자. 그것은 마하수 M_1을 매개변수로 하고 꺾임각 θ에 대한 파각 β의 곡선이다. 특히 다음 사실에 주의하라.

1) 어떤 주어진 M_1에 대하여 최대 꺾임각 $\theta_{\max}$가 존재한다. 만약 물체의 θ가 $\theta_{\max}$보다 크면, 직선 경사충격파의 해는 존재하지 않는다. 그대신 충격파

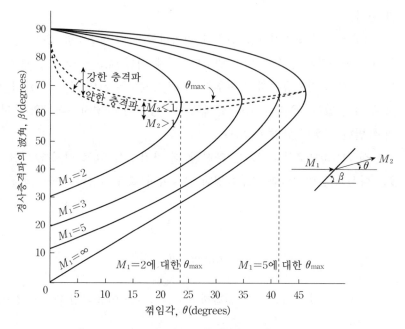

그림 4.4 θ-β-M 곡선, 경사충격파의 성질

는 직선이 아닌 곡선이며 물체로부터 분리되게 된다. 쐐기모양의 물체와 모퉁이 흐름에서 θ가 θ_{max}보다 작거나 클 경우에 대하여 비교하는 그림이 그림 4.5에 그려져 있다. $\theta < \theta_{max}$일 때는 경사충격파는 직선이며 물체에 붙어 있지만, $\theta > \theta_{max}$일 경우에는 충격파는 곡선이며 물체로부터 떨어지게 된다.

2) 식 (4.18)은 M_1을 고정시켰을 때 하나의 꺾임각 $\theta(\theta < \theta_{max})$에 대하여 2개의 β가 존재함을 보여 주고 있다(그림 4.4 참조). 2개의 β각에서 큰 각 β에 해당되는 해를 강한 충격파해(왜냐하면 β가 증가함에 따라 충격파 전후의 변화가 더 크기 때문이다)라고 부르며, 작은 각 β에 대한 해를 약한 충격파해라고 부른다. 약한 충격파가 자연계에서 우선적으로(favored) 보통 잘 일어난다. 그림 4.6에 그려진 것과 같은 약한 충격파가 우리가 정상적으로 보게 되는 충격파이다. 그러나 약한 또는 강한 충격파해의 조건은 주위압력(배압)에 의하여 결정된다. 그림 4.6에서 후방 유동의 압력이 어떤 독립적인 기구의 조작에 의하여 크게 되면, 점선으로 보이는 것과 같이 강한 충격파가 발생되도록 강요된다. 강한 충격파해에서는 M_2가 아음속이고 약한 충격파에서는 M_2는 θ_{max}에 가까운 영역을 제외하고는 초음속이다(그림 4.4 참조).

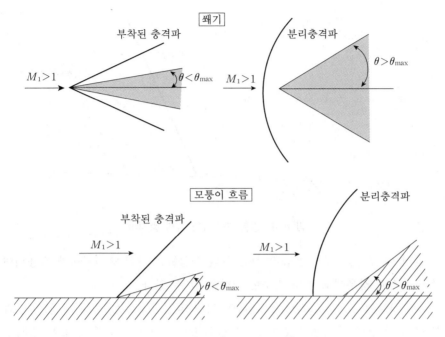

그림 4.5 부착된 충격파와 분리충격파

3) $\theta = 0$이면 $\beta = \dfrac{\pi}{2}$(수직충격파에 해당) 또는 $\beta = \mu$(마하파에 해당)이다.

4) 어떤 고정된 꺾임각 θ에 대하여 자유류의 마하수가 높은 초음속에서부터 낮은 초음속으로 감소됨에 따라 파각은 오히려 증가한다(약한 충격파의 경우). 결국에는 자유류의 마하수를 감소시킴에 따라 어떤 마하수 이하에서는 해가 존재하지 않는다. 이 마하수에서 $\theta = \theta_{max}$이다. 마하수를 이 이하로 더 감소시키면 충격파는 그림 4.5에 그려진 것과 같이 물체로부터 분리되기 시작한다. (detached shock)

반면 자유류의 마하수를 고정시키고 θ를 증가시킴에 따라 β, p_2, T_2, ρ_2는 증가하는 반면 M_2는 감소하는 것을 알 수 있다. 그리고 θ가 θ_{max}보다 크게 되면 직선 경사충격파해는 존재하지 않으며 충격파는 떨어져 나간다.

한편으로 고정된 θ에 대하여 생각해 보자. M_1을 1로부터 증가시키면 충격파는 처음에는 분리되었던 것이, M_1이 더 증가함에 따라 M_1이 $\theta = \theta_{max}$와 같아지는 마하수가 되었을 때 떨어졌던 충격파가 물체에 부착하게 된다. 이보다 마하수를 더욱 더 증가시킴에 따라 충격파는 물체에 부착되며 β가 감소되

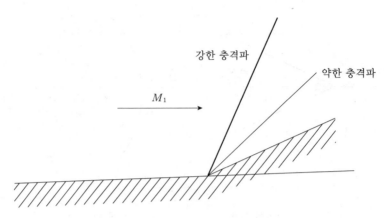

그림 4.6 강한 충격파와 약한 충격파

는 반면 p_2, T_2, ρ_2, M_2는 증가한다. 위의 사실들은 약한 충격파해에 적용되며 강한 충격파 경우에도 이와 비슷한 경향을 알 수 있다.

위 1)항에서, 주어진 M_1에 대하여 최대 꺾임각 θ_{max}는 쉽게 계산된다. 즉 식 (4.18)을 β에 대하여 미분하고 그 값을 0으로 놓으면 다음과 같은 결과를 얻는다.

$$\frac{d\theta}{d\beta} = 0$$

$$(\sin^2\beta)_{\theta_{max}} = \frac{\gamma+1}{4\gamma}\left[1 - \frac{4}{(\gamma+1)M_1^2}\sqrt{1 + \frac{8(\gamma-1)}{(\gamma+1)M_1^2} + \frac{16}{(\gamma+1)M_1^4}}\right]$$

(4.18.1)

식 (4.18.1)은 주어진 M_1에 대하여 θ_{max}에 대한 파각 β를 계산하는 식이다. 그러므로 식 (4.18.1)로부터 파각 β를 계산한 다음, 식 (4.18)에 대입하여 θ_{max}를 구하게 된다.

그리고 경사충격파를 지난 마하수 $M_2 = 1$에 대한, 즉 음속류(sonic flow)에 대한 꺾임각을 θ^*로 놓으면 θ^*는 다음의 식으로부터 계산이 된다.

$$(\sin^2\beta)_{\theta^*} = \frac{1}{\gamma M_1^2}\left[\frac{\gamma+1}{4}M_1^2 - \frac{3-\gamma}{4}\right.$$
$$\left. + \sqrt{(\gamma+1)\left(\frac{9+\gamma}{16} + \frac{3-\gamma}{8}M_1^2 + \frac{\gamma+1}{16}M_1^2\right)}\right] (4.18.2)$$

식 (4.18.1)과 식 (4.18.2)로부터 여러 M_1 값에 대한 θ_{max}와 θ^*를 계산하여

표 4.1 여러 가지 M_1에 대한 θ_{max}와 θ_* ($\gamma = 1.4$)

M_1	θ_{max}	θ_*
1.0	0	0
1.4	9°26′	9° 2′
1.8	19°11′	18°50′
2.0	22°58′	22°43′
3.0	34° 4′	34°1′
4.0	38°46′	38°45′
5.0	41° 7′	41° 7′
∞	43°35′	43°35′

보면 표 4.1과 같다.

예제 1 자유류의 압력 $p_1 = 1.0133 \times 10^5\,\mathrm{N/m^2}$, $T_1 = 300\mathrm{K}$, $M_1 = 3.0$인 공기가 마찰이 없는 벽면에 의하여 15° 만큼 꺾이게 된다(그림 4.7 참조). 약한 경사충격파가 생겼다고 가정한다면, 충격파 뒤의 압력 p_2, 밀도 ρ_2, 온도 T_2, 정체압력 차이 $\Delta p_0 = p_{01} - p_{02}$, 속도 V_2와 M_2를 계산하라.

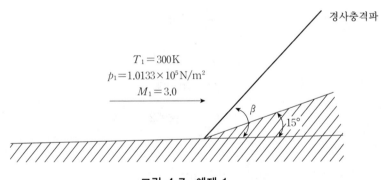

그림 4.7 예제 1

풀이 먼저 자유류의 ρ_1과 p_{01}을 계산하여 충격파 전의 유동조건을 아는 것이 필요하다.

$$\rho_1 = \frac{p_1}{RT_1} = \frac{1.0133 \times 10^5}{287.04 \times 300} = 1.1767\,\mathrm{kg/m^3}$$

$M_1 = 3.0$에 대한 등엔트로피 유동 표 I 로부터

$$\frac{p_1}{p_{01}} = 0.02722$$

$$p_{01} = \frac{p_1}{0.02722} = 37.23 \times 10^5 \, \text{N/m}^2$$

그 다음 $M_1 = 3.0$과 꺾임각 $\theta = 15°$에 대한 경사충격파 표 III으로부터 파각을 계산한다.

$$\beta = 32.2°$$

경사충격파 전후의 유동성질들의 변화는 자유류의 경사충격파에 대하여 수직성분 M_{n_1}과 수직충격파 표 II로부터 계산한다.

$$M_{n_1} = M_1 \sin\beta = 3.0 \times \sin 32.2° \cong 1.6$$

$M_{n_1} = 1.6$과 수직충격파 표 II로부터

$$\frac{p_2}{p_1} = 2.82$$

$$\frac{T_2}{T_1} = 1.388$$

$$\frac{\rho_2}{\rho_1} = 2.0317$$

$$M_{n_2} = 0.6684$$

$$\frac{p_{02}}{p_{01}} = 0.8952$$

그러므로

$p_2 = 2.82 p_1 = 2.8575 \times 10^5 \, \text{N/m}^2$

$T_2 = 1.388 T_1 = 416.4 \text{K}$

$\rho_2 = 2.0317 \rho_1 = 2.3907 \, \text{kg/m}^3$

$p_{02} = 0.8952 p_{01} = 33.328 \times 10^5 \, \text{N/m}^3$

$\Delta p_0 = p_{01} - p_{02} = (37.23 - 33.33) \times 10^5 \, \text{N/m}^2 = 3.9 \times 10^5 \, \text{N/m}^2$

$a_2 = \sqrt{\gamma R T_2} = (1.4 \times 287.04 \times 416.4)^{\frac{1}{2}} = 409.06 \, \text{m/sec}$

$$M_2 = \frac{M_{n_2}}{\sin(\beta - \theta)} = \frac{0.6684}{\sin(32.2 - 15)} = 2.260$$

$$V_2 = M_2 a_2 = 924.61 \, \text{m/sec}$$

<hr>

예제 2 $M_1 = 3$에 놓인 반정각이 15°인 쐐기 유동을 생각하자. 경사충격파 해를 이용하여 쐐기의 항력계수를 계산하라. 여기서 쐐기의 저변(base)에 작용하는 압력은 자유류의 압력과 같다고 가정하라. (위의 (예제 1)과 관련됨.)

풀 이   물리적 그림이 아래와 같이 그려져 있다.

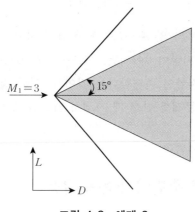

$M_1 = 3$

$15°$

L

D

그림 4.8 예제 2

여기서 단위 스팬당 항력을 D'으로 놓으면,

$$D' = 2cp_2 \sin 15° - 2cp_1 \sin 15° = 2c(p_2 - p_1) \sin 15°$$

$$c_d = \frac{D'}{q_\infty S}$$

그런데 기준면적 $S = (c) \cdot 1$로 선택한다.

$$q_\infty = \frac{1}{2} \rho_\infty V_\infty^2 = \frac{\gamma}{2} p_\infty M_\infty^2 = \frac{\gamma}{2} p_1 M_1^2$$

이 값을 D' 식에 대입한다.

$$c_d = \frac{2D'}{\gamma M_1^2 p_1 (c)(1)}$$

$$= \frac{4}{\gamma p_1 M_1^2} (p_2 - p_1) \sin 15° = \frac{4}{\gamma M_1^2} \left(\frac{p_2}{p_1} - 1 \right)$$

위의 (예제 1)에서 계산된 $\frac{p_2}{p_1}$ 값을 윗 식에 대입하면 다음과 같은 결과를 얻는다.

$$c_d = \frac{4}{1.4 \times 3^2} (2.82 - 1) \sin 15° = 0.155$$

우리는 위의 결과로부터 비점성 초음속 유동속에 놓인 물체의 항력은 γ와 M_1만의 함수임을 알 수 있다. 즉,

$$c_d = f(\gamma, M_1)$$

그리고 이 문제로부터 알 수 있는 또 하나의 사실은, 2차원 비점성 아음속 유동에서는 물체의 저항이 0이지만, 초음속 유동에서는 압력저항, 흔히 조파저항이라고 불리는 저항이 존재한다는 것이다. 이와 같은 사실은 나중에 파형 벽면을 흐르는 유동문제를 다룰 때 자세히 기술될 것이다.

4.3 쐐기나 원추 주위의 초음속 유동

위에서 해석한 경사충격파 성질들은 그림 4.5의 왼쪽에 그려진 쐐기 주위의 유동이나 2차원 압축 모퉁이 유동에서와 같은 유동에 대한 지배방정식들의 완전해이다. 충격파 후방의 유선은 직선이며 쐐기 표면에 평행이다. 쐐기 표면의 압력은 일정하며 크기는 충격파 뒤의 압력 p_2와 같으며 그림 4.9(a)에 그려져 있다.

원추 주위의 유동은 그림 4.9(b)에 그려진 바와 같이 초음속 유동에서 직선충격파는 원추의 정점에 붙어 있다. 이러한 원추충격파 바로 후방의 유동성질들은 경사충격파 관계식들에 의해 결정된다. 그러나 원추 주위의 유동은 본질적으로 3차원 유동이므로 충격파와 원추표면 사이의 유장은 쐐기 경우처럼 더이상 균일하지 않다. 그림 4.9(b)에 보는 바와 같이 유선은 곡선으로 되어 있고 원추표면의 압력 p_s는 충격파 바로 뒤의 p_2와는 같지 않다.

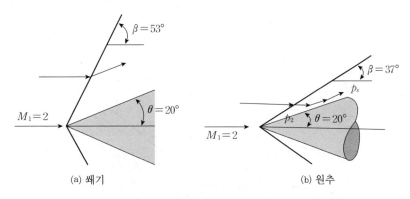

(a) 쐐기　　　　　(b) 원추

그림 4.9 쐐기와 원추 주위의 흐름의 비교; 3차원 효과에 대한 설명

더욱이 3차원 유동이므로 또 하나의 차원의 첨가는 다른 방향으로 흐를 수 있는 가능성이 마련되므로 물체의 존재 때문에 생긴 방해의 효과의 일부를 제거한다. 이것은 3차원 효과라고 부르며 모든 3차원 흐름의 특징이다. 원추 유동의 경우 3차원 효과는 똑같은 꺾임각을 갖는 쐐기유동보다 충격파 강도가 약한 충격파를 가져온다. 예를 들면, 그림 4.9에서 보는 바와 같이 반정각 20° 인 원추는 $M_1 = 2.0$에 대하여 파각이 37°이다. 결과적으로 쐐기보다 작은 값의 p_2, ρ_2, T_2를 수반한다. 이러한 차이 때문에 원추 주위의 초음속 유동은 나중에 제 10장에서 따로 다루게 된다.

4.4 충격파 극좌표(shock polar)

도식설명은 충격파가 존재하는 초음속 유동을 이해하는 데 크게 도움이 된다. 경사충격파에 대한 도식표현이 아래에 기술될 충격파 극좌표로 주어져 있다. 그림 4.10에 그려진 바와 같이 주어진 전방 흐름속도 V_1과 꺾임각 θ_B의 경사충격파를 생각하자. 또한 V_1방향을 x축으로 하는 x-y 직교좌표계를 생각하자. 그림 4.10을 물리적 평면(physical plane)이라고 부른다.

$V_{x_1}, V_{y_1}, V_{x_2}$ 및 V_{y_2}를 각각 경사충격파 전후의 유속의 x, y 성분으로 정의하자. 그러면 지금으로부터 그림 4.11에 보는 바와 같이 V_x, V_y를 축으로 하는 그래프 상에 속도를 그려보자. 그림 4.11과 같이 속도 성분으로 표시된 그래프를 호도그래프 평면(hodograph plane)이라 부른다. 선분 OA는 충격파 전방의

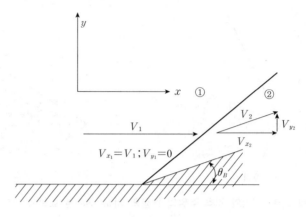

그림 4.10   물리적 평면(x-y평면)

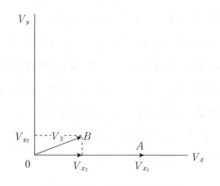

그림 4.11   호도그래프 평면

속도 V_1을 나타내며 선분 OB는 충격파 후방의 속도 V_2를 나타낸다.

그림 4.11의 호도그래프 상의 점 A는 그림 4.10의 물리적 평면상의 영역 1의 전(全) 유장을 나타낸다. 똑같은 방법으로 호도그래프 평면상의 점 B는 물리적 평면의 영역 2의 전 유장을 나타낸다. 그러면 그림 4.10에 있는 꺾임각을 보다 큰 값, 이를테면 θ_c까지 증가시키면 V_2는 각 θ_c까지 더욱 더 기울어지고 V_2의 크기는 충격파의 세기가 보다 강해지므로 감소하게 된다. 그림 4.12의 호도그래프 평면상에 이 조건을 나타내는 점이 점 C이다. 그러므로 주어진 V_1에 대하여 그림 4.10의 꺾임각 θ를 경사충격파의 해가 존재하는 모든 가능한 범위까지($\theta \leq \theta_{max}$) 변화시키면서 경사충격파의 식들을 만족하는 충격파 후방의 속도 V_2를 구하여 호도그래프 평면상에 θ와 V_2로 이루어진 곡선을 충격파 극좌표(shock polar)라고 정의하며 그림 4.12에 그려져 있다.

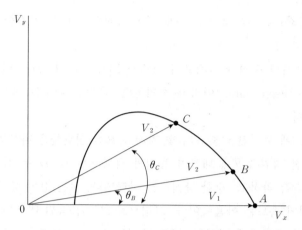

그림 4.12 V_1이 주어졌을 때의 충격파 극좌표

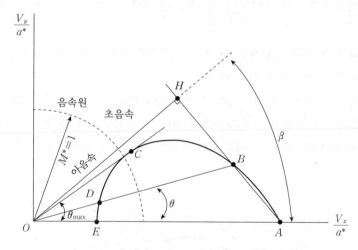

그림 4.13 충격파 극좌표를 이용한 기하학적 구성

그림 4.11과 그림 4.12의 점들 A, B, C는 주어진 V_1에 대하여 충격파 극좌표상의 단지 3점들에 불과하다. 편의상 3장에서 정의한 a^*로 그림 4.11의 속도를 무차원화시키자. 충격파를 전후하여 a^*가 일정하므로 이 값은 기준치로 삼기에 편리하다.

그림 4.13은 그림 4.12의 속도를 a^*로 무차원화시킨 그림이다. $M_1{}^*$는 $\dfrac{V_1}{a^*}$이며, $M_2{}^*$는 $\dfrac{V_2}{a^*}$이다. 그림 4.13에서와 같이 충격파 극좌표를 M이나 V 대신에 M^*를 사용하는 편리한 점은 $M \to \infty$(또는 $V \to \infty$)감에 따라 $M^* \to 2.45$(3장의 결과 참조)이기 때문이다. 그러므로 마하수의 넓은 범위($1 < M < \infty$)를 갖

는 충격파 극좌표는 M^*로 표시하게 되면 유한하고 매우 간결한 충격파 극좌표로 바뀌게 된다.

M^*로 표시된 충격파 극좌표가 그림 4.13에 그려져 있다. 반지름 $M^*=1$인 원을 음속원(sonic circle)이라고 정의한다. 음속원 내부는 아음속이고 외부는 초음속이다.

그림 4.13에 보여진 극좌표의 몇 가지 중요한 성질들은 다음과 같다.

1) 주어진 꺾임각 θ에 대하여 충격파 극좌표는 B, D 두 점에서 만난다. 점 B, D는 각각 약하고, 강한 충격파를 나타낸다. D는 강한 충격파의 해이므로 충격파 뒤의 속도는 아음속이다. 그러므로 D는 음속원 내부에 있게 된다.

2) 충격파 극좌표에 접선인 OC는 주어진 M_1^*(그러므로 주어진 M_1)에 대하여 최대꺾임각 θ_{max}를 나타낸다. $\theta>\theta_{max}$인 경우는 경사충격파 해는 존재하지 않는다.

3) 점 E와 A는 꺾임각을 갖지 않는 유동을 나타낸다. 즉, 점 E는 수직충격파의 해이고 점 A는 마하파이다.

4) 점 A와 B를 지나는 선에 수직인 선 OH를 그리면 , 각 $\angle HOA$는 점 B에서 충격파에 해당하는 파각 β이다. 이러한 사실은 속도의 접선성분은 충격파 전후에 보존된다는 것을 상기하면 간단한 기하학적 논리로부터 쉽게 증명될

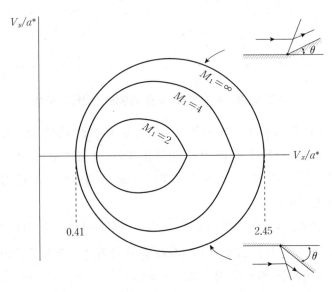

그림 4.14 여러 가지 마하수에 대한 충격파 극좌표

수 있으며 각자 증명하여 보기 바란다.

5) 다른 여러 M_1에 대한 충격파 극좌표는 그림 4.14에 그려진 대로 극좌표의 곡선군(曲線群)을 형성한다. $M_1 \rightarrow \infty$에 대한 충격파 극좌표는 $M_1^* = 2.45$에 해당하는 극좌표이며 원임을 주목하라. 충격파 극좌표$\left(\dfrac{V_x}{a^*} \text{ 대 } \dfrac{V_y}{a^*}\right)$에 대한 한 해석적인 식은 4.2절에 주어진 경사충격파 식들로부터 얻을 수 있다. 그 유도과정은 Ferri나 Shapiro의 책들과 같은 고전적 책에 주어져 있다. 참고삼아 그 결과식을 여기에 적는다.

$$\left(\frac{V_y}{a^*}\right)^2 = \frac{\left(M_1^* - \dfrac{V_x}{a^*}\right)^2 \left[\left(\dfrac{V_x}{a^*}\right)M_1^* - 1\right]}{\dfrac{2}{\gamma+1}(M_1^*)^2 - \left(\dfrac{V_x}{a^*}\right)M_1^* + 1} \tag{4.19}$$

예제 3 정각이 $28°$인 쐐기(그림 4.15 참조) 주위의 유동성질을 계산하려고 한다. 자유류의 유동조건은 압력 $p_1 = 1.0133 \times 10^5\,\text{N/m}^2$, 온도 $T_1 = 300\text{K}$, $M_1 = 2.5$이다. 그리고 공기는 $\gamma = 1.4$이다. 다음의 물리적 양들을 계산하라.

(a) 자유류의 p_{01}, a_1, V_1
(b) 파각, β
(c) 충격파 뒤의 쐐기 표면의 압력, p_2
(d) 충격파 뒤의 쐐기 표면의 온도, T_2
(e) 충격파 전후의 정체압력 감소 $\Delta p_0 = p_{01} - p_{02}$
(f) 충격파 뒤의 M_2
(g) 충격파 뒤의 a_2, V_2

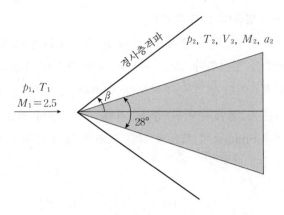

그림 4.15 예제 3

풀이 $M_1 = 2.5$와 표 Ⅰ로부터

$$\frac{p_{01}}{p_1} = 17.09$$

$$p_{01} = 17.09\,p_1 = 17.09 \times 1.0133 \times 10^5 = 17.32 \times 10^5\,\text{N/m}^2$$
$$a_1 = \sqrt{\gamma R T_1} = \sqrt{1.4 \times 287.04 \times 300} = 347.21\,\text{m/sec}$$
$$V_1 = a_1 M_1 = 347.21 \times 2.5 = 868.02\,\text{m/sec}$$

$M_1 = 2.5$, $\theta = 14°$와 경사충격파 표 Ⅲ으로부터 파각을 계산한다.

$$\beta = 35.87°$$
$$M_{n_1} = M_1 \sin 35.87° = 1.465$$

$M_{n_1} = 1.465$와 수직충격파 표 Ⅱ로부터

$$\frac{p_2}{p_1} \cong 2.337$$

$$\frac{T_2}{T_1} \cong 1.297$$

$$\frac{p_{02}}{p_{01}} \cong 0.9405$$

$$M_{n_2} \cong 0.71385$$

$$p_2 = 2.337 \times p_1 = 2.368 \times 10^5\,\text{N/m}^2$$
$$T_2 = 1.297\,T_1 = 389.1\,\text{K}$$

$$p_{02} = 0.9405\,p_{01} = 16.29 \times 10^5\,\mathrm{N/m^2}$$

$$\Delta p_0 = p_{01} - p_{02} = 1.03 \times 10^5\,\mathrm{N/m^2}$$

$$M_2 = \frac{M_{n_2}}{\sin(\beta - \theta)} = 1.916$$

$$a_2 = \sqrt{\gamma R T_2} = \sqrt{1.4 \times 287.04 \times 389.1} = 395.43\,\mathrm{m/sec}$$

$$V_2 = M_2 a_2 = 1.927 \times 395.43 = 757.64\,\mathrm{m/sec}$$

$$\therefore \ (a)\ a_1 = 347.21\,\mathrm{m/sec}$$

$$V_1 = 868.02\,\mathrm{m/sec}$$

(b) $\beta = 35.87°$

(c) $p_2 = 2.368 \times 10^5\,\mathrm{N/m^2}$

(d) $T_2 = 389.1\,\mathrm{K}$

(e) $\Delta p_0 = 1.03 \times 10^5\,\mathrm{N/m^2}$

(f) $M_2 = 1.916$

(g) $a_2 = 395.43\,\mathrm{m/sec}$

$$V_2 = 757.64\,\mathrm{m/sec}$$

예제 4 초음속 항공기의 엔진의 입구를 쐐기형 전방물체(forebody)와 카울 (cowl)로 구성된 2차원 평면으로 가정하자(그림 4.16 참조). 전방물체를 부착하는 이유는 경사충격파를 부착시켜서 전방류의 속도를 낮추고, 확산시켜서 낮은 마하수와 높은 정체압력을 얻는 것이다. 외부의 경사충격파 다음에 내부의 여러 경사충격파들과 수직충격파를 통하여 속도를 아음속으로 낮춘다. 초음속 엔진 입구의 성능판단 기준으로서 $\eta_p = \dfrac{p_{02}}{p_{01}}$(정체압력비)를 사용한다. 그림 4.16 (b)와 같이 연속적인 경사충격파에 의해 생기는 정체압력비 η_p는 그림 4.16(a) 와 같이 하나의 경사충격파에 의해 얻어지는 것보다 크다.

실제로 $M_1 = 3.0$일 때 그림 4.16 (a), (b)의 각 경우의 M_2와 $\dfrac{p_{02}}{p_{01}}$을 구하여 보자.

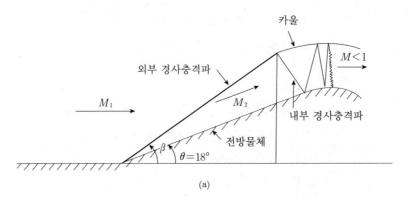

(a)

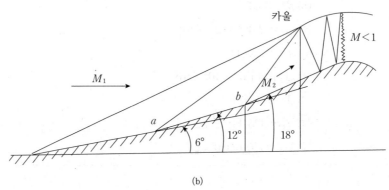

(b)

그림 4.16 예제 4

$\boxed{\text{풀 이}}$ (a) 먼저 그림 4.16(a)를 생각하자.

표 Ⅲ에서 $M_1 = 3.0$, $\theta = 18°$에 대해 $\beta = 35.47°$이다.

식 (4.8)에서

$$M_{n_1} = M_1 \sin\beta = 3.0 \times \sin 35.47° = 1.7408$$

표 Ⅱ에서 $M_{n_1} = 1.7408$에 대해

$$M_{n_2} = 0.63032, \quad \frac{p_{02}}{p_{01}} = 0.83852$$

식 (4.13)에서

$$M_2 = \frac{M_{n_2}}{\sin(\beta - \theta)} = \frac{0.63032}{\sin(35.47 - 18)} = 2.0996$$

(b) (a)의 계산과정을 6°의 꺾임각에 대해 세 번 반복된다. (a)와 (b)의 결과가 다음 표 4.2에 주어져 있다.

표 4.2

	M	θ	β	M_{n_1}	M_{n_2}	M_2	p_{02}/p_{01}
(a)	3	18	35.47	1.7408	0.63032	2.0996	0.83852
(b)	3	6	23.94	1.2173	0.83162	2.6999	0.99102
	2.6999	6	26.58	1.2081	0.83718	2.3816	0.99199
	2.3816	6	29.59	1.1761	0.85744	2.1426	0.99487

$$\frac{p_{02}}{p_{01}} = (0.99102)\,(0.99199)\,(0.99487) = 0.97804$$

최종 마하수는 (a)에서 2.0966, (b)에서 2.1426이다. 정체압력비는 (a)에서 0.83852, (b)에서 0.97084이므로 (a)가 (b)보다 16.15%의 정체압력 손실을 가져온다는 것을 알 수 있다.

4.5 고체면으로부터의 정규반사(regular reflection from solid surface)

그림 4.17에 그려진 고체 벽면 위에 입사하는 경사충격파를 생각하자. 그 입사충격파가 벽면에서 사라질 것인가 아니면 하방류(下方流)로 반사될 것인가? 그 파가 반사된다면 어떤 각도로 어떤 강도로? 그 해답은 벽면에서의 경계조건에 속하며 그것은 벽면에 가까운 유선은 벽면에 평행해야 한다는 조건이다.

그림 4.17에서 마하수 M_1인 영역 ①의 흐름은 점 A에서 각 θ만큼 꺾이게 된다. 이것은 윗면상의 점 B에 만나는 경사충격파를 생성한다. 이 입사충격파 뒤의 영역 ②에는 모든 유선들은 윗 벽면에 대하여 θ만큼 기울어져 있다. 영역 ②의 모든 유동조건들은 4.4절의 경사충격파를 통하여 M_1과 θ로부터 유일하게 결정된다.

점 B에서 흐름이 벽면에 평행하게 되기 위하여 영역 ③의 유선들은 다시

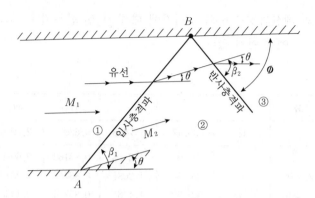

그림 4.17   고체표면으로부터의 정규반사

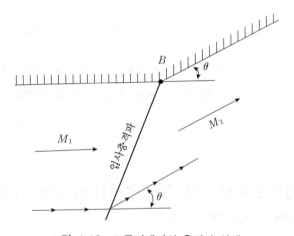

그림 4.18   모퉁이에서의 충격파 상쇄

θ만큼 아래로(영역 2의 θ방향과 반대방향으로) 꺾이지 않으면 안 된다. 이것은 전 방흐름의 마하수 M_2와 꺾임각 θ에 대하여 경사충격파 식들을 만족하는 두 번째 경사충격파가 점 B에서 발생하지 않으면 안 된다는 것을 말한다. 이 두 번째 충격파를 반사충격파라고 부르며 세기는 영역 ③의 유동성질을 만족하는 M_2와 θ에 의하여 유일하게 결정된다. $M_2 < M_1$이기 때문에 반사충격파는 입사충격파보다 약하다. 반사충격파가 윗 벽면과 만드는 파각 $\varnothing$는 파각 β_1과 같지 않다. 즉 충격파는 거울에서와 같이 정반사하지 않는다.

  위의 해석으로부터 그림 4.18에 그려진 대로 점 B에서 벽을 힌지(hinge)로 해서 각 θ만큼 벽을 왼쪽으로 회전시키면 반사충격파를 완전히 제거할 수 있다. 이런 방식으로 영역 ②의 유동은 점 B에서 꺾임각 θ를 갖는 벽면과 평행하게 되므로 반사충격파가 생길 필요성이 없다.

예제 5 공기가 두 평행한 벽면 사이를 흐르고 있다(그림 4.19 참조). 공기의 마하수는 $M_1 = 3.0$이다. 아래 벽면에 의하여 갑자기 $\theta = 16°$로 흐름의 방향으로 꺾이게 된다.

(a) 아랫 벽면에서 발생한 경사충격파의 파각 β_1과 충격파 뒤의 마하수 M_2를 계산하라.

(b) 아랫 벽면에서 발생한 경사충격파는 윗면에서 반사하게 된다. 반사충격파의 파각 β_2와 마하수 M_3를 계산하라.

(c) 반사충격파와 윗 벽면이 이루는 각 $\varnothing$를 구하여라.(공기는 완전기체로 가정하고 벽면의 마찰은 없다고 가정한다.)

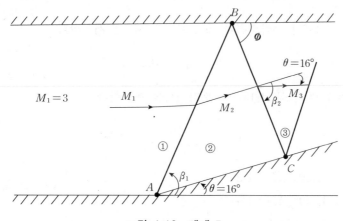

그림 4.19 예제 5

풀 이 $M_1 = 3.0$과 $\theta = 16°$에 대한 경사충격파 표 Ⅲ으로부터 파각 β_1을 계산한다.

$$\beta_1 = 33.29°$$

$$M_{n_1} = M_1 \sin\beta = 3 \times \sin 33.29° = 1.647$$

$M_{n_1} = 1.647$에 대한 수직충격파 표 Ⅱ로부터 M_{n_2}를 계산한다.

$$M_{n_2} \cong 0.655$$

$M_{n_2} = 0.655$를 식 (4.13)에 대입하여 M_2를 계산한다.

$$M_2 = \frac{0.655}{\sin(33.29 - 16)} = 2.20$$

입사충격파 AB가 윗 벽면에 도달하여 B에서 반사충격파 BC로 반사된다. 반사충격파의 세기, 즉 파각 β_2는 입사(入射)경사충격파 뒤의 유선이 입사충격파를 지나면서 아랫면에 평행이 되었던 것이 다시 윗 벽면에 평행하게 되도록 결정된다(윗 면의 경계조건). 그러므로 반사충격파를 지나면서 유선은 아래쪽으로 16° 만큼 꺾이게 된다.

$M_2 = 2.20$, $\theta_2 = 16°$와 경사충격파 표 III으로부터 파각 β_2를 계산한다.

$$\beta_2 = 42.49° \text{(영역 2에서의 유선과 이루는 각)}$$
$$M_{n_2}' = M_2 \sin \beta_2 = 2.20 \times \sin 42.49° = 1.486$$

$M_{n_2}' = 1.486$과 수직충격파 표 II로부터 M_{n_3}를 계산한다.

$$M_{n_3} \cong 0.706$$

$M_{n_3} = 0.706$과 식 (4.13)으로부터 M_3를 계산한다.

$$M_3 = \frac{M_{n_3}}{\sin(\beta_2 - \theta_2)} = 1.58$$

(a) $\beta_1 = 33.29°$, $M_2 = 2.20$

(b) $\beta_2 = 42.49°$, $M_3 = 1.58$

(c) $\emptyset = \beta_2 - 16° = 26.49°$

▶ 유의 사항: 위의 답 (c)로부터 $\emptyset < \beta_1$이므로 충격파가 거울과 같이 정반사되지 않음을 알 수 있다.

4.6 압력-꺾임각선도

앞 절에서 해석한 충격파 반사는 파 상호작용의 단지 한 예에 불과하다.

위 경우는 파와 고체 벽면과의 상호작용이다. 충격파와 팽창파, 그리고 고체 경계면과 자유경계면을 포함한 다른 상호작용의 문제들이 있다. 이와 같은 상호작용을 이해하기 위하여 압력-꺾임각선도를 도입하는 것이 편리하다.

주어진 전방유동의 조건들에 대하여 경사충격파 식들로부터 꺾임각에 대한 경사충격파 뒤의 압력의 해를 구해서 만든 꺾임각 대 압력의 곡선을 압력-꺾임각선도라고 부른다.

자세히 기술하면 다음과 같다. 서로 다른 방향의 경사충격파를 나타내는 그림 4.20(a), (b)를 생각하자. 그림 4.20(a)와 같은 경사충격파를 좌행파(左行波: 왜냐하면 충격파 위의 어느 점에서 파의 후방흐름을 바라볼 때 파는 왼쪽으로 진행하기 때문이다)라 부르며, 흐름꺾임각 θ_2는 M_1 방향으로부터 왼쪽이며 이럴 경우의 꺾임각을 양으로 정의한다. 반면 그림 4.20(b)와 같은 경사충격파를 우행파(右行波: 좌행파의 정의에 따른다)라 부르며 흐름꺾임각 θ_2는 M_1방향에서 오른쪽으로 꺾이며 음으로 정의한다. 경사충격파 전방흐름은 $\theta = 0$이며 압력은 p_1이다. 좌행파 후방은 꺾임각이 θ_2이며 압력은 p_2이다. 이러한 두 조건들(전

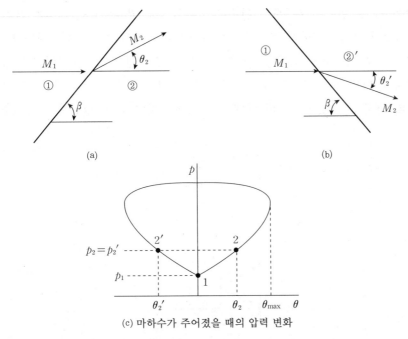

(a)

(b)

(c) 마하수가 주어졌을 때의 압력 변화

그림 4.20 M_1이 주어질 때의 압력과 꺾임각의 관계($p-\theta$선도)

방류의 $\theta = 0$와 $p = p_1$, 그리고 좌행파 후방의 $\theta = \theta_2$와 $p = p_2$)이 그림 4.20(c)의 압력-꺾임각선도 위에 각각 점 1, 2로 표시된다. 우행파에 대하여 만일 θ'_2가 θ_2와 크기는 같지만 방향이 반대일 때 충격파 후방 영역 2'의 압력은 영역 2의 압력과 같다. 이 조건은 그림 4.20(c)의 점 2'로 표시되어 있다.

이와 같이 주어진 M_1과 p_1에 대하여 $|\theta| \leq \theta_{max}$의 모든 가능한 범위에서 경사충격파 관계식들로부터 θ에 대한 경사충격파 뒤의 압력 p_2를 구해서 θ 대 p_2의 곡선을 그릴 때, 그 곡선을 압력-꺾임각선도라 부르며 그림 4.20에 그려져 있다. 이 그림의 오른쪽의 둥근 돌출부는 양의 θ에 해당하고, 왼쪽의 둥근 돌출부는 음의 θ에 해당한다.

4.5절의 충격파의 반사과정이 그림 4.21의 압력-꺾임각선도에 표시되어 있다. p-θ선도는 첫째 M_1에 대하여 그려져 있으며 여기서 점 1은 그림 4.17의 영역 1에서의 압력에 해당한다. 영역 2의 조건들은 p-θ선도에서 점 2로 주어져 있다. 점 2에서 M_2를 자유류의 마하수로 하는 새로운 p-θ선도를 그린다. 이 p-θ선도의 정점은 영역 2의 조건들로 된 자유류이며 이미 각 θ만큼 상방으로 꺾여져 있기 때문에 점 2이다. 영역 3의 흐름은 $\theta = 0$가 되어야 하므로 우리는 이 두 번째 p-θ선도의 왼쪽 돌출부를 따라 $\theta = 0$가 될 때까지 움직인다. 이것이 그림 4.21에서 점 3이고 반사충격파 후방의 조건들을 나타낸다. 그러므로 그림 4.21에서 입사충격파를 지나면서 점 1에서 2로 움직이고 반사충격파를 지나면서 점 2에서 3으로 움직인다. 여기서 점 1, 2, 3은 각각 그림 4.17의 영역 ①, ②, ③에 해당한다. 이 예에서처럼 압력-꺾임각선도는 충격

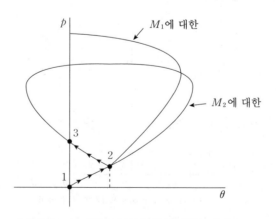

그림 4.21 p-θ선도에서의 반사충격파 과정

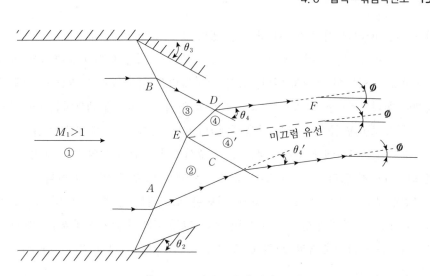

그림 4.22 반대군의 충격파 교차

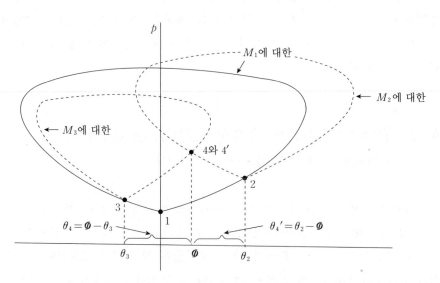

그림 4.23 그림 4.22에 주어진 충격파 교차에 의한 $p-\theta$선도

파 상호작용 과정의 해를 시각화하는 데 특히 유용하다.

그럼 또 다른 예로서 그림 4.22의 문제를 $p-\theta$선도를 이용하여 풀어 보자. M_1에 해당하는 $p-\theta$선도가 그림 4.23의 실선으로 그려져 있다. 점 1은 충격파 전방의 영역 1의 조건을 나타낸다. 그림 4.22의 영역 2의 흐름은 각 θ_2만큼 윗방향으로 꺾여져 있다. 그러므로 $p-\theta$선도 위에서 점 2는 $\theta=\theta_2$가 될 때까지

이 곡선을 따라 움직임으로써 찾을 수 있다.

점 2에서 M_2에 해당하는 새로운 $p-\theta$선도가 그림 4.23의 오른쪽에 있는 점선으로 표시되어 그려져 있다. 영역 4′의 압력은 이 새로운 $p-\theta$선도 위에 존재해야 한다. 똑같은 방법으로 그림 4.22의 영역 3은 M_1에 해당하는 $p-\theta$선도를 왼쪽으로 θ_3만큼 이동하여 찾을 수 있다.(그림 4.23의 점 3에 해당한다.)

점 3에서 M_3에 해당하는 새로운 $p-\theta$선도가 그림 4.23의 왼쪽에 있는 점선으로 그려져 있다. 그림 4.22의 영역 4는 이 선도 위에 있어야 한다. 그런데 미끄럼선 EF(그림 4.22)를 전후하여 압력은 보존되므로, 즉 $p_4=p_4'$이므로 영역 4와 4′으로 된 흐름방향(미끄럼선방향)은 그림 4.23의 교차점의 θ값, 즉 $\emptyset$이다. 그 다음 굴절충격파 D와 C를 지난 흐름방향은 각각 $\theta_4=\emptyset-\theta_3$이며 $\theta_4'=\theta_2-\emptyset$이다.

이렇게 구한 θ_4, θ_4'와 알고 있는 영역 3과 2에서 M_3와 M_2로부터 굴절충격파(refracted shock) D와 C의 세기를 계산할 수 있다. 그림 4.22에서 $\theta_2=\theta_3$이면 교차하는 충격파의 세기는 흐름의 형태가 완전히 대칭이므로 미끄럼선이 존재하지 않는다.

4.7 반대군(反對群)의 충격파 교차(intersection of shocks of opposite family)

그림 4.22에 그려진 좌행 및 우행 충격파들의 교차를 생각하자. 그림 4.22의 좌행 및 우행 충격파들을 각각 A와 B로 표시하자. 이 두 파는 입사충격파들이고 꺾임각은 각각 θ_2, θ_3이다. 이 충격파들은 점 E에서 교차하여 굴절충격파(refracted shock) C와 D로서 계속된다. $\theta_2>\theta_3$라고 가정하자. 그러면 충격파 A가 B보다 강하여 충격파 A와 C로 된 충격파계(系)를 통과한 유선은 충격파 B와 D로 된 충격파계를 통과한 유선과 다른 엔트로피 변화를 갖는다. 그러므로 영역 ④와 ④′에서의 엔트로피는 다르다. 결과적으로 이 두 영역을 분리하는 유선 EF를 지나서 엔트로피가 불연속적으로 변하게 된다. 이러한 유선을 미끄럼유선(slip stream line)이라 정의한다. 그리고 미끄럼유선은 물리적 측면에서 다음 조건들이 만족되어야 한다.

1) 미끄럼유선을 통하여 압력이 연속적이다(즉 $p_4 = p_4'$). 그렇지 않으면 미끄럼유선은 곡선이 될 것이고 그림 4.22의 기하학적 모양과 일치하지 않는다.

2) 영역 ④와 ④′는, 일반적으로 속도의 크기에 있어서는 다를지라도 흐름방향은 같아야 한다. 만약 흐름방향이 다르게 되면 미끄럼유선에 수직한 속도성분이 미끄럼유선을 통하여 불연속이 되므로 영역 ④와 ④′의 흐름이 섞임이 일어날 것이다.

알고 있는 θ_2와 θ_3와 영역 ①의 주어진 유동성질과 함께 위의 두 조건에 의하여 그림 4.22의 충격파 상호작용을 완전히 결정할 수 있다. 또한 엔트로피, 속도의 크기, 온도, 밀도는 영역 ④와 ④′에서 다른 값을 가질 수 있다.

예제 6 마찰이 없는 두 평판 사이로 $M_1 = 4.0$, $p_1 = 1.0 \times 10^5 \text{N/m}^2$의 공기가 흐르고 있다. 위, 아래 벽면은 각각 10°, 20°의 꺾임각을 가지며 반대군의 충격파 교차를 일으킨다(그림 4.24 참조). 영역 ④와 ⑤의 마하수와 압력을 구하라. 또한 미끄럼 유선이 전방류와 이루는 미끄럼각(slip angle)을 구하라. 단 공기는 완전기체로 가정하라.

풀 이 표 Ⅲ에서 $M_1 = 4.0$, $\theta_2 = 10°$, $\theta = 20°$일 때 각각

$$\beta_{12} = 22.23°$$
$$\beta_{13} = 32.46°$$

윗 벽면: 식 (4.8)에서 M_{n_1}을 구하면,

$$M_{n_1} = M_1 \sin\beta_{12} = 4.0 \times \sin(22.23) = 1.5133$$

또 표 Ⅱ에서 $M_{n_1} = 1.5133$일 때

$$\frac{p_2}{p_1} = 2.5051$$

$$M_{n_2} = 0.6964$$

$$\therefore p_2 = 2.5051 p_1 = 2.5051 \times 10^5 \text{N/m}^2$$

식 (4.13)에서 M_2를 계산하면,

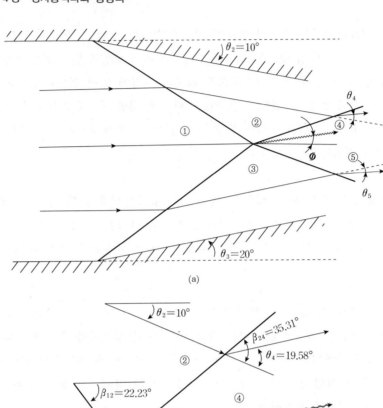

그림 4.24 예제 6

$$M_2 = \frac{M_{n_2}}{\sin(\beta_{12} - \theta_2)} = \frac{0.6964}{\sin(22.23 - 10)} = 3.2874$$

아래 벽면: 윗 벽면과 마찬가지로 해서,

$$M_3 = 2.5695$$

$$p_3 = 5.2103 \times 10^5 \, \text{N/m}^2$$

여기에서 영역 ④나 ⑤의 조건이 주어지지 않으면 풀이가 계속될 수 없다. 따라서 반복계산(iterative computation)에 의해 $\varnothing$를 변화시키면서 다음과 같은 순서로 계산한다. (아래 벽면의 꺾임각이 더 크므로 $\varnothing$는 위쪽으로 꺾여 있음을 알 수 있다.)

1) $\varnothing$를 가정하고 $\theta_4 = 10 + \varnothing$, $\theta_5 = 20 - \varnothing$를 계산한다. θ_4, β_{24}는 θ_2에, θ_5, β_{35}는 θ_3에 대한 값이다.

2) 표 Ⅲ에서 β_{24}나 β_{35}를 구한다.

3) 식 (4.8)에서 M_{n_2}', M_{n_3}'를 구한다. M_{n_2}'와 M_{n_3}'는 각각 M_2, M_3의 굴절 충격파에 수직한 성분이다.

4) 표 Ⅱ에서 $\dfrac{p_4}{p_2}$, M_{n_4}, $\dfrac{p_5}{p_3}$, M_{n_5}를 구한다.

5) p_4, p_5를 구한다.

6) p_4와 p_5의 차이가 허용치 이내에 들면($p_4 \cong p_5$) 식 (4.13)에서 M_4, M_5를 계산한다. 따라서 해가 구하여진 것이다. 만일 p_4와 p_5의 차이가 허용치 이내에 들지 않으면 다른 $\varnothing$값에 대하여 위의 과정을 반복한다.

실제로 위의 과정을 계산해 보자.

(1) $\varnothing = 5°$라 가정하면

$$\theta_4 = 10 + 5 = 15°$$
$$\theta_5 = 20 - 5 = 15°$$

(2) 표 Ⅲ에서, $M_2 = 3.2874$, $\theta_4 = 15°$ 일 때

$$\beta_{24} = 30.36°$$
$$M_3 = 2.5695, \; \theta_5 = 15° \; 일 \; 때$$
$$\beta_{35} = 36.16°$$

(3) 식 (4.8)에서

$$M_{n_2}' = M_2 \sin \beta_{24} = 1.6616$$

$$M_{n_3}' = M_3 \sin \beta_{35} = 1.5161$$

(4) 표 Ⅱ에서 $M_{n_2}' = 1.6616$일 때

$$\frac{p_4}{p_2} = 3.05424$$

$M_{n_3}' = 1.5161$일 때 다음과 같다.

$$\frac{p_5}{p_3} = 2.5150$$

(5) (4)에서

$$p_4 = 3.05424 \times 2.5051 \times 10^5 = 7.6512 \times 10^5 \, \text{N/m}^2$$
$$p_5 = 2.5150 \times 5.2103 \times 10^5 = 13.104 \times 10^5 \, \text{N/m}^2$$

(6) $\Delta p = p_5 - p_4 = (13.104 - 7.6512) \times 10^5 = 5.4528 \times 10^5 \, \text{N/m}^2$

첫번째 계산의 결과는 아래에 주어진 표 4.3의 (1)에 주어져 있다.

과정(過程) (6)에 의하면 Δp값은 오차허용범위를 넘어섰으므로 적절하지 않다. 그러므로 다시 두 번째의 계산을 하자. $p_5 > p_4$이므로 영역 ③에서 ⑤로 흐르는 흐름이 너무 크게 꺾인 것이다. 따라서 $\emptyset$를 증가시켜서 $\emptyset = 10°$라 가정하자. 두 번째 계산의 과정은 표 4.3의 (2)에 주어져 있다. 이때의 p_4, p_5는 각각 $10.3844 \times 10^5 \, \text{N/m}^2$, $9.8391 \times 10^5 \, \text{N/m}^2$ 이므로 $\Delta p = -0.5453 \times 10^5 \, \text{N/m}^2$ 이다.

세 번째 계산의 $\emptyset$값은 보간법에 의해 주어진다.

$$\frac{\Delta p - 5.4528 \times 10^5}{\emptyset - 5} = \frac{[(-0.5453) - 5.4528] \times 10^5}{10 - 5} = -1.19962 \times 10^5$$

$$\therefore \quad \Delta p = (11.4509 - 1.19962\emptyset) \times 10^5$$

$\Delta p = 0$라고 하면, $\emptyset = 9.5454°$이다.

$\emptyset = 9.5454°$에 대하여 1)~6)의 과정을 다시 반복하면 $\Delta p = -0.0397 \times 10^5 \, \text{N/m}^2$이며, p_4, p_5에 비해 무시될 수 있을 만큼 작다. 따라서 해가 구해지며 그 결과는 다음 표 4.3의 (3)에 주어진다. 표 Ⅱ에서 $M_{n_2}' = 1.9001$, $M_{n_3}' = 1.3429$일 때 각각 $M_{n_4} = 0.5956$, $M_{n_5} = 0.7550$이다.

표 4.3

#	(1)	(2)	(3)
$\varPhi$(deg)	5.0	10.0	9.5756
θ_4(deg)	15.0	20.0	19.5756
β_{24}(deg)	30.36	35.75	35.31
M_{n_2}'	1.6616	1.9225	1.9001
p_4/p_2	2.8823	4.1453	4.0454
M_{n_4}			0.5956
p_4(N/m²)	7.6512	10.3844	10.1341
θ_5(deg)	15.0	10.0	10.4244
β_{35}(deg)	36.16	31.10	31.51
M_{n_3}'	1.5161	1.3272	1.3429
p_5/p_3	2.5150	1.8884	1.9374
M_{n_5}			0.7650
p_5(N/m²)	13.104	9.8391	10.0944
$\varDelta p$(N/m²)	5.4528	−0.5453	−0.0397

식 (4.13)에서

$$M_4 = \frac{M_{n_4}}{\sin(\beta_{24}-\theta_4)} = 2.1969$$

$$M_5 = \frac{M_{n_5}}{\sin(\beta_{35}-\theta_5)} = 2.1260$$

이다. $\varPhi = 9.58°$이고 영역 ④와 ⑤의 압력은

$$p_4 = p_5 = \frac{(10.1189+10.1132)\times 10^5}{2} = 10.1161\times 10^5\,\text{N/m}^2$$

이다. 그림 4.24(b)는 그 결과를 잘 나타내고 있다.

4.8 같은 군(群)의 충격파 교차(intersection of shocks of same family)

그림 4.25에 그려진 압축모퉁이(compression corner)흐름을 생각하자. 여기

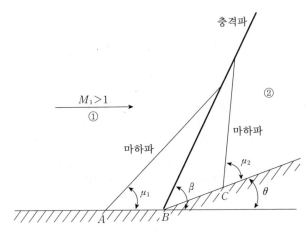

그림 4.25 충격파 전후의 마하파

서 영역 ①의 초음속 흐름이 θ만큼 꺾이게 되므로 경사충격파가 점 B에서 발생한다. 이제 충격파 전방의 점 A에서 발생한 마하파를 생각하자. 이 마하파가 경사충격파와 교차할 것인가 또는 교차하지 않을 것인가를 알아보자. 즉 μ_1이 β보다 클 것인가 또는 작을 것인가? 식 (4.8)로부터 우리는 다음의 관계식을 알 수 있다.

$$\sin\beta = \frac{u_1}{V_1} \tag{4.20}$$

그리고 3.3절의 마하각 정의에 의해

$$\sin\mu_1 = \frac{a_1}{V_1} \tag{4.21}$$

경사충격파가 존재하기 위하여는 충격파 전방의 자유류의 경사충격파에 수직인 속도성분이 초음속이어야 함을 설명하였다. 따라서 $u_1 > a_1$이다. 그러므로 식 (4.20)과 (4.21)로부터 $\beta > \mu_1$이다. 그러므로 점 A에서 발생한 마하파는 점 B에서 발생한 경사충격파와 교차하게 된다(그림 4.25 참조).

이제 충격파 후방의 점 C에서 발생한 마하파를 생각하자. 식 (4.13)으로부터

$$u_2 = V_2\sin(\beta - \theta)$$

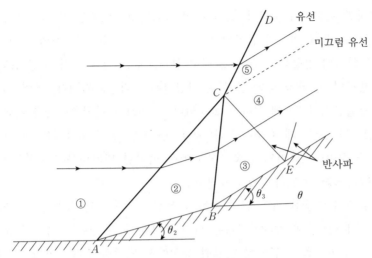

그림 4.26 같은 군의 충격파 교차

그러므로

$$\sin(\beta - \theta) = \frac{u_2}{V_2} \qquad (4.22)$$

그리고 3.3절의 마하각 정의에서

$$\sin \mu_2 = \frac{a_2}{V_2} \qquad (4.23)$$

그런데 충격파 후방의 흐름의 충격파에 수직인 속도성분은 아음속임을 이미 증명했다. 따라서 $u_2 < a_2$이다. 결과적으로 식 (4.22)와 (4.23)으로부터 $(\beta - \theta) < \mu_2$이다. 그러므로 그림 4.25에서 점 C에서 발생한 마하파는 충격파와 교차하여야 한다.

그러면, 그림 4.26의 모퉁이 A와 B에서 각각 발생한 좌행경사파들의 교차 가능성 여부를, 위에 기술한 두 가지 경우의 결과를 이용하여 알아보자.

충격파 BC의 기울기가 영역 2의 마하파 기울기보다 분명히 더 크고 좌행(左行)마하파가 좌행충격파와 교차한다는 것은 위에서 이미 증명하였다. 그러므로 충격파 AC와 BC는 그림 4.26에 보인 대로 교차하는 것은 분명하다. 교차점 C 위에서는 단일 충격파 CD로 합쳐진다.

그림 4.26에 그려진 영역 ①, ②, ③을 통과하는 유선을 생각하자. 영역

③의 압력과 흐름방향은 각각 p_3, θ_3이며 꺾임각 θ_2, θ_3뿐만 아니라 영역 ①의 전방흐름 조건들에 의하여 결정된다. 영역 ③의 조건들은 두 개의 충격파 AC 와 BC에 의하여 영향을 받는다. 그리고 한편으로는 영역 ①과 ⑤를 통과하는 유선을 생각하자. 영역 ⑤의 압력 및 꺾임각은 각각 p_5, θ_5이다. 영역 ⑤의 조 건들은 단일충격파 CD에 의하여 결정된다. 그러므로 단일충격파를 지난 영역 ⑤의 엔트로피는 두 개의 충격파 AC와 BC를 지난 영역 ④에서의 엔트로피와 같지 않을 것이다. 그러므로 교차점 C에서 출발한 미끄럼유선이 후방흐름에 존재하지 않으면 안 된다(그림 4.26 참조).

　4.7절에서 언급한 바와 같이 미끄럼 유선을 전후하여 압력과 흐름방향은 각각 같아야 한다. 이 계(系)에 다른 파가 존재하지 않는다면, 미끄럼 유선 조 건 $p_4 = p_5$와 $\theta_3 = \theta_5$를 동시에 미끄럼 유선에서 만족하지 않으면 안 된다. 두 개의 충격파 AC와 BC로 된 충격파계를 통과한 압력과 흐름방향은 일반적으 로 단일충격파 CD로 된 충격파계를 통과한 흐름의 압력과 흐름방향이 일치하 지 않는 것이 보통이다. 왜냐하면 두 충격파계는 동일한 전방조건인 영역 ① 에서 같이 출발하였기 때문이다. 그러므로 자연적으로 교차점 C로부터 약한 반사파를 생성하게 된다. 전방흐름 조건과 θ_2, θ_3에 따라 이 반사파 CE는 약 한 충격파가 될 수도 있고 팽창파가 될 수도 있다. 이 파에 의하여 미끄럼 유 선을 통하여 $p_4 = p_5$와 $\theta_4 = \theta_5$가 동시에 만족되도록 영역 ④의 흐름이 이루어 지게 된다. 그리하여 미끄럼 유선을 통하여 필요한 물리적 조건을 만족시킨다. 영역 ④, ⑤ 사이에서 위의 조건들을 만족할 때까지 파(波) CD와 CE를 반복하 여 추정함으로써 수치적으로 구하게 된다.

4.9 마하반사(Mach Reflection)

　4.5절에서 기술한 고체벽면에서 충격파 반사 문제(그림 4.17 참조)로 다시 돌아가자. 만족시켜야 할 조건은 흐름이 영역 ②에서 ③으로 갈 때 영역 ③에 서 유선이 윗 벽면에 평행이 되도록 반사충격파에 의하여 각 θ만큼 꺾이어야 한다는 것이다. 4.5절에서 정규반사(regular reflection)가 되기 위하여는 θ값이 M_2에 대한 $\theta_{\max}$보다 작아야 부착된 직선 반사충격파 해가 존재하였다.

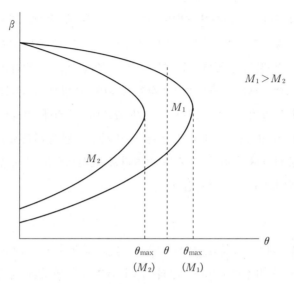

그림 4.27 다른 마하수(M)에 대한 최대 꺾임각

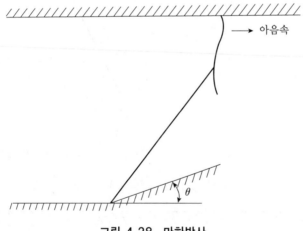

그림 4.28 마하반사

만약 θ가 M_2에 대한 $\theta_{max}(M_2)$보다는 크고 M_1에 대한 $\theta_{max}(M_1)$보다는 작을 때, 즉 $\theta_{max}(M_2) < \theta < \theta_{max}(M_1)$일 때는 어떻게 될 것인가? 이 경우가 그림 4.27에 표시되어 있다. 전방 흐름의 M_1과 꺾임각 θ가 $\theta_{max}(M_1)$보다 작을 때는 입사충격파는 직선충격파로 가능하며 이것이 그림 4.28에 그려져 있다.

한편 마하수 M_2인 영역 ②의 흐름이 반사충격파에 의하여 θ만큼 다시 꺾이고자 할 때, 만일 θ가 M_2에 대한 $\theta_{max}(M_2)$보다 클 때는 윗 면에서 정규반사는 불가능하다. 그 대신에, 벽면 가까이에 있는 유선들이 벽면에 평행이 되도록 하는 수직충격파가 윗 벽면에서 발생하지 않으면 안 된다(그림 4.28 참조). 윗 벽면에서 멀리 떨어진 곳에서는 이 수직충격파는 입사충격파와 교차하여 곡선충격파로 되며 하나의 곡선반사충격파가 되어 하방으로 전파되어 간다. 이러한 충격파의 모양이 그림 4.28에 그려져 있으며 4.5절에 기술된 정규반사와 달리 마하반사(Mach reflection)라고 부른다. 마하반사는 입사경사충격파가 위 벽면에서 수직충격파나 수직에 가까운 충격파로 반사되므로 반사충격파 뒤에는 아음속 유동영역으로 특징지워진다.

예제 7 다음 그림과 같은 유동문제를 생각하자. 여기서 $M_1 = 2.2$일 때, M_3와 M_4를 결정하고 영역 ③과 ④의 접촉면의 방향을 계산하라.

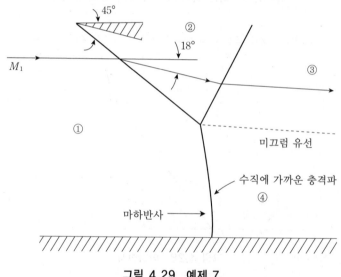

그림 4.29 예제 7

풀 이 $M_1 = 2.2$, $\theta_1 = 18°$에 대한 경사충격파해는

$$M_2 = 1.48, \quad \frac{p_2}{p_1} = 2.67$$

$M_2 = 1.48$에 대한 $\theta_{max} = 11.7°$이다.

아래 벽면에서 정규반사를 통하여 벽면 경계조건을 만족하기 위해서는

$\theta = 18°$만큼 꺾이어야 한다. 그런데 $M_2 = 1.48$에 대한 $\theta_{max}(M_2 = 1.48)$가 $18°$보다 작기 때문에 정규반사는 불가능하고 마하파 또는 강한 충격파로 반사되어 아음속 유동을 형성함으로써 벽면 경계조건을 만족하게 된다.

그런데 영역 ③과 ④가 이루는 접촉면에서의 압력은 같다. 즉, $p_3 = p_4$.

$$\frac{p_4}{p_1} = \frac{p_3}{p_1} = \frac{p_3}{p_2}\frac{p_2}{p_1} = 2.67\frac{p_3}{p_2}$$

그리고 영역 ③과 ④의 흐름 방향은 같다. 즉,

$$\theta_{14} = \theta_{12} - \theta_{23}$$

θ_{14}를 가정하고 반복계산오차방법(Trial and Error Method)을 사용하여 $\frac{p_4}{p_1}$과 $\frac{p_3}{p_1}$이 같은 값을 가질 때까지 반복하여 계산한다. 그 결과를 표로 만들면 아래와 같다.

θ_{14}(deg)	11.0	8.0	6.0(*)
β_{14}(deg)	84.0	86.0	86.5
M_4	0.58	0.56	0.555
p_4/p_1	5.3	5.4	5.5(*)
θ_{23}(deg)	7.0	10.0	12.0
β_{23}(deg)	81.0	75.0	67.0
M_3	0.745	0.8	0.93
p_3/p_2	1.4	1.7	2.1
p_3/p_1	3.74	4.54	5.6(*)

(*)표시는 주어진 조건을 만족하고 있음을 밝히고 있는 것이다.

위 결과로부터 흐름방향은 θ_{14}로서 평행한 평판과 이루는 각이 약 $6°$일 때이다.

4.10 끝이 뭉툭한 물체로부터 분리된 분리충격파

그림 4.30에 표시된 것과 같은 끝이 뭉툭한 물체에 대한 초음속 유동을 생각하자. 활모양의 강한 곡선충격파가 이 물체 전방에 형성되며 이 충격파는 물

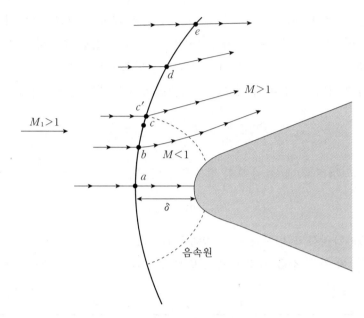

그림 4.30 끝이 뭉툭한 물체 주위의 초음속 흐름

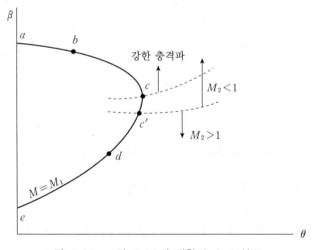

그림 4.31 그림 4.30에 대한 θ-β-M선도

체 앞 끝으로부터 δ거리만큼 떨어져 있다. 점 a는 수직충격파에 해당한다. 중
앙선으로부터, 즉 점 a로부터 멀어짐에 따라 충격파의 모양은 곡선이며 충격
파 강도는 점점 약해지게 되며 결국에는 물체로부터 멀리 떨어진 곳에서는 마
하파로 된다(그림 4.30의 점 e).

더욱이, 점 a와 e 사이에 곡선충격파는 전방흐름의 마하수 M_1에 대하여 경사충격파의 가능한 모든 조건들을 만족하도록 곡선 모양이 형성된다. 이 사실을 좀더 분명히 이해하기 위하여 그림 4.31에 그려진 $\theta-\beta-M$의 선도를 생각하자. 점 a에서 충격파는 수직충격파이다. 그림 4.30의 중앙선 조금 위의 점 b에서 충격파는 경사충격파이며, 그림 4.31의 강한 충격파해에 속한다. 이 충격파를 따라 더 멀리 가면 점 c는 강한 그리고 약한 충격파해의 분기점이며 점 c를 지나는 유선은 최대 꺾임각 θ_{max}으로서 꺾이게 될 것이다. 그림 4.30의 점 c보다 약간 위의 점 c'에서는 충격파 후방의 흐름은 음속이다. 점 a에서 c'까지 충격파 후방의 흐름은 아음속이다. 그림 4.30의 점 c'보다 더 멀리 떨어진 곳에서는 경사충격파는 이제 약한 경사충격파 해에 속하므로 충격파 후방의 흐름은 초음속이다. 그러므로 끝이 뭉툭한 물체와 활모양 충격파 사이의 흐름은 아음속-초음속이 혼합된 흐름이고 이 두 영역은 가상 분기점($M=1$), 즉 음속선(sonic line)에 의해서 나누어지며 그림 4.30에 보여져 있다.

분리충격파(detached shock) 모양, 분리거리 δ와 충격파와 물체 사이의 전(全) 유장은 M_1과 물체의 크기와 모양에 달려 있다. 이 유장의 해를 얻는 것은 쉬운 일이 아니다. 끝이 뭉툭한 초음속 물체의 문제는 끝이 뭉툭한 유도탄이나 재돌입 물체에 대한 고속 유동을 이해하려는 필요성에 자극되어 1950년대와 1960년대의 초음속 공기역학자들의 주된 연구대상이었다. 1957년 Liepmann과 Roshko의 고전적 책에 정확히 이 문제가 묘사되어 있는데 그들은 **"충격파 모양과 분리거리는 현재로서는 이론적으로 규명할 수 없다"**라고 말했다. 그러나 10년 후에 새로운 수치해석 기법이 개발됨으로써 끝이 뭉툭한 물체에 대한 초음속 유동을 완전히 해석할 수 있게 되었다.

4.11 3차원 충격파

이 장의 경사충격파는 2차원 흐름으로 가정하여 취급하였다. 예를 들면 그림 4.32(a)에 그려진 쐐기 모양의 앞 끝에 부착된 충격파를 그림 4.32(b)에서와 같이 무한길이의 스팬을 가지는(infinite span) 쐐기에 붙은 충격파 단면으로써 시각화하였다. 그러나 많은 실제 초음속 유동은 3차원 유동이며 이에 대응

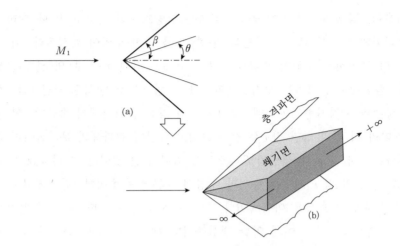

그림 4.32   쐐기 주위의 2차원 초음속 흐름

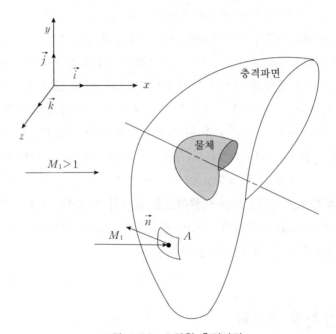

그림 4.33   3차원 충격파면

하는 곡선충격파도 3차원이다. 받음각이 있는 축대칭 물체에 대한 초음속 유동에 대한 충격파가 그림 4.33에 그려진 대로 그러한 한 예이다. 이와 같은 3차원 충격파의 경우, 이 장의 2차원 이론이 충격파 후방의 떨어진 점에서는 충격파 뒤의 성질이 일정하지 않으므로 적용될 수 없다. 예를 들면 그림 4.33에 보이는 곡선충격파 표면상의 점 A에서 면적소 dS를 생각하자. $\vec{n}$를 점 A에서 바깥쪽으로 향하는 수직의 단위벡터라고 하자. 그러면 이 충격파에 수직한 전방의 마하수 성분은

$$M_{n_1}=(M_1\,\vec{i}\,)\cdot\vec{n} \tag{4.24}$$

이다. 3차원 충격파 바로 후방의 점 A에서 유동성질, 즉 p_2, ρ_2, T_2, h_2와 M_{n_2}는 식 (4.24)의 전방류의 마하수 성분에 대한 식 (4.9)~(4.12)로 주어진 2차원 경사충격파 식들을 이용할 수 있다. 그러나 3차원 충격파 후방의 먼 점들에서의 유동성질은 2차원 경사충격파 식들의 결과를 이용할 수 없고, 3차원 방법에 의하여 해석되어야만 하며 이 장의 정도를 넘는다.

4.12 Prandtl-Meyer 팽창파

4.1절에서 기술한 바 있듯이 초음속 흐름이 볼록한 모퉁이를 돌 때 그림 4.1(b)에 그려진 대로 팽창파가 형성된다. 이것은 흐름이 오목한 모퉁이를 돌 때 그림 4.1(a)에 그려진 경사충격파가 생기는 경우와는 반대 상황이다. 이것을 좀더 잘 이해하기 위하여 팽창파를 통한 흐름의 정성적 측면을 아래와 같이 항목화하여 생각해 보자(그림 4.1(b) 참조).

1) $M_2>M_1$: 팽창파는 흐름의 마하수를 증가시키는 수단이다.
2) $\dfrac{p_2}{p_1}<1$, $\dfrac{\rho_2}{\rho_1}<1$, $\dfrac{T_2}{T_1}<1$: 압력, 밀도, 온도는 팽창파를 전후하여 감소된다.
3) 팽창파 팬(fan)은 전방흐름의 μ_1과 후방흐름의 μ_2(그림 4.34) 사이에 무한히 많은 수의 마하파로 구성된 연속적인 팽창영역이다. 여기서 $\mu_1=\sin^{-1}\left(\dfrac{1}{M_1}\right)$이며 $\mu_2=\sin^{-1}\left(\dfrac{1}{M_2}\right)$로 주어진다.
4) 팽창파를 통하여 유선은 매끄러운 유선이다.
5) 유동은 일련의 연속적인 마하파를 통하여 팽창이 일어나며 각각의 마하파에 대하여 $ds=0$이므로, 팽창은 등엔트로피 과정이다.

그림 4.1(b)에서 그려진 것과 같이 뾰족한 모퉁이로부터 발생되는 팽창파 팬

을 유심(有心) 팽창파 팬(centered expansion fan)이라고 부른다. 1907년 Prandtl, 그 다음 해 1908년 Meyer에 의하여 이와 같은 초음속 흐름에 대한 이론을 해 결했기 때문에 이러한 팽창파를 Prandtl-Meyer팽창파라고도 부른다. 그러면 다음부터 Prandtl-Meyer팽창파를 정량적으로 기술하여 보자(그림 4.34 참조).

주어진 M_1, p_1, T_1과 θ_2에 대하여 M_2, p_2, 및 T_2를 계산하는 것이다. 유한한 꺾임각 θ_2에 대한 이론적 해석은 그림 4.35에 표시된 바와 같이 미소 꺾임각 $d\theta$에 의하여 생긴 대표적인 하나의 매우 약한 파(근본적으로는 마하파)를 전후한 미소 변화량을 고려함으로써 시작한다.

Sine법칙으로부터

$$\frac{V+dV}{V} = \frac{\sin\left(\frac{\pi}{2}+\mu\right)}{\sin\left(\frac{\pi}{2}-\mu-d\theta\right)} \tag{4.25}$$

그러나 삼각함수의 성질로부터

$$\sin\left(\frac{\pi}{2}+\mu\right) = \sin\left(\frac{\pi}{2}-\mu\right) = \cos\mu \tag{4.26}$$

$$\sin\left(\frac{\pi}{2}-\mu-d\theta\right) = \cos(\mu+d\theta)$$
$$= \cos\mu\cos(d\theta) - \sin\mu\sin(d\theta) \tag{4.27}$$

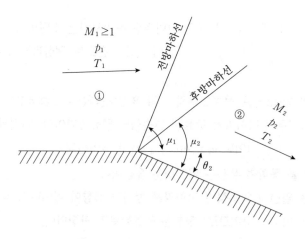

그림 4.34 Prandtl-Meyer 팽창파

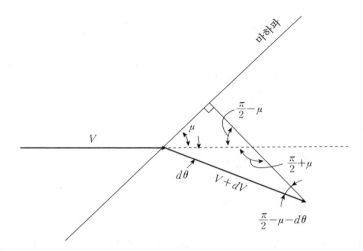

그림 4.35 Prandtl-Meyer 함수를 유도하기 위한 미소꺾임각 $d\theta$에 대한 마하파

식 (4.26)과 식 (4.27)을 식 (4.25)에 대입하면

$$1 + \frac{dV}{V} = \frac{\cos\mu}{\cos\mu\cos(d\theta) - \sin\mu\sin(d\theta)} \tag{4.28}$$

미소각 $d\theta$에 대하여 미소각 가정으로부터

$$\sin(d\theta) \cong d\theta$$
$$\cos(d\theta) \cong 1$$

그러면 위의 결과를 이용하면 식 (4.28)은

$$1 + \frac{dV}{V} = \frac{\cos\mu}{\cos\mu - d\theta\sin\mu} = \frac{1}{1 - d\theta\tan\mu} \tag{4.29}$$

다음과 같은 급수 전개를 상기하면 ($|x| < 1$)

$$\frac{1}{1-x} = 1 + x + x^2 + x^3 + \cdots$$

식 (4.29)는 다음과 같이 전개된다(2차 이상의 고차항을 무시).

$$1 + \frac{dV}{V} = 1 + d\theta\tan\mu + \cdots \tag{4.30}$$

따라서 식 (4.30)으로부터

$$d\theta = \frac{1}{\tan\mu}\frac{dV}{V} \tag{4.31}$$

다음 3.3절의 마하각 정의로부터 $\mu = \sin^{-1}\left(\frac{1}{M}\right)$이므로

$$\tan\mu = \frac{1}{\sqrt{M^2-1}} \tag{4.32}$$

식 (4.32)를 식 (4.31)에 대입하면

$$d\theta = \sqrt{M^2-1}\frac{dV}{V} \tag{4.33}$$

이 식은 Prandtl-Meyer 흐름을 지배하는 미분방정식이다. 식 (4.33)에서 다음과 같은 사실을 알 수 있다.

a) 이 식은 미소 $d\theta$에 대한 근사방정식이다.

b) 이 식은 근본적으로 기하학적 기초에만 의하여 유도된 식이나 마하파 정의에 의하여 현상이 관련되어 있다. 이 식은 완전기체, 반응기체 및 실제 기체에 다같이 적용되는 일반식이다.

c) 이 식은 미소팽창각 $d\theta$에 대한 식이지만 유한한 θ(그림 4.34 참조)에 대한 팽창을 해석하기 위하여서는 식 (4.33)을 각 θ_2까지 전(全) 영역에서 적분하면 된다.

식 (4.33)을 영역 1에서 영역 2까지 적분하면

$$\int_{\theta_1}^{\theta_2} d\theta = \int_{M_1}^{M_2}\sqrt{M^2-1}\frac{dV}{V} \tag{4.34}$$

오른쪽 적분은 $\frac{dV}{V}$를 다음과 같이 M에 대한 식으로 바꾼 다음 적분할 수 있다. 마하수의 정의로부터 $V = Ma$이므로, 따라서

$$\ln V = \ln M + \ln a \tag{4.35}$$

식 (4.35)를 미분하면

$$\frac{dV}{V} = \frac{dM}{V} + \frac{da}{a} \tag{4.36}$$

열량적 완전기체에 국한시키고, 단열인 경우 에너지방정식(식 (3.33))은 다음과 같다.

$$\left(\frac{a_0}{a}\right)^2 = \frac{T_0}{T} = 1 + \frac{\gamma-1}{2}M^2$$

또는 a에 대해 풀면

$$a = a_0\left(1 + \frac{\gamma-1}{2}M^2\right)^{-\frac{1}{2}} \tag{4.37}$$

식 (4.37)을 미분하면

$$\frac{da}{a} = -\frac{\gamma-1}{2}M\left(1 + \frac{\gamma-1}{2}M^2\right)^{-1}dM \tag{4.38}$$

식 (4.38)을 식 (4.36)에 대입하면

$$\frac{dV}{V} = \frac{1}{1 + \frac{\gamma-1}{2}M^2}\frac{dM}{M} \tag{4.39}$$

식 (4.39)는 $\frac{dV}{V}$를 M으로 표시한, 우리가 원하는 식이다. 이를 식 (4.34)에 대입하면

$$\int_{\theta_1}^{\theta_2}d\theta = \theta_2 - \theta_1 = \int_{M_1}^{M_2}\frac{\sqrt{M^2-1}}{1 + \frac{\gamma-1}{2}M^2}\frac{dM}{M} \tag{4.40}$$

여기서 식 (4.40)의 오른쪽 적분항을 $\nu(M)$으로 놓으면

$$\nu(M) = \int\frac{\sqrt{M^2-1}}{1 + \frac{\gamma-1}{2}M^2}\frac{dM}{M} \tag{4.41}$$

식 (4.41)을 Prandtl-Meyer 함수라 부르며 기호 ν로써 표시한다. 식 (4.41)을 M까지 적분하면 다음과 같이 된다.

$$\nu(M) = \sqrt{\frac{\gamma+1}{\gamma-1}}\tan^{-1}\sqrt{\frac{\gamma-1}{\gamma+1}(M^2-1)} - \tan^{-1}\sqrt{M^2-1} \tag{4.42}$$

여기서 편의상 적분상수는 $M=1$일 때 $\nu=0$이 되도록 고려하였다. 끝으로 이제 식 (4.42)와 함께 식 (4.40)은 다음과 같이 된다.

$$\pm\theta_2=\nu(M_2)-\nu(M_1) \tag{4.43}$$

여기서 θ_2는 θ_1에서부터 잰 꺾임각을 의미하므로 적분에서는 $\theta_1=0$으로 놓았다(식 (4.40)의 왼쪽). 그리고 $\nu(M)$은 열량적 완전기체에 대하여 식 (4.42)로 주어진다. 편의상 Prandtl-Meyer함수식 (4.42)는 마하각 μ와 함께 $\gamma=1.4$에 대하여 M의 함수로써 책의 뒷 부분에 표 Ⅳ에 주어져 있다. 식 (4.43)에서 "음"부호는 압축파를 동반하는 concave(오목한) 벽면 유동에 적용되며, 이때 θ가 작아야 한다. θ가 클 경우에는 식 (4.43)을 사용할 수 없고 엄밀해인 경사충격파해를 사용하여야 한다.

그림 4.34로 되돌아 가서 식 (4.42)와 (4.43)으로부터 팽창파의 계산과정을 적어 보면 다음과 같다.

(1) 주어진 M_1에 대하여 표 Ⅳ로부터 $\nu(M_1)$을 찾는다.

(2) 주어진 θ_2와 (1)에서 구한 $\nu(M_1)$을 가지고 식 (4.43)으로부터 $\nu(M_2)$를 계산한다.

(3) (2)에서 구한 $\nu(M_2)$의 값에 대한 M_2를 표 Ⅳ로부터 찾는다.

(4) 팽창은 등엔트로피 과정임을 기억하면 T_0와 p_0는 팽창파를 통하여 일정하다.

식 (3.33)과 (3.35)로부터 다음과 같이 다른 유동성질의 변화를 계산할 수 있다.

$$\frac{T_2}{T_1}=\frac{1+\dfrac{\gamma-1}{2}M_1^2}{1+\dfrac{\gamma-1}{2}M_2^2}$$

$$\frac{p_2}{p_1}=\left(\frac{1+\dfrac{\gamma-1}{2}M_1^2}{1+\dfrac{\gamma-1}{2}M_2^2}\right)^{\frac{\gamma}{\gamma-1}}$$

그리고

$$\frac{\rho_2}{\rho_1}=\frac{p_2}{p_1}\cdot\frac{T_1}{T_2}$$

예제 8 마하수 1.4인 공기가 꺾임각 20°인 볼록한 모퉁이를 지나면서 팽창되고 있다. 팽창된 후의 마하수는 얼마인가?

풀 이 표 Ⅳ에서 $M_1 = 1.4$일 때 $\nu_1 = 9°$이다.

식 (4.43)에서

$$\nu_2 = \nu_1 + \theta = 9 + 20 = 29°$$

그러므로 표 Ⅳ에서 $\nu_2 = 29°$에 해당하는 마하수는 다음과 같다.

$$M_2 = 2.096$$

예제 9 $\gamma = 1.4$의 열량적 완전기체인 공기가 마하수 2.0으로 꺾임각 10°의 볼록한 모퉁이를 지나고 있다. 자유류의 압력과 온도가 $p_1 = 1.0133 \times 10^5 \mathrm{N/m^2}$, $T_1 = 290\mathrm{K}$일 때 팽창이 일어난 후의 (a) 마하수와 (b) 압력과 (c) 온도를 구하여라. (단 팽창은 등엔트로피 팽창이다.)

풀 이 (a) 표 Ⅳ에서 $M_1 = 2.0$일 때

$$\nu_1 = 26.38°$$

식 (4.43)으로부터

$$\nu_2 = \theta + \nu_1 = 10 + 26.38 = 36.38°$$

표 Ⅳ에서 $\nu_2 = 36.38°$에 대한 M_2는

$$M_2 = 2.383$$

(b) 등엔트로피 과정이므로 $p_{01} = p_{02}$이다.

표 Ⅰ에서 $M_1 = 2.0$일 때

$$\frac{p_1}{p_{01}} = 0.12780$$

$M_2 = 2.383$일 때

$$\frac{p_2}{p_{02}} = 0.06992$$

따라서

$$p_2 = p_1\left(\frac{p_{01}}{p_1}\right)\left(\frac{p_2}{p_{02}=p_{01}}\right) = \frac{1.0133 \times 10^5 \times 0.06992}{0.12780} = 0.5544 \times 10^5\,\text{N/m}^2$$

(c) 또한 단열과정이므로 $T_{01} = T_{02}$ 이다.

표 I 에서 $M_1 = 2.0$일 때

$$\frac{T_1}{T_{01}} = 0.55556$$

$M_2 = 2.383$일 때

$$\frac{T_2}{T_{02}} = 0.46760$$

$$\therefore T_2 = T_1\left(\frac{T_{01}}{T_1}\right)\left(\frac{T_2}{T_{02}=T_{01}}\right) = \frac{290 \times 0.46760}{0.55556} = 244.1\,\text{K}$$

(a) **마하수**: $M_2 = 2.383$

(b) **압력**: $p_2 = 0.5544 \times 10^5\,\text{N/m}^2$

(c) **온도**: $T_2 = 244.1\,\text{K}$

(d) **정체압력**: $p_0 = 7.9288 \times 10^5\,\text{N/m}^2$

예제 10 앞의 (예제 9)의 문제에서 팽창유동대신 꺾임각 12°인 concave(오목한) 벽면을 지나는 압축파에 의한 압축파 문제를 풀어라. 다른 물리적 값들은 (예제 9)와 같다.

풀 이
$$-12 = \nu(M_2) - 26.38$$
$$\therefore \nu(M_2) = 14.38$$

$\nu(M_2) = 14.38$을 표 IV에서 찾으면

$$M_2 = 1.585$$

그리고 약한 압축파를 지나면서 유동은 등엔트로피 유동이므로 $M_2=1.585$ 에 대해 책 뒤에 주어져 있는 표 Ⅰ로부터 궁극적으로 우리가 구하려고 하는 압력을 구할 수 있다.

$$\frac{p_2}{p_0}=0.24 \Rightarrow p_2=0.24p_0$$

$$\therefore\ p_2=1.9029\times10^5\,\mathrm{N/m^2}$$

예제 11 마하수 $M_1=2.16$의 공기 흐름이 그림 4.36과 같이 두 벽면 사이로 지나고 있다. 윗 벽면은 12°의 꺾임각을 가지고 있다. 이때 충격파 AB와 반사충격파 BC가 아래 벽면과 이루는 각들을 결정하라.

만약 반사충격파 BC가 C에서 제트(jet)의 경계면과 만난다면, 팽창파의 반사가 생기는 것을 설명하라. 팽창파 뒤의 영역 ④의 마하수와 C에서 제트의 꺾이는 각을 구하라. 또한 정체 압력비 $\frac{p_{04}}{p_{01}}$을 구하라.

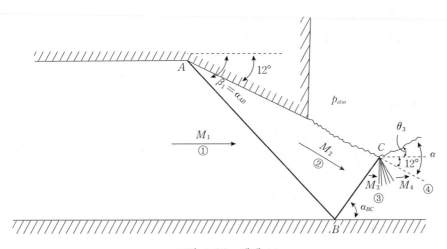

그림 4.36 예제 11

풀이 경사충격파 AB:
표 Ⅲ에서 M_1=2.16, θ_1 =12°일 때

$$\beta_1 = 38.53°$$

따라서

$$\alpha_{AB} = \beta_1 = 38.53°$$

식 (4.8)에서

$$M_{n_1} = M_1 \sin \beta_1 = 2.16 \times \sin 38.53° = 1.35$$

표 Ⅱ에서 $M_{n_1} = 1.35$일 때

$$M_{n_2} = 0.76$$

$$\frac{p_{02}}{p_{01}} = 0.9707$$

식 (4.13)에서

$$M_2 = \frac{M_{n_2}}{\sin(\beta_1 - \theta_1)} = \frac{0.76}{\sin(38.53 - 12)} = 1.71$$

경사충격파 BC:

표 Ⅲ에서 $M_2 = 1.71$, $\theta_2 = 12°$일 때

$$\beta_2 = 49.78°$$

따라서

$$\alpha_{BC} = \beta_2 - \theta_2 = 37.78°$$

식 (4.8)에서

$$M_{n_2}' = M_2 \sin \beta_2 = 1.71 \times \sin 49.78 = 1.306$$

표 Ⅱ에서 $M_{n_2}' = 1.306$일 때

$$M_{n_3}' = 0.78$$

$$\frac{p_{03}}{p_{02}} = 0.978$$

$$\frac{p_3}{p_2} = 1.82$$

식 (4.13)에서

$$M_3 = \frac{M_{n_3}'}{\sin(\beta_2 - \theta_2)} = 1.27$$

Prandtl-Meyer 팽창파:

영역 ②에서 ③으로의 충격파는 흐름의 방향을 바뀌게 하고 압력을 증가시킨다. 따라서 $p_2 = p_{atm}$, $p_2 < p_3$이다 . 그런데 경계조건에 의해 $p_4 = p_{atm}$이 되어야 한다. 결국 C에서 충격파 BC는 팽창파로 반사되어야 한다(즉 $p_3 > p_4 = p_{atm}$).

등엔트로피 유동이므로 표 Ⅰ에서 $M_3 = 1.27$일 때

$$\frac{p_{03}}{p_3} = 2.661$$

Prandtl-Meyer 함수 표 Ⅳ에서 $M_3 = 1.27$일 때

$$\nu_3 = 5.36°$$

$p_{03} = p_{04}$이므로

$$\frac{p_{04}}{p_4} = \frac{p_{03}}{p_4} = \frac{p_{03}}{p_3} \cdot \frac{p_3}{p_4 = p_2} = \frac{p_{03}}{p_3} \cdot \frac{p_3}{p_2} = 2.661 \times 1.82 = 4.84$$

표 Ⅰ에서 $\dfrac{p_{04}}{p_4} = 4.84$일 때 $M_4 = 1.69$

표 Ⅳ에서 $M_4 = 1.69$일 때 $\nu_4 = 17.79°$

식 (4.43)으로부터

$$\theta_3 = \nu_4 - \nu_3 = 12.43°$$

따라서

$$\alpha_{jet} = \theta_3 + 12° = 24.43°$$

$$\frac{p_{04}}{p_{01}} = \frac{p_{03}}{p_{01}} = \frac{p_{03}}{p_{02}} \cdot \frac{p_{02}}{p_{01}} = 0.978 \times 0.9707 = 0.949$$

$$\alpha_{AB} = 38.53°$$

$$\alpha_{BC} = 37.78°$$

$$\alpha_{jet} = 24.43°$$

$$\frac{p_{04}}{p_{01}} = 0.949$$

4.13 충격파-팽창파 이론

이 장에서 기술할 충격파-팽창파 이론으로부터 직선 부분으로 구성된 여러 형태의 2차원 초음속 날개에 작용하는 공기역학적 힘을 정확하게 계산할 수 있다. 예를 들면 그림 4.37의 대칭 다이아몬드형의 날개를 생각하자.

전방 초음속 흐름은 제일 먼저 날개 앞전(leading edge)에서 발생된 경사충격파에 의하여 압축됨과 동시에 흐름은 각 ε만큼 꺾이게 된다. 그리고 날개시위 중간에는 팽창파가 형성되며 팽창파를 통하여 흐름은 각 2ε만큼 팽창하게 된다. 그리고 날개 끝전(trailing edge)에서는 다른 경사충격파에 의해서 각 ε만큼 다시 꺾이게 되어 자유류와 평행하게 된다. 따라서 a와 c면에 작용하는 압력분포는 경사충격파 이론으로부터 계산할 수 있으며 b와 d면에 작용하는 압력은 Prandtl-Meyer 팽창파 이론으로부터 구할 수 있다.

영의 받음각에서는 다이아몬드형의 유일한 공기역학적 힘은 항력뿐이다. 상, 하면에서의 압력분포가 같기 때문에 양력은 없다. 식 (1.47)로부터 압력

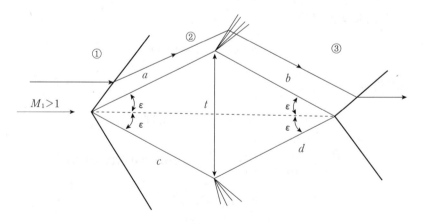

그림 4.37 대칭 다이아몬드형 날개

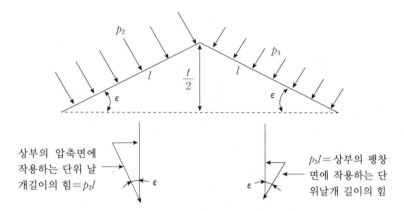

그림 4.38 초음속 다이아몬드형 날개의 조파항력 발생

저항은

$$D_p = -\iint_s p\vec{n}ds의\ x성분$$

그림 4.38에 대하여 윗 식을 적용해서 단위폭당(unit span) 항력을 계산하여 보면 다음과 같다.

$$D_p = [p_2 l \sin \varepsilon - p_3 l \sin \varepsilon]$$
$$= (p_2 - p_3)t \qquad\qquad (4.44)$$

2차원 물체는 비점성 아음속 유동에서 항력이 영이라는 $d'Alembert$ 역설은 잘 알려진 공기역학의 결과이다. 이와는 대조적으로 무한한 폭(infinite span)의 날개에 대한 초음속 비점성 유동의 경우는 단위폭당 식 (4.44)와 같이 분명히 유한한 항력이 존재함을 보여주고 있다. 유동이 초음속일 때 발생하는 항력은 파(波)에 의한 것이기 때문에 조파항력(wave drag)이라고 부르며 본질적으로 날개에서 발생된 경사충격파를 통한 정체압력의 손실 및 엔트로피 증가와 관련이 있다.

충격파-팽창파 이론으로부터 그림 4.39(a), (b), (c)에 그려진 것과 같은 여러 받음각에 대한 여러 형태의 날개의 항력과 양력을 계산할 수 있다. 반사파가 그림 4.39(a), (b)에 그려진 것과 같이 물체 표면에 도달하지 않는 직선부분으로 구성된 날개의 경우에는 충격파-팽창파 이론은 정확하다.

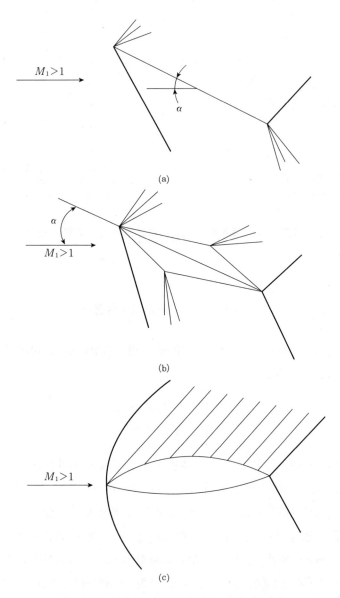

그림 4.39 초음속 날개의 충격파-팽창파 이론

그러나 그림 4.39 (c)에서와 같은 경우에는 앞전에서 떨어진 표면에서 발생한 팽창파는 앞전에서 발생한 경사충격파와 교차하게 되며, 그 결과로 인해서 반사파가 날개 표면에 도달하게 되면 충격파-팽창파 이론은 정확한 결과를 주지 못한다. 그러나, 받음각이 그리 크지 않은 얇은 날개의 경우에는 근사적으로 충격파-팽창파 이론을 적용할 수 있다.

그러나 큰 받음각을 갖는 다이아몬드형 날개〔그림 4.39 (c)〕의 흐름의 정확한 해석은 충격파-팽창파의 교차를 고려해야 한다.

예제 12 초음속 항공기의 날개를 단순한 평판으로 모델링할 수 있다. 평판의 길이는 0.25m이며 받음각 $3°$로 마하수 2.5로 비행할 때, 평판에 작용하는 단위폭당 양력과 항력을 계산하라. 단, 자유류의 압력은 $p_1 = 60\text{kPa}$이다.

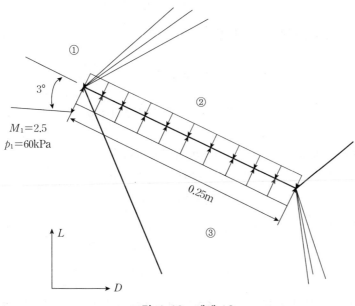

그림 4.40 예제 12

풀 이 $M_1 = 2.5$에 대하여 표 I 과 Ⅱ로부터 다음의 관계를 알 수 있다.

$$\frac{p_{01}}{p_1} = 17.09, \quad \nu_1 = 39.13°$$

영역 ②:

$$\nu_2 = \nu_1 + 3° = 42.13°$$

표 Ⅳ로부터 $M_2 = 2.63$이므로 표 Ⅰ로부터

$$\frac{p_{01}}{p_2} = 20.92$$

$$p_2 = \frac{p_2}{p_{01}} \frac{p_{01}}{p_1} p_1 = \frac{1}{20.92} \times 17.09 \times 60 = 49.02\,\text{kPa}$$

영역 ③:

$M_1 = 2.5$에 대한 표 Ⅲ으로부터

$$\beta = 26°, \; M_{n_1} = M_1 \sin\beta = 1.096$$

$M_{n_1} = 1.096$에 대한 표 Ⅱ로부터

$$\frac{p_3}{p_1} = 1.23$$

$$\therefore \; p_3 = \frac{p_3}{p_1} p_1 = 1.23 \times 60 = 74\,\text{kPa}$$

단위폭당 양력
$$\begin{aligned} L' &= (p_3 - p_2)\,(c)\,(1)\cos 3° \\ &= (74 - 49.02) \times 0.25 \times 0.999 \\ &= 6.23 \times 10^3\,\text{N} \end{aligned}$$

단위폭당 항력
$$\begin{aligned} D' &= (p_3 - p_2)\,(c)\,(1)\sin 3° \\ &= (74 - 49.02) \times 0.25 \times 0.0523 \\ &= 0.33 \times 10^3\,\text{N(조파항력)} \end{aligned}$$

▶ 실제 평판의 항력에서는 조파항력 외에 공기의 점성에 의한 표면마찰 저항이 존재한다.

연 습 문 제

4.1 그림 4.41과 같은 오목한 모퉁이가 있다. 압력 $1.0 \times 10^5\,\mathrm{N/m^2}$, 온도 300K, 마하수 3.0인 초음속 흐름이 이 모퉁이를 지날 때, 꺾임각이 각각 (a) 5°, (b) 10°, (c) 15°일 때의 M_2, p_2, T_2를 계산하라.

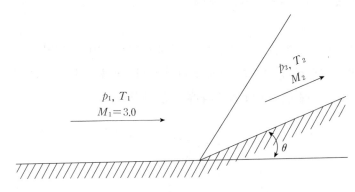

그림 4.41

4.2 압력 $1.0 \times 10^5\,\mathrm{N/m^2}$, 온도 300K, 마하수 1.0인 공기의 흐름이 볼록한 모퉁이를 지나고 있다(그림 4.42 참조). 모퉁이의 꺾임각이 각각 (a) 15°, (b) 30°, (c) 60°일 때 팽창된 후의 마하수와 압력, 온도를 계산하라.

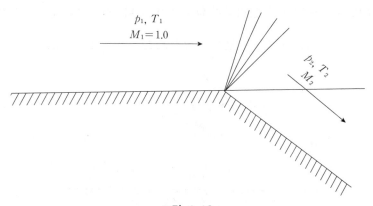

그림 4.42

4.3 압력 $1.0 \times 10^5 \, \text{N/m}^2$, 온도 300K, 마하수 1.0인 공기가 볼록한 모퉁이를 지나면서 팽창되고 있다. 팽창된 후의 마하수가 각각 (a) 2.0, (b) 3.0, (c) 4.0, (d) 5.0 일 때 팽창된 후의 압력과 온도 그리고 모퉁이의 꺾임각을 구하라.

4.4 초음속 풍동의 노즐이 마하수 3.0인 평행하고 균일한 초음속 흐름을 만들도록 설계되었다. 공기탱크 내의 정체압력이 $70 \times 10^5 \, \text{N/m}^2$이라고 하면, 노즐이 대기중으로 제트를 분출할 때 노즐 출구에서의 제트 경계면의 꺾임각을 구하라.(단 $\gamma = 1.4$)

4.5 그림 4.43과 같은 다이아몬드형 날개가 압력 $1.0133 \times 10^5 \, \text{N/m}^2$, 마하수 3.0인 균일한 공기흐름 속에 놓여져 있다. 받음각이 각각 (a) 5°, (b) 10°, (c) 15°일 때 단위폭당 항력과 양력을 계산하라.

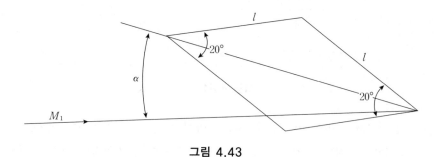

그림 4.43

4.6 그림 4.44와 같은 쐐기가 $M = 3.0$인 풍동의 측정부(test section)에 놓여져 있다. 경사충격파가 분리되지 않고 붙어 있다. 최대받음각을 계산하라.

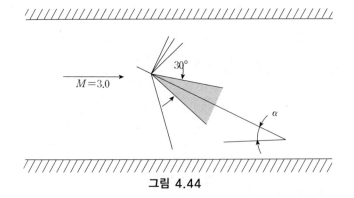

그림 4.44

4.7 (a) 그림 4.45의 초음속 흡입구에서 $M_1 = 3.0$, $\gamma = 1.4$, $p_1 = 1.0135 \times 10^5$ N/m², $T_1 = 300\text{K}$일 때 경사충격파와 교차충격파 각각을 지난 후의 마하수와 압력, 온도를 계산하라.

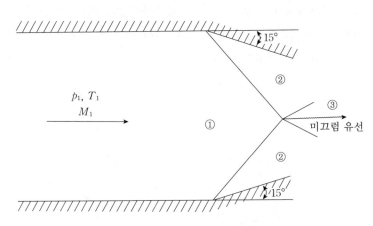

그림 4.45

(b) (a)에서 초음속 흡입구가 받음각 5°를 가지고 있는 경우에 다시 계산하라.

4.8 마하수 3.0인 초음속 흐름이 그림 4.46과 같은 통로를 지나고 있다. 정규반사 충격파가 각각 (a) 1개, (b) 2개, (c) 3개, (d) 4개 일어나는 최대 꺾임각을 계산하라.

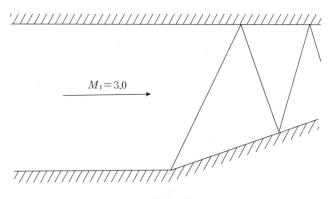

그림 4.46

4.9 압력이 $1.0 \times 10^5 \text{N/m}^2$, 마하수 3.0인 공기의 흐름이 꺾임각 $\theta = 20°$의 모퉁이를 그림 4.47(a), (b)와 같이 지나고 있다. 그림 4.47(a)는 등엔트로피 과정이라 하고, 그림 4.47(b)는 경사충격파가 발생했다고 하자. 각각의 경우에서 마하수와 압력을 계산하여 비교하라. 여기서 그림 (a)의 경우는 균일한 각도로 5번 꺾임에 의하여(즉, 한 번에 4°씩 5번 꺾임이 일어난다) 흐름이 변하고 있다.

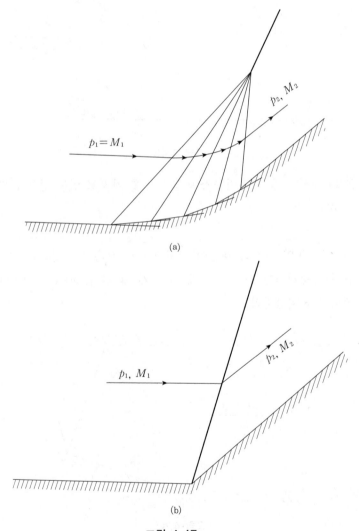

(a)

(b)

그림 4.47

5 장

준(準) 1차원 유동

5.1 준(準) 1차원 유동의 지배방정식

1차원 유동과 준(準) 1차원 유동의 차이는 3.1절에서 언급이 되었는데, 5장을 공부하기 위해 여러분은 그곳을 다시 한번 읽어두기 바란다. 3장 전체를 통하여 유동은 정확히 일정한 단면을 흐르는 1차원 유동을 다루었다.

이제 이 장에서 다루려고 하는 유동은 그림 3.1(b)에 보인 것처럼 유동의 단면적 A가 x에 따라 변한다. 동시에 모든 유동성질들은 임의의 단면에서 균일하다고 가정(x에 수직한 방향의 유동변수들의 변화는 무시한다)하며 그러므로 유동성질들은 오직 x만의 함수(단, 유동이 비정상류이면 시간 t와 거리 x의 이변수(二變數) 함수가 됨)가 된다. 정상 유동에서 $A \simeq A(x)$, $p \simeq p(x)$, $\rho \simeq \rho(x)$, $u \simeq u(x)$로 표시할 수 있는 유동을 정상 준 1차원 유동(quasi-one-dimensional flow)으로 정의한다.

그림 3.1(b)에서 보여 주는 가변 단면의 유관을 흐르는 유동은 엄밀히 말해서 3차원 유동이나, 위와 같이 3차원 유동에 있어서 x축 방향으로만 변하는 근사적 유동은 준 1차원 유동이다. 초음속 풍동(supersonic wind tunnel)이나 로켓 노즐을 통과하는 유동 문제와 같은 대부분의 공학적인 문제에 있어, 준 1차원 유동으로 가정하여 얻은 결과들은 대체로 만족스럽다.

실제로 이 장에서 전개될 내용은 공기역학과 기체역학분야에서 매우 유용하게 사용되며 압축성 유동을 전반적으로 이해하는 데 아주 중요한 것들이다.

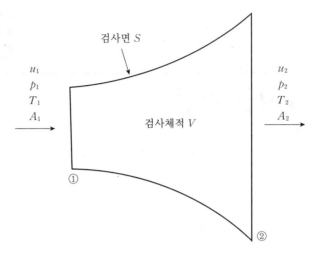

그림 5.1 준 1차원 유동에 관한 검사체적

준 1차원 정상 유동에 대해 대수적으로 표시된 운동방정식은, 제 2 장에서 유도한 적분형태의 일반방정식을 그림 5.1에 그려져 있는 가변(可變) 면적의 검사체적에 직접 적용함으로써 얻어질 수 있다. 예를 들어 식 (2.24)의 연속방정식을 다시 써 보면 다음과 같다.

$$\frac{\partial}{\partial t} \iiint_{c.v.} \rho \, dV + \iint_{c.s.} \rho \vec{v} \cdot \vec{n} \, dS = 0 \tag{2.24}$$

윗 식을 그림 5.1의 검사체적에 대하여 적분하면 다음과 같이 된다.

$$\rho_1 u_1 A_1 = \rho_2 u_2 A_2 \tag{5.1}$$

식 (5.1)이 정상 상태의 준 1차원적 유동에 대한 대수식으로 주어진 연속방정식이다. 식 (5.1)에서 $\rho_1 u_1 A_1$은 영역 ①에서의 단면에 대한 면적분이며 $\rho_2 u_2 A_2$는 영역 ②에서의 단면에 대한 면적분이다. 영역 ①과 영역 ② 사이의 검사면의 측면에 대한 면적분은 0이다. 왜냐하면 측면에서 $\vec{v} \cdot \vec{n} = 0$이기 때문이다.

적분형으로 표시된 정상상태의 운동량방정식 (2.44)를 그림 5.1의 검사체적에 적용하면 다음과 같은 결과를 얻는다.

$$p_1 A_1 + \rho_1 u_1^2 A_1 + \int_{A_1}^{A_2} p \, dA = p_2 A_2 + \rho_2 u_2^2 A_2 \tag{5.2}$$

여기서 체적력은 없다고 가정했고 $\int_{A_1}^{A_2} p\,dA$는 검사체적의 측면에 작용하는 압력에 의한 항이다. 식 (5.2)가 준 1차원 정상 유동의 운동량방정식이다. 영역 ①과 영역 ② 사이의 검사체적의 측면에 작용하는 압력을 나타내는 적분항이 포함되어 있기 때문에 식 (5.2)는 엄격히 말해서 대수식이라고 할 수는 없다.

적분형으로 주어진 정상 상태의 에너지방정식 (2.59)를 검사체적(그림 5.1)에 적용하면 다음과 같은 결과를 얻는다.

$$p_1 u_1 A_1 + \rho_1 \left(e_1 + \frac{u_1^2}{2} \right) u_1 A_1 = p_2 u_2 A_2 + \rho_2 \left(e_2 + \frac{u_2^2}{2} \right) u_2 A_2 - \dot{Q} \qquad (5.3)$$

여기서 체적력은 없다고 가정하였고 $\dot{Q}$는 다음과 같이 표시되며 단위시간에 검사체적에 가한 열량이다.

$$\dot{Q} = \iiint_{C.V.} \rho \dot{q}\, dV$$

식 (5.3)을 식 (5.1)로 나누면

$$\frac{p_1}{\rho_1} + e_1 + \frac{u_1^2}{2} = \frac{p_2}{\rho_2} + e_2 + \frac{u_2^2}{2} - \frac{\dot{Q}}{\rho_1 u_1 A_1}$$

더 나아가 단열($\dot{Q}=0$) 인 경우에 위의 식은

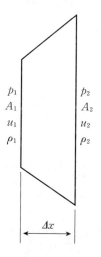

$$
\begin{array}{ll}
p_1 & p_2 \\
A_1 & A_2 \\
u_1 & u_2 \\
\rho_1 & \rho_2
\end{array}
$$

Δx

그림 5.2 미소체적

$$\frac{p_1}{\rho_1} + e_1 + \frac{u_1^2}{2} = \frac{p_2}{\rho_2} + e_2 + \frac{u_2^2}{2} \tag{5.4}$$

그리고 엔탈피 정의 $h = e + \dfrac{p}{\rho}$ 를 사용하면 식 (5.4)는 아래와 같이 바꿀 수 있다.

$$h_1 + \frac{u_1^2}{2} = h_2 + \frac{u_2^2}{2} \tag{5.5}$$

식 (5.5)는 단열, 준 1차원, 정상 유동의 에너지방정식이다. 또한 윗 식은 총(總) 엔탈피가 유선을 따라 일정하다는 것을 말해 주고 있다. 즉,

$$h_0 = h + \frac{u^2}{2} = const. \tag{5.6}$$

식 (5.5)와 식 (5.6)은 제3장에서 유도된 단열 1차원 에너지방정식 (3.47)과 동일하다. 실제로 이것은 일반적인 결과이며 단열 정상 유동에 있어서 정체 엔탈피는 유선에 따라 일정한 값을 갖는다.

지금까지는 제2장에서 유도한 일반적인 비정상 3차원 운동방정식을 그림 5.1의 검사체적에 적용하여, 준 1차원 정상 유동에 대한 지배방정식을 대수적으로 표시된 식으로 유도하였다. 이제부터는 다시 유한검사체적을 미소검사체적으로 대치하여 준 1차원 정상 유동의 운동방정식을 미분형으로 표시하여 보자(그림 5.2 참조).

식 (5.1)로부터

$$\rho u A = const. \tag{5.7a}$$

그러므로

$$\frac{d}{dx}(\rho u A) = 0$$

또는

$$\frac{1}{\rho}\frac{d\rho}{dx} + \frac{1}{u}\frac{du}{dx} + \frac{1}{A}\frac{dA}{dx} = 0 \tag{5.7b}$$

식 (5.7b)는 준 1차원 정상 유동의 미분형 연속방정식이다.

미분형 운동량방정식을 얻기 위하여 그림 5.2에 그려진 미소검사체적에 식 (5.2)를 적용하자. 여기서 x방향의 길이가 $\varDelta x$이다. 식 (5.2)를 $\varDelta x$로 나누고 $\varDelta x \to 0$의 극한을 취하면

$$\lim_{\varDelta x \to 0}\left[\frac{p_2 A_2 - p_1 A_1}{\varDelta x} + \frac{\rho_2 u_2^2 A_2 - \rho_1 u_1^2 A_1}{\varDelta x}\right] = \lim_{\varDelta x \to 0}\int_{A_1}^{A_2} p\,\frac{dA}{dx}$$

미분 정의로부터 윗 식은

$$\frac{d}{dx}(pA) + \frac{d}{dx}(\rho u^2 A) = p\,\frac{dA}{dx}$$

윗 식의 좌변항의 미분을 전개하면

$$p\,\frac{dA}{dx} + A\,\frac{dp}{dx} + u\,\frac{d(\rho u A)}{dx} + \rho u A\,\frac{du}{dx} = p\,\frac{dA}{dx} \tag{5.8}$$

가 식 (5.7)을 사용하면 식 (5.8)의 좌측 3번째 항은 0이 되고 윗 식은 다음과 같이 된다.

$$\rho u\,\frac{du}{dx} = -\frac{dp}{dx} \tag{5.9}$$

식 (5.9)가 바로 Euler방정식이다.

끝으로 미분형의 에너지방정식은 식 (5.6)으로부터 얻어지는데 식 (5.6)을 미분하면

$$\frac{dh}{dx} + u\,\frac{du}{dx} = 0 \tag{5.10}$$

식 (5.7b), (5.9), (5.10)이 미분형으로 표시된 준 1차원, 단열, 정상류의 지배방정식이다. 여기서는 연속방정식 식 (5.7b)를 제외한 다른 방정식들은 가변 단면적 A를 포함하고 있지 않다는 것을 유의할 필요가 있다.

5.2 유관의 단면적 A와 속도 u와의 관계

앞 절에서 얻은 미분형의 지배방정식으로부터 준 1차원 정상 유동에 대한

물리적인 지식을 많이 얻어낼 수 있다. 식 (5.7b)을 다시 써 보면,

$$\frac{1}{\rho}\frac{d\rho}{dx} + \frac{1}{u}\frac{du}{dx} + \frac{1}{A}\frac{dA}{dx} = 0 \tag{5.11}$$

윗 식에서 $\dfrac{1}{\rho}\dfrac{d\rho}{dx}$ 를 소거하기 위해 식 (5.9)를 다시 고려하면

$$\frac{1}{u}\frac{du}{dx} = -\frac{1}{\rho}\frac{dp}{d\rho}\frac{d\rho}{dx} \tag{5.12}$$

지금 우리는 단열, 비점성 유동을 다루고 있으므로 유체에 작용하는 점성에 의한 마찰이나 열전도에 의한 소산작용(dissipative mechanism)이 존재하지 않는다는 것을 상기하자. 그러므로 유동은 등엔트로피 유동이다. 따라서 압력변화 dp 는 등엔트로피 과정에 의한 밀도변화 $d\rho$ 를 수반한다. 그리하여 압력변화와 밀도변화의 관계식을 다음과 같이 쓸 수 있다.

$$\frac{dp}{d\rho} = \left(\frac{\partial p}{\partial \rho}\right)_{s} = a^{2} \tag{5.13}$$

식 (5.12)와 식 (5.13)을 결합하면

$$u\frac{du}{dx} = -\frac{a^{2}}{\rho}\frac{d\rho}{dx}$$

즉,

$$\frac{1}{\rho}\frac{d\rho}{dx} = -\frac{u}{a^{2}}\frac{du}{dx} = -\frac{u^{2}}{a^{2}}\frac{1}{u}\frac{du}{dx} = -M^{2}\frac{1}{u}\frac{du}{dx} \tag{5.14}$$

식 (5.14)를 식 (5.11)에 대입하면 다음과 같은 중요한 결과를 얻는다.

$$\frac{1}{A}\frac{dA}{dx} = (M^{2} - 1)\frac{1}{u}\frac{du}{dx} \tag{5.15}$$

식 (5.15)를 면적-속도 관계식이라고 부르며 여기서 다음과 같은 사실을 알 수 있다.

a) $M \to 0$(비압축성 유동에 해당)이면 식 (5.15)는 $Au = const.$임을 보여 주고 있다. 이것은 우리에게 낯익은 비압축성 유동의 연속방정식이다.

b) $0 < M < 1$(아음속 유동)영역에서 속도의 증가$\left(\dfrac{du}{dx} > 0\right)$는 면적의 감소

$\left(\dfrac{dA}{dx}<0\right)$를 가져오며 반대로 면적이 증가$\left(\dfrac{dA}{dx}>0\right)$되면 속도는 감소$\left(\dfrac{du}{dx}<0\right)$된다. 그러므로 축소노즐(convergent nozzle)에서는 속도가 증가하고 확대노즐(divergent nozzle)에서는 속도가 감소하는, 잘 알려진 비압축성 유동의 결과가 아음속 압축성 유동에 대하여서도 성립한다(그림 5.3(a) 참조).

　c) $M>1$(초음속 유동)의 영역에서는 속도의 증가$\left(\dfrac{du}{dx}>0\right)$는 면적의 증가$\left(\dfrac{dA}{dx}>0\right)$를 수반하고 면적이 감소$\left(\dfrac{dA}{dx}<0\right)$되면 속도도 감소$\left(\dfrac{du}{dx}<0\right)$된다. 이와 같은 사실은 아음속 유동과 비교할 때 아주 큰 차이를 나타내고 있다. 초음속 유동의 경우 확대노즐에서 속도가 증가되며 축소노즐에서 속도는 감소된다(그림 5.3(b) 참조). 이와 같은 현상은 면적이 증가되면서 유동이 팽창하게 되는데 면적의 증가율 $\dfrac{1}{A}\dfrac{dA}{dx}$에 비하여 흐름팽창에 의한 밀도 감소율 $\dfrac{1}{\rho}\dfrac{d\rho}{dx}$이 더 커서 단위시간당 같은 질량을 흘려 보내기 위해서는 속도가 증가되지 않으면 안 된다는 사실과 관계가 있다.

　d) $M=1$(음속 유동)에 대해 식 (5.15)로부터 $\dfrac{dA}{dx}=0$가 된다. 이는 $M=1$에서 수학적으로 면적이 최대나 최소가 되는 곳에 해당한다. 다음에 기술되는 바와 같이 면적이 최소가 되는 것만이 물리적으로 가능한 경우이다.

　위의 결과로부터 기체가 아음속에서 초음속으로 팽창하기 위하여 그림

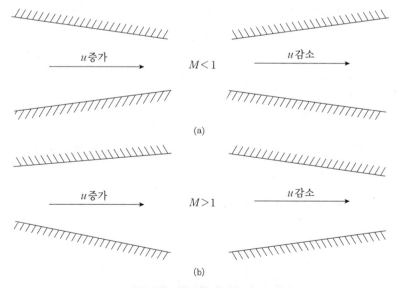

(a)

(b)

그림 5.3　단면 축소관과 단면 확대관 속에서의 유동

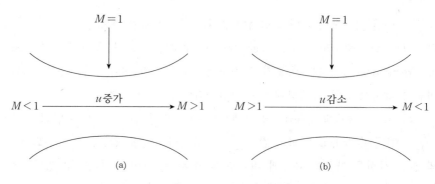

그림 5.4 단면 축소-확대관 속에서의 유동

5.4(a)에 표시되어 있는 축소-확대노즐을 통하여 유동이 이루어져야만 한다. 노즐의 축소부분이 끝나며 확대부분이 시작되는 면적이 최소되는 곳에서는 그림 5.4(a)에 기술되어 있는 것과 같이 유동은 음속이다. 이러한 최소 면적 부분을 노즐의 목(throat)이라 부른다.

위의 설명으로부터 왜 로켓 엔진이 그림 5.5와 같은 큰 종 모양의 노즐 형태를 갖는가를 알 수 있는데 그 이유는 배기가스를 빠른 속도로, 즉 초음속으로 배출하기 위해서이다. 또 우리는 초음속 풍동을 예로 들 수 있는데 이것은 우선 공기역학적인 실험을 하기 위해 정지한 기체를 초음속으로 팽창시킨 다음에 초음속 유동을 확산기(diffuser)를 통하여 낮은 속도의 아음속으로 압축하

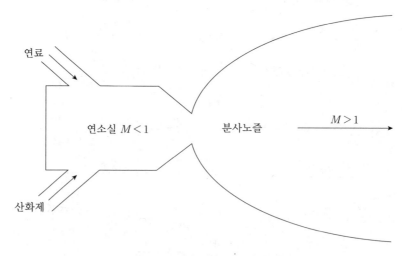

그림 5.5 로켓 엔진의 개략적인 모습

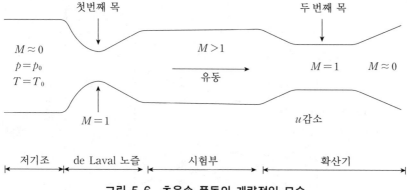

첫번째 목

두번째 목

$M \approx 0$
$p = p_0$
$T = T_0$

$M > 1$

유동

$M = 1$ $M \approx 0$

$M = 1$

u감소

저기조   de Laval 노즐   시험부   확산기

그림 5.6 초음속 풍동의 개략적인 모습

여 기체를 대기로 방출하도록 설계되어 있다(그림 5.6 참조). 이러한 축소–확대 노즐은 19C말 증기 터빈에 이러한 형상을 맨 처음 사용한 Carl de Laval의 이름을 따서 de Laval 노즐이라고도 부른다.

식 (5.15)를 유도하는 데 있어서 오직 운동방정식들만이 사용되었으며 기체의 종류에 대한 가정은 전혀 없었다. 그러므로 식 (5.15)는 유동이 등엔트로피 유동인 완전기체, 실제기체 또는 반응기체에 대하여 모두 성립하는 일반적인 관계식이다.

5.3 노즐유동

먼저 목(throat)을 규명하여 보자. 단위시간당 질량유량은 다음과 같이 주어진다(그림 5.7 참조).

$$\dot{m} = \rho u A \tag{5.16}$$

그리고 단열인 경우 열량적 완전기체의 에너지방정식을 다시 생각하자.

$$c_p T + \frac{1}{2} u^2 = c_p T_0 \tag{5.6}$$

식 (5.6)으로부터

$$u = \sqrt{2 c_p (T_0 - T)} \tag{5.17}$$

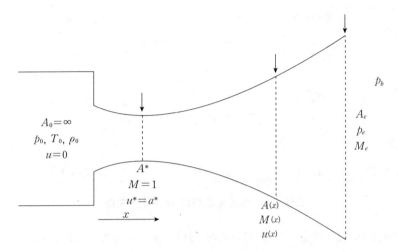

그림 5.7 면적-마하수 관계를 이용하기 위한 기하학적 형상

식 (5.17)을 식 (5.16)에 대입하면

$$\dot{m}=\sqrt{2c_pT_0}\,A\rho_0\frac{\rho}{\rho_0}\sqrt{1-\frac{T}{T_0}}\tag{5.18}$$

그리고 등엔트로피 관계식

$$\frac{T}{T_0}=\left(\frac{p}{p_0}\right)^{\frac{\gamma-1}{\gamma}}=\left(\frac{\rho}{\rho_0}\right)^{\gamma-1}$$

를 사용하여 식 (5.18)을 압력비로 나타내면 다음과 같다.

$$\dot{m}=\sqrt{2c_pT_0}\,\rho_0A\left(\frac{p}{p_0}\right)^{\frac{1}{\gamma}}\sqrt{1-\left(\frac{p}{p_0}\right)^{\frac{\gamma-1}{\gamma}}}\tag{5.19}$$

그리고 완전기체의 상태방정식 $\rho_0=\dfrac{p_0}{RT_0}$를 윗 식에 대입하면

$$\dot{m}=\frac{\sqrt{2c_p}}{R}\frac{p_0}{\sqrt{T_0}}A\left(\frac{p}{p_0}\right)^{\frac{1}{\gamma}}\sqrt{1-\left(\frac{p}{p_0}\right)^{\frac{\gamma-1}{\gamma}}}\tag{5.20}$$

단면적 A의 변화를 식 (5.20)을 이용하여 그래프에 그려보면 그림 5.8과 같다.

그림 5.8로부터 알 수 있는 것과 같이 주어진 $\dot{m}$, p_0, T_0에 대해 압력비의

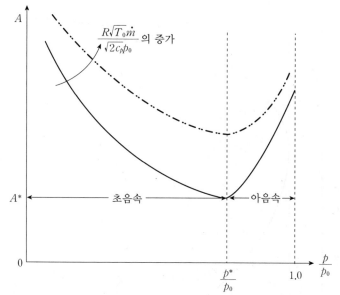

그림 5.8 주어진 질량유량을 통과시키는 데 필요한 단면적 대 압력비

변화에 대한 A는 압력비 $\dfrac{p}{p_0}=\dfrac{p^*}{p_0}$일 때 최소가 된다. 목은 최소의 A로 정의하며 기호는 A^*로 표시한다. 즉, p_0와 T_0가 주어졌을 때 주어진 질량유동 $\dot{m}$를 통과시키기 위한 최소의 면적을 말한다. 그러므로 A^* 이하로 면적을 감소시키면 주어진 질량유량을 흘려 보낼 수 없다. A가 최소가 되는 곳에서의 압력비는 식 (5.20)을 압력비에 대하여 미분하여 0으로 놓았을 때의 압력비이다. 즉, $\dfrac{dA}{d\left(\dfrac{p}{p_0}\right)}=0$의 해는

$$\frac{p}{p_0}\bigg|_{A=A^*}=\frac{p^*}{p_0}=\left(\frac{2}{\gamma+1}\right)^{\frac{\gamma}{\gamma-1}} \tag{5.21}$$

여기서 p^*는 $A=A^*$에서의 압력이며 임계압력(critical pressure)이라고 부른다. $\gamma=1.4$인 공기에 대하여 임계압력비는 식 (5.21)로부터 $\dfrac{p^*}{p_0}=0.528$이다. 식 (5.20)을 목 (A^*)에서 계산하면

$$\dot{m}=\frac{\sqrt{2c_p}}{R}\frac{p_0}{\sqrt{T_0}}A^*\left(\frac{p^*}{p_0}\right)^{\frac{1}{\gamma}}\sqrt{1-\left(\frac{p^*}{p_0}\right)^{\frac{\gamma-1}{\gamma}}}$$

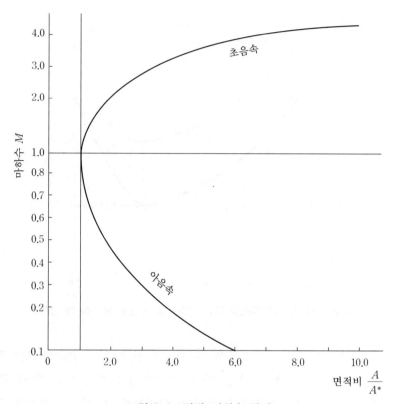

그림 5.9 면적-마하수 관계

이 되며 식 (5.21)로 주어진 $\dfrac{p^*}{p_0}$을 윗 식에 대입하면

$$\dot{m} = \frac{\sqrt{2c_p}}{R}\left(\frac{2}{\gamma+1}\right)^{\frac{1}{\gamma-1}}\sqrt{\frac{\gamma-1}{\gamma+1}}\frac{p_0}{\sqrt{T_0}}A^* = \sqrt{\frac{\gamma}{R}}\left(\frac{2}{\gamma+1}\right)^{\frac{\gamma+1}{2(\gamma-1)}}\frac{p_0}{\sqrt{T_0}}A^*$$

(5.22)

식 (5.22)를 A^*에 대해 풀면

$$A^* = \frac{1}{K}\frac{\sqrt{T_0}}{p_0}\dot{m}$$

(5.23)

여기서

$$K = \frac{\sqrt{2c_p}}{R}\sqrt{\frac{\gamma-1}{\gamma+1}}\left(\frac{2}{\gamma+1}\right)^{\frac{1}{\gamma-1}} = \sqrt{\frac{\gamma}{R}}\left(\frac{2}{\gamma+1}\right)^{\frac{\gamma+1}{2(\gamma-1)}}$$

식 (5.23)으로부터 목면적(throat area)은 질량유량 $\dot{m}$, 정체조건(p_0, T_0)과 기체의 종류에 따른 K의 함수로 표시되어 있음을 알 수 있다. 그리고 식 (5.22)는 p_0, T_0와 A^*가 주어졌을 때 질량유량 $\dot{m}$을 계산하는 식이다. 여기서 한가지 주의하여야 할 점은 식 (5.22)와 식 (5.23)을 사용할 때에는 반드시 목에서 유속이 음속에 도달하지 않으면 사용할 수 없다는 것이다. 사용하기 전에 반드시 이를 확인하기 바란다.

지금부터는 노즐을 통한 등엔트로피 유동을 해석하여 보자(그림 5.10 참조). 이것은 앞 절에서 구한 운동방정식을 사용하여 각 점에서의 유동변수들을 노즐의 정체조건(p_0, T_0, $\cdots$), 목면적 A^*와 노즐 출구면적 A_e로 나타내는 것이 된다. 먼저 연속방정식 (5.7a)로부터

$$\rho^* u^* A^* = \rho u A \tag{5.24}$$

여기서 ρ^*와 u^*는 각각 노즐목에서의 밀도 및 유속이다. 그런데 목에서는 $M = 1$이므로 $u^* = a^*$이다. 그러므로 식 (5.24)는

$$\frac{A}{A^*} = \frac{\rho^* a^*}{\rho u} = \frac{\rho^*}{\rho_0} \frac{\rho_0}{\rho} \frac{a^*}{u} = \frac{\rho^*}{\rho_0} \frac{\rho_0}{\rho} \frac{1}{M^*} \tag{5.25}$$

여기서 ρ_0는 3장에서 정의한 정체밀도이며 등엔트로피 유동에서는 일정하다. 윗 식의 $\frac{\rho_0}{\rho}$, $\frac{\rho^*}{\rho_0}$와 M^*는 3장에서 유도되어 있으며 각각 식 (3.36), 식 (3.41) 그리고 식 (3.43)에서 M의 함수로 주어져 있다. 이 식들을 식 (5.25)에 대입하면

$$\frac{A}{A^*} = \frac{\rho^* u^*}{\rho u} = \frac{1}{M} \left[\frac{2}{\gamma + 1} \left(1 + \frac{\gamma - 1}{2} M^2 \right) \right]^{\frac{\gamma + 1}{2(\gamma - 1)}} \tag{5.26}$$

식 (5.26)은 면적-마하수 관계식이다.

식 (5.26)을 자세히 살펴보면 $\frac{A}{A^*} = f(M)$이다. 즉, 노즐의 임의의 위치에서의 마하수는 목면적에 대한 그 위치에서의 면적비로 표시되어 있다. 식 (5.26)으로부터 주어진 $\frac{A}{A^*}$에 대하여 두 개의 M값이 존재$\left(\frac{A}{A^*} = 1$인 경우는 제외$\right)$하는데 각각 초음속과 아음속에 해당한다. 식 (5.26)의 해가 그림 5.9에 그려져 있으며 초음속 부분과 아음속 부분이 분명히 구별되어 있다. 그리고 제3장에

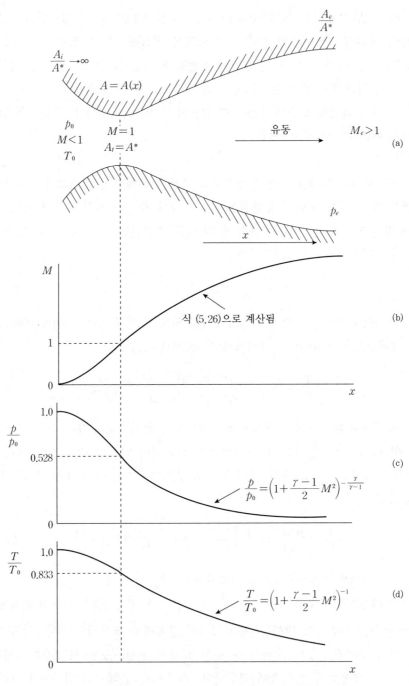

그림 5.10 초음속 노즐의 등엔트로피 유동

서 유도한 $M = f\left(\dfrac{T}{T_0}\right)$, $M = f\left(\dfrac{\rho}{\rho_0}\right)$, $M = f\left(\dfrac{p}{p_0}\right)$ 관계식을 사용하여 식 (5.26)의 $\dfrac{A}{A^*}$를 각각 $\dfrac{T}{T_0}$, $\dfrac{\rho}{\rho_0}$, $\dfrac{p}{p_0}$ 로써 나타낼 수도 있다. 이것은 여러분 각자가 하여보기 바란다. $\gamma = 1.4$인 경우에 책 뒤의 표 I 로 주어져 있다.

주어진 노즐, 즉 $\dfrac{A}{A^*}$가 주어져 있을 때 노즐 내의 아음속과 초음속 유동은 아래에 기술되는 것과 같이 노즐출구의 경계조건(주위압력 또는 배압)에 달려 있다. 그림 5.10에 그려진 축소-확대 노즐을 생각하자. 입구에서 면적비는 매우 커서 입구에서 유동조건은 정체조건(ρ_0, p_0, T_0)으로 가정할 수 있다. 그리고 유동은 전(全) 노즐을 통하여 등엔트로피 유동으로 가정하자. 주어진 노즐에 대하여 가능한 유일한 등엔트로피 유동의 해는 바로 식 (5.26)으로 주어진 식이다. 노즐의 축소부를 따라서는 식 (5.26)으로부터 $\dfrac{A}{A^*}$에 따라 아음속의 마하수 분포를 얻을 수 있으며 이는 그림 5.9의 아래부분에 해당한다. 노즐목 $A_t = A^*$에서는 마하수가 1이 된다. 노즐의 확대부를 따라서는 유동이 초음속으로 팽창되며 M의 분포는 식 (5.26)으로부터 확대부의 $\dfrac{A}{A^*}$로부터 계산되며 그림 5.9의 윗 부분에 해당된다.

그러므로 식 (5.26)으로부터 축소-확대부로 된 전(全) 노즐을 통하여 $\dfrac{A}{A^*}$ 분포에 따른 마하수 분포를 그려보면 그림 5.10(b)와 같으며 압력과 온도의 분포를 각각 그려보면 그림 5.10(c), (d)와 같다. 압력, 온도는 노즐을 통하여 계속 감소한다. 그리고 식 (5.26)으로부터 노즐출구(nozzle exit)에서의 $\dfrac{p_e}{p_0}$, $\dfrac{T_e}{T_0}$, $\dfrac{\rho_e}{\rho_0}$ 는 오직 $\dfrac{A_e}{A^*}$의 함수임을 알 수 있다. 이 노즐이 초음속 풍동의 일부를 이루고 있다면 시험부(test section)의 조건은 $\dfrac{A_e}{A^*}$ (기하학적 설계조건)과 ρ_0, T_0에 의해 완전히 결정된다.

축소-확대 노즐에 압력차이를 만들어 주지 않으면 노즐을 통하여 유동이 일어나지 않을 것이다. 그러면 노즐출구 후방의 압력[주위압력(environmental pressure) 또는 배압(back pressure)으로 불리워지며 노즐출구가 매우 큰 저기조(reservoir)로 연결되어 저기조 압력을 조절함으로써 배압을 조절할 수 있다]을 변화시키면서 노즐내의 유동을 살펴보자. 여러 대표적 배압의 경우들에 대한 노즐유동이 그림 5.11에 나타나 있다.

먼저 그림 5.11에 표시된 노즐출구에서의 3개 임계압력비(critical pressure ratio)를 정의하자.

(a) $\dfrac{p_{c_1}}{p_0}$는 노즐목에서는 유동이 음속에 도달하나 그 외의 전 노즐을 통하여 등엔트로피 과정의 아음속 유동이 이루어지도록 하는 배압(back pressure)의 정체압력에 대한 비이며 그 값은 $\dfrac{A}{A^*}=f\left(\dfrac{p}{p_0}\right)$의 관계식에서 $\dfrac{A_e}{A^*}$을 대입했을 때 아음속해의 $\dfrac{p_e}{p_0}$이다. 그림 5.11의 3에 해당한다.

(b) $\dfrac{p_{c_2}}{p_0}$는 노즐목에서 $M=1$이며 계속 유동이 팽창하여 노즐 확대부를 통하여 초음속이 형성되나 노즐 출구에 수직충격파가 생기게 되는 배압이다. 그 값은 식 (5.26)의 $\dfrac{A_e}{A^*}$에 대한 초음속해로부터 M_e를 계산하고 다시 M_e에 대한 수직충격파해로부터 충격파 뒤의 압력을 구해서 그 압력과 정체압력에 대한 비를 구하면 된다. 그림 5.11의 5에 해당한다.

(c) $\dfrac{p_{c_3}}{p_0}$는 노즐확대부를 통하여 등엔트로피 팽창으로 초음속이 되는 배압이며 그 값은 $\dfrac{A}{A^*}=f\left(\dfrac{p}{p_0}\right)$의 관계식에서 $\dfrac{A_e}{A^*}$에 대한 초음속해의 $\dfrac{p_e}{p_0}$값이다. 그림 5.11의 7에 해당한다. 이 경우에 유동은 이상(理想)팽창 또는 완전팽창을 했다고 부른다.

그러면 그림 5.11에서 1~8 경우의 유동을 자세히 기술하여 보자.

(1) 배압 p_b가 정체압력 p_0와 같을 때 즉, $p_b=p_0$일 때는 노즐 전후에 압력차가 존재하지 않기 때문에 노즐을 통하여 유동이 일어나지 않는다. 그림 5.11의 1의 경우이다.

(2) $\dfrac{p_{c_1}}{p_0}<\dfrac{p_b}{p_0}<1$일 때 즉, 배압(back pressure)이 p_{c_1} 보다는 크고 p_0보다는 작은 경우이다. 노즐을 통하여 흐름이 생기고 전 노즐을 통하여 아음속이다. 그림 5.11의 2와 $2'$에 해당한다. $2'$는 2보다 배압을 약간 더 낮추었을 때이다. 그러므로 2의 경우보다 단위시간당 질량유동이 증가되었을 뿐이며 그 외는 2의 경우와 정성적(定性的)으로 같다. 그리고 노즐목에서 유동은 음속에 도달하지 않았으며 질량유량은 배압의 함수이고, 노즐 출구압력은 배압과 같다. 즉, $p_e=p_b$

(3) $\dfrac{p_b}{p_0}=\dfrac{p_{c_1}}{p_0}$일 때 유동은 그림 5.11의 3에 해당하며 목에서 음속이고 그 외의 전(全) 유장을 통하여 아음속이며 속도분포는 식 (5.26)의 $\dfrac{A}{A^*}=f(M)$ 관계식에서 아음속해이다. 그리고, 단위 시간당 질량유량은 식 (5.22)로 계산된다. 그림 5.11의 1, 2, $2'$에서는 배압을 낮추면 질량유량이 점점 증가하나 3에 이르러 질량유량이 최대가 되며 더 이상 배압을 낮추더라도 질량유량은 증가되지 않는다. 이때 유동은 질식(choked)되었다고 부른다. 출구압력은 배압과

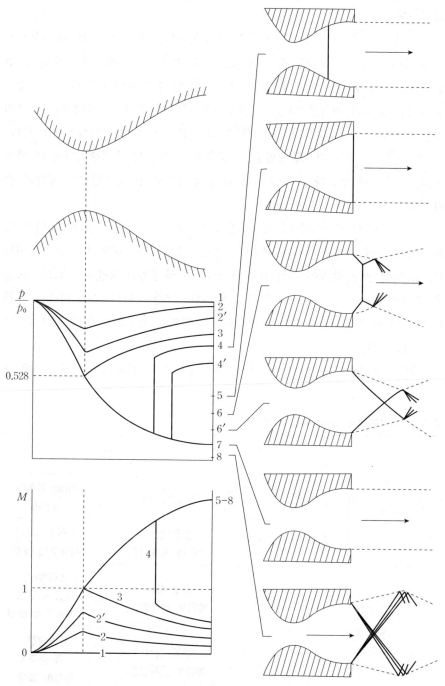

그림 5.11 압력의 변화에 대한 노즐 유동

같다. 즉, $p_e = p_b$이다.

  (4) $\dfrac{p_{c_2}}{p_0} < \dfrac{p_b}{p_0} < \dfrac{p_{c_1}}{p_0}$일 때, 유동은 그림 5.11의 4와 4'에 해당한다. 배압 p_b가 p_{c_2}보다는 크고 p_{c_1}보다는 작을 때 노즐 확대부에 수직충격파가 발생한다. 질량유량은 3의 경우일 때와 같다. 노즐출구의 압력은 배압과 같다. 4'의 경우는 4의 경우보다 배압을 약간 더 낮추었을 때이며 수직충격파의 위치가 4의 경우보다 출구쪽으로 더 이동되었을 뿐 그 외는 4의 경우와 정성적으로 같다.

  (5) $\dfrac{p_b}{p_0} = \dfrac{p_{c_2}}{p_0}$일 때, 즉 배압을 더 낮추어 p_{c_2}가 되면 수직충격파는 더 이동이 되어 출구에 생긴다. 수직충격파 뒤의 압력으로 된 출구압력은 배압과 같다. 그림 5.11의 5에 해당한다.

  (6) $\dfrac{p_{c_3}}{p_0} < \dfrac{p_b}{p_0} < \dfrac{p_{c_2}}{p_0}$일 때 즉, 배압을 더 낮추어 $p_{c_3} < p_b < p_{c_2}$에 놓이게 될 때 노즐출구에 경사충격파가 생긴다. 그림 5.11의 6에 해당된다. $p_e < p_b$이므로, 즉 노즐 출구 압력이 주위 압력 p_b 보다 더 낮게까지 팽창하였으므로 노즐은 과대팽창(over-expanded)되었다고 말한다. 그림 5.11의 6'는 배압을 약간 더 낮추어 출구의 경사충격파의 파각이 감소되었을 뿐 6의 경우와 정성적으로 다른 것은 없다.

  (7) $p_b = p_{c_3}$일 때, 즉 배압을 더 낮추어 p_b가 p_{c_3}와 같아지면 노즐출구에 아

표 5.1 배압에 따른 노즐 유동 특성

$\dfrac{p_b}{p_{01}}$	$\dfrac{p_e}{p_{01}}$	$\dfrac{p_t}{p_{01}}$	$\dfrac{\dot{m}\sqrt{T_0}}{A^* p_{01}}$	M_e	비 고
$\dfrac{p_{c_1}}{p_{01}} < \dfrac{p_b}{p_{01}} < 1$	$= \dfrac{p_b}{p_{01}}$	$\dfrac{p^*}{p_{01}} < \dfrac{p_t}{p_{01}} < \dfrac{p_b}{p_{01}}$	배압의 함수	<1	전(全) 유장이 아음속
$\dfrac{p_{c_2}}{p_{01}} < \dfrac{p_b}{p_{01}} < \dfrac{p_{c_1}}{p_{01}}$	$= \dfrac{p_b}{p_{01}}$	$= \dfrac{p^*}{p_{01}}$	유동 질식. 배압에 관계없음.	<1	수직충격파가 확대부에 생김
$\dfrac{p_{c_3}}{p_{01}} < \dfrac{p_b}{p_{01}} < \dfrac{p_{c_2}}{p_{01}}$	$= \dfrac{p_{c_3}}{p_{01}}$	$= \dfrac{p^*}{p_{01}}$	유동 질식. 배압에 관계없음.	>1	과대팽창. 노즐 출구에 경사충격파 발생
$\dfrac{p_b}{p_{01}} < \dfrac{p_{c_3}}{p_{01}}$	$= \dfrac{p_{c_3}}{p_{01}}$	$= \dfrac{p^*}{p_{01}}$	유동 질식. 배압에 관계없음.	>1	과소팽창. 노즐 출구에 팽창파 발생

여기서 p_t는 노즐최소면적에서의 압력이다.

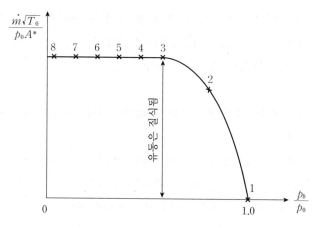

그림 5.12 무차원 질량 유량 대 배압

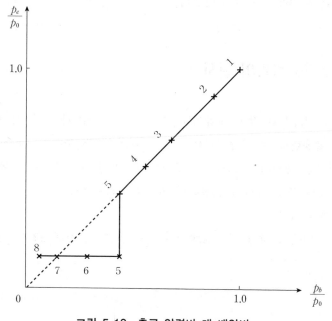

그림 5.13 출구 압력비 대 배압비

무런 파도 생기지 않으며 축소부에서는 아음속, 목에서는 음속, 확대부에서는 초음속 유동으로 된다. 식 (5.26)의 $\frac{A}{A^*} = f(M)$ 관계식에서 축소부에는 아음속해이고 확대부에서는 초음속해이다. $p_e = p_b = p_{c_3}$이므로 노즐은 완전팽창되었다고 부른다. 그림 5.11의 7에 해당된다. 이런 경우 $p_e = p_b$이다.

(8) $p_b < p_{c_3}$일 때, 노즐출구에서는 팽창파가 생긴다. 출구압력이 배압보다

크므로 즉, $p_e > p_b$이므로 유동은 더 팽창할 수 있는 여지가 있다. 이런 경우에 유동은 과소팽창(under-expanded)되었다고 말한다. 이것은 그림 5.11의 8에 해당된다. 이때 출구압력은 배압보다 크다. 즉, $p_e > p_b$.

위에 기술한 모든 경우를 종합하여 배압에 따른 유동특성을 표로 만들어 보면 표 5.1과 같다.

종합하여 위의 여러 가지 배압에 따른 질량유량 $\dot{m}$과 노즐 출구 압력 p_e 를 각각 그려보면 그림 5.12와 같다. 주어진 정체조건(p_0, T_0)과 A^*에 대하여 질량유량 $\dot{m}$는 배압을 p_{c_1} 이하로 낮추어도 변함이 없다(그림 5.12 참조). 그리고 노즐 출구 압력은 배압을 임계압력 p_{c_2} 이하로 낮추어도 변함이 없다(그림 5.13 참조)는 사실에 유의하기 바란다.

5.4 수직충격파의 위치

그림 5.14에서와 같이 배압이 $p_{c_2} < p_b < p_{c_1}$에 놓일 때 노즐 확대부에 수직 충격파가 발생한다. 수직충격파의 위치는 배압의 함수이다. 그러므로 배압이 p_{c_1}에 가까우면 충격파는 노즐목 바로 다음에 발생하며 배압이 p_{c_2}에 가까우면 충격파는 노즐 출구 가까이에 생긴다. 이 절에서는 충격파의 위치를 배압의 함수로 표시하여 보자.

그림 5.14에 표시된 것과 같이 수직충격파 전의 정체조건은 p_{01}, T_0이며

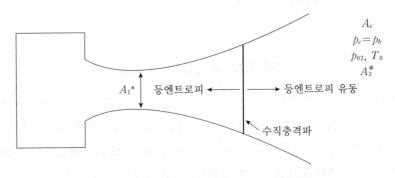

그림 5.14 노즐 확대부에 생긴 수직충격파

목은 A_1^*이다. 그리고 수직충격파 뒤의 정체조건은 p_{02}, T_0이며 여기에 해당하는 가상적인 목은 A_2^*이다. 식 (5.23)으로부터 위의 각각의 정체조건과 목에 대한 단위시간당 질량유량은 다음과 같이 주어진다.

$$p_{01},\ T_0,\ A_1^* \Rightarrow \dot{m}_1 = K \frac{p_{01}}{\sqrt{T_0}} A_1^*$$

$$p_{02},\ T_0,\ A_2^* \Rightarrow \dot{m}_2 = K \frac{p_{02}}{\sqrt{T_0}} A_2^*$$

여기서는 단위시간당 같은 질량을 통과시켜야 하므로 $\dot{m}_1 = \dot{m}_2$이다. 그러므로 우리는 다음과 같은 결과를 얻는다.

$$\frac{A_1^*}{A_2^*} = \frac{p_{02}}{p_{01}} \tag{5.27}$$

수직충격파 뒤의 정체압력은 감소하므로$(p_{02} < p_{01})$ 따라서 $A_2^* > A_1^*$이다. 그리고 면적-압력비의 관계식으로부터 $\dfrac{A_e}{A_2^*} = f\left(\dfrac{p_e}{p_{02}}\right)$의 관계식을 얻는다. 즉,

$$\frac{A_e}{A_2^*} = \frac{C_1}{\sqrt{1 - \left(\dfrac{p_e}{p_{02}}\right)^{\frac{\gamma-1}{\gamma}} \times \left(\dfrac{p_e}{p_{02}}\right)^{\frac{1}{\gamma}}}} \tag{5.28}$$

여기서

$$C_1 = \sqrt{\frac{\gamma-1}{2}} \left(\frac{2}{\gamma+1}\right)^{\frac{\gamma+1}{2(\gamma-1)}}$$

그런데

$$\frac{A_e}{A_1^*} = \frac{A_2^*}{A_1^*} \frac{A_e}{A_2^*} \tag{5.29}$$

식 (5.27)로 주어진 $\dfrac{A_1^*}{A_2^*}$의 표현식과 식 (5.28)의 $\dfrac{A_e}{A_2^*}$의 표현식을 윗 식 (5.29)에 각각 대입하면

$$\frac{A_e}{A_1^*} = \frac{p_{01}}{p_{02}} \frac{C_1}{\sqrt{1 - \left(\dfrac{p_e}{p_{02}}\right)^{\frac{\gamma-1}{\gamma}} \times \left(\dfrac{p_e}{p_{02}}\right)^{\frac{1}{\gamma}}}} \tag{5.30}$$

윗 식은 다음과 같이 몇 차례 정리를 거친다.

$$\frac{p_{02}}{p_{01}}\sqrt{1-\left(\frac{p_e}{p_{02}}\right)^{\frac{\gamma-1}{\gamma}}}\times\left(\frac{p_e}{p_{02}}\right)^{\frac{1}{\gamma}}\frac{A_e}{A_1^*}\frac{1}{C_1}=1$$

$$\frac{p_{02}}{p_{01}}\sqrt{1-\left(\frac{p_{01}}{p_{02}}\right)^{\frac{\gamma-1}{\gamma}}\cdot\left(\frac{p_e}{p_{01}}\right)^{\frac{\gamma-1}{\gamma}}}\times\left(\frac{p_{01}}{p_{02}}\right)^{\frac{1}{\gamma}}\times\left(\frac{p_e}{p_{01}}\right)^{\frac{1}{\gamma}}\times\frac{A_e}{A_1^*}\frac{1}{C_1}=1$$

$$\left(\frac{p_{02}}{p_{01}}\right)^{\frac{\gamma-1}{\gamma}}\times\sqrt{1-\left(\frac{p_e}{p_{01}}\right)^{\frac{\gamma-1}{\gamma}}\cdot\left(\frac{p_{01}}{p_{02}}\right)^{\frac{\gamma-1}{\gamma}}}\times\left(\frac{p_e}{p_{01}}\right)^{\frac{1}{\gamma}}\times\frac{A_e}{A_1^*}\frac{1}{C_1}=1 \quad (5.31)$$

식 (5.31)에서 노즐의 제원(諸元)이 주어지면 $\frac{A_e}{A_1^*}$ 는 결정되며 C_1은 γ의 함수이며 기체가 결정되면 γ도 결정된다. 그리고 노즐출구의 압력은 배압과 같으므로 식 (5.31)에서 $\frac{p_e}{p_{01}}=\frac{p_b}{p_{01}}$ 이며 노즐의 정체조건과 배압이 주어지면 이 양도 또한 주어진다. 그러므로 식 (5.31)은 $\frac{p_b}{p_{01}}$ 와 $\frac{p_{02}}{p_{01}}$ 의 관계식이며 수직충격파의 위치를 계산할 수 있는 식이다. 그러므로 식 (5.31)로부터 주어진 $\frac{p_b}{p_{01}}$ 에 대한 $\frac{p_{02}}{p_{01}}$ 을 계산한다. 그런 다음 $\frac{p_{02}}{p_{01}}=f(M)$ 관계식으로부터 M_s를 계산할 수 있으며, $\frac{A}{A_1^*}=f(M)$ 관계식으로부터 $\frac{A_s}{A_1^*}$ 를 계산할 수 있다. 결국은 $\frac{A_s}{A_1^*}$ 는 충격파 위치를 말하여 준다. 식 (5.31)에서 $x=\left(\frac{p_{02}}{p_{01}}\right)^{\frac{\gamma-1}{\gamma}}$ 으로 놓으면 여기서 M_s와 A_s는 수직충격파가 발생되는 마하수와 면적이다.

식 (5.31)은

$$x\sqrt{1-\left(\frac{p_b}{p_{01}}\right)^{\frac{\gamma-1}{\gamma}}\cdot\frac{1}{x}}\,\frac{1}{C_2}=1 \quad (5.32)$$

여기서

$$C_2=\frac{1}{\left(\frac{p_b}{p_{01}}\right)^{\frac{1}{\gamma}}\left(\frac{A_e}{A_1^*}\cdot\frac{1}{C_1}\right)} \quad (5.33)$$

식 (5.33)의 양변을 제곱하면

$$x^2\left[1-\frac{1}{x}\left(\frac{p_b}{p_{01}}\right)^{\frac{\gamma-1}{\gamma}}\right]\frac{1}{C_2^2}=1$$

$$x^2-\left(\frac{p_b}{p_{01}}\right)^{\frac{\gamma-1}{\gamma}}\cdot x-C_2^2=0 \quad (5.34)$$

식 (5.34)를 x에 대하여 풀면

$$x = \frac{\left(\dfrac{p_b}{p_{01}}\right)^{\frac{\gamma-1}{\gamma}} \pm \sqrt{\left(\dfrac{p_b}{p_{01}}\right)^{\frac{2(\gamma-1)}{\gamma}} + 4C_2^2}}{2} \tag{5.35}$$

그런데 x는 항상 양이어야 하므로 식 (5.35)로 주어진 해 중에서 음의 해는 물리적으로 부적당하다. 그러므로 물리적으로 가능한 해는

$$x = \frac{\left(\dfrac{p_b}{p_{01}}\right)^{\frac{\gamma-1}{\gamma}} + \sqrt{\left(\dfrac{p_b}{p_{01}}\right)^{\frac{2(\gamma-1)}{\gamma}} + 4C_2^2}}{2} \tag{5.36}$$

식 (5.36)이 여러 배압$\left(\dfrac{p_b}{p_{01}}\right)$에 대한 수직충격파 위치를 계산할 수 있는 식이다.

끝으로, 지금까지 나타난 결과는 매우 중요하며 유용하다는 것을 강조하고자 한다. 그리고 지금까지는 주어진 노즐에 대한 유동성질을 계산하는 데 필요한 식들을 유도하였고 유동을 기술하여 보았다. 그러나 지금까지의 해석은 노즐 내에 충격파가 생기지 않는 등엔트로피 유동을 보장받기 위한 노즐 곡선을 어떻게 결정하여야 하는 것에 대하여는 별로 도움을 주지 못한다. 만일 노즐 곡선이 잘못되면 노즐 내에 경사충격파가 생길 수도 있다. 노즐곡선은 제11장에서 기술되어 있는 특성곡선해법을 써서 계산할 수 있다.

예제 1 축소-확대노즐의 $\dfrac{\text{출구면적}}{\text{목면적}}$은 2.5이다. 공기는 정체압력 6.90×10^5 N/m²와 정체온도 37.8 ℃로 공급된다. 배압이 3.45×10^5 N/m²일 때 단위시간당 유량은 $4.536 \, \text{kg/sec}$이다.

(a) 노즐의 3개, 임계압력비를 구하여라.

(b) 노즐의 목면적을 계산하여라.

(c) 배압이 각각 i) 1.38×10^4 N/m², ii) 5.86×10^5 N/m², iii) 6.76×10^5 N/m²으로 변하였을 때 단위시간당 유량을 계산하여라.

(d) 배압은 3.45×10^5 N/m²으로 유지하고 정체압력을 5.17×10^5 N/m²으로 감소시켰을 때 단위시간당 유량은 어떻게 되겠는가?

(e) 위 (c)의 ii)인 경우 충격파의 위치를 구하여라.

| 풀 이 | (a) $\dfrac{p_{c_1}}{p_0}$는 표 Ⅰ로부터 $\dfrac{A_e}{A^*}=2.5$에 대한 아음속해이다.

$$\frac{p_{c_1}}{p_{01}}=0.9607,\ M_e=0.240$$

$\dfrac{p_{c_2}}{p_0}$는 노즐출구에 수직충격파가 생겼을 경우의 출구압력에 대한 비이므로, $\dfrac{A_e}{A^*}$ =2.5에 대한 표 Ⅰ로부터 먼저 출구마하수를 구하면

$$M_e=2.443,\ \frac{p_e}{p_{01}}=0.0640$$

그 다음 수직충격파 후의 압력을 구하기 위하여 $M_e=2.443$과 수직충격파 표 Ⅱ로부터 $\dfrac{p_2}{p_1}=6.796$을 얻는다.

$$\frac{p_{c_2}}{p_{01}}=\frac{p_2}{p_{01}}=\frac{p_1}{p_{01}}\times\frac{p_2}{p_1}=0.0640\times6.796=0.435$$

$\dfrac{p_{c_3}}{p_0}$는 표 Ⅰ과 $\dfrac{A_e}{A_i^*}$의 초음속해이다. 그러므로

$$\frac{p_{c_3}}{p_0}=\frac{p_e}{p_{01}}=0.0640$$

(b)
$$\frac{p_b}{p_{01}}=\frac{3.45\times10^5}{6.9\times10^5}=0.5$$

$$\frac{p_{c_1}}{p_{01}}=0.9607$$

$\dfrac{p_b}{p_{01}}<\dfrac{p_{c_1}}{p_{01}}$이므로 유동은 질식되었다. 식 (5.23)으로부터 A^*를 계산한다.

$$A^*=28.7\,\mathrm{cm}^2$$

(c) ⅰ)
$$\frac{p_b}{p_{01}}=\frac{1.38\times10^4}{6.9\times10^5}=0.02$$

$\dfrac{p_b}{p_{01}}<\dfrac{p_{c_1}}{p_{01}}$이므로 유동은 질식되었다. 그러므로 단위시간당 유량에는 변화가 없다. 즉,

$$\dot{m}_{i)}=4.536\,\mathrm{kg/sec}$$

ii)
$$\frac{p_b}{p_{01}} = \frac{5.86 \times 10^5}{6.9 \times 10^5} = 0.849$$

$\frac{p_b}{p_{01}} < \frac{p_{c_1}}{p_{01}}$ 이므로 유동은 질식되었다. 그러므로 단위시간당 유량에는 변동이 없다. 즉,

$$\dot{m}_{ii)} = 4.536 \, \text{kg/sec}$$

그러나 $\frac{p_{c_2}}{p_{01}} < \frac{p_b}{p_{01}} < \frac{p_{c_1}}{p_{01}}$ 이므로 수직충격파가 노즐확대부에 생긴다.

iii)
$$\frac{p_b}{p_{01}} = \frac{6.76 \times 10^5}{6.9 \times 10^5} = 0.980$$

$\frac{p_b}{p_{01}} > \frac{p_{c_1}}{p_{01}}$ 이므로 유동은 질식되지 않았다. 그러므로 질량유량은 배압에 따라 다르다. 이런 경우에는 식 (5.23)을 사용할 수 없다. $\frac{p_b}{p_{01}} = 0.980$ 에 대한 질량유량을 $\dot{m}_f$ 라 하면, $\dot{m}_f$ 를 흘려 보내기 위한 가상적인 A_f^* 를 $\frac{p_b}{p_{01}} = 0.98$ 일 때의 표 I 로부터 구한다. 즉,

$$\frac{A_e}{A_f^*} = 3.464$$

그런데 식 (5.23)으로부터 주어진 T_0 와 p_0 에 대하여 $\dot{m} \propto A^*$ 이므로

$$\frac{\dot{m}}{\dot{m}_f} = \frac{A_1^*}{A_f^*} = \frac{A_1^*/A_e}{A_f^*/A_e} = \frac{3.46}{2.5}$$

$$\therefore \; \dot{m}_f = \frac{2.5}{3.46}\dot{m} = \frac{2.5}{3.46} \times 4.536 = 3.270 \, \text{kg/sec}$$

(d)
$$\frac{p_b}{p_0} = \frac{3.45 \times 10^5}{5.17 \times 10^5} = 0.667$$

질식되기 위한 압축비 조건은 $\frac{p_{c_1}}{p_0}$ 인데 $\frac{p_{c_1}}{p_0} = 0.9607$ 이다. $\frac{p_b}{p_0} < \frac{p_{c_1}}{p_0}$ 이므로 정체압력을 $6.9 \times 10^5 \, \text{N/m}^2$ 에서 $5.17 \times 10^5 \, \text{N/m}^2$ 으로 낮추어도 유동은 질식되었다. 그런데 정체압력이 변하였으므로 질식되었을 때의 유량 공식 (5.23)

$$\dot{m} \propto \frac{p_0}{\sqrt{T_0}} A^*$$

으로부터 주어진 A^*와 T_0에 대하여 유량은 정체압력에 비례함을 알 수 있다. 즉, 유동은 질식되었어도 정체압력이 증가하면 유량도 증가함을 알 수 있다.

$$\frac{\dot{m}_{(p_0=6.9\times10^5\,\text{N/m}^2)}}{\dot{m}_{(p_0=5.17\times10^5\,\text{N/m}^2)}} = \frac{6.9}{5.17}$$

$$\therefore \dot{m}_{(p_0=5.17\times10^5\,\text{N/m}^2)} = \frac{5.17}{6.9} \times \dot{m}_{(p_0=6.9\times10^5\,\text{N/m}^2)}$$

$$= \frac{5.17}{6.9} \times 4.536 = 3.4\,\text{kg/sec}$$

(e) $\dfrac{p_b}{p_0} = 0.849$를 수직충격파 위치 식 (5.36)에 대입하여 x에 대하여 풀면

$$x = \left(\frac{p_{02}}{p_{01}}\right)^{\frac{\gamma-1}{\gamma}} = 0.969$$

윗 식을 $\dfrac{p_{02}}{p_{01}}$에 대하여 풀면

$$\frac{p_{02}}{p_{01}} = 0.8943$$

수직충격파 표 Ⅱ와 $\dfrac{p_{02}}{p_{01}} = 0.8943$으로부터 마하수를 구하면

$$M_s = 1.60$$

끝으로 등엔트로피 유동 표 Ⅰ과 $M_s = 1.60$으로부터

$$\frac{A_s}{A^*} = 1.25$$

따라서 수직충격파는 면적비 $\dfrac{A_s}{A^*} = 1.25$되는 곳에 생기는 것을 알 수 있다.

5.5 확산기(diffuser)

5.5.1 초음속 풍동 확산기

그림 5.6에 그려진 것과 같이 시험부(test section)에서 마하수가 3인 초음속 풍동을 설계하고자 한다. 표 I로부터 노즐에 관한 약간의 정보를 즉각 알아낼 수 있다. $M = 3$일 때 $\dfrac{A_e}{A^*} = 4.23$이고 $\dfrac{p_0}{p_e} = 36.7$이다. 풍동 시험부를 통과한 유동이 그대로 대기로 방출된다고 가정하자.

$M = 3$인 유동을 만들기 위하여 저기조(reservoir)에 얼마만한 압력 p_{01}을 준비해야 하나? 여기에는 몇 가지 가능한 방법들이 있다.

첫번째 방법은 그림 5.15에 그려진 것과 같이 풍동 시험부를 직접 대기에 연결하는 방법이 있다. 시험부에 충격파가 존재하지 않게 하기 위하여 시험부 출구압력 p_e는 주위의 대기압과 같아야 한다. $\dfrac{p_0}{p_e} = 36.7$이므로 이 경우에 대한 구동 저기조 압력 p_{01}은 36.7기압이 되어야 한다.

두 번째 방법은 그림 5.16과 같이 시험부와 같은 단면의 관을 시험부 끝에 연결하고 이 관을 대기와 연결시키는 방법이다. 이러한 경우 시험부는 관의 앞쪽에 위치하고 있기 때문에 관의 끝에 발생한 충격파는 시험부에 영향을 미치지 않는다. 그러므로 이제 관의 끝에 수직충격파가 생겼다고 가정하자. 수직충

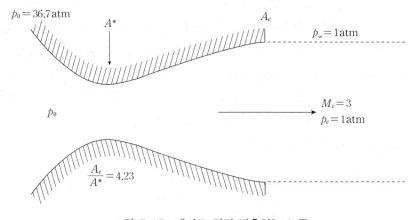

그림 5.15 대기로 직접 방출하는 노즐

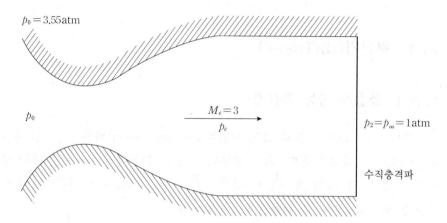

$p_0 = 3.55\mathrm{atm}$

p_0

$M_e = 3$

p_e

$p_2 = p_\infty = 1\mathrm{atm}$

수직충격파

그림 5.16 출구에 수직충격파를 가지며 대기로 공기를 방출하는 노즐

격파 뒤에서의 정압은 p_2이며 충격파 뒤에서의 유동이 아음속이므로 $p_2 = p_\infty = 1\mathrm{atm}$이다. 이 경우 저기조 압력 p_{01}은 다음 식으로 얻어진다.

$$p_{01} = \frac{p_{01}}{p_e}\frac{p_e}{p_2}p_\infty = 36.7 \times \frac{1}{10.33} \times 1 = 3.55\mathrm{atm}$$

여기서 $\dfrac{p_2}{p_e}$는 표 Ⅱ에서 마하수 3일 때 수직충격파 전후의 정압비이다. 단지 관의 끝에 수직충격파를 갖는 일정한 단면적의 관을 시험부 끝에 연결함으로써 풍동을 구동하는 데 필요한 저기조 압력을 36.7기압에서 3.55기압으로 크게 줄일 수 있다는 것을 주목하기 바란다.

그리고 세 번째 방법으로, 아음속 유동을 더욱 감소시켜 대기로 배출하기 위해 그림 5.16에 있는 수직충격파 뒤에 확대부를 첨가한다(그림 5.17 참조). 대기와 연결된 관의 출구에서는 매우 느린 아음속 유동이므로 출구의 정체압력은 정압과 같다고 가정할 수 있다. 거기에다 충격파 뒤의 확대부의 유동은 등엔트로피 유동으로 가정할 수 있으므로 $p_{02} \approx p_\infty = 1$ 기압이다. 표 Ⅱ로부터 $M_e = 3.0$에 대한 충격파 뒤의 마하수 $M_2 = 0.475$이고 표 Ⅰ로부터 $M_2 = 0.475$에 대해 $\dfrac{p_{02}}{p_2} = 1.17$이다. 따라서,

$$p_{01} = \frac{p_{01}}{p_e} \cdot \frac{p_e}{p_2} \cdot \frac{p_2}{p_{02}} \cdot p_\infty = 36.7 \times \frac{1}{10.33} \times \frac{1}{1.17} \times 1 = 3.04\mathrm{atm}$$

풍동을 구동하는 데 필요한 저기조 압력이 3.04기압으로 줄어들었기 때문

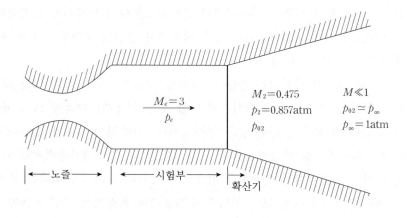

$M_e=3$
p_e

$M_2=0.475$
$p_2=0.857\text{atm}$
p_{02}

$M \ll 1$
$p_{02} \simeq p_{\infty}$
$p_{\infty}=1\text{atm}$

|← 노즐 →| |← 시험부 →| |→
확산기

그림 5.17 시험부 끝에 수직충격파를 가지며 확산기를 통해 공기를 방출하는 노즐

에 이 경우가 제일 좋은 방법이다.

여기까지 우리가 밟아 온 과정의 또 다른 면을 살펴보자. 표 Ⅱ로부터 마하수 3에서 수직충격파 전후의 정체 압력비는 $\dfrac{p_{02}}{p_{01}}=0.328$이다. 그러므로 $\dfrac{p_{01}}{p_{02}}$ $=\dfrac{1}{0.328}=3.04$이다. 우선 시험부 후방에 수직충격파를 만들고 수직충격파 뒤의 유동을 등엔트로피 과정으로 감속시켜 $M \approx 0$이 되게 해줌으로써 초음속 풍동을 구동하기 위한 저기조 압력(즉, 압축기에 필요한 동력)을 상당히 감소시킬 수 있다. 풍동 구동 압력비는 간단히 시험부 마하수에 대한 정체압력비와 같다는 것을 알 수 있다.

그림 5.17의 수직충격파와 확대부는 공기의 속도를 낮은 아음속으로 감속시켜 대기로 방출시키는 특정한 장치로써 역할을 한다. 이러한 장치를 확산기(diffuser)라고 하며, 그 기능은 정체압력의 손실을 가능한 한 줄이면서 유동의 속도를 낮추는 데 있다. 물론 이상적인 확산기라고 하면 정체압력의 손실 없이 등엔트로피 과정으로 유동을 압축시킬 수 있다.

예를 들어 그림 5.6에 그려진 풍동을 생각하자. 공기가 초음속 노즐을 통과하여 팽창되고 시험부를 통과한 뒤 확산기의 축소부(convergent section)를 통과함으로써 초음속 유동은 등엔트로피 과정으로 압축되어 결국에는 아음속의 매우 낮은 속도로 감속된다. 이 경우에는 정체압력의 손실이 없으며 풍동을 구동하기 위해 필요한 압력비는 1이며 영구기관이 된다. 그러나 실제의 경우에는 벽의 마찰에 의한 압력손실, 그리고 확산기의 축소부에서 흐름방향이 꺾이면서 벽으로부터 여러 경사충격파가 발생함으로써 엔트로피가 증가되며 결국은 압력손실이 일어난다. 이와 같은 이유에서 완전한 등엔트로피 확산기의 설계는 실제로 불가능하다.

그러나 완전한 확산기는 만들 수 없지만 그림 5.17에 그려져 있는 수직충격파의 확산기보다 더 좋은 확산기를 만들 수는 없을까? 다음에 드는 예에서 보여 주듯이 이 물음에 대한 답은 긍정적이다. 전방의 마하수가 높은 곳에서 하나의 수직충격파를 발생하도록 하는 대신에 여러 개의 경사충격파와 마지막으로 약한 수직충격파를 발생하게 함으로써 정체압력 손실을 최대한 줄일 수 있다. 즉, 그림 5.17에서 보인 하나의 수직충격파 확산기를 그림 5.18에 그려진 경사충격파 확산기로 대치하는 것이 바람직하다.

그림 5.6과 그림 5.18에서 볼 때 경사충격파 확산기는 최소 단면적, 즉 목을 가지고 있다. 풍동에 대한 기호에서 노즐의 목을 "첫번째 목"(first throat)이라 부르며 단면적 $A_{t_1} = A_1{}^*$ 로 표시한다. 확산기를 지나면서 엔트로피가 증가하기 때문에 $p_{02} < p_{01}$에서 $A_{t_2} > A_{t_1}$이어야 한다. A_{t_1}과 A_{t_2}의 관계는 앞 절에서 구했다. 즉,

$$\frac{A_{t_2}}{A_{t_1}} = \frac{p_{01}}{p_{02}} \geq 1 \tag{5.27}$$

윗 식으로부터 두 번째 목은 첫번째 목보다 같거나 항상 커야 한다는 것을 알 수 있다. 만약 두 목에서 정체압력을 안다면 식 (5.27)로부터 두 번째 목을 얼마나 크게 만들어야 하는가를 알 수 있다. 만약 A_{t_2}가 식 (5.27)로 요구되는 면적보다 작아지면 풍동을 통과한 질량유량은 확산기의 목 A_{t_2}을 통과할 수 없

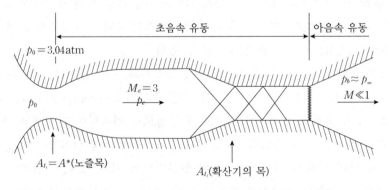

그림 5.18 재래의 초음속 확산기를 갖고 있는 노즐

고 결국에는 시험부나 노즐에 수직충격파가 생기게 되어 노즐과 시험부에 초음속 유동을 얻을 수 없다. 식 (5.27)로부터 이상적인 확산기에 대해서만 A_{t_2}는 A_{t_1}과 같게 된다.

초음속 유동에 대해 확산기에 관한 가장 중요한 문제가 아직까지 언급되지 않았는데 이것은 바로 시동(始動)의 문제이다. 그림 5.6의 풍동을 지나는 유동이 처음 시작될 때(즉, 저기조로 연결되는 압력밸브를 갑자기 열어 줌으로써) 복잡한 유동의 천이현상(transient)이 일어날 것이며 이는 일정한 시간이 경과한 후 본장에서 다루고 있는 정상유동 단계로 된다. 시동과정은 복잡하고 또 아직 완전히 규명되어 있지도 않다. 시동 때에는 수직 충격파가 노즐에서 생겨 시험부를 거쳐 확산기를 통과하게 되는 것이 보통이다. 만약 시동시의 수직충격파가 확산기의 입구에 잠시 머무를 때 수직충격파를 지난 질량유량을 통과시키도록 두 번째 목을 충분히 크게 설계하지 않으면 안 된다.

확산기에 관한 위의 설명은 실제 확산기 유동현상을 기술하기에 불충분하다. 확산기를 통과하는 실제 유동은 충격파와 경계층이 상호작용하는 복잡한 3차원의 문제이며 이것은 확산기에 관한 반세기 이상의 꾸준한 연구가 있었음에도 불구하고 잘 밝혀지지 않고 있다. 그러므로 확산기의 설계는 과학적이라기보다는 기술의 높은 차원에 속한다.

5.5.2 초음속 확산기

아음속 확산기에서는 흐름 진행 방향으로 단면적을 증가시킴으로써 흐름을 감속시키지만, 초음속 확산기에서는 축소-확대 단면적 유로를 지나면서 흐름을 감속시키도록 설계되어 있다. 그러면 여기서 초음속에서 작동되는 터보제트나 램제트의 공기 흡입 추진 기관의 공기 흡입 유동의 확산기 유동을 생각하여 보자.

그림 5.19(a)는 입구 면적이 A_1이고 최소 단면적이 A_2인 축소-확대 단면적으로 주어진 초음속 확산기를 보여 주고 있다. 그림 5.19(b)에서 보여 주는 것과 같이 확산기 입구 전방에 충격파가 형성되지 않으면 확산기 입구의 유동은 초음속이며 입구에 도달하기 전에 유선은 빗겨나갈 가능성이 없으며 단면적 A_1에 해당되는 모든 자유류의 유동은 전부 확산부를 통과하게 된다. 만약

그림 5.19(c)에서 보여 주는 것과 같이 충격파가 확산기 입구 전방에 형성되면
확산기 입구 유동은 아음속이 되며 전(全) 유량을 A_1을 통하여 흘려보내지 못
하고 일부 유량이 A_1 밖으로 빗겨 흘러가게 되어 추력의 감소를 가져온다.

그림 5.20은 여러 전방류의 마하수에 대한 확산기의 수축비$\left(=\dfrac{\text{최소단면적}}{\text{입구단면적}}\right)$
와의 관계를 보여 주고 있다. 그림에서 아래 곡선은 충격파가 존재하지 않는
등엔트로피 유동 관계식으로 주어지는 가능한 최대 수축비를 나타내고 있으
며, 위 곡선은 수직충격파가 확산기 입구에 형성되는 최대 수축비를 나타내고

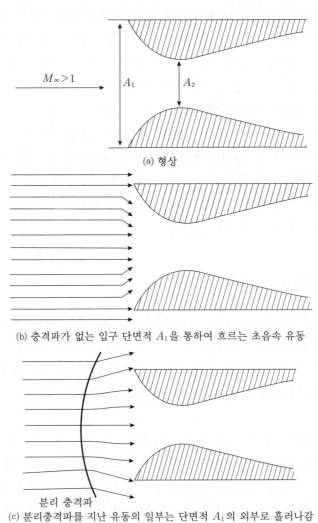

(a) 형상

(b) 충격파가 없는 입구 단면적 A_1을 통하여 흐르는 초음속 유동

분리 충격파
(c) 분리충격파를 지난 유동의 일부는 단면적 A_1의 외부로 흘러나감

그림 5.19 초음속 입구 확산기

있다. 더 자세히 기술하면, 아래 곡선은 등엔트로피 유동 관계식 $\dfrac{A}{A^*}=f(M)$에서 여러 M에 대한 $\dfrac{A}{A^*}$의 역수 $\dfrac{A^*}{A}$를 나타내며, 위의 곡선은 수직충격파 다음의 감소된 정체압력 p_{02}에 해당되는 제2의 목 A_2^*에 대한 $\dfrac{A}{A_2^*}=\dfrac{A}{A^*}\dfrac{A^*}{A_2^*}$, $\dfrac{A}{A^*}\dfrac{p_{02}}{p_{01}}=f(M)g(M)=h(M)$ 관계식에서 $\dfrac{A}{A_2^*}$의 역수 $\dfrac{A_2^*}{A}$를 나타내고 있다.

그러면 이제부터 면적비 $\left(\dfrac{A_2}{A_1}\right)_a$를 가지고서 마하수 M_{∞_a}에서 작동하도록 설계된 고정된 모양의 확산기 유동을 생각하여 보자. 그림 5.21은 시동중의 여러 단계를 보여 주고 있다. 그림 5.21(a)는 확산기 전방 유동의 속도가 설계속도보다 훨씬 낮아서 확산기 입구 전방에 분리충격파가 형성된 것을 보여 주고 있다(그림 5.20의 위 곡선의 점 b에 해당). 그러나 확산기 전방 유동의 속도가 설계속도보다 조금 낮을 때는 충격파가 확산기 입구에 형성된다(그림 5.21(b)). 이보다 속도를 조금 더 높이면 입구에 형성된 충격파는 확산기 내로 삼켜지게 되는데, 그림 5.21(c)는 충격파가 삼켜져서 확산기의 제일 먼 하류 위치에 나타나 형성되었음을 보여 주고 있는 반면에(확산기 효율이 좋다), 그림 5.21(d)는 수직충격파가 삼켜져서 형성될 수 있는 가능한 상류위치를 보여 주고 있다. 그림 5.21(d)와 같은 유동형태에서 약간의 변동(disturbance)만 있어도 충격파는 확산기 입구 외부로 토해내지며, 분리충격파가 형성되어 유동이 불안정하게 된다.

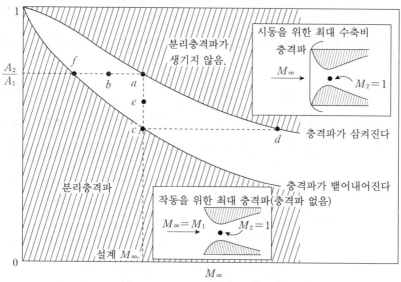

그림 5.20 자유류의 마하수 M_{∞}와 확산기의 수축비 $\dfrac{A_2}{A_1}$

이와 같은 확산기는 흥미있는 히스테리시스 효과를 가지고 있다. 배압이 충분히 낮을 때에도 전방에 형성된 충격파는 속도가 M_{∞_a}(그림 5.20의 점 a)에 도달하여도 확산기 내부로 삼켜지지 않는다. 일단 충격파가 삼켜지고나면 속도가 M_{∞_f}(그림 5.20의 점 f)까지 감속되더라도 충격파를 토해내지 않는다.

확산기 전방 입구에 형성된 충격파를 제거하는 데는 2가지 방법이 있다.

첫째로, 추력을 증가시켜 속도를 충분히 크게 하면 초음속 확산기 입구에 형성된 충격파를 제거할 수 있다. 설계속도 M_{∞_a}와 수축비$\left(\dfrac{A_2}{A_1}\right)_a$를 갖는 고정된 축소—확대 확산기에서 엔진을 가동시켜 속도를 점차 증가시켜 초음속의 설계속도 M_{∞_a}에 도달하기까지에는 몇 단계를 거치게 되는데, 먼저 속도가 M_{∞_a}보다 작을 때는 분리충격파가 확산기 전방에 생기며 설계속도에 접근하게 되면 분리충격파는 입구쪽으로 이동하여 입구에 걸치게 되나 충격파는 확산기 내로 삼켜지지 않는다. 충격파를 삼켜지게 하기 위하여 속도를 그림 5.20의 점 d의 M_{∞_d}까지 증가시키면 충격파는 확산기 내로 빨려들어가게 된다. 그런 다음 속도를 설계속도 M_{∞_a}로 낮춘다. 이렇게 되면 삼켜진 충격파는 확산기 밖으로 토해내지 않게 된다.

둘째로, 확산기 입구에 형성된 충격파를 제거하는 또 다른 방법은 확산기의 기하학적인 모양을 변화시키는 것이다. 만약 확산기의 최소단면적이 너무 작으면(그림 5.20의 점 c에 해당), 충격파는 확산기 입구 전방에 분리되어 형성된다. 확산기의 최소단면적(목)을 크게 하면 전방에 생긴 분리충격파는 입구 쪽

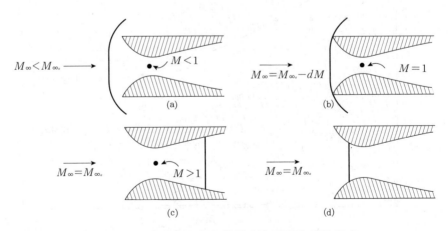

그림 5.21 고정된 초음속 확산기의 시동의 여러 단계

으로 이동된다. 그림 5.20의 a점까지 목면적을 증가시키면 입구에 형성된 충격파는 확산기 내로 삼켜지게 된다. 그런 다음 목면적을 다시 원래의 목면적 (그림 5.20의 c점)까지 감소시켜도 삼켜진 충격파는 확산기 외부로 토해내지 않게 되며, 만약 배압을 적절하게 조절하면 가장 이상적인, 즉 충격파가 전혀 생성되지 않는 확산기 유동을 얻을 수 있다.

5.6 자유경계면에서 파의 반사

그림 5.11의 6, 8에서 보인 노즐출구에서 발생되는 충격파 형태는 본래 준 1차원 유동이 아니지만 노즐유동을 연구하는 데 자주 나타난다. 그러므로 지금 여기에 대해 살펴보기로 한다.

노즐출구로부터 분사되는 기체 제트(jet)는 정지하고 있는 주위의 기체와 경계면을 이룬다. 4장에서 설명된 미끄럼선(slip line)의 경우에서와 같이 경계면을 통하여 압력은 같게 유지되지 않으면 안 된다. 즉, 제트의 경계면을 따라 제트 내의 압력은 주위의 압력 p_∞와 같아야 한다. 그러므로 그림 5.11의 6에 보인 경사충격파와 그림 5.11의 8에 그려진 팽창파는 제트경계면을 따라서 제트의 압력이 주위의 압력과 같게 되도록 제트경계면에서 반사되지 않으면 안

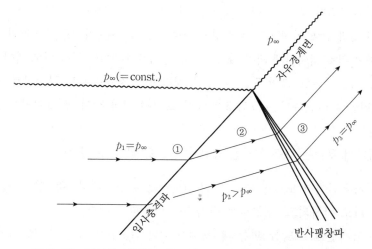

그림 5.22 일정한 압력을 갖는 자유경계면에 닿은 충격파의 반사

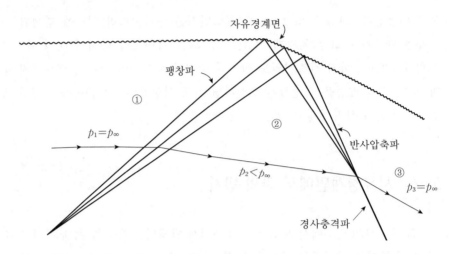

자유경계면

팽창파

①

$p_1 = p_\infty$

②

반사압축파

$p_2 < p_\infty$

③

$p_3 = p_\infty$

경사충격파

그림 5.23 일정한 압력을 갖는 자유경계면에 닿은 팽창파의 반사

된다. 이러한 제트경계면은 고체면이 아니며 경계면의 크기와 방향이 변할 수 있는 자유면이다. 예를 들면 그림 5.22에 보인 것과 같이 일정한 주위의 압력으로 유지되는 자유경계면에 닿는 충격파를 생각하자. 영역 ①에서의 압력은 주위의 대기압 p_∞이다. 충격파 뒤의 영역 ②에서는 $p_2 > p_\infty$이다. 그러나 제트경계면(그림 5.22의 실선)에서 압력은 항상 주위의 대기압 p_∞와 같아야 한다. 그러므로 충격파가 경계면에 닿게 되면 반사파 뒤의 영역 ③에서 압력 p_3가 주위 압력 p_∞와 같게 되게끔 이 충격파는 자유면에서 반사되어야 하며 이로써 반사파가 만들어진다. $p_3 = p_\infty$이고 $p_\infty < p_2$이므로 $p_3 < p_2$이다. 그러므로 그림 5.22에 보인 것과 같이 이 반사파는 팽창되어야 한다. 유동은 차례로 충격파와 반사파에 의하여 위로 꺾여지게 되며 따라서 자유면(제트경계면)도 역시 위로 꺾여진다.

똑같은 이유로 그림 5.23에 보인 팽창파는 자유면에서 압축파로 반사된다. 이러한 유한압축파는 그림 5.23에서 보여진 것과 같이 곧 합쳐져서 충격파로 된다.

여기서 우리는 다음과 같은 중요한 결론을 얻을 수 있다.

1) 자유면에서 도달한 파는 반대파(反對波)로 반사된다. 즉, 압축파는 팽창파로 반사되고, 팽창파는 반사되어 압축파로 된다.

2) 고체면에 도달한 파는(제4장에서 이미 다루었다) 같은 파로 반사한다. 즉, 압축파(충격파)는 고체면에서 압축파(충격파)로, 팽창파는 팽창파로

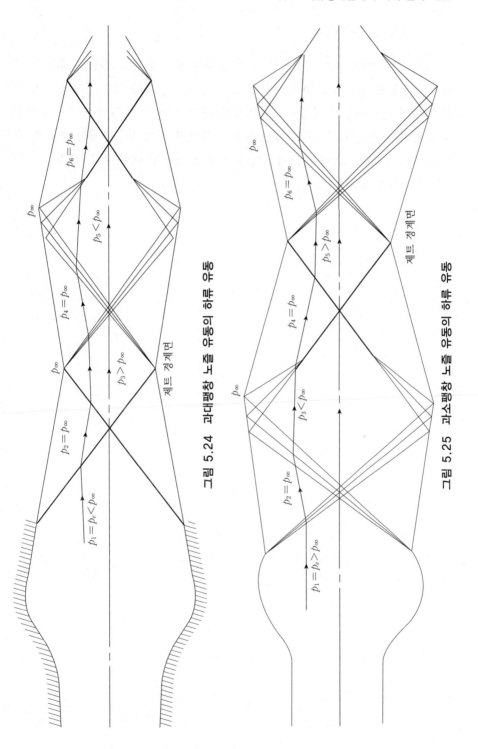

그림 5.24 과대팽창 노즐 유동의 하류 유동

그림 5.25 과소팽창 노즐 유동의 하류 유동

각각 반사된다.

그림 5.11에서 6의 과대팽창 노즐 유동을 생각할 때 노즐출구 후방에 나타나는 유동의 형태가 그림 5.24처럼 될 것이다. 즉, 분사 제트 전체에 걸쳐 여러 가지의 반사파들이 대칭의 다이아몬드 형태를 이룬다. 그림 5.24에서 보인 것과 같이 이러한 다이아몬드 형태의 파는 로켓 엔진의 분출구에서 자주 볼 수 있다. 마찬가지로, 그림 5.11의 8의 과소팽창 노즐에 대한 파의 형태는 그림 5.25로 주어져 있다.

연 습 문 제

5.1 정체압력 $p_0 = 1.5 \times 10^5 \, N/m^2$, 온도 40℃인 공기가 등엔트로피 과정을 통하여 $1.0 \times 10^5 \, N/m^2$인 대기중으로 흐르도록 노즐이 설계되어 있다. 최소단면적이 4cm²일 때, (a) 출구의 마하수, (b) 출구의 단면적, (c) 유량을 계산하라.

5.2 기체상수 $R = 519.63(J/kg \cdot K)$, 비열비 $\gamma = 1.667$인 기체가 압력이 7 $\times 10^5 N/m^2$이고 온도가 250℃인 저기조로부터 출구의 마하수가 3으로 등엔트로피 과정을 통하여 가속되고 있다. 유량이 5kg/sec일 때, (a) 최소단면적, (b) 출구의 단면적, (c) 출구의 유량을 계산하라.

5.3 출구의 단면적이 10cm²인 단면 축소 노즐이 있다. 저기조의 압력과 온도가 각각 $7 \times 10^5 N/m^2$, 40℃이고 출구의 압력이 $5 \times 10^5 N/m^2$이라면 유량은 얼마인가? 만일 배압을 $6 \times 10^5 N/m^2$으로 높이면 유량은 얼마가 되겠는가?

5.4 출구면적 대 목면적 비가 3.0인 단면 축소-확대 노즐이 있다.
(a) 3개의 임계압력비들을 구하라.
(b) (a)의 각 경우에 해당하는 출구의 마하수와 목의 마하수를 구하라. (단, 유체는 공기이다.)

5.5 출구-목 면적비가 2.5인 단면 축소-확대 노즐이 있다. 목면적은 13 cm²이다. $\gamma = 1.4$, $R = 188.95(J/kg \cdot K)$인 기체가 흐를 때 다음 각 경우의 배압에 대한 출구 마하수와 유량을 계산하라. 단, 저기조의 조건은 $p_0 = 15 \times 10^5 N/m^2$, $T_0 = 250$℃이다.
(a) $14.5 \times 10^5 N/m^2$
(b) $14.0 \times 10^5 N/m^2$

(c) $7.5 \times 10^5 \,\mathrm{N/m^2}$

(d) $3.5 \times 10^5 \,\mathrm{N/m^2}$

(e) $0 \,\mathrm{N/m^2}$

5.6 출구−목 면적비가 3.0인 초음속 노즐을 통하여 큰 저기조로부터 공기가 표준상태의 대기중으로 분출되고 있다. 노즐 내부에 수직충격파가 생기는 저기조의 압력범위와, 출구에서 초음속으로 완전히 팽창되는 저기조 압력을 구하라. 또한 노즐 목에서 음속을 만들 수 있는 최소 저기조 압력은 얼마인가?

5.7 정체압력이 $6.89 \times 10^5 \,\mathrm{N/m^2}$인 공기가 단면 축소−확대 노즐을 통과하고 있다. 노즐의 출구 면적은 목면적의 3배이다. 등엔트로피 과정을 통하여 목에서 음속에 도달하는 출구압력과 그 때의 출구 마하수를 구하라. 출구의 마하수가 0.32이고 단면−확대부에 수직충격파가 생겼다면 충격파의 위치를 구하라(충격파가 발생한 곳의 단면적 대 노즐 목의 단면적 비로 나타내어라). 또한 배압이 $0.3005 \times 10^5 \,\mathrm{N/m^2}$이면 출구 다음에 유동의 경계면이 꺾이게 되는데 그 꺾임각을 구하라.

5.8 Pitot−tube의 구멍이 정확히 전방흐름과 일치하도록 완전기체의 흐름 속에 장치되어 있다. 전방의 마하수가 M_1이고 압력이 p_1이라면 pitot−tube 안의 압력이 M_1, p_1과 γ(비열비)로써 아래와 같이 표시됨을 증명하라.(그림 5.26 참조) (단, 수직충격파 전후의 밀도와 압력과의 관계는 다음과 같다.)

$$\frac{\rho_1}{\rho_2} = \frac{1 + \alpha \dfrac{p_1}{p_2}}{\alpha + \dfrac{p_1}{p_2}}$$

$$\frac{p_{02}}{p_1} = \left[\frac{\gamma+1}{2} \, M_1{}^2 \right]^{\frac{\gamma}{\gamma-1}} \left[\frac{\gamma+1}{2\gamma M_1{}^2 - (\gamma-1)} \right]^{\frac{1}{\gamma-1}}$$

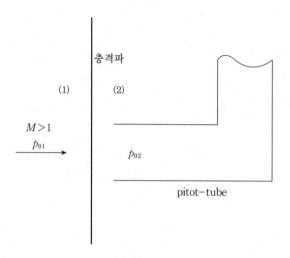

그림 5.26

6장

비정상파(非正常波) 운동

6.1 이동충격파(moving shock wave)

제3장에서는 공간에 고정된 충격파, 즉 정지충격파를 다루었다. 그러나 실제에서는 충격파가 어떤 위치에 고정되어 있지 않고 전파하는 여러 물리적 상황이 존재한다. 예를 들면 대기중에 대폭발이 일어날 경우 충격파(blast wave)는 폭발점으로부터 대기 속을 전파하게 된다. 끝이 뭉툭한 물체가 지구 대기층으로 재돌입할 때 충격파는 물체 앞에서 전파하게 된다. 그리고 충격파 관(shock tube)에서와 같이 고압 측과 저압 측을 분리하고 있던 막을 터뜨렸을 경우, 저압 측을 향하여 충격파가 전파하게 된다. 위의 모든 경우에 충격파는 한 위치에 정지되어 있지 않고 충격파는 초음속으로 전파하는 이동충격파의 문제가 된다. 이러한 문제는 근본적으로 비정상파(非正常波) 운동이므로 정상파 문제인 정지(靜止)충격파와 분리하여 이 장에서 다루게 된다.

제3장에서 유도한 수직충격파 방정식을 상기하면,

연속방정식: $\rho_1 u_1 = \rho_2 u_2$ (3.3)

운동량방정식: $p_1 + \rho_1 u_1^2 = p_2 + \rho_2 u_2^2$ (3.8)

에너지방정식: $h_1 + \dfrac{1}{2} u_1^2 = h_2 + \dfrac{1}{2} u_2^2$ (3.15)

윗 식에서 첨자 1과 2는 각각 충격파 전후의 유동조건을 나타낸다. 이동

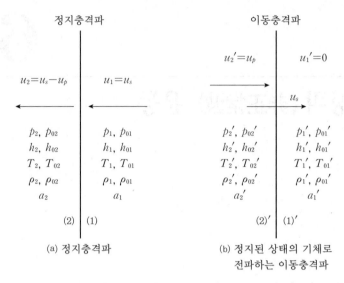

정지충격파   이동충격파

$u_2'=u_p$ $u_1'=0$

$u_2=u_s-u_p$ $u_1=u_s$ u_s

p_2, p_{02}	p_1, p_{01}	p_2', p_{02}'	p_1', p_{01}'
h_2, h_{02}	h_1, h_{01}	h_2', h_{02}'	h_1', h_{01}'
T_2, T_{02}	T_1, T_{01}	T_2', T_{02}'	T_1', T_{01}'
ρ_2, ρ_{02}	ρ_1, ρ_{01}	ρ_2', ρ_{02}'	ρ_1', ρ_{01}'
a_2	a_1	a_2'	a_1'

(2) (1)   (2)' (1)'

(a) 정지충격파   (b) 정지된 상태의 기체로
                            전파하는 이동충격파

그림 6.1 이동충격파 문제의 정지충격파 문제로의 변환

충격파 문제에서 충격파가 도달하기 전의 기체는 정지해 있으며 유동성질은 정적(靜的)값과 정체(停滯)값이 같게 된다. 그리고 충격파가 지나고 난 뒤의 기체는 충격파에 의하여 유도된 유도속도 u_p로 충격파 전파방향으로 흐른다. 이동충격파 문제를 정지충격파 문제로 변환하기 위하여 그림 6.1(b)의 양쪽에 유속 $(-u_s)$를 더하면 그림 6.1(a)와 같은 정지충격파 문제로 된다.

그러므로 충격파가 u_s라는 속도로 이동하는 대신에 충격파는 정지하여 있고 충격파전의 흐름속도 u_s가 정지충격파를 지나면서 u_s-u_p라는 속도로 감속된다. 그리고 그림 6.1(a)와 6.1(b)의 영역 1에서의 서로 대응하는 정적 유동값(靜的 流動값, static properties)은 같다. 즉, $p_1=p_1'$, $h_1=h_1'$, $T_1=T_1'$, $\rho_1=\rho_1'$, $a_1=a_1'$이다. 또한 그림 6.1(a), (b)의 영역 2에서도 대응하는 정적 유동값들은 같다. 즉, $p_2=p_2'$, $h_2=h_2'$, $T_2=T_2'$, $\rho_2=\rho_2'$, $a_2=a_2'$이다. 이것은 정적 유동값은 관측자의 속도에 관계가 없다는 것을 의미한다. 즉, 예를 들면 관측자가 속도 u_s로 움직이면서 관측한 정압은 정지하고 있는 관측자에 의해 관측된 정압과 같다. 그러나 정체값들은 관측자의 속도에 따라 다른 값을 가질 수 있다. 정지(靜止)수직충격파 방정식을 그림 6.1(a)에 적용하면 다음과 같이 된다.

$$\rho_1 u_s = \rho_2(u_s-u_p) \tag{6.1}$$

$$p_1 + \rho_1 u_s^2 = p_2 + \rho_2 (u_s - u_p)^2 \tag{6.2}$$

$$h_1 + \frac{1}{2} u_s^2 = h_2 + \frac{1}{2} (u_s - u_p)^2 \tag{6.3}$$

윗 식으로부터 u_s, $M_s \left(= \dfrac{u_s}{a} \right)$, u_p, $\dfrac{\rho_2}{\rho_1}$, $\dfrac{h_2}{h_1}$ 을 충격파 전후의 압력비 $\dfrac{p_2}{p_1}$ 의 함수로 나타내는 것이 보통이다.

식 (6.1)로부터

$$u_s - u_p = u_s \frac{\rho_1}{\rho_2} \tag{6.4}$$

식 (6.4)를 (6.2)에 대입하면,

$$p_1 + \rho_1 u_s^2 = p_2 + \rho_2 u_s^2 \left(\frac{\rho_1}{\rho_2} \right)^2$$

윗 식을 정리하면,

$$p_2 - p_1 = \rho_1 u_s^2 \left(1 - \frac{\rho_1}{\rho_2} \right)$$

$$u_s^2 = \frac{p_2 - p_1}{\rho_2 - \rho_1} \left(\frac{\rho_2}{\rho_1} \right) \tag{6.5}$$

식 (6.1)로 돌아가서

$$u_s = (u_s - u_p) \left(\frac{\rho_2}{\rho_1} \right) \tag{6.6}$$

식 (6.6)을 (6.5)에 대입하면

$$(u_s - u_p)^2 \left(\frac{\rho_2}{\rho_1} \right)^2 = \frac{p_2 - p_1}{\rho_2 - \rho_1} \left(\frac{\rho_2}{\rho_1} \right)$$

또는

$$(u_s - u_p)^2 = \frac{p_2 - p_1}{\rho_2 - \rho_1} \left(\frac{\rho_1}{\rho_2} \right) \tag{6.7}$$

식 (6.5)와 식 (6.7)을 (6.3)에 대입하고 $h = e + \dfrac{p}{\rho}$ 를 사용하면,

$$e_1+\frac{p_1}{\rho_1}+\frac{1}{2}\left[\frac{p_2-p_1}{\rho_2-\rho_1}\left(\frac{\rho_2}{\rho_1}\right)\right]=e_2+\frac{p_2}{\rho_2}+\frac{1}{2}\left[\frac{p_2-p_1}{\rho_2-\rho_1}\left(\frac{\rho_1}{\rho_2}\right)\right] \tag{6.8}$$

식 (6.8)을 더욱 간단히 하면

$$e_2-e_1=\frac{p_1+p_2}{2}\left(\frac{1}{\rho_1}-\frac{1}{\rho_2}\right)=\frac{1}{2}\frac{p_1}{\rho_1}\left(1+\frac{p_2}{p_1}\right)\left(1-\frac{\rho_1}{\rho_2}\right) \tag{6.9}$$

식 (6.9)는 Hugoniot식이고 정지파에 대한 식 (3.78)과 동일한 형태이다. 이것은 예상했던 결과이며 Hugoniot식은 수직충격파 전후의 열역학적 변화를 관련시켜 주는 식이다. 열역학적 변화는 충격파가 정지하거나 이동하는 것에 상관없이 같으며, 이것은 두 경우에 서로 대응하는 정적값(靜的値)이 같다는 사실을 다시 확인시켜 준다.

일반적으로 식 (6.1)~(6.3)은 수치적으로 풀어야 한다. 그러나 열량적 완전기체의 경우로 한정하자. 그러면 $e=c_vT$이며, 이것과 상태방정식 $p=\rho RT$를 이용하여 식 (6.9)를 다음과 같이 바꿀 수 있다.

$$\frac{\rho_2}{\rho_1}=\frac{1+\dfrac{\gamma+1}{\gamma-1}\left(\dfrac{p_2}{p_1}\right)}{\dfrac{\gamma+1}{\gamma-1}+\dfrac{p_2}{p_1}} \tag{6.10}$$

$$\frac{T_2}{T_1}=\frac{p_2}{p_1}\left[\frac{\dfrac{\gamma+1}{\gamma-1}+\dfrac{p_2}{p_1}}{1+\dfrac{\gamma+1}{\gamma-1}\left(\dfrac{p_2}{p_1}\right)}\right] \tag{6.11}$$

식 (6.10)과 (6.11)은 각각 $\frac{\rho_2}{\rho_1}$, $\frac{T_2}{T_1}$ 을 $\frac{p_2}{p_1}$의 함수로 표시한 식이다. 정지 충격파에서는 충격파 전후의 유동변수들의 변화를 자유류의 마하수 M_1의 함수로 나타내는 것이 편리했으나, 이동충격파의 경우에는 충격파를 전후한 유동값들의 변화를 압력비 $\frac{p_2}{p_1}$의 함수로써 나타내는 것이 더 편리하다. 왜냐하면, 압력이란 대개의 경우 쉽게 측정할 수 있는 양이기 때문이다. 그리고 이동 충격파 마하수 $M_s=\frac{u_s}{a_1}$은 식 (6.1)을 (6.2)에 대입하고 완전기체의 상태방정식을 이용하면 다음과 같이 구해진다.

$$\frac{p_2}{p_1}=1+\frac{2\gamma}{\gamma+1}(M_s^2-1) \tag{6.12}$$

윗 식을 M_s에 대하여 풀면

$$M_s = \sqrt{\frac{\gamma+1}{2\gamma}\left(\frac{p_2}{p_1}-1\right)+1} \tag{6.13}$$

M_s의 정의를 식 (6.13)에 대입하고 u_s에 대하여 풀면,

$$u_s = a_1\sqrt{\frac{\gamma+1}{2\gamma}\left(\frac{p_2}{p_1}-1\right)+1} \tag{6.14}$$

식 (6.14)는 충격파 전후의 압력비로부터 이동충격파의 전달속도를 계산할 수 있는 중요한 식이다. 위에서 언급하였듯이 충격파가 지나고 난 뒤에는 기체에 속도가 유도되며 그 유도속도(誘導速度) u_p는 식 (6.1)로부터

$$u_p = u_s\left(1-\frac{\rho_1}{\rho_2}\right) \tag{6.15}$$

식 (6.10)과 (6.14)를 (6.15)에 대입하고 u_p에 대해 풀면,

$$u_p = \frac{a_1}{\gamma}\left(\frac{p_2}{p_1}-1\right)\sqrt{\frac{\dfrac{2\gamma}{\gamma+1}}{\dfrac{p_2}{p_1}+\dfrac{\gamma-1}{\gamma+1}}} \tag{6.16}$$

식 (6.16)으로부터 압력비만 알면 u_p를 계산할 수 있다. 반대로 u_p만 알면 압력비를 계산할 수 있다. 종합하여 보면 ρ_1, T_1, p_1, a_1과 $\frac{p_2}{p_1}$을 알고 있을 때 식 (6.10), (6.11), (6.14)와 (6.16)으로부터 이동충격파 뒤의 유동값 ρ_2, T_2, u_s, M_s와 u_p를 각각 계산할 수 있다. 또, ρ_1, T_1, p_1, a_1과 u_p를 알고 있을 경우 먼저 식 (6.16)으로부터 $\frac{p_2}{p_1}$을 계산하고, $\frac{p_2}{p_1}$ 값을 식 (6.10), (6.11), (6.14)에 대입함으로써 ρ_2, T_2, u_s, M_s 등을 각각 계산할 수 있다.

다음으로 이동충격파가 지나고 난 뒤의 충격파에 의하여 유도된 질량유속(質量流速)에 관한 특성을 알아보자. 충격파가 통과하고 난 다음에 충격파의 전파방향과 같은 방향으로 공기가 돌진해 오는 것을 느끼게 되는데, 이러한 공기의 속도는 충격파에 의해 유도된 유도속도 u_p이다. 그러면 u_p는 얼마나 큰 값일까? 그 속도는 초음속일 수 있을까? 이 질문에 답하기 위해서는 공기 유도속도의 마하수 $M_p = \frac{u_p}{a_2}$가 1보다 클 수 있는가를 따져보면 된다.

$$M_p = \frac{u_p}{a_2} = \frac{u_p}{a_1}\frac{a_1}{a_2} = \sqrt{\frac{T_1}{T_2}}\frac{u_p}{a_1} \tag{6.17}$$

식 (6.11)과 (6.16)을 (6.17)에 대입하면,

$$M_p = \frac{u_p}{a_2} = \frac{1}{\gamma}\left(\frac{p_2}{p_1}-1\right)\sqrt{\frac{\dfrac{2\gamma}{\gamma+1}}{\dfrac{p_2}{p_1}+\dfrac{\gamma-1}{\gamma+1}}} \times \sqrt{\frac{1+\dfrac{\gamma+1}{\gamma-1}\dfrac{p_2}{p_1}}{\dfrac{\gamma+1}{\gamma-1}\dfrac{p_2}{p_1}+\left(\dfrac{p_2}{p_1}\right)^2}} \tag{6.18}$$

무한히 강한 충격파 $\left(\dfrac{p_2}{p_1} \to \infty\right)$를 생각하자. 식 (6.18)에서

$$\lim_{p_2/p_1 \to \infty}\frac{u_p}{a_2} = \sqrt{\frac{2}{\gamma(\gamma-1)}} \tag{6.19}$$

$\gamma=1.4$인 기체에 대하여 식 (6.19)로부터 $\lim_{p_2/p_1 \to \infty}\dfrac{u_p}{a_2}=1.89$이다. 그러므로 우리는 유도속도가 항상 미풍인 것만은 아니라는 사실을 알 수 있다. 즉 이동충격파 뒤의 유동은 고속유동, 초음속일 수 있다는 것을 알 수 있다. 특히 매우 강한 이동충격파는 충격파 뒤에 초음속 유동을 유도할 수 있다는 사실을 기억하기 바란다.

정지충격파와 이동충격파 사이에는 알아두어야 할 근본적인 차이점이 있다. 그것은 두 유동의 정체값들이 다르다는 것이다. 예를 들면 그림 6.1(a)의 정지충격파를 생각하자. 3장에서 우리는 정체엔탈피(열량적 완전기체에 대하여는 정체온도)는 정지충격파 전후에서 보존된다는 것을 알았다. 즉 $h_{02}=h_{01}$(열량적 완전기체에 대하여는 $T_{02}=T_{01}$)이다. 반면에 그림 6.1(b)의 이동충격파에 대하여 정체엔탈피는 충격파를 전후하여 보존되지 않는다. 즉 $h_{02}'\neq h_{01}'$이다. 이것은 지금까지의 지식을 가지고 검토해 보면 알 수 있다.

이동충격파 앞에서 기체는 정지하여 있으므로 $h_{01}'=h_1$이다. 그러나 충격파 뒤에서는 $h_{02}'=h_2+\dfrac{1}{2}u_p^2$이며 수직충격파 결과로부터 $h_2>h_1$이고, 또 u_p는 유한하므로 분명히 $h_{02}'>h_{01}'$이다.

위의 결과는, 정체엔탈피는 비정상, 비점성, 단열유동에서 일정하지 않다는 일반적인 결과의 특수한 예이다. 이것은 제2장에서 주어진 비정상, 비점성, 단열유동의 에너지 방정식을 검토하면 쉽게 증명된다.

$$\rho \frac{dh_0}{dt} = \frac{\partial p}{\partial t} \tag{2.65}$$

분명히 비정상이므로 $\frac{\partial p}{\partial t} \neq 0$, $h_0 \neq const.$ 이다.

예제 1 폭발에 의한 수직충격파가 압력이 $1.0133 \times 10^5 N/m^2$이고 온도가 30℃인 정지해 있는 공기 속을 속도 600m/sec로 전파하고 있다. 이 이동충격파 뒤의 공기속도, 압력, 온도를 구하여라. 또 이동충격파 전후의 정체압력과 정체온도를 구하여라.

풀 이 먼저 이동충격파 문제를 제3장에서 기술한 정지충격파 문제로 고쳐서 정지충격파에 대한 해를 이용하여 이동충격파 문제의 해를 구하게 된다.

정지충격파 해: 정적 유동값들(static properties)은 관측자의 속도에 관계가 없으므로 정지된 수직충격파 전방의 정적(靜的) 변수들의 값은 이동충격파가 도달하기 전의 서로 대응하는 정적 변수들의 값과 같다. 즉

$$p_1 = p_1' = 1.0133 \times 10^5 N/m^2$$
$$T_1 = T_1' = 303K$$
$$a_1 = a_1' = \sqrt{\gamma R T_1} = \sqrt{1.4 \times 288 \times 303} = 349.53 m/sec$$

정적충격파 전방의 마하수는

$$M_1 = \frac{u_1}{a_1} = \frac{600}{349.53} = 1.717$$

$M_1 = 1.717$과 표 I로부터 정적충격파 전방의 정체성질들을 구하면,

$$p_{01} = 5.0642 p_1 = 5.1316 \times 10^5 N/m^2$$
$$T_{01} = 1.5899 T_1 = 481.74K$$

정지충격파 후방의 유동성질들을 구하기 위하여 $M_1 = 1.717$과 표 II로부터

$$M_2 = 0.63625$$

$$\frac{p_2}{p_1} = 3.273$$

$$\frac{T_2}{T_1} = 1.4709$$

그러므로

$$p_2 = 3.273p_1 = 3.773 \times 10^5 \text{N/m}^2$$
$$T_2 = 1.4709 \times T_1 = 445.41 \text{K}$$
$$a_2 = \sqrt{\gamma R T_2} = 423.78 \text{m/sec}$$

정지충격파 후방의 정체값들을 구하기 위하여 $M_2 = 0.63625$와 표 Ⅰ로부터

$$\frac{p_{02}}{p_2} = 1.31323$$
$$\therefore \ p_{02} = 1.31323p_2 = 4.955 \times 10^5 \text{N/m}^2$$

또 정지충격파 전후에는 정상 단열(定常斷熱)이므로

$$T_{02} = T_{01} = 481.74 \text{K}$$

또 충격파 뒤의 유속은

$$u_2 = M_2 a_2 = 269.63 \text{m/sec}$$

이동충격파 해: 정지충격파와 이동충격파에서 서로 대응하는 정적 유동성질은 같으므로

$$p_2' = p_2 = 3.773 \times 10^5 \text{N/m}^2$$
$$T_2' = T_2 = 445.41 \text{K}$$
$$a_2' = a_2 = 432.78 \text{m/sec}$$

$u_s = u_1$임을 기억하면

$$u_p = u_1 - u_2 = 600 - 269.63 = 330.37 \text{m/sec}$$
$$\therefore \ M_p = \frac{u_p}{a_2'} = \frac{330.37}{432.78} = 0.78$$

이동충격파 전후의 정체성질을 구하자.

이동충격파의 영역 (1)의 속도는 0이므로

$$p_{01}'=p_1'=1.0133\times10^5\text{N/m}^2$$
$$T_{01}'=T_1'=303\text{K}$$

영역 (2)의 마하수가 0.78이므로 표 I로부터

$$\frac{p_{02}'}{p_2'}=1.495$$
$$\frac{T_{02}'}{T_2'}=1.122$$
$$\therefore\ p_{02}'=1.495p_2'=5.641\times10^5\text{N/m}^2$$
$$\therefore\ T_{02}'=1.122T_2'=499.75\text{K}$$

여기서 정지충격파의 경우에는 충격파 전후의 정체온도는 보존($T_{01}=T_{02}$)되지만 이동충격파의 경우 충격파 전후의 정체온도는 보존되지 않음을 기억하기 바란다.

$$T_{01}'=303\text{K},\ T_{02}'=499.75\text{K}$$

위의 결과를 종합하여 보면 아래와 같다. (그림 6.1과 관련하여 보면 각 영역 (1), (2), (1)′, (2)′의 위치를 이해하기 쉽다.)

(a) 정지충격파 전후

영역 (2)	영역 (1)
$u_2=269.63\text{m/sec}$ ←	← $u_1=600\text{m/sec}$
$M_2=0.63625$	$M_1=1.717$
$p_2=3.773\times10^5\text{N/m}^2$	$p_1=1.0133\times10^5\text{N/m}^2$
$T_2=445.41\text{K}$	$T_1=303\text{K}$
$p_{02}=4.955\times10^5\text{N/m}^2$	$p_{01}=5.1316\times10^5\text{N/m}^2$
$T_{02}=481.74\text{K}$	$T_{01}=481.74\text{K}$
$a_2=423.78\text{m/sec}$	$a_1=349.53\text{m/sec}$

(b) 이동충격파 전후(u_s=600m/sec)

영역 (2)′	영역 (1)′
$u_2'=u_p=330.37\text{m/sec}$ ⟶	$u_1'=0\text{m/sec}$
$M_2'=M_p=0.78$	$M_1'=0$
$p_2'=3.773\times10^5\text{N/m}^2$	$p_1'=1.0133\times10^5\text{N/m}^2$
$T_2'=445.41\text{K}$	$T_1'=303\text{K}$
$p_{02}'=5.641\times10^5\text{N/m}^2$	u_s=600m/sec $p_{01}'=1.0133\times10^5\text{N/m}^2$
$T_{02}'=499.75\text{K}$	$T_{01}'=303\text{K}$
$a_2'=423.78\text{m/sec}$	$a_1'=349.53\text{m/sec}$

6.2 반사충격파

그림 6.2(a)에서 보여진 것과 같이 속도 u_s로 오른쪽으로 전파하는 이동
수직충격파를 생각하자. 이 이동충격파는 그림 6.2(b)에서와 같이 한쪽 끝이
막혀 있는 평면 벽을 향하여 진행하고 있다. 입사충격파(incident shock) 앞의

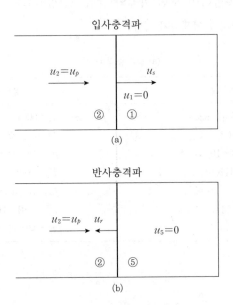

그림 6.2 입사충격파와 반사충격파

유속은 0이고, 그 뒤의 유체는 충격파에 의하여 유도된 유도속도 u_p로 닫혀진 벽을 향하여 움직이고 있다.

그러면, 입사충격파가 벽에 도달하는 순간, 벽에서의 유동속도는 벽을 향하여 u_p로 나타날 것으로 생각할 수 있다. 그러나 이것은 물리적으로 불가능하다. 왜냐하면, 벽이 고체벽이기 때문에 벽에서는 벽에 수직한 성분의 유동은 0이어야 한다는 경계조건을 만족해야 하기 때문이다.

유속이 0이 되기 위하여 그림 6.2(b)에서 보여진 것과 같이 벽에 도달한 충격파는 벽에서 좌측으로 전파속도 u_r을 갖는 충격파로 반사되지 않으면 안된다. 반사충격파의 세기(충격파의 세기는 u_r을 결정해 준다)는 반사충격파 뒤에서 유속이 0이 되도록 결정된다(그림 6.2(b)에서 $u_5=0$이다). 그래야만 고체벽면에서의 수직성분의 속도가 0이 되어야 하는 경계조건이 만족된다.

비정상파 운동을 취급하는 데 있어서, 그림 6.3에서와 같은 파선도(波線圖, $x-t$ 선도)를 작성하는 것이 파운동을 해석하는 데 편리하다. 파선도는 t와 x의 좌표에 파운동을 나타낸 것이다. $t=0$에서 입사충격파는 분리막의 위치에서 막 움직이기 시작한다. 그러므로 $t=0$에서 입사충격파는 $x=0$의 위치에 있다. 얼마 후에, 예를 들면 $t=t_1$에서 충격파는 오른쪽으로 전파하여 $x=x_1$의 위치에 와 있다. 이것이 $x-t$ 선도에 점 1로 표시되어 있다. 또한 입사파의 전파속도 u_s는 $t=0$에서 분리막 전후의 압력비에 의하여 결정되기 때문에 일정하다. 그러므로 입사파의 경로는 파선도에서 직선이다. 또 경계조건 때문에 입사충격파가 벽 $x=x_2$(그림 6.3의 점 2)에 도달하자마자 전파속도 u_r로 벽에서 왼쪽으로 반사된다. 그러므로 얼마 후 시간 $t=t_3$에서 반사충격파는 $x=x_3$에 도달하게 된다(그림 6.3의 점 3).

또한 반사충격파의 경로도 파선도에서 직선이다. 그리고 그림 6.3의 파선도에서 임의의 입사파 및 반사파의 기울기는 각각 $\dfrac{1}{u_s}$와 $\dfrac{1}{u_r}$이다. 반사충격파의 일반적 특성으로서 $u_r<u_s$이므로 반사충격파 경로의 기울기는 입사충격파 경로의 기울기보다 크다.

파선도에 부가하여 유체입자운동을 $x-t$선도에 나타낼 수 있다(그림 6.3에 점선으로 나타나 있다). 예를 들면 $x=x_1$에 위치한 유체입자를 생각하자. 시간구간 $0<t<t_1$에서는 $t=0$일 때 $x=0$에서 출발한 입사충격파가 $x=x_1$에 위치하는 입자에 도달하지 못했다. 그러므로 유체입자는 정지하여 있으며 속도는 0이

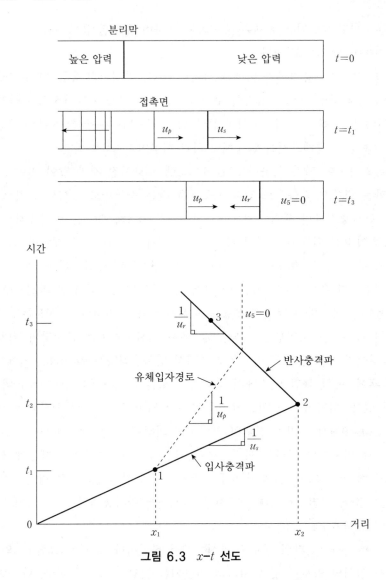

그림 6.3 x-t 선도

다. 이것은 그림 6.3에 점 1을 지나는 수직 점선으로 표시되어 있다. 시간 $t=t_1$에 입사충격파는 $x=x_1$에 위치한 유체입자에 도달하게 되며 유체입자는 유도속도 u_p로 오른쪽으로 움직이게 된다. 입자의 경로는 점 1 이후부터는 일정한 기울기 $\dfrac{1}{u_p}$를 갖는 경사진 점선을 따라 계속 움직이다가 반사충격파를 만나게 되면 반사충격파 뒤에는 유체입자의 속도가 다시 0이 된다.

반사충격파 해석을 위하여 그림 6.2(b)의 반사충격파 그림으로 다시 되돌

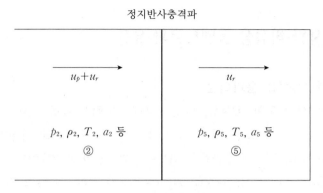

정지반사충격파

$u_p + u_r$ u_r

$p_2,\ \rho_2,\ T_2,\ a_2$ 등 $p_5,\ \rho_5,\ T_5,\ a_5$ 등

②   ⑤

그림 6.4 정지반사충격파

아가자. 정지수직충격파 방정식을 이용하기 위하여 반사충격파 전후의 흐름에 u_r을 가함으로써 정지충격파 문제로 변환시킬 수 있다. 그 결과는 그림 6.4와 같이 된다. 정지충격파 방정식을 그림 6.4에 대하여 적용하면 다음과 같이 된다.

$$\rho_2(u_r + u_p) = \rho_5 u_r \tag{6.20}$$

$$p_2 + \rho_2(u_r + u_p)^2 = p_5 + \rho_5 u_r^2 \tag{6.21}$$

$$h_2 + \frac{1}{2}(u_r + u_p)^2 = h_5 + \frac{1}{2} u_r^2 \tag{6.22}$$

위의 식들은 반사충격파에 대한 연속, 운동량, 에너지방정식들이다. 이동입사충격파와 반사충격파를 각각 정지된 입사충격파와 반사충격파 문제로 고쳐 놓으면, 입사충격파의 경우에는 그 앞의 기체는 마하수 $M_s = \dfrac{u_s}{a_1}$의 속도로 운동하며, 반사충격파의 경우에는 그 앞의 기체는 마하수 $M_r = \dfrac{u_p + u_r}{a_2}$의 속도로 운동한다. 입사충격파의 방정식 (6.1)~(6.3)과 반사충격파 방정식 (6.20)~(6.22)로부터 열량적 완전기체에 대하여는 다음과 같은 M_s와 M_r의 관계를 얻을 수 있다.

$$\frac{M_r}{M_r^2 - 1} = \frac{M_s}{M_s^2 - 1}\sqrt{1 + \frac{2(\gamma - 1)}{(\gamma + 1)^2}(M_s^2 - 1)\left(\gamma + \frac{1}{M_s^2}\right)} \tag{6.23}$$

입사충격파에서 취했던 것과 같은 방법으로 반사충격파 뒤의 유동값들을 반사충격파 전의 유동값들로 나타낼 수 있다. 그 유도는 독자를 위하여 연습문제로 남긴다. 또한 식 (6.23)으로부터 반사충격파의 속도는 입사충격파 속도만의 함수임을 알 수 있다.

6.3 1차원 비정상 등엔트로피 유동

(1) 선형방정식; 음파이론

제2장에서 유도한 비정상, 단열, 1차원, 비점성 유동에 대한 미분형 연속, 운동량 및 에너지 방정식은 다음과 같다. 1차원 유동으로 가정했기 때문에 $\vec{v}=(u, 0, 0)$이고, 모든 변수들은 독립변수 x와 t만의 함수들이다.

예를 들면 $p=p(x, t)$, $\rho=\rho(x, t)$, $u=u(x, t)$ 그리고 $s=s(x, t)$이다.

$$\text{연속방정식: } \frac{d\rho}{dt}+\rho\frac{\partial u}{\partial x}=0 \tag{6.24}$$

$$\text{운동량방정식: } \rho\frac{du}{dt}=-\frac{\partial p}{\partial x} \tag{6.25}$$

$$\text{에너지방정식: } \frac{ds}{dt}=0 \tag{6.26a}$$

또는

$$p=p(\rho)=A\rho^\gamma \tag{6.26b}$$

$$\text{음파의 정의: } a^2=\left(\frac{\partial p}{\partial \rho}\right)_s=\frac{\gamma p}{\rho}=\gamma A\rho^{\gamma-1} \tag{6.27}$$

식 (6.27)을 시간에 대한 미분을 취하면,

$$2a\frac{\partial a}{\partial t}=\gamma A(\gamma-1)\rho^{\gamma-2}\frac{\partial \rho}{\partial t}$$

또 식 (6.27)로부터 $A=\dfrac{a^2}{\gamma\rho^{\gamma-1}}$이므로 이것을 윗 식에 대입하면,

$$\frac{1}{\rho}\frac{\partial \rho}{\partial t}=\frac{2}{\gamma-1}\frac{1}{a}\frac{\partial a}{\partial t} \tag{6.28}$$

식 (6.27)을 x에 대한 미분을 취하면,

$$2a\frac{\partial a}{\partial x}=\gamma A(\gamma-1)\rho^{\gamma-2}\frac{\partial \rho}{\partial x}=(\gamma-1)\frac{a^2}{\rho}\frac{\partial \rho}{\partial x}$$

$$\therefore \frac{1}{\rho}\frac{\partial \rho}{\partial x}=\frac{2}{\gamma-1}\frac{1}{a}\frac{\partial a}{\partial x} \tag{6.29}$$

연속방정식 (6.24)를 물질도함수 정의를 사용하여 다시 쓰면 다음과 같다.

$$\left(\frac{1}{\rho}\frac{\partial\rho}{\partial t}+u\frac{1}{\rho}\frac{\partial\rho}{\partial x}\right)+\frac{\partial u}{\partial x}=0 \tag{6.24}$$

식 (6.28)과 (6.29)로 주어진 $\dfrac{1}{\rho}\dfrac{\partial\rho}{\partial t}$와 $\dfrac{1}{\rho}\dfrac{\partial\rho}{\partial x}$를 위 식 (6.24)에 대입하면 다음과 같이 된다.

$$\frac{\partial}{\partial t}\left(\frac{2}{\gamma-1}\right)+u\frac{\partial}{\partial x}\left(\frac{2}{\gamma-1}\right)+a\frac{\partial u}{\partial x}=0 \tag{6.30}$$

그리고 운동량방정식 (6.25)로부터

$$\rho\left(\frac{\partial u}{\partial t}+u\frac{\partial u}{\partial x}\right)=-\frac{\partial p}{\partial x}=-\left(\frac{\partial p}{\partial \rho}\right)_s\frac{\partial\rho}{\partial x}=-a^2\frac{\partial\rho}{\partial x}$$

$$\therefore \ \frac{\partial u}{\partial t}+u\frac{\partial u}{\partial x}=-\frac{a^2}{\rho}\frac{\partial\rho}{\partial x}$$

식 (6.29)로 주어진 $\dfrac{1}{\rho}\dfrac{\partial\rho}{\partial x}$를 위 식에 대입하면 다음과 같이 된다.

$$\frac{\partial u}{\partial t}+u\frac{\partial u}{\partial x}+\frac{2a}{\gamma-1}\frac{\partial a}{\partial x}=0 \tag{6.31}$$

식 (6.30)과 (6.31)은 원래 연속방정식 (6.24)와 운동량방정식 (6.25)를 음속의 정의를 사용하여 유동변수 u, a로 나타낸 등엔트로피 유동에 대한 연속방정식과 운동량방정식이다. 식 (6.30)과 식 (6.31)을 합하여 시간에 대한 미분항과 x에 대한 미분항으로 분리하면 다음과 같이 된다.

$$\frac{\partial}{\partial t}\left(u+\frac{2}{\gamma-1}a\right)+(u+a)\frac{\partial}{\partial x}\left(u+\frac{2}{\gamma-1}a\right)=0 \tag{6.32}$$

그리고 식 (6.31)에서 식 (6.30)을 빼면 다음과 같이 된다.

$$\frac{\partial}{\partial t}\left(u-\frac{2}{\gamma-1}a\right)+(u-a)\frac{\partial}{\partial x}\left(u-\frac{2}{\gamma-1}a\right)=0 \tag{6.33}$$

식 (6.32)와 식 (6.33)은 1차원, 비점성, 등엔트로피 유동의 특성곡선형방정식이다. 해를 구하는 자세한 방법은 다음 유한파(有限波) 운동에서 자세히 기술될 것이다.

특히 주목할 것은, 식 (6.32)와 식 (6.33)을 유도하는 과정에서 단열, 비점성 유동이라는 가정 외에는 아무런 가정도 하지 않았다는 것과, 식 (6.32)와 (6.33)은 비선형방정식이라는 것이다.

그러면 식 (6.32)와 식 (6.33)으로부터 음파이론을 공부하여 보자. 밀도, 압력, 온도 등의 유동값들이 일정하고 유동이 없는 기본상태로부터 교란(변동)을 생각하면 유동값들은 다음과 같이 표시된다.

$$\rho = \rho_1 + \rho'$$
$$p = p_1 + p'$$
$$T = T_1 + T'$$
$$a = a_1 + a'$$
$$u = u' \tag{6.34}$$

그리고 교란을 미소변동으로 가정하자. 즉,

$$\frac{\rho'}{\rho_1} \ll 1, \ \frac{p'}{p_1} \ll 1, \ \frac{T'}{T_1} \ll 1, \ \frac{a'}{a_1} \ll 1, \ \frac{u'}{a_1} \ll 1 \tag{6.35}$$

그리고 $\tilde{s} = \dfrac{\rho'}{\rho_1}$ 으로 정의하면, $\tilde{s} > 0$인 경우를 농축부(濃縮部, condensation part)라 하고, $\tilde{s} < 0$인 경우를 희박부(稀薄部, rarefaction part)라 부른다. 밀도, 압력, 온도, 음속 등을 $\tilde{s}$항으로 표시하면 각각 다음과 같다.

$$\frac{\rho}{\rho_1} = \frac{\rho_1 + \rho'}{\rho_1} = 1 + \tilde{s}$$

$$\frac{p}{p_1} = \left(\frac{\rho}{\rho_1}\right)^\gamma = (1+\tilde{s})^\gamma \cong 1 + \gamma\tilde{s} + \text{H.O.T.}$$

$$\frac{T}{T_1} = \frac{p}{p_1}\frac{\rho_1}{\rho} = \frac{(1+\tilde{s})^\gamma}{1+\tilde{s}} \cong \frac{1+\gamma\tilde{s}}{1+\tilde{s}} + \text{H.O.T.} \cong 1 + (\gamma-1)\tilde{s} + \text{H.O.T.} \tag{6.36}$$

그리고 또 $a^2 = \left(\dfrac{\partial p}{\partial \rho}\right)_s = A\gamma\rho^{\gamma-1}$이므로

$$\frac{a^2}{a_1{}^2} = \left(\frac{\rho}{\rho_1}\right)^{\gamma-1} = (1+\tilde{s})^{\gamma-1} \cong 1 + (\gamma-1)\tilde{s} + \text{H.O.T.}$$

$$\frac{a}{a_1} = \left(\frac{\rho}{\rho_1}\right)^{\frac{\gamma-1}{2}} = (1+\tilde{s})^{\frac{\gamma-1}{2}} \cong 1 + \frac{\gamma-1}{2}\tilde{s} + \text{H.O.T.}$$

위 결과를 식 (6.32)와 식 (6.33)에 각각 대입하고 2차 이상의 항(H.O.T.) 들을 무시한다면 식 (6.32)와 식 (6.33)으로 주어진 비선형방정식이 각각 다음 과 같이 선형방정식이 된다;

식 (6.32)는 다음과 같이 된다.

$$\frac{\partial}{\partial t}\left[u+\frac{2}{\gamma-1}a_1\left(1+\frac{\gamma-1}{2}\tilde{s}\right)\right]+\left[u+a_1\left(1+\frac{\gamma-1}{2}\tilde{s}\right)\right]$$

$$\times\frac{\partial}{\partial x}\left[u+\frac{2}{\gamma-1}a_1\left(1+\frac{\gamma-1}{2}\tilde{s}\right)\right]=0$$

그런데 $u \ll a_1$과 $\tilde{s} \ll 1$이라는 가정을 적용하면 위 식은 다음과 같이 된다.

$$\frac{\partial}{\partial t}\left(\frac{u}{a_1}\right)+\frac{\partial\tilde{s}}{\partial t}+a_1\frac{\partial}{\partial x}\left(\frac{u}{a_1}+\tilde{s}\right)=0 \qquad (6.37)$$

같은 방법으로 식 (6.33)은 다음과 같이 된다.

$$\frac{\partial}{\partial t}\left(\frac{u}{a_1}\right)-\frac{\partial\tilde{s}}{\partial t}-a_1\frac{\partial}{\partial x}\left(\frac{u}{a_1}-\tilde{s}\right)=0 \qquad (6.38)$$

식 (6.37)과 식 (6.38)을 합하면 다음과 같다.

$$\frac{\partial}{\partial t}\left(\frac{u}{a_1}\right)+a_1\frac{\partial\tilde{s}}{\partial x}=0 \qquad (6.39)$$

또 식 (6.37)에 식 (6.38)을 빼면 다음과 같이 된다.

$$\frac{\partial\tilde{s}}{\partial t}+a_1\frac{\partial}{\partial x}\left(\frac{u}{a_1}\right)=0 \qquad (6.40)$$

식 (6.39)와 식 (6.40)은 비선형방정식인 식 (6.32)와 식 (6.33)으로부터 미 소변동으로 가정된 선형방정식이며, 밀도변화와 유속을 관련시켜 준다. 식 (6.39)와 (6.40)은 일명 **음파방정식(音波方程式, acoustic equations)**이라고도 부른다.

식 (6.39)와 식 (6.40) 사이에 $\tilde{s}$을 소거하면 다음과 같이 된다.

$$\frac{\partial^2}{\partial t^2}\left(\frac{u}{a_1}\right)-a_1{}^2\frac{\partial^2}{\partial x^2}\left(\frac{u}{a_1}\right)=0 \qquad (6.41)$$

식 (6.39)와 식 (6.40) 사이에서 $\dfrac{u}{a_1}$항을 소거하면 다음의 결과를 얻는다.

$$\frac{\partial^2 \tilde{s}}{\partial t^2} - a_1^2 \frac{\partial^2 \tilde{s}}{\partial x^2} = 0 \tag{6.42}$$

식 (6.41)이나 식 (6.42)는 각각 $\dfrac{u}{a_1}$와 $\tilde{s}$로 표시된 1차원 파동(波動)방정식이다.

식 (6.41)이나 식 (6.42)의 해를 얻기 위하여 x와 t로 결합된 새로운 변수 ζ와 η를 다음과 같이 정의한다.

$$\zeta = x - a_1 t$$
$$\eta = x + a_1 t$$

그러면, 연쇄법칙(chain rule)에 의해 다음과 같이 된다.

$$\frac{\partial}{\partial t} = \frac{\partial}{\partial \zeta} \frac{\partial \zeta}{\partial t} + \frac{\partial}{\partial \eta} \frac{\partial \eta}{\partial t} = -a_1 \frac{\partial}{\partial \zeta} + a_1 \frac{\partial}{\partial \eta}$$

$$\frac{\partial}{\partial x} = \frac{\partial}{\partial \zeta} \frac{\partial \zeta}{\partial x} + \frac{\partial}{\partial \eta} \frac{\partial \eta}{\partial x} = \frac{\partial}{\partial \zeta} + \frac{\partial}{\partial \eta}$$

$$\frac{\partial^2}{\partial t^2} = \frac{\partial}{\partial t}\left(\frac{\partial}{\partial t}\right) = \frac{\partial}{\partial \zeta}\left(\frac{\partial}{\partial t}\right)\frac{\partial \zeta}{\partial t} + \frac{\partial}{\partial \eta}\left(\frac{\partial}{\partial t}\right)\frac{\partial \eta}{\partial t}$$

$$= -a_1 \frac{\partial}{\partial \zeta}\left(-a_1 \frac{\partial}{\partial \zeta} + a_1 \frac{\partial}{\partial \eta}\right) + a_1 \frac{\partial}{\partial \eta}\left(-a_1 \frac{\partial}{\partial \zeta} + a_1 \frac{\partial}{\partial \eta}\right)$$

$$= a_1^2 \left(\frac{\partial^2}{\partial \zeta^2} - 2\frac{\partial^2}{\partial \zeta \partial \eta} + \frac{\partial^2}{\partial \eta^2}\right)$$

$$\frac{\partial^2}{\partial x^2} = \frac{\partial}{\partial x}\left(\frac{\partial}{\partial x}\right) = \frac{\partial}{\partial \zeta}\left(\frac{\partial}{\partial x}\right)\frac{\partial \zeta}{\partial x} + \frac{\partial}{\partial \eta}\left(\frac{\partial}{\partial x}\right)\frac{\partial \eta}{\partial x}$$

$$= \frac{\partial}{\partial \zeta}\left(\frac{\partial}{\partial \zeta} + \frac{\partial}{\partial \eta}\right) + \frac{\partial}{\partial \eta}\left(\frac{\partial}{\partial \zeta} + \frac{\partial}{\partial \eta}\right)$$

$$= \frac{\partial^2}{\partial \zeta^2} + 2\frac{\partial^2}{\partial \zeta \partial \eta} + \frac{\partial^2}{\partial \eta^2}$$

위의 결과를 식 (6.41)과 (6.42)에 각각 적용시키면 다음의 결과를 얻는다.

$$\frac{\partial^2}{\partial \zeta \partial \eta}\left(\frac{u}{a_1}\right) = 0 \tag{6.43a}$$

$$\frac{\partial^2}{\partial \zeta \partial \eta}(\tilde{s}) = 0 \tag{6.43b}$$

식 (6.43a), (6.43b)의 해는 다음과 같이 쉽게 얻어진다. (6.43a) 식을 먼저 η에 대하여 적분하면 다음과 같이 된다.

$$\frac{\partial}{\partial \zeta}\left(\frac{u}{a_1}\right)=\zeta 만의 함수=\frac{dF(\zeta)}{d\zeta}$$

위 결과를 다시 ζ에 대해 적분하면,

$$\begin{aligned}\frac{u}{a_1}&=\int^{\zeta}\frac{dF}{d\zeta}d\zeta+G(\eta)\\&=F(\zeta)+G(\eta)\\&=F(x-a_1t)+G(x+a_1t)\end{aligned}\tag{6.44}$$

그러므로 식 (6.41)의 일반해는 특정함수 $\zeta=x-a_1t$와 $\eta=x+a_1t$로 이루어진 임의의 함수로 표시되어 있다. 같은 방법으로 식 (6.43b)의 일반해는 다음과 같이 주어진다.

$$\tilde{s}=f(\zeta)+g(\eta)=f(x-a_1t)+g(x+a_1t)\tag{6.45}$$

식(6.44), (6.45)의 F와 f, 그리고 G와 g는 각각 독립적인 함수가 아니며 음파방정식을 통하여 관계되어 있으므로 그 관계를 구해보면 다음과 같다. 식 (6.44)와 (6.45)로 주어진 해를 (6.39)와 (6.40)으로 주어진 음파방정식에 대입하면 다음과 같다.

$$-a_1f'+a_1g'+a_1(F'+G')=0\tag{6.46}$$
$$-a_1F'+a_1G'+a_1(f'+g')=0\tag{6.47}$$

여기서 프라임은 변수 ζ와 η에 대한 미분을 의미한다. 여기서 우리가 최종적으로 구하고자 하는 답을 얻기 위하여 다음과 같이 위의 식을 조작하여 보자.

식 (6.46)에 식 (6.47)을 더한다 $\Rightarrow$
$$G(\eta)=-g(\eta)\tag{6.48}$$
식 (6.46)에서 식 (6.47)을 뺀다 $\Rightarrow$
$$F(\zeta)=f(\zeta)\tag{6.49}$$

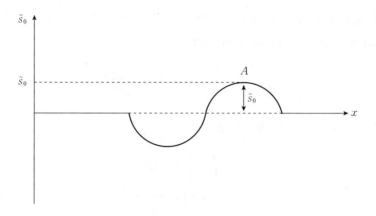

그림 6.5 주어진 밀도 교란 $\tilde{s}_0$의 전파

식 (6.48)과 (6.49)의 결과를 식 (6.44)와 (6.45)에 대입하면

$$\tilde{s}=f(x-a_1t)+g(x+a_1t) \tag{6.50}$$

$$\frac{u}{a_1}=f(x-a_1t)-g(x+a_1t) \tag{6.51}$$

식 (6.50)과 (6.51)에서 f와 g는 각각 특정함수 $x-a_1t$와 $x+a_1t$의 임의의 함수이다. 그러므로 음파에 의하여 유도된 유동에 대한 해는 아직까지도 완전히 결정되었다고는 볼 수 없을지도 모른다. 그러나 매우 강력한 물리적인 의미가 식 (6.50)과 (6.51)에 숨겨져 있다.

예를 들어 식 (6.50)을 생각하자. f와 g가 임의의 함수이므로 일단 단순히 $g=0$로 놓자. 그러면 식 (6.50)으로부터

$$\tilde{s}=f(x-a_1t) \tag{6.52}$$

그림 6.5에 그려진 것처럼 x-축을 따라서 전파하는 파를 생각하자. 그림 6.5에서 보여 주는 것처럼 $\tilde{s}$가 일정한 값 $\tilde{s}_0$로 주어진 파 위의 점 A의 전파를 관찰하자. $\tilde{s}_0$이 일정하기 때문에 식 (6.52)는 다음과 같이 된다.

$$\tilde{s}_0=f(x-a_1t)=const.$$

윗 식에서 $f(x-a_1t)$가 일정하기 위해서 $x-a_1t$가 일정하지 않으면 안 되며, 결국

$$x = a_1 t + const.\tag{6.53}$$

식 (6.53)은 일정하게 주어진 밀도 교란 $\tilde{s}_0$이 $x - a_1 t$가 일정하게 되도록 움직여야 함을 강조하고 있다. 그러므로 점 A는 x-축의 오른쪽으로 속도 $\dfrac{dx}{dt}=a_1$을 가지고 이동하게 된다. 더욱이 파의 모든 부분도 또한 같은 속도 a_1으로 움직인다. 이와 같은 사실을 그림으로 그려 보면 그림 6.6과 같다. 여기서 음파의 모든 부분은 동일한 전파속도 a_1으로 전파하게 되며 파형은 항상 같게

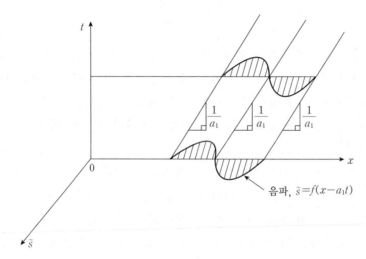

그림 6.6 양의 x방향으로의 음파의 전파

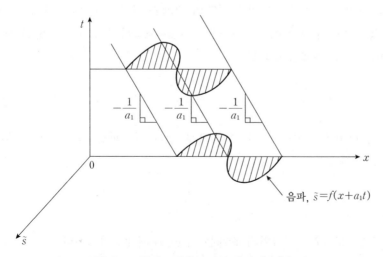

그림 6.7 음의 x방향으로의 음파의 전파

유지된다. 이것은 위에서 음파방정식을 유도할 때 미소교란으로 가정하여 선형방정식으로 고쳤기 때문이다. 더욱이 식 (6.50)에서 $f=0$으로 가정하면,

$$\tilde{s}=g(x+a_1t)$$

가 되며 이것은 그림 6.7에 나타나 있는 것처럼 왼쪽으로 전파하는 음파이다.

위에 기술한 논의로부터 우리는 파동방정식

$$\frac{\partial^2\phi}{\partial t^2}-a_1^2\frac{\partial^2\phi}{\partial x^2}=0$$

에서 상수계수 a_1^2은 항상 물리량 ϕ의 전파속도의 제곱을 나타내는 것을 알 수 있다. 그러므로 $\left[\left(\frac{\partial p}{\partial \rho}\right)_s\right]_1$로서 정의된 양 a_1^2은 파의 전파속도의 제곱이다. 그런데 지금 우리가 생각하고 있는 파는 미소교란으로 가정한 음파(音波)이다. 일반적으로 국소점(局所點)에서 음속은 그것이 전파하는 기체 내에서 그 점에서 계산된 $\left(\frac{\partial p}{\partial \rho}\right)_s$로 주어진다.

식 (6.50)과 (6.51)은 각각 $\tilde{s}$와 $\frac{u}{a_1}$에 대한 해이다. 위에서 기술한 바 있지만 $\tilde{s}$와 $\frac{u}{a_1}$은 서로 독립적이 아니다. 즉 주어진 밀도변화에 대응하는 유속이 존재한다. 식 (6.50)과 (6.51)은 두 양 사이의 관계를 나타내 주고 있다. 다시 말하면 밀도변화를 알면 식 (6.50)으로부터 함수 f와 g를 알게 되며 결과적으로 식 (6.51)에서 f와 g를 대입하여 $\frac{u}{a_1}$도 알 수 있다.

파의 방향과 유도속도의 방향과의 관계를 알아보자. 이를 위해 먼저 $g=0$으로 놓음으로써 오른쪽으로 전파하는 파를 생각하여 보자. 식 (6.50)과 (6.51)로부터 다음의 결과를 얻는다.

$$\tilde{s}=\frac{u}{a_1} \tag{6.54}$$

또, $f=0$으로 놓음으로써 왼쪽으로 전파하는 파를 생각하면 식 (6.50)과 (6.51)로부터

$$\tilde{s}=-\frac{u}{a_1} \tag{6.55}$$

그러므로 $\tilde{s}$와 $\frac{u}{a_1}$ 사이의 관계는 식 (6.54)와 (6.55)로부터

$$\tilde{s} = \pm \frac{u}{a_1} \tag{6.56}$$

또한 식 (6.36)으로부터 밀도변화 $\tilde{s}$를 압력변화 $\varDelta p$로 표시할 수도 있다.

$$\frac{p}{p_1} = \left(\frac{\rho}{\rho_1} \right)^{\gamma} = (1 + \tilde{s})^{\gamma} \cong 1 + \gamma \tilde{s}$$

으로부터

$$\frac{\varDelta p}{p_1} = \frac{p - p_1}{p_1} = \gamma \tilde{s}$$

그러므로

$$\frac{\varDelta p}{p_1} = \gamma \tilde{s}$$

이 결과를 식 (6.56)에 대입하면

$$\tilde{s} = \frac{1}{\gamma} \frac{\varDelta p}{p_1} = \pm \frac{u}{a_1} \tag{6.57}$$

여기서 $+$와 $-$부호는 파가 각각 오른쪽과 왼쪽으로 전파할 경우를 뜻한다. 양의 $\frac{u}{a_1}$은 양의 x-축 방향(오른쪽으로)의 유동을 나타내며 음의 $\frac{u}{a_1}$은 음의 x-축 방향(왼쪽으로)의 유동을 의미한다.

오른쪽 또는 왼쪽으로 전파하는 농축부와 희박부에 대한 그림이 그림 6.8에 그려져 있다. 식 (6.57)로부터 우리는 다음과 같은 사실을 알 수 있다. 식 (6.54)에서 양의 방향 즉 오른쪽으로 진행하는 파의 경우를 생각하여 보자. 농축부($\tilde{s} > 0$)에 대하여는 $\frac{u}{a_1}$의 부호는 $\tilde{s}$의 부호와 같으므로 파가 지난 후에 기체는 파 진행방향으로 움직이나(이동충격파의 경우와 같이) 희박부($\tilde{s} < 0$)의 경우에는 $\frac{u}{a_1}$은 음의 값이 되므로 파는 오른쪽으로 진행하지만 기체는 왼쪽으로 흐르게 된다. 즉 파가 지나간 다음에 유도된 기체유동은 파의 진행방향과 반대방향으로 움직인다. 다음 절에서 알게 되겠지만 이와 같은 현상은 이동팽창파(travelling expansion wave)의 경우와 비슷하다. 음의 방향, 즉 왼쪽으로 진행하는 파의 경우를 생각하면, 농축부에서 $\tilde{s} > 0$과 식 (6.55)에서 $\frac{u}{a_1} < 0$이므로 파가 통과한 뒤의 기체는 진행방향과 같은 방향으로 운동하지만 희박부에서는 $\tilde{s} < 0$이므로 식 (6.55)로부터 $\frac{u}{a_1} > 0$이다. 그러므로 팽창파가 지나간 뒤의 기체

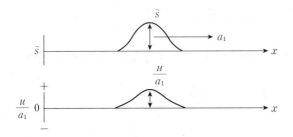

농축부($\tilde{s} > 0$): 오른쪽으로 이동하는 음파, $\tilde{s}$, $\dfrac{u}{a_1}$은 양의 값을 갖는다. 유동은 오른쪽으로 유도된다.

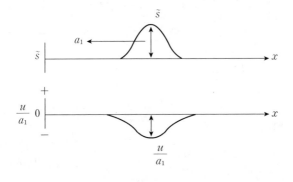

농축부($\tilde{s} > 0$): 왼쪽으로 이동하는 음파, $\dfrac{u}{a_1}$은 음의 값을 갖는다. 유동은 왼쪽으로 유도된다.

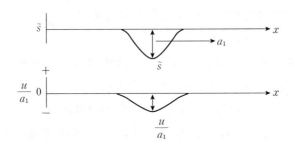

희박부($\tilde{s} < 0$): 오른쪽으로 이동하는 음파, $\dfrac{u}{a_1}$은 음의 값을 갖는다. 유동은 왼쪽으로 유도된다.

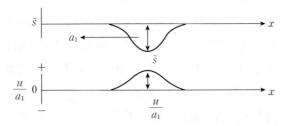

희박부($\tilde{s} < 0$): 왼쪽으로 이동하는 음파, $\dfrac{u}{a_1}$은 양의 값을 갖는다. 유동은 오른쪽으로 유도된다.

그림 6.8   음파의 농축부와 희박부

는 파의 진행방향과 반대방향으로 흐른다. 위의 사실들을 그림으로 그려 보면 그림 6.8과 같다.

(2) 선형충격파관(linearized shock tube)

식 (6.50)과 (6.51)로 주어진 해의 응용의 문제로 충격파관(그림 6.9)을 생각하자. 관은 분리막을 경계로 한쪽은 다른 한쪽보다 압력이 약간 높게 되어 있다. 막을 터뜨리면 파운동이 일어난다. 압력차이가 매우 작기 때문에 미소교란으로 가정할 수 있으므로 음파방정식에 의하여 기술될 수 있다. 이와 같은 관을 선형충격파관 또는 음파관이라고 부른다. 앞 절에서 유도한 파동방정식과 그 해를 써보면 다음과 같다.

$$\frac{\partial^2}{\partial t^2}\left(\frac{u}{a_1}\right)-a_1^2\frac{\partial^2}{\partial x^2}\left(\frac{u}{a_1}\right)=0 \tag{6.41}$$

$$\frac{\partial^2 \tilde{s}}{\partial t^2}-a_1^2\frac{\partial^2 \tilde{s}}{\partial x^2}=0 \tag{6.42}$$

$$\tilde{s}=f(x-a_1t)+g(x+a_1t) \tag{6.50}$$

$$\frac{u}{a_1}=f(x-a_1t)-g(x+a_1t) \tag{6.51}$$

그림 6.9로 표시된 충격파관의 초기조건은 다음과 같다.

$$t=0:\ \tilde{s}=\varepsilon U(x) \tag{6.58}$$
$$\frac{u}{a_1}=0 \qquad (-\infty < x < \infty)$$

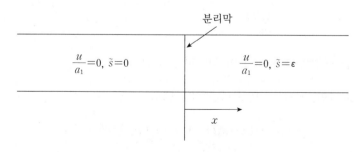

그림 6.9 선형충격파관($t=0$)

여기서 $U(x)$는 계단함수이다. 즉,

$$U(x)=1 \quad x \geq 0$$
$$U(x)=0 \quad x < 0$$

식 (6.58)로 주어진 초기조건을 식 (6.50)에 대입하자.

$$\varepsilon U(x) = f(x) + g(x) \tag{6.59}$$

$$0 = f(x) - g(x) \tag{6.60}$$

식 (6.59)와 (6.60) 사이에서 $f(x)$와 $g(x)$에 대하여 풀면 각각 다음과 같다.

$$f(x) = \frac{\varepsilon}{2} U(x) \tag{6.61}$$

$$g(x) = \frac{\varepsilon}{2} U(x) \tag{6.62}$$

시간 t일 때, 즉 $x-a_1t$와 $x+a_1t$에 대하여는 식 (6.61)과 (6.62)에 x 대신에 $x-a_1t$와 $x+a_1t$를 각각 대입함으로써 다음과 같이 된다.

$$f(x-a_1t) = \frac{\varepsilon}{2} U(x-a_1t) \tag{6.63}$$

$$g(x+a_1t) = \frac{\varepsilon}{2} U(x+a_1t) \tag{6.64}$$

식 (6.63)과 (6.64)를 식 (6.50)과 (6.51)에 대입하면 그림 6.9로 주어진 충격파관의 해를 얻는다.

$$\tilde{s}(x, t) = \frac{\varepsilon}{2} [U(x-a_1t) + U(x+a_1t)] \tag{6.65}$$

$$\frac{u(x, t)}{a_1} = \frac{\varepsilon}{2} [U(x-a_1t) - U(x+a_1t)] \tag{6.66}$$

이것을 구간에 대하여 풀어쓰면 다음과 같다.

$x > a_1t$이면, $x-a_1t > 0$, $x+a_1t > 0$이므로

$$U(x-a_1t)=1, \; U(x+a_1t)=1$$

$-a_1t < x < a_1t$이면, $x-a_1t < 0$, $x+a_1t > 0$이므로

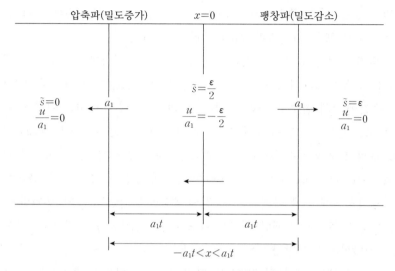

그림 6.10 시간 t 후의 선형충격파관

$$U(x-a_1t)=0, \ U(x+a_1t)=1$$

$x<-a_1t$ 이면, $x-a_1t<0, \ x+a_1t<0$ 이므로

$$U(x-a_1t)=0, \ U(x+a_1t)=0$$

위 결과를 식 (6.65)와 (6.66)에 대입하면 다음과 같다.

$$x>a_1t: \qquad \tilde{s}(x, \ t)=\varepsilon, \ \frac{u(x, \ t)}{a_1}=0$$

$$-a_1t<x<a_1t: \qquad \tilde{s}(x, \ t)=\frac{\varepsilon}{2}, \ \frac{u(x, \ t)}{a_1}=-\frac{\varepsilon}{2}$$

$$x<-a_1t: \qquad \tilde{s}(x, \ t)=0, \ \frac{u(x, \ t)}{a_1}=0$$

위 결과를 그림으로 그려 보면 그림 6.10과 같다.

(3) 유한파(finite wave)

앞 절에서 우리는 기본상태(basic state)로부터 교란(disturbance)이 매우 적은 이동하는 파의 성질들을 공부했다. 이와 같은 파를 약파(weak wave) 또는 음파라고 정의했다. 이 절에서는 앞의 제약조건에서 벗어난, 즉 교란이 항상

작지만은 않은 파를 생각하자. 미소교란(또는 변동)이 아닌 유한 교란의 파를
유한파(有限波) 또는 비선형파(非線形波)라고 부른다.

    그림 6.11에서 보여지는 것과 같은 오른쪽으로 전파하는 유한파를 생각하
여 보자. 그림 6.11에서 밀도, 온도, 국소음속(局所音速) 및 질량유동(유속)이 어
떤 한 순간에 x의 함수로 그려져 있다. 파의 앞부분($x=x_3$ 부근)에서 ρ는 주위
밀도 ρ_1보다 높다. 파의 뒤 끝 부분($x=x_2$ 부근)에서 ρ는 주위밀도 ρ_1보다 낮다.
등엔트로피 유동이므로 온도분포는 밀도분포와 비슷하다. $a=\sqrt{\gamma RT}$ 이므로 국
소음속(local sound speed)은 파를 통하여 온도와 같은 모양으로 분포된다.

    질량유동속도 u에 대해서는 6.3절의 결과로부터 밀도 ρ가 주위밀도 ρ_1보
다 높은 곳에서는 파 진행방향이고, 밀도 ρ가 주위밀도 ρ_1보다 낮은 곳에서는
파의 진행방향과 반대방향임을 알 수 있다.

    그림 6.11에서 파가 진행방향에 따라 파 내의 밀도가 증가하는 부분(x_1x_2

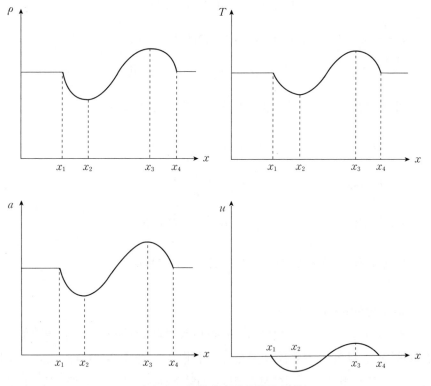

그림 6.11 유한파의 유동성질 변화

와 x_3x_4)을 유한압축부(有限壓縮部, finite compression region)라고 부르며, 파 내에서 밀도가 감소하는 부분(x_2x_3)을 팽창부(膨脹部, expansion region)라고 부른다. 6.2절에서 논의했던 파의 모든 점에서 같은 전파속도를 갖는 선형화된 음파와는 달리 그림 6.11의 유한파에서는 파의 모든 점에서 파의 전파속도가 같지 않고 서로 다른 값을 가진다.

그림 6.11에서 x_3에 위치한 유체입자를 생각하면 u_3라는 속도로써 오른쪽으로 움직인다. 그리고 파는 분자충돌에 의하여 기체 속을 전파하기 때문에 기체의 유동속도 u_3에 대하여 파는 a_3라는 속도로 전파하게 된다. 그러므로 정지좌표계에서 본 전파속도는 (u_3+a_3)이다. 그러므로 파의 모든 점에서 정지좌표계에서 본 전파속도는 $(u+a)$이다. 즉, 물리적으로 어느 한 점에서 유한파의 전파속도는 그 점에서의 질량유동속도에 그 점의 음속을 더한 값이 된다. 그리고 u와 a는 파 위의 점에서 각각 다르다. 그러므로 파의 전파속도가 각 점마다 다르다는 것을 알 수 있다.

다시 그림 6.11로 돌아와서, x_3에서는 유속 u_3로 유체입자들이 오른쪽을 향하여 운동하고 있는 반면에, 점 x_2에서는 유속 u_2로 왼쪽을 향하여 유체입자들이 운동하고 있다. 더욱이 x_3에서의 음속 a_3는 x_2에서의 음속 a_2보다 크다. $(u_3+a_3)>(u_2+a_2)$이므로, 파의 x_3점 부분은 파의 x_2점 부분보다 빨리 전파하

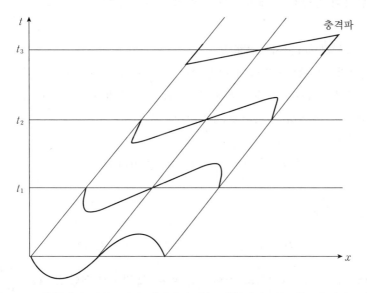

그림 6.12 유한파의 전파. 전파 과정에서 파는 변형되어 결국에는 충격파로 된다.

게 된다. 결과적으로 압축부는 계속하여 가파르게 되어 결국에는 충격파로 되는 반면에 팽창부는 연속적으로 퍼지게 되어 그림 6.12와 같이 된다. 음파와 유한파를 비교하여 보면 다음과 같다.

음파(音波)	a. ρ', p', T', u가 매우 작다. (미소교란) b. 파의 모든 점에서 전파속도는 같으며 전파속도는 정지좌표계에 대하여 a_1이다. c. 파형은 변형되지 않고 그대로 유지된다. d. 유동변수들은 선형미분방정식에 의하여 지배된다. e. 근사적으로 음파학(音波學)에 적용할 수 있는 매우 이상적인 경우이다.
유한파 (有限波)	a. ρ', p', T', u 등이 유한하다. (유한외란) b. 파의 국소 전파속도는 정지좌표계에 대하여 $(u+a)$이다. 그러므로 파의 모든 점에서 각각 다른 전파속도로 전파한다. c. 파형은 시간에 따라 변한다. d. 유동변수들은 비선형방정식에 의하여 지배된다. e. 자연적으로 발생되는 모든 실재파(real waves)의 경우이다.

유한파의 정량적인 해석은 다음 절에 기술되어 있다.

(4) 특성곡선해법(特性曲線解法)

x와 t가 이루는 평면상에 어떤 곡선 C(그림 6.13)가 있다. 그리고 곡선 C를 따른 어떤 양 $H(x, t)$를 생각하자. 곡선 C는 매개변수(parameter) s(예를 들면 곡선 C의 호(弧)길이)의 함수로 표시할 수 있다. 즉,

$$\text{곡선 } C: \left.\begin{array}{l} x=x(s) \\ t=t(s) \end{array}\right] \text{ 또는 } s\text{를 소거하면 } x=x(t)$$

곡선 C 위에서

$$H=H(x, t)|_{x=x(t)}=H[x(t), t]=H(t)$$

로 나타낼 수 있다. 그러므로 곡선 C를 따라 H의 t에 대한 변화율 $\dfrac{dH}{dt}$는 다음과 같다.

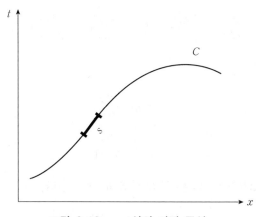

그림 6.13 x-t 상의 어떤 곡선

$$\frac{dH}{dt}=\frac{\partial H}{\partial t}+\frac{dx}{dt}\frac{\partial H}{\partial x}$$

만일 곡선 C를 따라서 $\dfrac{dH}{dt}=0$이면, 즉

$$\frac{\partial H}{\partial t}+\frac{dx}{dt}\frac{\partial H}{\partial x}=0 \tag{6.67}$$

이면, 곡선 C를 따라서 H는 일정하다.

일반적으로

$$\frac{\partial F}{\partial t}+f(x,\ t)\frac{\partial F}{\partial x}=0 \tag{6.68}$$

이면, 식 (6.68)을 식 (6.67)과 비교하여 다음과 같은 결과를 얻는다. $\dfrac{dx}{dt}=f(x,\ t)$의 해로 구성되는 곡선 $x=x(t,\ x_0)$을 따라 F는 일정하다. 여기서 x_0는 $t=0$일 때 x의 값이다. 이와 같은 곡선을 특성곡선(特性曲線)이라 부른다. 만약 $t=0$일 때 $a \leq x_0 \leq b$와 같이 점이 아닌 범위로 주어지면 a와 b 사이에 무한한 수의 특성곡선이 존재한다.

위와 같이 정의한 특성곡선을 이용하여 비정상 유동의 해를 얻기 위하여 앞 절에서 유도한 특성곡선형으로 주어진 지배방정식을 다시 상기하자.

$$\frac{\partial}{\partial t}\left(u+\frac{2a}{\gamma-1}\right)+(u+a)\frac{\partial}{\partial x}\left(u+\frac{2a}{\gamma-1}\right)=0 \tag{6.32}$$

$$\frac{\partial}{\partial t}\left(u-\frac{2a}{\gamma-1}\right)+(u-a)\frac{\partial}{\partial x}\left(u-\frac{2a}{\gamma-1}\right)=0 \tag{6.33}$$

여기서

$$P=u+\frac{2a}{\gamma-1} \tag{6.69}$$

$$Q=u-\frac{2a}{\gamma-1} \tag{6.70}$$

로 놓으면 식 (6.32)와 (6.33)은 각각 다음과 같이 된다.

$$\frac{\partial P}{\partial t}+(u+a)\frac{\partial P}{\partial x}=0 \tag{6.71}$$

$$\frac{\partial Q}{\partial t}+(u-a)\frac{\partial Q}{\partial x}=0 \tag{6.72}$$

위의 식 (6.71)과 (6.72)를 식 (6.68)과 비교하면 다음과 같은 결과를 얻을

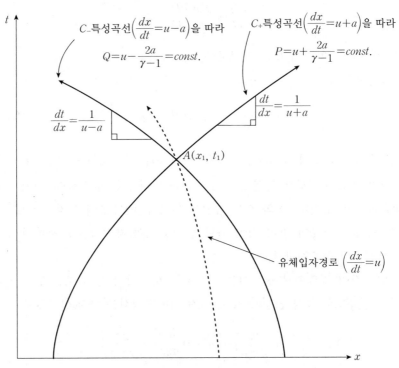

그림 6.14 x-t 평면상의 점 A를 지나는 C_+, C_-특성곡선

수 있다. $x-t$ 평면상에 $\dfrac{dx}{dt}=u+a$의 해로 된 곡선을 C_+특성곡선이라 하며 이 C_+특성곡선을 따라 P가 일정하다. 그리고 $\dfrac{dx}{dt}=u-a$의 해로 된 곡선을 C_-특성곡선이라 부르며 이 C_-특성곡선을 따라 Q가 일정하다. 각 특성곡선을 따라 일정한 값 P와 Q를 Riemann 불변량(Riemann invariants)이라 한다. $x-t$평면상에 주어진 어떤 점 $A(x_1, t_1)$를 생각하면, 점 A를 지나는 C_+, C_-특성곡선이 그림 6.14에 그려져 있다.

이제부터 위에서 정의한 특성곡선의 성질을 이용하여 비정상 1차원 유동을 지배하는 특성곡선형 방정식 (6.32)와 (6.33)의 해를 구해 보자.

$$P=u+\frac{2a}{\gamma-1}=const. \ (C_+특성곡선을 \ 따라) \tag{6.73}$$

$$Q=u-\frac{2a}{\gamma-1}=const. \ (C_-특성곡선을 \ 따라) \tag{6.74}$$

식 (6.73)과 (6.74)로부터 u와 a에 대하여 풀면

$$a=\frac{\gamma-1}{4}(P-Q) \tag{6.75}$$

$$u=\frac{1}{2}(P+Q) \tag{6.76}$$

식 (6.75)와 (6.76)이 의미하는 것은 $x-t$평면상의 어떤 주어진 점에서 P와 Q를 알고 있으면 그 점에서의 u와 a는 식 (6.75)와 (6.76)으로부터 쉽게 계산된다. 또한 u와 a를 구하게 되면, 다른 유동변수들은 식 (6.26 b)와 (6.27)에 대입함으로써 계산된다.

(5) 특성곡선해법의 응용

1) 1차원 선형파

그림 6.15에 나타나 있는 것과 같이 한쪽 끝이 막혀 있는 선형충격파 문제의 해를 구해 보자.

선형충격파 문제에서는 $\tilde{s}\ll1$, $\dfrac{u}{a}\ll1$이므로, 식 (6.32)와 (6.33)으로 주어진 방정식은 각각 다음과 같이 선형화된 특성곡선형 방정식으로 된다(식 (6.37), (6.38) 참조).

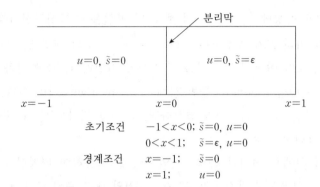

분리막

$u=0,\ \tilde{s}=0$ $u=0,\ \tilde{s}=\varepsilon$

$x=-1$ $x=0$ $x=1$

초기조건 $-1<x<0;$ $\tilde{s}=0,\ u=0$
$0<x<1;$ $\tilde{s}=\varepsilon,\ u=0$
경계조건 $x=-1;$ $\tilde{s}=0$
$x=1;$ $u=0$

그림 6.15 한쪽 끝이 막혀 있는 선형충격파관 문제

$$\frac{\partial}{\partial t}\left(\frac{u}{a_1}+\tilde{s}\right)+a_1\frac{\partial}{\partial x}\left(\frac{u}{a_1}+\tilde{s}\right)=0 \tag{6.77}$$

$$\frac{\partial}{\partial t}\left(\frac{u}{a_1}-\tilde{s}\right)-a_1\frac{\partial}{\partial x}\left(\frac{u}{a_1}-\tilde{s}\right)=0 \tag{6.78}$$

그러므로 식 (6.77) 과 (6.78)의 해는 식 (6.73)과 (6.74)로부터

$$P=\frac{u}{a_1}+\tilde{s}=const. \ (C_+\text{특성곡선을 따라}) \tag{6.79}$$

$$Q=\frac{u}{a_1}-\tilde{s}=const. \ (C_-\text{특성곡선을 따라}) \tag{6.80}$$

여기서

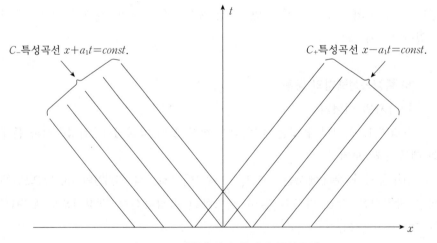

그림 6.16 선형충격파 문제의 특성곡선

C_+특성곡선: $\dfrac{dx}{dt}=a_1$ 또는 $x-a_1t=const.$ (6.81)

C_-특성곡선: $\dfrac{dx}{dt}=-a_1$ 또는 $x+a_1t=const.$ (6.82)

그러므로 그림 6.16에 보여지는 것과 같이, C_+, C_-특성곡선은 각각 직선이다.

분리막을 터트렸을 경우, 즉 $t>0$의 유동은 그림 6.17에서 보여지는 것과 같이 x-t선도의 영역 ①, ②, ③, …으로 이루어지며, 초기치선(初期値線, x-t선도의 x-축)에서 출발한 C_-특성곡선과 C_+특성곡선이 각 영역에서 교차하게 된다. 그러면 이제부터 식 (6.81)과 (6.82) 그리고 식 (6.79)와 (6.80)으로부터 각 영역의 해를 계산하여 보자.

먼저 초기치선 상에서 Riemann 불변량 P와 Q를 계산하는 것이 필요하다.

초기치선(初期値線)상의 구간 OA:

$t=0$일 때 $-1<x<0$에서 $\dfrac{u}{a_1}=0$, $\tilde{s}=0$이므로 Riemann 불변량 P와 Q는 각각 다음과 같이 주어진다.

$$P_{OA}=\frac{u}{a_1}+\tilde{s}=0$$

$$Q_{OA}=\frac{u}{a_1}-\tilde{s}=0$$

여기서 하첨자 OA는 구간 OA에서의 계산을 의미한다.

초기치선상의 구간 OB:

$t=0$일 때 $0<x<1$에서 $\dfrac{u}{a_1}=0$, $\tilde{s}=\varepsilon$이므로 P와 Q는 다음과 같이 계산된다.

$$P_{OB}=\frac{u}{a_1}+\tilde{s}=\varepsilon$$

$$Q_{OB}=\frac{u}{a_1}-\tilde{s}=-\varepsilon$$

이제 각 영역별로, 주어진 초기조건과 경계조건을 이용하여 각 영역의 해를 구하여 보자.

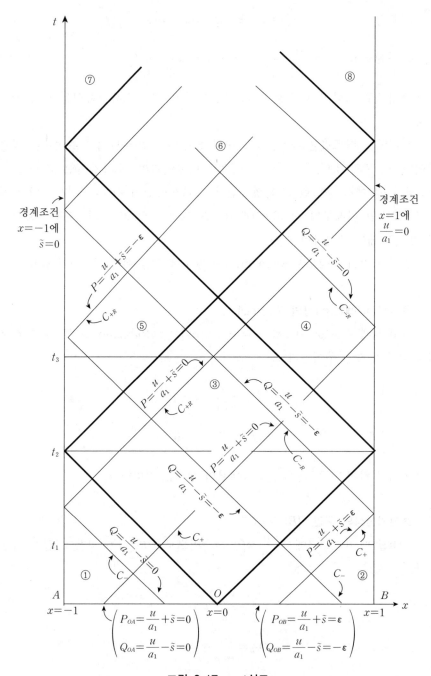

그림 6.17 x-t 선도

영역 ①: 영역 ①은 초기치선 상의 구간 OA에서 출발한 C_+특성곡선과 C_-특성곡선이 교차하므로, 영역 ① 내의 어떤 점에 대한 P, Q는 구간 OA에서 출발한 C_+, C_-특성곡선에 따른 P_{OA}, Q_{OA}와 같다. 즉,

$$P = \frac{u}{a_1} + \tilde{s} = P_{OA} = 0$$

$$Q = \frac{u}{a_1} - \tilde{s} = Q_{OA} = 0$$

그러므로 윗 식에서 $\dfrac{u}{a_1}$과 $\tilde{s}$를 구하면

$$\frac{u}{a_1} = 0; \ \tilde{s} = 0$$

영역 ②: 영역 ②는 초기치선(初期値線)상의 구간 OB에서 출발한 C_+특성곡선과 C_-특성곡선이 교차하므로, 영역 ② 내의 어떤 점에 대한 P, Q는 구간 OB에서 출발한 C_+, C_-특성곡선에 따른 P_{OB}, Q_{OB}와 같다. 즉,

$$P = \frac{u}{a_1} + \tilde{s} = P_{OB} = \varepsilon$$

$$Q = \frac{u}{a_1} - \tilde{s} = Q_{OB} = -\varepsilon$$

윗 식을 $\dfrac{u}{a_1}$과 $\tilde{s}$에 대하여 풀면

$$\frac{u}{a_1} = 0; \ \tilde{s} = \varepsilon$$

영역 ③: 영역 ③은 구간 OA에서 출발한 C_+특성곡선과 구간 OB에서 출발한 C_-특성곡선이 교차하는 영역이다. 그러므로 영역 ③ 내의 어떤 점에 대한 P, Q는 구간 OA에서 출발한 C_+특성곡선에 따른 P_{OA}, 구간 OB에서 출발한 C_-특성곡선에 따른 Q_{OB}와 같다. 즉,

$$P = \frac{u}{a_1} + \tilde{s} = P_{OA} = 0$$

$$Q = \frac{u}{a_1} - \tilde{s} = Q_{OB} = -\varepsilon$$

윗 식을 $\dfrac{u}{a_1}$과 $\tilde{s}$에 대하여 풀면

$$\frac{u}{a_1}=-\frac{\varepsilon}{2}\ ;\ \tilde{s}=\frac{\varepsilon}{2}$$

영역 ④: 구간 OA에서 출발한 C_+특성곡선은 벽($x=1$)에서 C_{-R}특성곡선으로 반사하게 된다. 이 반사특성곡선을 따라서 Riemann 불변량 Q는 일정하다. 영역 ④는 구간 OA에서 출발한 C_{+R}특성곡선과 C_{-R}반사특성곡선이 교차하는 영역이다. 그러므로 C_{-R}반사특성곡선을 따른 Riemann 불변량 Q와 구간 OA에서 출발한 C_{+R}특성곡선을 따른 Riemann 불변량 $P(=P_{OA})$를 알고 있으면 영역 ④의 해를 구할 수 있다. 그러면 영역 ④의 해를 구하기 위해서, 먼저 반사특성곡선 C_{-R}에 따른 Q를 계산하는 것이 필요하다. 우선 벽에서의 경계조건은 다음과 같다.

벽면 $x=1$에서 $\qquad\qquad \dfrac{u}{a_1}=0$

그리고 구간 OA에서 출발한 C_+특성곡선을 따른 $P(=P_{OA})$, 즉

$$P_{OA}=\frac{u}{a_1}+\tilde{s}=0$$

는 벽($x=1$)에서도 만족하지 않으면 안 된다(C_+특성곡선이 C_{+R}특성곡선보다 계산이 편리하므로 C_+특성곡선 고려). 영역 ④의 반사특성곡선에 따른 Q를 알기 위해서는 $\dfrac{u}{a_1}$과 $\tilde{s}$를 알아야 한다. 그러므로 벽에서의 경계조건을 윗 식에 대입하면 벽에서

$$\tilde{s}=0$$

그런데 반사특성곡선에 따른 $Q=\dfrac{u}{a_1}-\tilde{s}$는 벽($x=1$)에서도 유효하므로 벽의 경계조건 $\dfrac{u}{a_1}=0$와 위의 $\tilde{s}=0$의 결과로부터 Q를 계산한다. 즉,

$$Q=\frac{u}{a_1}-\tilde{s}=0-0=0$$

따라서 영역 ④의 해는 다음 식들로부터 구해진다.

$$C_{-R}:\ Q=\frac{u}{a_1}-\tilde{s}=0$$

$$C_+:\ P=\frac{u}{a_1}+\tilde{s}=0$$

윗 식을 $\dfrac{u}{a_1}$과 $\tilde{s}$에 대하여 풀면

$$\frac{u}{a_1}=0; \ \tilde{s}=0$$

영역 ⑤: 영역 ⑤는 구간 OB에서 출발한 C_-특성곡선이 $x=-1$에서 반사하여 생긴 C_{+R}반사특성곡선과 구간 OB에서 출발한 C_{-R}특성곡선이 교차하는 영역이다. 먼저, 영역 ④에서와 같은 방법으로 $x=-1$에서 반사된 C_{+R}반사특성곡선에 따른 P를 계산하지 않으면 안 된다. 우선 $x=-1$에서의 경계조건은 다음과 같다.

벽면 $x=-1$에서 $\qquad\qquad\qquad \tilde{s}=0$

그리고 구간 OB에서 출발한 C_-특성곡선에 따른 $Q(=Q_{OB})$는
(④와 동일한 이유로 C_-특성곡선 고려)

$$Q=\frac{u}{a_1}-\tilde{s}=Q_{OB}=-\varepsilon$$

이며 $x=-1$에서의 경계조건을 만족하지 않으면 안 된다. $x=-1$에서의 경계조건 $\tilde{s}=0$을 윗 식에 대입하면

$$\frac{u}{a_1}=-\varepsilon$$

윗 식과 경계조건 $\tilde{s}=0$에 의하여 C_{+R}반사특성곡선에 따른 P

$$P=\frac{u}{a_1}+\tilde{s}=-\varepsilon \quad (C_{+R}\text{에 따라})$$

따라서 영역 ⑤의 해는 다음과 같이 결정된다.

$$C_-: Q=\frac{u}{a_1}-\tilde{s}=-\varepsilon$$

$$C_{+R}: P=\frac{u}{a_1}+\tilde{s}=-\varepsilon$$

윗 식을 $\dfrac{u}{a_1}$과 $\tilde{s}$에 대하여 풀면

$$\frac{u}{a_1}=-\varepsilon; \ \tilde{s}=0$$

영역 ⑥: 그림 6.17에서 보여 주는 것과 같이, 영역 ⑥은 구간 OA에서 출발하는 C_+특성곡선이 $x=1$에서 반사하여 생긴 반사특성곡선 C_{-R}과 구간 OB에서 출발한 C_-특성곡선이 $x=-1$에서 반사하여 생긴 반사특성곡선 C_{+R}이 교차하는 영역이다. 그러므로 C_{-R}반사특성곡선에 따른 Q와 C_{+R}반사특성곡선에 따른 P는 영역 ④, ⑤에서와 마찬가지로 다음과 같이 된다.

$$C_{-R}: Q = \frac{u}{a_1} - \tilde{s} = 0$$

$$C_{+R}: P = \frac{u}{a_1} + \tilde{s} = -\varepsilon$$

윗 식을 $\dfrac{u}{a_1}$과 $\tilde{s}$에 대하여 풀면

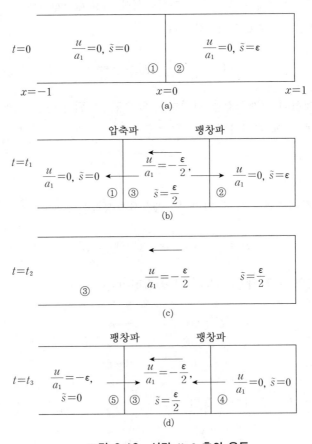

그림 6.18 시간 $t>0$ 후의 유동

$$\frac{u}{a_1} = -\frac{\varepsilon}{2} \; ; \; \tilde{s} = -\frac{\varepsilon}{2}$$

영역 ⑦, ⑧, ⑨ …에 대해서도 초기조건과 경계조건에 의하여 같은 방법으로 계산할 수 있다. 그림 6.17에서의 영역별로 계산된 해로부터, 그림 6.17에 그려진 여러 다른 시간 t_1, t_2, t_3에 대하여 관의 유동을 나타내면 그림 6.18과 같다.

그림 6.18(a)에는 초기조건이 나타나 있다. 그림 6.18(b)는 $t=t_1$일 때의 유동을 나타내며 분리막을 터뜨렸을 때 팽창파는 오른쪽으로 진행하고 압축파는 왼쪽으로 진행함을 보여 주고 있다. 또 그림 6.18(c)는 $t=t_2$일 때, 즉 좌우로 진행하는 압축파와 팽창파가 관의 양쪽 끝에 도달했을 때의 해를 나타내고 있다. 그리고 그림 6.18(d)는 양쪽 끝에 도달한 파가 다시 반사되어, 팽창파는 고체면에서 팽창파로, 압축파는 열린 끝에서 팽창파로 반사됨을 보여 주고 있다.

2) 유한파(有限波)

유한파 문제로 되돌아가서, 관의 한쪽 끝에서 피스톤을 갑자기 철회했을 때 생기는 유심팽창파(centered expansion waves) 문제와 피스톤을 갑자기 밀었을 때 생기는 유한압축파 문제에 대한 특성곡선해법의 응용을 기술하여 보자.

① 유심팽창파(有心膨脹波)

그림 6.19에서와 같이 정지상태의 공기로 찬 관의 한쪽 끝에 위치한 피스톤을 갑자기 $|u_p|$라는 속도로 왼쪽으로 철회한다. $|u_p| \ll a$로 가정하자. 그리고 피스톤 뒤의 유체는 피스톤의 속도와 같은 속도로 움직인다. 즉, $u=u_p$이다. 또 영역 ④를 정지된 상태의 공기로 된 영역이라 하고, 영역 ③을 피스톤 뒤의 유동영역이라 하자. 그러면 특성곡선해법을 사용하여 영역 ③에서의 유동조건을 영역 ④의 유동조건과 피스톤 속도 u_p로 나타내자. C_-특성곡선은 $\frac{dx}{dt} = u_p - a$이고 피스톤의 경로는 $\frac{dx}{dt} = -|u_p|$이다.

그림 6.20에서 보여 주는 것과 같이 초기치선(initial data line)에서 출발한 C_-특성곡선은 피스톤의 경로와 만난다. 그 이유는 영역 ③에서의 C_-특성곡선의 기울기는 $-\frac{1}{|u_p - a|}$이고 피스톤경로의 기울기는 $-\frac{1}{|u_p|}$인데, $u_p < 0$이므로 $|u_p - a| > |u_p|$이다. 결국 $\left.\frac{dt}{dx}\right|^{C-} > \left.\frac{dt}{dx}\right|^{piston}$이다.

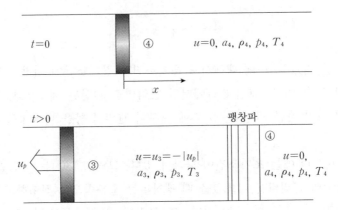

그림 6.19 철회하는 피스톤 문제

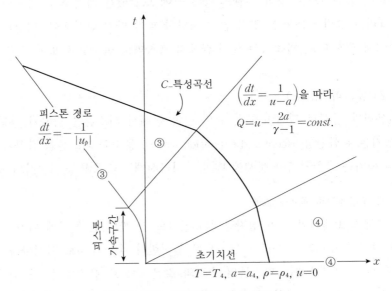

그림 6.20 유동영역과 C_-특성곡선

그러므로 그림 6.20에서 보여 주는 것과 같이 영역 ③에서의 유동조건은 초기치선에서 출발한 C_-특성곡선에 따른 Q로부터 계산할 수 있다.

영역 ④: 그림 6.20 또는 6.21에 보여져 있는 바와 같은데, 여기서 $a=a_4$, $u=0$이므로 영역 ④에서의 Q는 식 (6.74)에서 다음과 같이 계산된다.

$$Q_4 = \left(u - \frac{2a}{\gamma-1}\right)_4 = -\frac{2a_4}{\gamma-1}$$

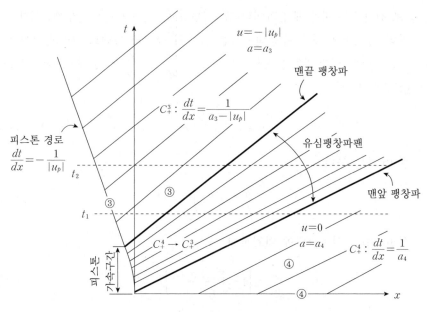

그림 6.21 영역에 따른 C_+특성곡선

영역 ③: 그림 6.20 또는 6.21에 보여져 있다. 영역 ③은 피스톤 뒤의 유동 영역이며 $u_3 = -|u_p|$, a_3, T_3, ρ_3 등의 유동성질로 이루어진 영역이다.

$$Q_3 = \left(u - \frac{2a}{\gamma-1}\right)_3 = u_3 - \frac{2a_3}{\gamma-1} = -|u_p| - \frac{2a_3}{\gamma-1}$$

초기치선에서 출발한 C_-특성곡선이 피스톤 경로와 교차하므로 영역 ③에서 Q_3는 영역 ④에서의 Q_4와 같다.

$$Q_3 = Q_4$$

$$\therefore \quad a_3 = a_4 - \frac{\gamma-1}{2}|u_p| \tag{6.83}$$

또는

$$\frac{a_3}{a_4} = 1 - \frac{\gamma-1}{2}\frac{|u_p|}{a_4} \tag{6.84}$$

식 (6.83)으로부터 a_4와 $|u_p|$가 주어졌으면 a_3을 계산할 수 있다. 식 (6.84)로부터 $a_3 < a_4$임을 알 수 있다. 그러므로 순간적으로 피스톤을 철회했을 때 영

역 ④로 전파되는 파는 팽창파이다(왜냐하면 $a_3 < a_4$이면 $T_3 < T_4$이기 때문이다).

영역 ③에서의 다른 유동변수들은 음속의 정의와 등엔트로피 관계식으로부터 계산할 수 있다. 즉 음속의 정의 $a^2 = \left(\dfrac{\partial p}{\partial \rho}\right)_s = \dfrac{\gamma p}{\rho}$와 등엔트로피 관계식 $p = A\rho^\gamma$로부터

$$p = A^{\frac{-1}{\gamma-1}} a^{\frac{2\gamma}{\gamma-1}} \gamma^{\frac{-\gamma}{\gamma-1}} \tag{6.85}$$

식 (6.85)로부터

$$\frac{p_3}{p_4} = \left(\frac{a_3}{a_4}\right)^{\frac{2\gamma}{\gamma-1}} \tag{6.86}$$

식 (6.84)를 식 (6.86)에 대입하면

$$\frac{p_3}{p_4} = \left[1 - \frac{\gamma-1}{2}\frac{|u_p|}{a_4}\right]^{\frac{2\gamma}{\gamma-1}} \tag{6.87}$$

다른 유동변수들의 비, 예를 들면 $\dfrac{\rho_3}{\rho_4}$, $\dfrac{T_3}{T_4}$ 등도 등엔트로피 관계식과 식 (6.87)로부터 $\dfrac{|u_p|}{a_4}$의 함수로 나타낼 수 있다.

$$\frac{\rho_3}{\rho_4} = \left(1 - \frac{\gamma-1}{2}\frac{|u_p|}{a_4}\right)^{\frac{2}{\gamma-1}} \tag{6.88}$$

$$\frac{T_3}{T_4} = \left(1 - \frac{\gamma-1}{2}\frac{|u_p|}{a_4}\right)^2 \tag{6.89}$$

끝으로 각각의 영역에서의 C_+와 C_-특성곡선을 계산하여 보자.

영역 ④: 영역 ④에서의 C_+, C_-특성곡선을 각각 C_+^4, C_-^4로 놓으면 다음과 같이 계산된다.

$$\text{특성곡선 } C_+^4: \left.\frac{dx}{dt}\right|^{C_+^4} = (u+a)_4 = a_4 \tag{6.90a}$$

또는

$$\left.\frac{dt}{dx}\right|^{C_+^4} = \frac{1}{a_4} \tag{6.90b}$$

C_+^4특성곡선은 직선이다.

$$\text{특성곡선 } C_-^4: \left.\frac{dx}{dt}\right|^{C_-^4}=(u-a)_4=-a_4 \tag{6.91a}$$

또는

$$\left.\frac{dt}{dx}\right|^{C_-^4}=-\frac{1}{a_4} \tag{6.91b}$$

C_-^4특성곡선은 직선이다.

영역 ③: 특성곡선 $C_+^3: \left.\dfrac{dx}{dt}\right|^{C_+^3}=(u+a)_3=u_3+a_3=-\,|u_p|+a_3$

식 (6.83)으로 주어진 a_3를 윗 식에 대입하면

$$\left.\frac{dx}{dt}\right|^{C_+^3}=-\,|u_p|+a_4-\frac{\gamma-1}{2}\,|u_p|$$

$$=a_4-\frac{\gamma+1}{2}\,|u_p| \tag{6.92a}$$

또는

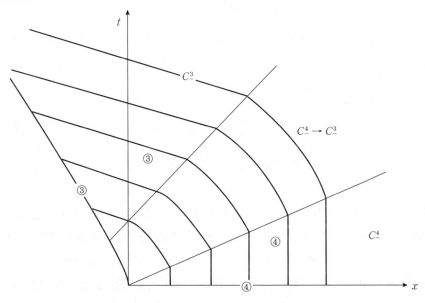

그림 6.22 영역에 따른 C_-특성곡선

$$\frac{dt}{dx}\bigg|^{C_+^3}=\frac{1}{a_4-\dfrac{\gamma+1}{2}\,|u_p|} \tag{6.92b}$$

특성곡선 C_+^3은 직선이다.

$$특성곡선\ C_-^3:\ \ \frac{dx}{dt}\bigg|^{C_-^3}=(u-a)_3=u_3-a_3=-|u_p|-a_3$$

식 (6.83)으로 주어진 a_3를 위 식에 대입하면

$$\frac{dx}{dt}\bigg|^{C_-^3}=-\left(a_4+\frac{3-\gamma}{2}\,|u_p|\right) \tag{6.93a}$$

또는

$$\frac{dt}{dx}\bigg|^{C_-^3}=-\frac{1}{a_4+\dfrac{3-\gamma}{2}\,|u_p|} \tag{6.93b}$$

특성곡선 C_-^3은 직선이다.

식 (6.90b)와 (6.92b)를 비교하면, $a_4-\dfrac{\gamma+1}{2}\,|u_p|<a_4$이므로

$$\frac{dt}{dx}\bigg|^{C_+^3}>\frac{dt}{dx}\bigg|^{C_+^4} \tag{6.94}$$

식 (6.94)로부터 영역 ③에서의 C_+특성곡선의 기울기는 영역 ④에서의 기울기보다 크다는 것을 알 수 있다. 그리고 식 (6.91b)와 (6.93b)를 비교하면 $a_4+\dfrac{3-\gamma}{2}\,|u_p|>a_4$이므로

$$\frac{dt}{dx}\bigg|^{C_-^3}>\frac{dt}{dx}\bigg|^{C_-^4} \tag{6.95}$$

위 식으로부터 영역 ③에서의 C_-특성곡선의 기울기는 영역 ④에서의 기울기보다 크다.

식 (6.94)와 (6.95)의 결과를 그림으로 그려 보면 그림 6.21과 그림 6.22와 같다. C_+특성곡선은 유동영역에 대한 해를 계산하는 데는 사용되지 않으며 유동영역을 구분하는 데 이용될 수 있다. 그림 6.21과 그림 6.22에 보여지는 것과 같이 영역 ④와 ③에서는 C_+, C_-특성곡선의 기울기는 일정하다. 영역 ④와 영역 ③ 사이의 영역에서는 무수한 팽창파가 발생하여 팽창파를 지나면서 영

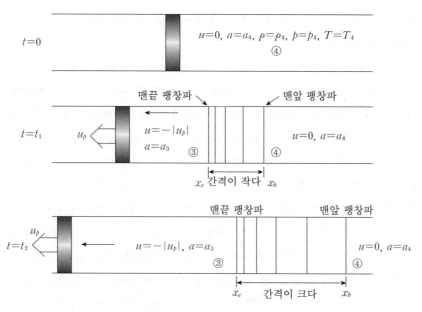

그림 6.23 시간 $t>0$일 때의 유동

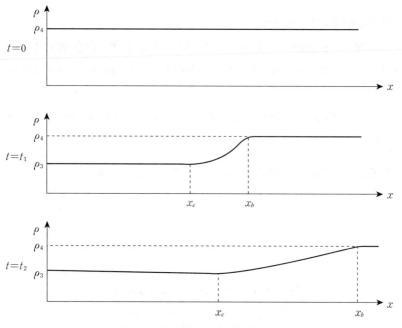

그림 6.24 팽창파에 의한 밀도분포

역 ④에서의 특성곡선의 기울기는 연속적으로 변하여 영역 ③에서의 특성곡선의 기울기로 된다.

피스톤이 순간적으로 영의 시간에 속도 영에서 일정한 속도 $|u_p|$로 가속되면 그림 6.21에서 팽창파는 원점에 중심을 둔 부채모양이 되며 이러한 팽창파를 유심팽창파(有心膨脹波)라 한다. 그러나 실제경우에는 속도 0에서 일정한 속도 $|u_p|$까지 가속하는 데 짧은 시간이 요구되며 이러한 경우 유심팽창파는 그림 6.21과 같이 된다. 그리고 영역 ④에서 팽창파를 지나면서 연속적으로 유동변수가 변하여 영역 ③의 유동변수로 된다. 그림 6.21의 시간변화에 따른 팽창파의 운동을 그려 보면 그림 6.23과 같다. 피스톤이 갑자기 철회될 때 제일 처음 팽창파가 전파되고 그 다음 팽창파의 속도는 감소되어 시간이 경과할 수록 처음 팽창파와 그 다음 팽창파의 간격은 멀어진다. 맨 끝 팽창파는 피스톤이 일정한 속도에 도달할 때 마지막으로 생긴 팽창파이다. 그림 6.23으로부터 시간에 따른 밀도 분포를 그려 보면 그림 6.24와 같다. 팽창파를 지나면서 유동변수들은 연속적으로 감소함을 알 수 있다.

② 유한압축파(有限壓縮波)

이번에는 유심팽창파 문제와는 반대로 관의 한쪽 끝에 위치한 피스톤을 갑자기 u_p라는 속도로 미는 경우의 문제이다. 이 문제에서도 $u_p \ll a$으로 가정하자.

그림 6.26의 x-t선도상의 영역별로 나누어 각각의 영역에 대하여 논의하여 보자.

영역 ①: $a = a_1$, $u = 0$이므로 식 (6.73)과 (6.74)로부터

$$Q_1 = -\frac{2a_1}{\gamma - 1}$$

$$P_1 = \frac{2a_1}{\gamma - 1}$$

$$\frac{dx}{dt}\Big|^{C^1_+} = (u+a)_1 = a_1 \quad \therefore \ x - a_1 t = const.$$

$$\frac{dx}{dt}\Big|^{C^1_-} = (u-a)_1 = -a_1 \quad \therefore \ x + a_1 t = const.$$

C^1_+, C^1_-특성곡선은 각각 직선이다.

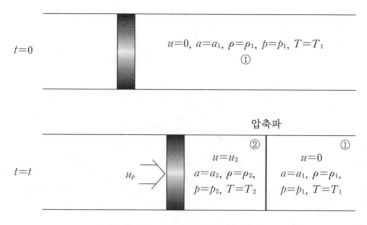

그림 6.25 밀 때의 피스톤 문제

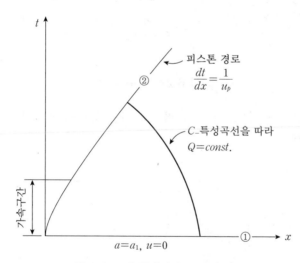

그림 6.26 유동영역과 C_-특성곡선

영역 ②: $a=a_2$, $u=u_2$, $Q_1=Q_2$이므로

$$u_2 - \frac{2a_2}{\gamma-1} = -\frac{2a_1}{\gamma-1}$$

그런데 $u_2=u_p$이므로

$$a_2 = a_1 + \frac{\gamma-1}{2}u_2$$

$$= a_1 + \frac{\gamma-1}{2}u_p \qquad (6.96)$$

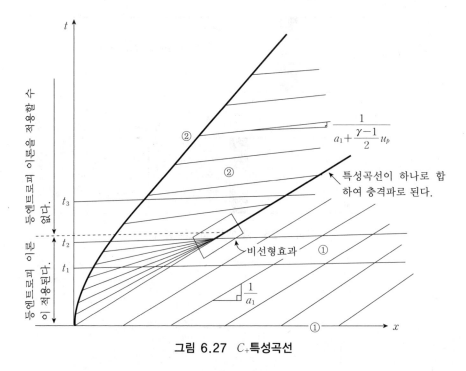

그림 6.27 C_+특성곡선

윗 식으로부터 $a_2 > a_1$이다. 그러므로 관을 통하여 전파하는 파는 압축파임을 알 수 있다.

$$\left. \frac{dt}{dx} \right|^{C_2^+} = \frac{1}{u_2 + a_2} = \frac{1}{a_1 + \frac{\gamma+1}{2} u_p} \tag{6.97}$$

그리고 $\left. \dfrac{dt}{dx} \right|^{C_1^+} = \dfrac{1}{a_1}$이므로

$$\left. \frac{dt}{dx} \right|^{C_1^+} > \left. \frac{dt}{dx} \right|^{C_2^+} \tag{6.98}$$

식 (6.98)로부터 영역 ②의 C_+특성곡선의 기울기는 영역 ①의 기울기보다 작다. C_+특성곡선의 기울기는 영역 ①의 $\dfrac{1}{a_1}$로부터 영역 ②의 기울기 $\left(a_1 + \dfrac{\gamma+1}{2} u_p \right)^{-1}$로 된다.

위의 결과를 그림 6.27의 x-t선도에 그려 보면 다음과 같다. 또한 여러 시간에 대한 밀도변화를 그려 보면 그림 6.28과 같다.

그림 6.28에서 보여 주는 것과 같이 시간이 경과함에 따라 먼 후방에서는

압축파가 합쳐져서 하나의 충격파가 된다.

(6) 충격파관(衝擊波管)

충격파관의 문제는 위에서 기술한 유심팽창파 문제와 압축파 문제로 구성되어 있다(그림 6.29 참조). 분리막을 터뜨리면 고압쪽으로 팽창파가 그리고 저압쪽으로는 충격파가 전파된다(그림 6.30 참조). 여기서 u_s는 이동충격파의 속도이다. 그리고 접촉면(contact surface)은 원래 분리막을 전후로 서로 다른 기체가 분리되었던 면이며, 분리막을 터뜨린 후에도 두 기체는 혼합되지 않고 접촉면을 항시 유지하고 있다. 접촉면이 항상 유지되기 위하여는 접촉면에서 다음 조건을 만족하여야 한다.

$$u_2=u_3, \ p_2=p_3$$

그러나, 접촉면을 통하여 밀도, 온도는 연속적이 아닐 수도 있다.

먼저 영역 ①과 영역 ② 사이의 관계는 이 장의 맨 처음 절에서 기술한 이동충격파의 결과를 이용한다. 식 (6.16)으로부터

$$u_2=\frac{a_1}{\gamma_1}\left(\frac{p_2}{p_1}-1\right)\sqrt{\frac{\dfrac{2\gamma_1}{\gamma_1+1}}{\dfrac{p_2}{p_1}+\dfrac{\gamma_1-1}{\gamma_1+1}}} \tag{6.99}$$

여기서 u_2는 충격파에 의하여 유도된 유동속도이다. 그리고 영역 ③과 영역 ④ 사이의 관계는 앞 절에서 공부한 유심팽창파 문제의 결과를 이용하여 구할 수 있다. 식 (6.84)와 (6.86)으로부터

$$u_3=\frac{2a_4}{\gamma_4-1}\left[1-\left(\frac{p_3}{p_4}\right)^{\frac{\gamma_4-1}{2\gamma_4}}\right] \tag{6.100}$$

그런데 $u_2=u_3$이므로 식 (6.99)와 (6.100)으로부터 u_2와 u_3를 소거하면 다음의 결과를 얻는다. 그리고 $p_2=p_3$이므로

$$\frac{p_4}{p_1}=\frac{p_2}{p_1}\left[1-\frac{(\gamma_4-1)\left(\dfrac{a_1}{a_4}\right)\left(\dfrac{p_2}{p_1}-1\right)}{\sqrt{2\gamma_1\left[2\gamma_1+(\gamma_1+1)\left(\dfrac{p_2}{p_1}-1\right)\right]}}\right]^{\frac{-2\gamma_4}{\gamma_4-1}} \tag{6.101}$$

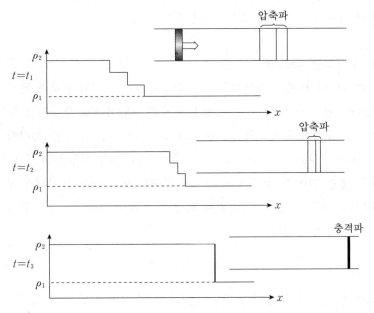

그림 6.28   충격파 형성과정(시간이 경과할수록 압축파는 합쳐져서 충격파가 된다)

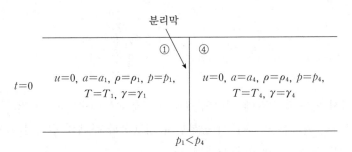

그림 6.29   충격파관

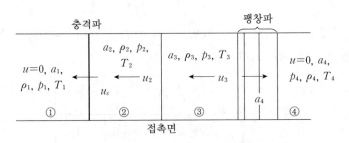

그림 6.30 $t>0$일 때 충격파관의 유동

식 (6.101)에 의하여 충격파의 세기는 초기 분리막 압력비 $\dfrac{p_4}{p_1}$의 음함수로 주어져 있다. 그러므로 분리막 압력비 $\dfrac{p_4}{p_1}$을 알면 충격파의 세기를 계산할 수 있다.

식 (6.101)로부터 주어진 분리막의 압력비 $\left(\dfrac{p_4}{p_1}\right)$에 대하여, 충격파 세기 $\dfrac{p_2}{p_1}$은 $\dfrac{a_1}{a_4}$를 감소시키면 증가한다. $a=\sqrt{\gamma RT}$에서 R이라는 것은 일반기체상수를 각 기체의 분자량으로 나눈, 즉 $\mathcal{R}/M$이므로, 따라서 가벼운 기체(light gas)의 음속이 무거운 기체(heavy gas)의 음속보다 빠르다는 것을 알 수 있다. 그러므로 주어진 $\dfrac{p_4}{p_1}$에 대하여 충격파의 세기를 최대화하기 위하여 구동기체(driving gas, 고압기체)는 고온(그러므로 빠른 음속 a_4)과 적은 분자량을 가져야 하며, 피(被)구동기체(driven gas, 저압기체)는 낮은 온도(낮은 a_1)와 큰 분자량을 가져야 한다.

이와 같은 이유로 실제의 많은 충격파관들이 구동기체로 H_2나 He을 사용하고 방전과 같은 전기적 방법이나 연소 등으로 구동기체의 온도를 높여 준다. 충격파관의 열량적 완전기체로 된 유동의 해석 절차를 요약하면 다음과 같다.

(1) 식 (6.101)로부터 $\dfrac{p_2}{p_1}$을 계산한다.

(2) 계산된 $\dfrac{p_2}{p_1}$과 더불어 이동충격파의 결과로부터 충격파 뒤의 유동변수 및 u_s를 계산한다.

(3) $\dfrac{p_3}{p_4} = \dfrac{p_3/p_1}{p_4/p_1} = \dfrac{p_2/p_1}{p_4/p_1}$을 계산한다. 이것은 팽창파의 세기이다.

(4) 계산된 $\dfrac{p_3}{p_4}$를 사용하여 팽창파 뒤의 모든 유동변수들은 등엔트로피 관계식으로부터 계산한다.

$$\frac{p_3}{p_4}=\left(\frac{\rho_3}{\rho_4}\right)^\gamma=\left(\frac{T_3}{T_4}\right)^{\frac{\gamma}{\gamma-1}}$$

연 습 문 제

6.1 강도가 Δp인 평면음파가 벽면에서 반사하면 반사파 전후의 압력차가 $2\Delta p$가 됨을 보여라.

6.2 다음 문제를 풀어라.
(a) 식 (6.23)을 유도하라.
(b) 그림 6.31과 같은 관이 있다. 피스톤을 작용시켜 충격파 전후의 압력차가 $1.0 \times 10^5 \text{N/m}^2$가 되도록 하였다. 이 충격파가 벽에서 반사될 때 반사충격파 전후의 유동성질들을 계산하라.

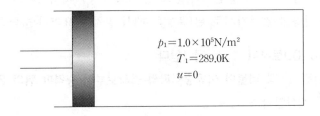

$$p_1 = 1.0 \times 10^5 \text{N/m}^2$$
$$T_1 = 289.0\text{K}$$
$$u = 0$$

그림 6.31 문제 6.2의 초기조건

6.3 양쪽 끝이 막혀 있는 선형충격파관이 다음과 같은 초기 조건하에 있다 (그림 6.32). 분리막을 터뜨렸을 때 특성곡선해법을 사용하여 x-t선도를 그려라.

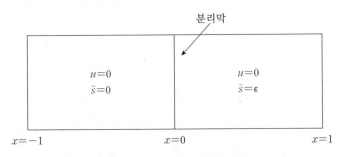

분리막

$$u = 0$$
$$\tilde{s} = 0$$

$$u = 0$$
$$\tilde{s} = \varepsilon$$

$x = -1 \qquad x = 0 \qquad x = 1$

그림 6.32 문제 6.3의 초기조건

7 장

마찰이나 가열이 있는 정상 1차원 유동

7.1 서 론

3장의 1차원 유동의 검사체적을 나타내는 그림 3.2를 다시 생각하자. 검사체적 내에서 영역 ②의 유동값들이 영역 ①과 다르게 하는 어떤 작용이 일어나고 있다. 이 작용은 충격파에 의한 것이고 충격파 구조 내에서 매우 큰 온도 및 속도 구배가 존재하며 엔트로피 증가를 가져온다. 이러한 작용은 검사체적 내에서 발생하고 있지만 영역 ①과 ②에서 각각 균일한 유동값들로 표시할 수 있는 한 수직충격파 식들을 유도하는 데 검사체적 내에서 비가역 현상에 대한 자세한 지식이 필요하지 않았다. 그리고 그림 3.2의 검사체적 내에서 일어나는 작용은 충격파 이외의 다른 원인에 의하여 일어날 수도 있다. 예를 들면 유체가 관을 통하여 흐를 때 유체와 관의 벽면 사이의 마찰에 의하여 영역 ②의 유동값들은 영역 ①과 다르게 된다. 이와 같이 마찰이 중요한 문제는 여러 공학분야 중에 특히 항공기의 추진기관, 화학공장의 유체 수송, 기체를 땅 위 수천 킬로미터까지 수송하는 긴 파이프라인에 있어서 중요하다. 유동에서 변화의 또 다른 요인은 가열이다. 그림 3.2의 검사체적 내의 기체를 가열하거나 냉각하면 영역 ②의 유동값들은 영역 ①의 유동값과 다르게 된다. 이와 같은 문제는 열이 공기-연료 연소 형태로 가해지는 터보 제트기관이나 램 제트(ram jet)기관의 연소실에서 지배적인 현상이다. 그리고 5장에서는 영역 ②의 변화는 단면적의 변화에 의하였다. 위에 기술한 예들에서와 같이 일반적으로 1차원 유동의 변화는 충격파가 존재하지 않아도 면적 변화나 마찰이나 가열에 의하여 일어날 수 있다. 이 장에서는 마찰이나 가열의 영향을 각각 따로 분리하여 정량적(定量的)으로 다루게 된다.

7.2 마찰이 있는 단열 1차원 정상 유동

일정한 단면을 갖는 1차원, 비점성, 압축성 유동을 생각하자. 실제로 기체는 점성을 가지고 있으며 기체와 벽면 사이의 마찰에 의하여 관을 따라 유동값들은 변한다. 그러나 기체의 점성을 무시하되 점성의 효과를 비점성, 완전기체가 관 속을 흐르는데 관의 벽에 전단응력(shear stress)이 작용하는 것으로 대치하여 생각한다. 그림 7.1에서 보여 주는 것과 같이 전단응력이 벽면에 작용하는 일정한 단면을 흐르는 단열, 비점성, 완전기체의 지배방정식은 운동량방정식을 제외한 연속 및 에너지방정식이 수직충격파 방정식과 동일하므로 여기서는 그 유도를 생략한다. 운동량방정식만을 구하여 보자.

2장의 적분형으로 주어진 정상상태의 운동량방정식은 전단응력을 고려할 때 다음과 같이 표시된다.

$$\iint_S \rho \vec{v}(\vec{v} \cdot \vec{n})dS = -\iint_S p\vec{n}dS - \iint_S \vec{\tau}_w dS \tag{7.1}$$

1차원 유동 $\vec{v} = (u, 0, 0)$ 에서 식 (7.1)은 다음과 같이 된다.

$$\iint_S \rho u(\vec{v} \cdot \vec{n})dS = -\iint_S p\vec{n}\Big|_x dS - \iint_S \tau_w dS \tag{7.2}$$

그리고 그림 7.1에서 단면의 지름이 D인 검사체적에 윗 식을 적용하면 다음과 같은 결과를 얻는다.

$$-\rho_1 u_1^2 A + \rho_2 u_2^2 A = p_1 A - p_2 A - \int_0^L \pi D \tau_w dx \tag{7.3}$$

그리고 $A = \dfrac{\pi D^2}{4}$ 이므로 식 (7.3)은 다음과 같이 된다.

$$(p_2 - p_1) + (\rho_2 u_2^2 - \rho_1 u_1^2) = -\frac{4}{D}\int_0^L \tau_w dx \tag{7.4}$$

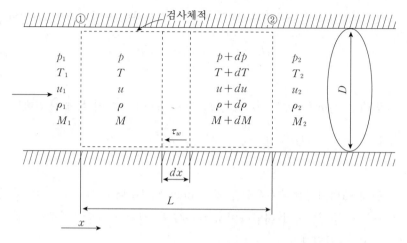

그림 7.1 마찰이 있는 1차원 유동모델

여기서 만약 단면이 원이 아닌 일정단면인 경우에는, D는 수력학 직경(hy-draulic diameter)이며, 따라서 $D = \dfrac{4A}{P}$가 된다. P는 단면의 주변 길이이다.

그런데 국소전단응력 τ_w는 관을 따라 일정하지 않고 변하므로 τ_w를 x의 함수로 정확한 표현을 알고 있지 않으면 식 (7.4)의 우변을 적분할 수 없다. 그러나 그림 7.1에서 보여 주는 것과 같이 유한한 길이 L을 dx로 줄여서 식 (7.4)의 극한을 취하면 적분의 어려움을 극복할 수 있다.

$$dp + d(\rho u^2) = -\frac{4}{D}\tau_w dx \tag{7.5}$$

그리고 연속방정식 $\rho u = \text{const.}$으로부터 $d(\rho u) = 0$. 이것을 식 (7.5)의 좌변 2번째 항에 적용하면 식 (7.5)는 다음과 같이 된다.

$$dp + \rho u du = -\frac{4}{D}\tau_w dx \tag{7.6}$$

그리고 마찰계수 f를 다음과 같이 정의하면 $\left(\tau_w = \dfrac{1}{2}\rho u^2 f\right)$, 식 (7.6)은

$$dp + \rho u du = -\frac{1}{2}\rho u^2 \frac{4fdx}{D} \tag{7.7}$$

식 (7.7)은 유동값이 관을 따라서 변하게 되는 원인은 벽면에 작용하는 마찰이며 곳에 따른 유동값들의 변화가 식 (7.7)에 의하여 지배됨을 나타내 준다.

식 (7.7)에서 f를 매개변수 M의 함수로 표시하여 보자. 식 (7.7)로부터

$$\frac{4fdx}{D} = -2\left(\frac{dp}{\rho u^2} + \frac{du}{u}\right) \tag{7.8}$$

그런데 $p=\rho RT$로부터 $dp = R\rho dT + RTd\rho$이므로 윗 식에 대입하면

$$\frac{4fdx}{D} = -2\left(R\frac{dT}{u^2} + \frac{RT}{\rho u^2}d\rho + \frac{du}{u}\right)$$

그런데 에너지방정식 $c_p T + \frac{1}{2}u^2 = \mathrm{const.}$으로부터 $c_p dT + udu = 0$을 얻고 $dT = -\frac{udu}{c_p}$를 윗 식에 대입하여 $a^2 = \gamma RT$와 $M = \frac{u}{a}$를 이용하면 윗 식은 다음과 같이 표시된다.

$$\frac{4fdx}{D} = 2\frac{(1-M^2)}{\gamma M^2}\frac{du}{u} \tag{7.9}$$

그런데 마하수의 정의 $M^2 = \frac{u^2}{a^2}$으로부터

$$\frac{dM}{M} + \frac{da}{a} = \frac{du}{u} \tag{7.10}$$

그리고 음속 $a^2 = \gamma RT$로부터

$$2ada = \gamma RdT \tag{7.11}$$

에너지방정식으로부터 $dT = -\frac{udu}{c_p}$를 식 (7.11)에 대입하면

$$\frac{da}{a} = -\frac{(\gamma-1)M^2}{2}\frac{du}{u} \tag{7.12}$$

식 (7.12)를 식 (7.10)에 대입하여 $\frac{du}{u}$에 대하여 풀면

$$\frac{du}{u} = \frac{1}{M}\left[1 + \frac{1}{2}(\gamma-1)M^2\right]^{-1}dM \tag{7.13}$$

식 (7.13)으로 주어진 $\frac{du}{u}$를 식 (7.9)에 대입하여 다음과 같은 결과를 얻는다.

$$\frac{4fdx}{D} = \frac{2(1-M^2)}{\gamma M^2}\left[1+\frac{1}{2}(\gamma-1)M^2\right]^{-1}\frac{dM}{M} \tag{7.14}$$

식 (7.14)를 관의 2점 $x=x_1(M=M_1)$과 $x=x_2(M=M_2)$ 사이에 적분하면 다음과 같이 된다.

$$\int_{x_1}^{x_2}\frac{4f}{D}\,dx = -\frac{1}{\gamma}\left(\frac{1}{M_2^2}-\frac{1}{M_1^2}\right)-\frac{1+\gamma}{2\gamma}\ln\left(\frac{M_2^2}{M_1^2}\frac{1+\frac{1}{2}(\gamma-1)M_1^2}{1+\frac{1}{2}(\gamma-1)M_2^2}\right) \tag{7.15}$$

식 (7.15)는 운동량방정식을 변형하여 마하수로 나타낸 식이며 관의 두 점에서의 마하수와 두 점 사이의 마찰과의 관계를 나타내 준다. 그러면 나머지 방정식들, 즉 연속방정식과 에너지방정식을 사용하여 관의 두 점 사이의 압력, 온도, 밀도, 정체압력의 비를 두 점에서의 마하수로 표시해 보자. 단열인 경우 열량적 완전기체에 대한 에너지방정식으로부터

$$\frac{T_0}{T} = \left[1+\frac{1}{2}(\gamma-1)M^2\right] \tag{3.33}$$

그런데 단열인 경우 T_0는 일정하므로

$$\frac{T_2}{T_1} = \frac{T_2}{T_0}\cdot\frac{T_0}{T_1} = \frac{1+\frac{1}{2}(\gamma-1)M_1^2}{1+\frac{1}{2}(\gamma-1)M_2^2} \tag{7.16}$$

그리고 연속방정식 $\rho_1 u_1 = \rho_2 u_2$에 음속 $a^2 = \dfrac{\gamma p}{\rho}$를 이용하면

$$\frac{\gamma p_1 u_1}{a_1^2} = \frac{\gamma p_2 u_2}{a_2^2}$$

또는

$$\frac{p_2}{p_1} = \frac{M_1 a_2}{M_2 a_1} = \frac{M_1}{M_2}\sqrt{\frac{T_2}{T_1}} \tag{7.17}$$

식 (7.16)으로 주어진 $\dfrac{T_2}{T_1}$을 식 (7.17)에 대입하면

$$\frac{p_2}{p_1} = \frac{M_1}{M_2}\sqrt{\frac{2+(\gamma-1)M_1^2}{2+(\gamma-1)M_2^2}} \tag{7.18}$$

그리고 완전기체의 상태방정식으로부터

$$\frac{\rho_2}{\rho_1} = \frac{p_2}{p_1} \cdot \frac{T_1}{T_2} \tag{7.19}$$

식 (7.16)과 (7.18)을 식(7.19)에 대입하면

$$\frac{\rho_2}{\rho_1} = \frac{M_1}{M_2}\sqrt{\frac{2+(\gamma-1)M_2^2}{2+(\gamma-1)M_1^2}} \tag{7.20}$$

끝으로 정체압력비 $\dfrac{p_{02}}{p_{01}}$ 는 다음과 같이 얻어진다.

$$\frac{p_{02}}{p_{01}} = \frac{p_{02}}{p_2} \cdot \frac{p_1}{p_{01}} \cdot \frac{p_2}{p_1} \tag{7.21}$$

그런데 3장에서 마하수로 표시한 정체압력의 정의 식 (3.35)와 식 (7.18)로 주어진 $\dfrac{p_2}{p_1}$ 를 식 (7.21)에 대입하면

$$\frac{p_{02}}{p_{01}} = \frac{M_1}{M_2}\left[\frac{2+(\gamma-1)M_2^2}{2+(\gamma-1)M_1^2}\right]^{\frac{\gamma+1}{2(\gamma-1)}} \tag{7.22}$$

식 (7.16), (7.18), (7.20), (7.22)는 관의 두 점에서의 유동성질들의 비를 대응하는 두 점에서의 마하수의 함수로 표시되어 있다. 그런데 계산의 편리를 위하여 음속점에서의 유동성질을 기준치로 삼는 것이 편리하다. $M=1$에서의 유동값들을 *표를 붙여 나타내자. 그러면 M_1을 $M_1=1$로 $p_1=p^*$, $\rho_1=\rho^*$, $T_1=T^*$, $p_{01}=p_0{}^*$로 놓고, 그리고 $M_2=M$으로 $p_2=p$, $\rho_2=\rho$, $T_2=T$, $p_{01}=p_0{}^*$로 놓으면 식 (7.16), (7.18), (7.20)과 (7.22)는 각각 다음과 같이 된다.

$$\frac{T}{T^*} = \frac{1+\gamma}{2+(\gamma-1)M^2} \tag{7.23}$$

$$\frac{p}{p^*} = \frac{1}{M}\sqrt{\frac{1+\gamma}{2+(\gamma-1)M^2}} \tag{7.24}$$

$$\frac{\rho}{\rho^*} = \frac{1}{M}\sqrt{\frac{2+(\gamma-1)M^2}{1+\gamma}} \tag{7.25}$$

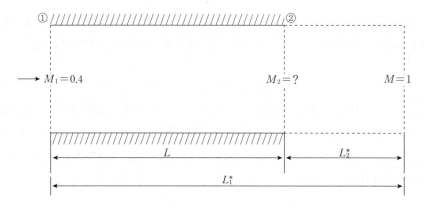

그림 7.2 관의 길이와 L_1^* 및 L_2^*와의 관계

$$\frac{p_0}{p_0^*} = \frac{1}{M}\left[\frac{2+(\gamma-1)M^2}{1+\gamma}\right]^{\frac{\gamma+1}{2(\gamma-1)}} \tag{7.26}$$

식 (7.15)에 마하수 M으로부터 $M=1$에 도달할 때까지의 관의 길이를 L^*로 정의하자. 그러면 식 (7.15)는 다음과 같이 된다.

$$\int_0^{L^*}\frac{4f}{D}dx = -\frac{1}{\gamma}\left(1-\frac{1}{M^2}\right) - \frac{1+\gamma}{2\gamma}\ln\left(\frac{1}{M^2}\frac{1+\frac{1}{2}(\gamma-1)M^2}{\frac{1}{2}(1+\gamma)}\right)$$

또는

$$\frac{4\bar{f}L^*}{D} = \frac{1-M^2}{\gamma M^2} + \frac{1+\gamma}{2\gamma}\ln\left[\frac{(1+\gamma)M^2}{2+(\gamma-1)M^2}\right] \tag{7.27}$$

여기서 $\bar{f}$는 평균 마찰계수이며 다음과 같이 정의된다.

$$\bar{f} = \frac{1}{L^*}\int_0^{L^*}fdx$$

식 (7.23)에서부터 식 (7.26)까지 그리고 식 (7.27)을 $\gamma=1.4$일 때 마하수에 대한 표로 만들어 책 뒤의 표 V에 주어져 있다. 국소마찰계수 f는 유동이 층류인가 난류인가에 따라 다르며 보통 Reynolds수, 마하수, 표면 조도(surface roughness)의 함수이다. 대개 실제 문제에 있어서는 유동은 난류이며 마찰계수는 실험적으로 구해진다. 관유동에 있어서 마찰계수에 대한 자료는 일반 유체역학 책에 주어져 있다. 아음속 압축성 유동에서 f값은 $Re=5\times10^4$일 때

$f = 0.005$로부터 $Re = 2 \times 10^5$일 때 $f = 0.0039$까지 변한다. 그러나 위의 Reynolds수 범위에서 f를 $f = 0.005$로 일정하게 가정해도 큰 오차는 없다.

예제 1 그림 7.2로 주어진 안지름이 0.2m이고 길이가 10m인 관 속을 흐르는 공기를 생각하자. 관의 입구 유동조건은 아음속이며 $M_1 = 0.4$, $p_1 = 1$atm, $T_1 = 300$K이다. $f = \bar{f} = 0.005$로 가정하고 출구에서의 유동조건 M_2, p_2, T_2와 p_{02}를 계산하라.

풀이 먼저 관의 입구에서의 정체압력 p_{01}을 계산하기 위하여 $M_1 = 0.4$에 대한 표 I로부터 $\frac{p_{01}}{p_1} = 1.117$, $p_{01} = 1.117 p_1 = 1.117$atm. 그리고 표 V로부터 $M_1 = 0.4$일 때 $\frac{4 \bar{f} L_1^*}{D} = 2.308$, $\frac{p_1}{p^*} = 2.696$, $\frac{T_1}{T^*} = 1.163$, $\frac{p_{01}}{p_0^*} = 1.590$을 얻는다. 그림 7.2에서 보여 주는 것과 같이 관의 길이 $L = 10\text{m} = L_1^* - L_2^*$이므로

$$\frac{4 \bar{f} L_2^*}{D} = \frac{4 \bar{f} L_1^*}{D} - \frac{4 \bar{f} L}{D} = 2.308 - \frac{4 \times 0.005 \times 10}{0.2} = 1.308$$

다시 표 V로부터 $\frac{4 \bar{f} L_2^*}{D} = 1.308$에 대한 $M_2 = 0.474$, $\frac{T_2}{T^*} = 1.148$, $\frac{p_2}{p^*} = 2.263$, $\frac{p_{02}}{p_0^*} = 1.394$를 찾는다. 그러므로,

$$T_2 = \frac{T_2}{T^*} \times \frac{T^*}{T_1} \times T_1 = 1.148 \times \frac{1}{1.163} \times 300 = 293.16\text{K}$$

$$p_2 = \frac{p_2}{p^*} \times \frac{p^*}{p_1} \times p_1 = 2.263 \times \frac{1}{2.696} \times 1 = 0.839\text{atm}$$

$$p_{02} = \frac{p_{02}}{p_0^*} \times \frac{p_0^*}{p_{01}} \times p_{01} = 1.394 \times \frac{1}{1.590} \times 1.117 = 0.979\text{atm}$$

$\therefore M_2 = 0.474$, $p_2 = 0.839$atm, $T_2 = 296.13$K, $p_{02} = 0.979$atm

위 결과로부터 아음속 압축성 유동에서는 마찰의 영향은 온도, 압력, 정체압력은 감소하고 속도와 마하수는 증가함을 알 수 있다.

예제 2 안지름이 0.5m이고 길이가 5m인 관 속을 흐르는 공기를 생각하자.

관 입구의 유동조건은 초음속이며 $M_1=3$, $p_1=1\,\text{atm}$, $T_1=300\,\text{K}$이다. $f=\bar{f}$ $=0.005$로 가정하고 출구에서의 유동 조건 M_2, p_2, T_2, p_{02}를 계산하라.

[풀 이]　먼저 입구에서 정체압력 p_{01} 을 계산하기 위하여 표 I 로부터 $M_1=3$ 일 때 $\dfrac{p_{01}}{p_1}=36.73$이므로, $p_{01}=36.73\,p_1=36.73\,\text{atm}$. 그리고 표 V 와 $M_1=3$일 때 $\dfrac{4\bar{f}L_1{}^*}{D}=0.5222$, $\dfrac{T_1}{T^*}=0.4286$, $\dfrac{p_1}{p^*}=0.2182$, $\dfrac{p_{01}}{p_0{}^*}=4.235$를 얻는다. 그런데 $L=L_1{}^*-L_2{}^*$이므로

$$\frac{4\bar{f}L_2{}^*}{D}=\frac{4\bar{f}L_1{}^*}{D}-\frac{4\bar{f}L}{D}=0.522-\frac{4\times0.005\times5}{0.5}=0.3222$$

다시 표 V 와 $\dfrac{4\bar{f}L_2{}^*}{D}=0.3222$일 때 $M_2=2.06$, $\dfrac{T_2}{T^*}=0.649$, $\dfrac{p_2}{p^*}=0.391$, $\dfrac{p_{02}}{p_0{}^*}=1.775$. 그러므로

$$T_2=\frac{T_2}{T^*}\times\frac{T^*}{T_1}\times T_1=0.649\times\frac{1}{0.4286}\times300=454.3\,\text{K}$$

$$p_2=\frac{p_2}{p^*}\times\frac{p^*}{p_1}\times p_1=0.391\times\frac{1}{0.2182}\times1=1.787\,\text{atm}$$

$$p_{02}=\frac{p_{02}}{p_0{}^*}\times\frac{p_0{}^*}{p_{01}}\times p_{01}=1.775\times\frac{1}{4.235}\times36.73=15.39\,\text{atm}$$

$$\therefore\ M_2=2.06,\ p_2=1.787\,\text{atm},\ T_2=454.3\,\text{K},\ p_{02}=15.39\,\text{atm}$$

위의 결과로부터 알 수 있는 것과 같이 초음속 유동에서 마찰의 영향은, 속도는 감소되며 압력, 온도는 증가하고 정체압력은 아음속에서와 같이 감소한다.

위의 두 예제의 결과로부터 마찰에 의한 물리적 양들의 경향을 살펴보면 다음과 같다.

아음속 유동($M_1<1$)에서의 마찰의 영향	초음속 유동($M_1>1$)에서의 마찰의 영향
⑺ 마하수는 증가한다. $M_2>M_1$	⑺ 마하수는 감소한다. $M_2<M_1$
⑷ 압력은 감소한다. $p_2<p_1$	⑷ 압력은 증가한다. $p_2>p_1$
⑸ 온도는 감소한다. $T_2<T_1$	⑸ 온도는 증가한다. $T_2>T_1$
⑹ 속도는 증가한다. $u_2>u_1$	⑹ 속도는 감소한다. $u_2<u_1$
⑺ 정체압력은 감소한다. $p_{02}<p_{01}$	⑺ 정체압력은 감소한다. $p_{02}<p_{01}$

위의 사실들로부터 관의 길이가 충분할 때 마찰에 의하여 항상 초음속 유동은 감속되고 아음속 유동은 가속되어 관의 출구에서는 $M=1$에 도달하게 된다. 이 사실을 수학적으로 증명하기 위하여 열역학 제1및 제2법칙을 결합한 다음식을 상기하자.

$$Tds = dh - \frac{dp}{\rho} \qquad (7.28)$$

그런데 완전기체에서는 $p = \rho RT$ 이므로

$$dp = RTd\rho + \rho RdT$$

이다. 이것을 식 (7.28)에 대입하면

$$Tds = dh - \frac{RT}{\rho}d\rho - RdT$$

열량적 완전기체에 대하여는 $dh = c_p dT$ 이므로 이것을 윗 식에 대입하고 정리하면 다음과 같이 된다.

$$ds = c_v \frac{dT}{T} - R \frac{d\rho}{\rho}$$

연속방정식 $\rho u = $ const. 으로부터 $\dfrac{d\rho}{\rho} = -\dfrac{du}{u}$ 를 얻고 이것을 윗 식에 대입하면

$$ds = c_v \frac{dT}{T} + R \frac{du}{u} \qquad (7.29)$$

윗 식을 두 점 사이에 대하여 적분하면

$$\frac{s - s_1}{c_v} = \ln \frac{T}{T_1} + (\gamma - 1) \ln \frac{u}{u_1} \qquad (7.30)$$

그런데 에너지방정식

$$c_p dT + \frac{1}{2} u^2 = c_p T_0 = \text{const.}$$

으로부터

$$u = \sqrt{2c_p(T_0 - T)}$$

을 얻고 이것을 식 (7.30)에 대입하면

$$\frac{s-s_1}{c_v} = \ln \frac{T}{T_1} + (\gamma-1)\ln\left[\frac{2c_p(T_0-T)}{2c_p(T_0-T_1)}\right]^{\frac{1}{2}}$$

$$= \ln\frac{T}{T_1} + \frac{(\gamma-1)}{2}\ln\left(\frac{T_0-T}{T_0-T_1}\right)$$

또는

$$\frac{s-s_1}{c_v} = \ln T + \frac{1}{2}(\gamma-1)\ln(T_0-T) + C \tag{7.31}$$

여기서 C는 T_0와 T_1으로 이루어진 상수이다. 식 (7.31)을 주어진 T_0와 질량유량($\dot{m}$)에 대하여 그려 보면 그림 7.3과 같은 모양을 가지는 곡선이 되며 Fanno곡선이라 부른다. 그러므로 이 곡선은 정체엔탈피(열량적 완전기체에는 정체온도)와 질량유량이 일정한 마찰이 있는 흐름에서 관의 길이의 변화에 따른 관의 출구에서의 상태를 나타내는 곡선이다.

열량적 완전기체에서는 $h = c_p dT + \mathrm{const.}$ 이므로 $h{-}s$ 곡선은 $T{-}s$ 곡선과 모양이 비슷하다.

Fanno곡선 위에서 엔트로피가 최대가 되는 점 a의 특성에 대하여 알아보자. 점 a에서 $\frac{ds}{dT}=0$이므로 식 (7.31)을 T에 관하여 미분하여 그 값을 영으로 놓으면 다음과 같은 결과를 얻는다.

$$T_0 = \frac{1+\gamma}{2}T \tag{7.32}$$

그런데 열량적 완전기체의 에너지방정식 $T_0 = T\left(1 + \frac{\gamma-1}{2}M^2\right)$을 상기하고 그 값을 식 (7.32)에 대입하고 M에 대하여 풀면 $M=1$을 얻는다. 점 a는 음속점이다. 점 a는 Fanno곡선을 두 개의 부분으로 나눈다. Fanno곡선의 상반부는 아음속 유동에 해당하고 그 하반부는 초음속 유동에 해당한다. 마찰이 존재하기 때문에 유동은 비가역 과정이므로 유동의 엔트로피가 항상 증가하게 된다. 그러므로 만약 초기 조건(관의 입구)이 그림 7.3에서 1로 표시된 초음속이면 마찰은 그림 7.3의 Fanno곡선의 하반부를 따라 유동은 점 a로 움직이게 되

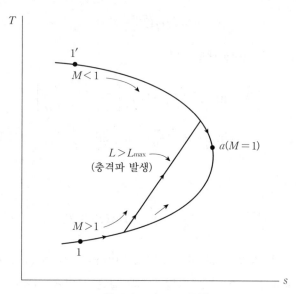

그림 7.3 Fanno곡선

며 마하수는 감소되어 $M = 1$에 접근하게 된다. 만약 관의 초기 조건(관의 입구
에서의 유동조건)이 그림 7.3에서 $1'$로 표시된 아음속이면 마찰은 Fanno곡선의
상반부를 따라 유동은 점 a쪽으로 이동하게 되며 마하수는 증가하여 $M = 1$에
접근하게 된다. 다시 말하면 Fanno곡선 상의 점 1(아음속의 경우는 $1'$)과 점 a 사
이의 각 점은 관의 어떤 길이에 해당한다. 관의 길이 L이 길면 길수록 관의 출
구의 유동 조건은 점 a에 더 가까워진다. 주어진 입구 마하수에 대하여 관의
출구에 $M = 1$에 도달하게 되는 관의 최대 길이 L^*이 존재한다. 예를 들면
$\bar{f} = 0.005$ 인 경우에 여러 입구 마하수에 대한 관의 최대 길이 L^*을 지름 D의
비로써 나타내 보면 다음과 같다.

입구 마하수	0	0.25	0.5	0.75	1.0	1.5	2.0	3.0	10.0	∞
$\dfrac{L^*}{D}$	∞	424	50	6	0	6.8	15	26	39	41

위의 표로부터 재미있는 사실을 하나 알 수 있는데, 마하수가 아무리 크더
라도 마찰계수가 0.005일 때 관의 최대 길이는 지름의 41배라는 것이다. 마찰
에 의한 정체 압력의 손실뿐만 아니라 출구 마하수가 급격히 감소되기 때문에
초음속 유동으로 기체를 수송하는 것은 비경제적이다.

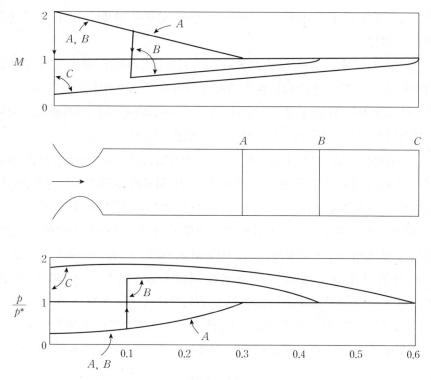

그림 7.4 관의 길이를 변화시켰을 때의 마하수와 압력분포

관의 출구의 마하수가 1에 도달하였을 때 유동은 질식되었다고 말한다. 아음속($M_1 < 1$) 유동인 경우 관의 길이를 입구 마하수 M_1에 해당하는 최대 길이 $L^*(M_1)$ 보다 크게 하면 출구에 $M_2 = 1$이 되도록 입구 마하수 M_1이 감소되지 않으면 안 된다. 이렇게 되면 질량유량($\dot{m}$)의 감소를 가져온다. 초음속($M_1 > 1$)인 경우 관의 길이를 입구 마하수 M_1에 해당하는 최대 길이 $L^*(M_1)$ 보다 크게 하면 관의 입구와 출구 사이에 수직충격파가 발생하게 되며 수직충격파 뒤에는 유동이 아음속이 되며 Fanno곡선의 상반부를 따라 마하수가 증가되어 관의 출구에 $M_2 = 1$이 된다. 관의 길이가 이보다 약간 더 길게 되면 수직충격파의 위치는 관의 입구쪽으로 더 가까이 이동된다. 관의 길이를 이보다 더 크게 하면 수직충격파는 관의 입구에 발생한다. 위의 사실을 입구 마하수 $M_2 = 2$에 대하여 관의 길이를 변화시키면서 보여 준 그림이 그림 7.4에 그려져 있다. 관의 길이 A 는 $M_1 = 2$에 대한 관 내의 수직충격파가 발생하지 않는 관의 최대 길이이다. 관의 길이를 B까지 증가하면 충격파는 관 내에 발생하고 관의 길이를 이

보다 더 크게 C까지 하면 수직충격파는 관의 입구에 발생하며 전(全) 유동은
아음속이다.

마찰의 영향은 입구 마하수가 아음속이든 초음속이든 항상 정체 압력을
감소시키므로 추진 기관이나 유체 기계의 효율을 감소시킨다는 것을 알 수 있
다. 이 절에서는 단열인 경우만을 다루었으나 지금까지 배운 지식을 등온이나
단면적이 변하는 유동에도 쉽게 적용할 수 있을 것으로 믿는다.

이번에는 여러 배압의 경우의 유동을 생각해 보자. 축소-확대 노즐 출구
에 연결된 일정단면의 관 유동을 생각하자. 관 입구의 정체압력과 정체온도는
충격파가 존재하지 않는 노즐 유동의 그것과 같으며 일정하게 유지된다. 그리
고 관 입구의 마하수 M_1은 노즐의 면적비로 주어지는 초음속 유동이다. 실제
관의 길이 L이 M_1에 해당하는 L^* 보다 작을 때($L<L^*$)와 클 때($L>L^*$)인 각
각의 경우 여러 배압 p_b(back pressure)에 대하여 관 유동을 조사하여 보자. 우
선 2개의 관의 출구압력을 다음과 같이 정의한다. p_{e_1}은 관 내나 관 출구에 충
격파가 생성되지 않는 압력이며, p_{e_2}는 관 출구에 수직충격파가 생겼을 때의 수
직충격파 바로 뒤의 관 출구압력이다. 이것은 노즐유동에서 p_{c_3}, p_{c_2}에 해당한다.

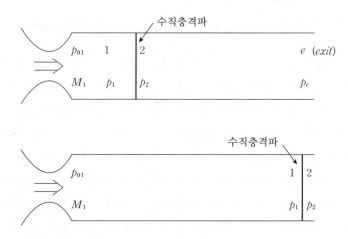

그림 7.5 두 한계의 경우(two limiting cases): 충격파가 관의 입구에 생길 때와 충격
파가 관의 출구에 생기는 경우

(1) $L < L^*$, $M_1 > 1$ 일 때

a) $p_b < p_{e_1}$	Fanno곡선을 따라 마하수는 M_1으로부터 점점 감소하여 관의 출구에는 경사팽창파가 발생한다. 노즐유동의 과소팽창유동의 노즐출구에서의 유동과 비슷하다.
b) $p_b = p_{e_1}$	충격파가 존재하지 않는다. 노즐유동의 완전팽창유동과 비슷하다.
c) $p_{e_1} < p_b < p_{e_2}$	관의 출구에 경사충격파가 발생하며 노즐유동의 과대팽창유동과 비슷하다.
d) $p_b = p_{e_2}$	관의 출구에 수직충격파가 발생한다. 관의 출구를 제외한 관을 따른 압력분포와 마하수분포는 Fanno곡선을 따라 결정되며, 즉 압력분포는 증가하고 마하수분포는 감소하는데 a), b), c), d) 경우에 모두 동일하다.
e) $p_b > p_{e_2}$	관 내에 수직충격파가 발생된다. 노즐유동의 $p_{c_2} < p_b < p_{c_1}$일 때, 노즐확산부에 수직충격파가 발생되는 것과 비슷하다.

예제 3   정체압력 $p_{0I} = 100\,\text{psi}$이고 노즐면적비가 2인 노즐끝에 $\dfrac{L}{D} = 10$인 일정단면의 관이 연결되어 있다. 관의 $\bar{f} = 0.005$이다. 관 내에 수직충격파가 발생될 수 있는 배압의 범위를 구하라. 노즐유동은 등엔트로피 유동으로 가정하고 관의 유동은 Fanno흐름이다.

풀 이   면적비 2와 등엔트로피 유동의 표 Ⅰ로부터 관입구의 마하수는 $M_I = 2.2$이다. 그리고 $M_I = 2.2$와 표 Ⅴ로부터 $\dfrac{4\bar{f}L^*}{D} = 0.361$. 그런데 실제 길이 L의 관의 $\dfrac{4\bar{f}L}{D} = 4 \times 0.005 \times 10 = 0.2$이므로 $L < L^*$임을 알 수 있다. 충분히 배압이 낮을 경우에는 관 전체를 통하여 초음속 유동임을 알 수 있다. 여기서 하첨자 I는 노즐출구 즉 관입구를 의미한다.

a) 관의 입구에 수직충격파가 발생되는 경우의 배압:

관의 입구 마하수 $M_1 = M_I = 2.2$, $p_{01} = p_{0I} = 100\,\text{psi}$이다.

$M_1 = 2.2$와 표 Ⅰ로부터 $\dfrac{p_{01}}{p_1} = 10.69$

$M_I = 2.2$와 표 Ⅱ로부터 $M_2 = 0.547$, $\dfrac{p_2}{p_1} = 5.48$

$M_2 = 0.547$과 표 Ⅴ로부터 $\dfrac{p_2}{p^*} = 1.94$, $\dfrac{4\bar{f}L^*}{D} = 0.746$

그러면 관 출구의 마하수 M_e와 압력비 $\dfrac{p_e}{p^*}$ 를 계산하자.

$$\left.\frac{4\bar{f}L^*}{D}\right|^{M_e} = \left.\frac{4\bar{f}L^*}{D}\right|^{M_2} - \frac{4\bar{f}L}{D} = 0.746 - 0.20 = 0.546$$

$\left.\dfrac{4\bar{f}L^*}{D}\right|^{M_e} = 0.546$과 표 Ⅴ로부터 $M_e = 0.587$, $\dfrac{p_e}{p^*} = 1.80$.

$$\therefore\ p_{b_1} = p_e = \frac{p_e}{p^*}\frac{p^*}{p_2}\frac{p_2}{p_1}\frac{p_1}{p_{01}}p_{01}$$

위에 계산된 값들을 윗 식에 대입하면,

$$p_{b_1} = 1.80 \times \frac{1}{1.94} \times 5.48 \times \frac{1}{10.69} \times 100 = 47.5\,\text{psi}$$

b) 관의 출구에 수직충격파가 발생되는 경우의 배압:

M_1, M_2는 관의 출구의 마하수로서 충격파 전후의 값이다.

$$\left.\frac{4\bar{f}L^*}{D}\right|^{M_1} = \left.\frac{4\bar{f}L^*}{D}\right|^{M=2.2} - \frac{4\bar{f}L}{D} = 0.361 - 0.20 = 0.161$$

$\left.\dfrac{4\bar{f}L^*}{D}\right|^{M_1} = 0.161$과 표 Ⅴ로부터 $M_1 = 1.57$, $\dfrac{p_1}{p^*} = 0.571$.

$M_1 = 1.57$과 표 Ⅱ로부터 $\dfrac{p_2}{p_1} = 2.71$.

$$p_{b_2} = p_2 = \frac{p_2}{p_1}\frac{p_1}{p^*}\frac{p^*}{p_I}\frac{p_I}{p_{0I}}p_{0I}$$

윗 식에서 $\dfrac{p^*}{p_I}$ 는 $M_I = 2.2$와 표 Ⅴ로부터 구해진다. 즉, $\dfrac{p^*}{p_I} = (0.355)^{-1}$.

$$\therefore\ p_{b_2} = p_2 = 2.71 \times 0.571 \times \frac{1}{0.355} \times \frac{1}{10.69} \times 100 = 40.8\,\text{psi}$$

따라서 $p_{b_2} < p_b < p_{b_1}$, 즉 $40.8\,\text{psi} < p_b < 47.5\,\text{psi}$일 때, 관 내에 수직충격파가 형성된다.

(2) $L > L^*$, $M_1 > 1$일 때

이러한 경우에는 배압이 충분히 낮더라도 Fanno흐름을 만족하는 해는 관 내에 수직충격파가 생기며, 수직충격파를 지난 흐름은 아음속 유동이며 Fanno 곡선을 따라 속도는 증가하며 관의 출구에서 마하수 1이 된다. 배압이 충분히 낮으면 관의 출구에 경사팽창파가 형성된다.

예제 4 앞의 예제에서와 같이 정체압력 $p_{0I} = 100 \, \text{psi}$이고 노즐의 면적비가 2이다. 노즐출구에 $\dfrac{L}{D} = 25$인 관이 연결되어 있다. $\bar{f} = 0.005$이다. 배압이 충분히 낮을 때 관 내에 형성된 수직충격파의 위치를 계산하라.

풀 이 $\dfrac{4\bar{f}L}{D} = 0.50$이므로 $L > L_{\max}$이다. 그러므로 관 내에 수직충격파가 발생한다. 해는 관의 출구의 마하수 $M_e = 1$이 되도록 시행착오법(try and error)에 의하여 구하게 된다. 먼저 수직충격파 위치 $\dfrac{L_1}{D}$, 즉 $\dfrac{4\bar{f}L_1}{D}$를 가정한다. 예를 들어 $\dfrac{L_1}{D} = 7.5$에 수직충격파가 생겼다고 가정하자. 그러면 $\dfrac{4\bar{f}L_1}{D} = 0.15$이다. 이때의 마하수는 $\dfrac{4\bar{f}L_1^*}{D} = 0.361 - 0.15 = 0.211$과 표 Ⅴ로부터 결정된다. 즉, $M_1 = 1.71$이고 수직충격파 바로 뒤의 마하수 $M_2 = 0.64$이다. $M_2 = 0.64$와 표 Ⅴ로부터 $\dfrac{4\bar{f}L_2^*}{D} = 0.353$이다. 그러나 출구에서의 마하수 $M_e = 1$이기 때문에 $\dfrac{4\bar{f}L_2^*}{D} = \dfrac{4\bar{f}(L - L_1)}{D}$ 이어야 한다. 그런데

$$\frac{4\bar{f}(L - L_1)}{D} = 4 \times 0.005 \times (25 - 7.5)$$

$$= 0.02 \times 17.5$$

$$= 0.35$$

이 계산을 좀더 정확히 하면, $\dfrac{L_1}{D} = 8.0$인 곳에 수직충격파가 존재한다.

$$\text{배압 } p_e = p^* = \frac{p^*}{p_2}\frac{p_2}{p_1}\frac{p_1}{p^*}\frac{p^*}{p_I}\frac{p_I}{p_{0I}} p_{0I}$$

$$= \frac{1}{1.63} \times 3.13 \times \frac{0.521}{0.355} \times \frac{1}{10.69} \times 100$$

$$= 24.6 \, \text{psi}$$

7.3   가열이 있는 1차원 유동

일정한 단면을 갖는 관 내를 흐르는 비점성, 압축성 유체를 생각하자. 그리고 영역 ①과 영역 ② 사이에 열이 가하여(또는 냉각되어)지고 있다. 지배방정식은 가열항을 고려한 1차원 수직충격파 방정식과 동일하다. 편의상 지배방정식을 다시 적어 보면 다음과 같다.

연속방정식: $\rho_1 u_1 = \rho_2 u_2$ (7.33)

운동량방정식: $p_1 + \rho_1 u_1^2 = p_2 + \rho u_2^2$ (7.34)

에너지방정식: $h_1 + \dfrac{1}{2} u_1^2 + q = h_2 + \dfrac{1}{2} u_2^2$ (7.35)

영역 ①에서 유동조건과 단위질량당 가열량 q로써, 적절한 상태방정식들과 함께 위의 식 (7.33)~(7.35)로부터 영역 ②의 유동조건을 구할 수 있다. 열적 완전기체 $c_p = c_p(T)$에 대하여는 수치적 방법이 요구되지만 열량적 완전기체 ($c_p =$ const., $c_v =$ const.)에 대하여는 수직충격파 해석에서처럼 닫혀진 형태의 해석적 표현식을 얻을 수 있다. 이 절에서는 기체를 열량적 완전기체로 가정하자. 식 (7.35)에서 $h = c_p T$를 대입한 후 q에 대하여 풀면

$$q = \left(c_p T_2 + \dfrac{1}{2} u_2^2\right) - \left(c_p T_1 + \dfrac{1}{2} u_1^2\right)$$ (7.36)

3장에서 정의한 정체온도의 정의를 식 (7.36)에 적용하면 다음과 같이 된다.

$$q = c_p(T_{02} - T_{01})$$ (7.37)

식 (7.37)로부터 가열의 효과는 정체온도를 직접적으로 변하게 하는 것을 알 수 있다. 단열 수직충격파나 마찰이 있는 단열 1차원 유동에서는 T_0가 보존된다는 사실과 비교하여 보기 바란다. 가열이면 T_0가 증가하고 냉각하면 T_0가 감소하게 된다. 그러면 영역 ①과 영역 ② 사이의 유동값들의 비를 마하수 M_1과 M_2로 표시하여 보자.

$$\rho u^2 = \rho a^2 M^2 = \gamma p M^2$$

과 더불어 식 (7.34)는

$$p_2 - p_1 = \rho_1 u_1^2 - \rho_2 u_2^2 = \gamma p_1 M_1^2 - \gamma p_2 M_2^2$$

따라서

$$\frac{p_2}{p_1} = \frac{1 + \gamma M_1^2}{1 + \gamma M_2^2} \qquad (7.38)$$

또한 완전기체의 상태방정식과 식 (7.33)으로부터

$$\frac{T_2}{T_1} = \frac{p_2}{p_1} \frac{\rho_1}{\rho_2} = \frac{p_2}{p_1} \frac{u_2}{u_1} \qquad (7.39)$$

마하수 정의로부터

$$\frac{u_2}{u_1} = \frac{M_2 a_2}{M_1 a_1} = \frac{M_2}{M_1} \sqrt{\frac{T_2}{T_1}} \qquad (7.40)$$

식 (7.40)을 식 (7.39)에 대입한 후 $\dfrac{T_2}{T_1}$에 대하여 풀고 식 (7.38)을 이용하면

$$\frac{T_2}{T_1} = \left(\frac{M_2}{M_1}\right)^2 \left(\frac{1 + \gamma M_1^2}{1 + \gamma M_2^2}\right)^2 \qquad (7.41)$$

그리고

$$\frac{\rho_2}{\rho_1} = \frac{p_2}{p_1} \frac{T_1}{T_2}$$

이므로 식 (7.41)과 식 (7.38)을 이용하면

$$\frac{\rho_2}{\rho_1} = \left(\frac{M_1}{M_2}\right)^2 \frac{1 + \gamma M_2^2}{1 + \gamma M_1^2} \qquad (7.42)$$

정체압력비는 마하수의 정의식 (3.35)와 식 (7.38)을 이용하면 직접 얻을 수 있다.

$$\frac{p_{02}}{p_{01}} = \frac{p_{02}}{p_2} \times \frac{p_1}{p_{01}} \times \frac{p_2}{p_1} = \frac{1 + \gamma M_1^2}{1 + \gamma M_2^2} \left(\frac{1 + \dfrac{\gamma - 1}{2} M_2^2}{1 + \dfrac{\gamma - 1}{2} M_1^2}\right)^{\frac{\gamma}{\gamma - 1}} \qquad (7.43)$$

정체온도비는 식 (3.33)과 식 (7.41)로부터

$$\frac{T_{02}}{T_{01}} = \frac{T_{02}}{T_2} \times \frac{T_1}{T_{01}} \times \frac{T_2}{T_1} = \left(\frac{M_2}{M_1}\right)^2 \left(\frac{1+\frac{\gamma-1}{2}M_2^2}{1+\frac{\gamma-1}{2}M_1^2}\right) \left(\frac{1+\gamma M_1^2}{1+\gamma M_2^2}\right)^2 \quad (7.44)$$

마지막으로 엔트로피 변화는 $\frac{T_2}{T_1}$ 과 $\frac{p_2}{p_1}$ 의 표현식을 식 (1.35)에 대입하여 계산할 수 있다. 식 (1.35)를 다시 적어 보면 다음과 같다.

$$s_2 - s_1 = c_p \ln\left(\frac{T_2}{T_1}\right) - R\ln\left(\frac{p_2}{p_1}\right) \quad (1.35)$$

앞 절의 마찰이 있는 1차원 유동에서와 같이 계산의 편의를 위하여 기준치로서 음속 조건을 사용하는 것이 보통이다. $M=1$ 때의 유동값을 *를 붙여서 나타내자. 이제까지 유도한 유동값들의 비를 나타내는 식들 (7.38), (7.41), (7.42), (7.43), (7.44)에 M_1 대신에 $M_1=1$로 놓고 $p_1=p^*$, $T_1=T^*$, $\rho_1=\rho^*$, $p_{01}=p_0^*$, $T_{01}=T_0^*$, $\rho_{01}=\rho_0^*$로 하고, M_2 대신에 M으로, $p_2=p$, $T_2=T$, $\rho_2=\rho$, $p_{02}=p_0$, $T_{02}=T_0$, $\rho_{02}=\rho_0$로 놓으면 다음과 같은 식들을 얻는다.

$$\frac{p}{p^*} = \frac{1+\gamma}{1+\gamma M^2} \quad (7.45)$$

$$\frac{T}{T^*} = M^2\left(\frac{1+\gamma}{1+\gamma M^2}\right)^2 \quad (7.46)$$

$$\frac{\rho}{\rho^*} = \frac{1}{M^2}\left(\frac{1+\gamma M^2}{1+\gamma}\right) \quad (7.47)$$

$$\frac{p_0}{p_0^*} = \frac{1+\gamma}{1+\gamma M^2}\left[\frac{2+(\gamma-1)M^2}{1+\gamma}\right]^{\frac{\gamma}{\gamma-1}} \quad (7.48)$$

$$\frac{T_0}{T_0^*} = [2+(\gamma-1)M^2]\frac{M^2}{(1+\gamma M^2)} \quad (7.49)$$

식 (7.45)로부터 식 (7.49)까지 $\gamma=1.4$일 때 마하수의 함수로 표를 만들어 표 VI에 주어져 있다. 주어진 유동에 있어서 국소유동값은 관의 위치에 따라 변하지만 기준치로 잡은 $M=1$ 때의 유동값은 전(全) 유관을 통하여 일정함을 유의하기 바란다.

예제 5 램 제트(ram jet)의 연소실을 일정한 단면을 갖는 관으로 가정하자.

연소실 입구에서 공기-연료 혼합기체로 된 유동의 성질은 압력이 $0.8 \times 10^5 \text{N/m}^2$, 온도가 110K, 유속이 60m/sec이다. 연소실에서 공기-연료 혼합기체가 연소되면서 단위 질량당 2.0×10^5J의 열을 발생한다. 문제를 간단히 하기 위하여 연소 전후의 혼합기체는 공기(대부분 질소)의 성질을 갖는다고 가정하라.

(a) 연소실 출구에서 기체의 온도 T_2, 압력 p_2 및 u_2를 계산하라.
(b) 가열에 의한 정체 압력 손실 $\dfrac{p_{01} - p_{02}}{p_{01}} \times 100$을 계산하라.
(c) 가능한 최대 열량을 계산하라.

풀 이 연소실 입구: $p_1 = 0.8 \times 10^5 \text{N/m}^2$, $T_1 = 110$K, $u_1 = 60$m/sec

연소실 출구: $p_1 = ?$, $T_1 = ?$, $u_1 = ?$, $p_{02} = ?$

우선 연소실 입구의 필요한 다른 유동 성질들을 계산하자.

$$a_1 = \sqrt{\gamma R T_1} = \sqrt{1.4 \times 287.06 \times 110} = 210.26 \text{m/sec}$$

$$M_1 = \frac{u_1}{a_1} = \frac{60}{210.26} = 0.285$$

그리고 표 I로부터 p_{02}와 T_{01}을 계산하자.
$M_1 = 0.285$에 대한 표 I로부터

$$\frac{p_{01}}{p_1} \cong 1.058, \ p_{01} = 1.058 p_1 = 0.85 \times 10^5 \text{N/m}^2,$$

$$\frac{T_{01}}{T_1} \cong 1.0162 \text{ 이므로 } T_{01} = 1.0162 \ T_1 = 111.78\text{K}$$

$M_1 = 0.285$에 대한 표 VI으로부터

$$\frac{p_1}{p^*} = 2.155, \ \frac{T_1}{T^*} = 0.3871, \ \frac{p_{01}}{p_0{}^*} = 1.204, \ \frac{T_{01}}{T_0{}^*} = 0.3244$$

를 얻는다. 식 (7.37)과 $q = 2.0 \times 10^5$J로부터 T_{02}를 계산한다.

$$T_{02} = T_{01} + \frac{q}{c_p} = 111.78 + \frac{2.0 \times 10^5}{1005} = 310.78\text{K}$$

$$\frac{T_{02}}{T_{01}} = \frac{310.78}{111.78} = 2.780$$

$$\frac{T_{02}}{T_{01}} = \frac{T_{02}}{T_0^*} \times \frac{T_0^*}{T_{01}} = 2.780 \text{으로부터}$$

$$\frac{T_{02}}{T_0^*} = 2.780 \times \frac{T_{01}}{T_0^*} = 2.780 \times 0.3244 = 0.902$$

$\dfrac{T_{02}}{T_0^*} = 0.902$에 대한 표 Ⅵ 으로부터

$$M_2 = 0.69, \quad \frac{T_2}{T^*} = 0.988, \quad \frac{p_2}{p^*} = 1.44, \quad \frac{p_{02}}{p_0^*} = 1.046$$

를 얻는다. 그러므로

$$T_2 = \frac{T_2}{T^*}\frac{T^*}{T_1}T_1 = 0.988 \times \frac{1}{0.3871} \times 110 = 280.75 \,\mathrm{K}$$

$$p_2 = \frac{p_2}{p^*}\frac{p^*}{p_1}p_1 = 1.44 \times \frac{1}{2.155} \times 0.8 \times 10^5 = 5.34 \times 10^4 \,\mathrm{N/m^2}$$

$$\frac{p_{02}}{p_{01}} = \frac{p_{02}}{p_0^*}\frac{p_0^*}{p_{01}} = 1.046 \times \frac{1}{1.204} = 0.868$$

$$\Delta p_0 = p_{01} - p_{02} = \left(1 - \frac{p_{02}}{p_{01}}\right)p_{01} = (1 - 0.868) \times 0.85 \times 10^5 = 1.122 \times 10^4 \,\mathrm{N/m^2}$$

$$손실률: \quad \frac{\Delta p_0}{p_{01}} \times 100 = 13\%$$

$$u_2 = a_2 M_2 = \sqrt{\gamma RT}M_2 = \sqrt{1.4 \times 287.06 \times 280.75} \times 0.69 = 231.8 \,\mathrm{m/sec}$$

끝으로 최대가열은 연소실 출구에서의 마하수가 1이 될 때이므로 즉 $M_2 = 1$이며 $T_{02} = T_0^*$ 이다.

$$\frac{T_{01}}{T_0^*} = 0.3244 \ \text{에서} \ T_0^* = \frac{T_{01}}{0.3244} = \frac{111.78}{0.3244} = 344.57 \,\mathrm{K}$$

$$q_{max} = c_p(344.57 - 111.78) = 2.34 \times 10^5 \,\mathrm{J}$$

∴ (a) $T_2 = 280.75\,\mathrm{K}$, $p_2 = 5.34 \times 10^4 \,\mathrm{N/m^2}$, $u_2 = 231.8\,\mathrm{m/sec}$, $M_2 = 0.69$

(b) $\dfrac{\Delta p_0}{p_{01}} \times 100 = 13\%$

(c) $q_{max} = 2.34 \times 10^5 \,\mathrm{J}$

아음속 유동을 가열할 때 가열의 영향은 속도, 마하수, 온도, 정체온도는 각각 증가하는 반면에 압력 및 정체압력은 각각 감소한다는 것을 알 수 있다.

예제 6 충격파 관에서 정체온도와 정체압력이 각각 $1000\,\mathrm{K}$와 $4.04 \times 10^5\,\mathrm{N/m^2}$인 공기가 단열이 되지 않는 단면이 일정한 관으로 $M=2$로 들어오고 있다. 관 내를 흐르는 동안 관의 외부로의 열전달에 의하여 열량 $5 \times 10^4\,\mathrm{J}$의 열이 가해졌다. 관의 길이와 지름이 각각 $4\,\mathrm{m}$와 $0.1\,\mathrm{m}$일 때

(a) 관의 입구에서의 p_1, T_1, u_1을 계산하라.

(b) 관의 출구에서의 p_2, T_2, M_2 및 u_2, p_{02}, T_{02}를 계산하라.

풀 이 관의 입구에서의 필요한 유동 성질을 계산하자.

$M_1=2$와 표 I로부터

$$\frac{p_{01}}{p_1}=7.8247,\ \frac{T_{01}}{T_1}=1.7988\text{로부터}$$

$$p_1=\frac{p_{01}}{7.8247}=5.16 \times 10^4\,\mathrm{N/m^2}$$

$$T_1=\frac{T_{01}}{1.7988}=555.62\,\mathrm{K}$$

$$a_1=\sqrt{\gamma RT_1}=\sqrt{1.4 \times 287.06 \times 555.62}=472.54\,\mathrm{m/sec}$$

$$u_1=a_1M_1=945.08\,\mathrm{m/sec}$$

그리고 $M_1=2$와 표 VI으로부터

$$\frac{T_{01}}{T_0^*}=0.79339,\ \frac{T_1}{T^*}=0.52893,\ \frac{p_1}{p^*}=0.36364,\ \frac{p_{01}}{p_0^*}=1.5031$$

$q=c_p(T_{02}-T_{01})$에서 열이 가해졌으므로 $q=5 \times 10^4\,\mathrm{J}$이다.

$$T_{02}=T_{01}+\frac{q}{c_p}=1000+\frac{5 \times 10^4}{1005}=1049.75\,\mathrm{K}$$

$$\therefore\ \frac{T_{02}}{T_{01}}=\frac{1049.75}{1000}=1.04975$$

$$\frac{T_{02}}{T_{01}}=\frac{T_{02}}{T_0^*} \times \frac{T_0^*}{T_{01}}$$

$$\frac{T_{02}}{T_0^*}=1.04975 \times 0.79339=0.83286$$

$\dfrac{T_{02}}{T_0^*}=0.83286$과 표 VI으로부터 계산의 편의를 위하여 제일 가까운 값을

택하면

$$M_2 \simeq 1.820, \ \frac{T_2}{T^*} = 0.6004, \ \frac{p_2}{p^*} = 0.4257, \ \frac{p_{02}}{p_0^*} = 1.332$$

$$T_2 = \frac{T_2}{T^*} \frac{T^*}{T_1} T_1 = 0.6004 \times \frac{1}{0.52893} \times 555.62 = 630.696\text{K}$$

$$p_2 = \frac{p_2}{p^*} \frac{p^*}{p_1} p_1 = 0.4257 \times \frac{1}{0.36364} \times 5.16 \times 10^4 = 6.04 \times 10^4 \text{N/m}^2$$

$$p_{02} = \frac{p_{02}}{p_0^*} \frac{p_0^*}{p_{01}} p_{01} = 1.332 \times \frac{1}{1.5031} \times 4.04 \times 10^5 = 3.580 \times 10^5 \text{N/m}^2$$

$$a_2 = \sqrt{\gamma R T_2} = \sqrt{1.4 \times 287.06 \times 630.69} = 503.45\text{m/sec}$$

$$u_2 = a_2 M_2 = 503.45 \times 1.820 = 916.28\text{m/sec}$$

$$\therefore \ (a) \ p_1 = 5.16 \times 10^4 \text{N/m}^2$$

$$T_1 = 555.62\text{K}$$

$$u_1 = 945.08\text{m/sec}$$

$$(b) \ p_2 = 6.04 \times 10^4 \text{N/m}^2$$

$$T_2 = 630.696\text{K}$$

$$u_2 = 916.28\text{m/sec}$$

$$M_2 = 1.82$$

$$T_{02} = 630.696\text{K}$$

$$p_{02} = 3.58 \times 10^5 \text{N/m}^2$$

초음속에서 가열할 때 온도, 압력, 정체온도는 각각 증가하고 마하수, 유속, 정체압력은 각각 감소한다는 것을 알 수 있다.

위 예제에서 다음과 같은 가열의 영향을 알 수 있다.

입구 유속이 초음속일 때($M_1 > 1$)— 가열인 경우	입구 유속이 아음속일 때($M_2 < 1$)— 가열인 경우
a. 마하수는 감소한다. $M_2 < M_1$	a. 마하수는 증가한다. $M_2 > M_1$
b. 압력은 증가한다. $p_2 > p_1$	b. 압력은 감소한다. $p_2 < p_1$
c. 온도는 증가한다. $T_2 > T_1$	c. $M_1 < \frac{1}{\sqrt{\gamma}}$ 까지는 온도는 증가하고

d. 속도는 감소한다. $u_2 < u_1$
e. 정체온도는 증가한다. $T_{02} > T_{01}$
f. 정체압력은 감소한다. $p_{02} < p_{01}$

$M_1 > \dfrac{1}{\sqrt{\gamma}}$ 에 대하여는 온도는 감소한다.
d. 유속은 증가한다. $u_2 > u_1$
e. 정체온도는 증가한다. $T_{02} > T_{01}$
f. 정체압력은 감소한다. $p_{02} < p_{01}$

냉각의 경우는 위와 반대이다.

위의 경향을 더 자세히 설명하기 위하여 마찰이 있는 유동에서 Fanno곡선을 작성하였을 때와 같은 방법으로 가열이 있는 유동에서 Rayleigh곡선을 작성하여 보자. 에너지방정식을 제외한 연속, 운동량 및 상태방정식만을 만족하는 해($h-s$ 또는 $T-s$로 표시된 해)로 이루어진 곡선을 Rayleigh곡선이라 부르며 여러 초기 조건(여러 질량 유량, $\dot{m}$)에 대하여 그려지게 된다. 그러므로 가열이 있는 경우의 해는 이러한 Rayleigh곡선 상에 존재하게 된다. 그림 7.6은 어떤 주어진 질량 유량에 대한 Rayleigh곡선의 형태를 보여 주고 있다. 영역 ①의 조건이 그림 7.6의 점 1로 주어진다면 점 1을 지나는 특정한 Rayleigh곡선은 가열하는 양에 따라 영역 ②의 가능한 모든 상태를 나타내는 점들로 이루어진 곡선이다. 곡선상의 각 점은 가열이나 냉각의 여러 다른 q에 해당된다.

Rayleigh곡선상의 엔트로피가 최대인 점 a는 음속점이다. Fanno곡선상의 점 a를 증명하였던 것과 똑같은 방법으로 Rayleigh곡선상의 점 a를 증명할 수 있다. 증명은 독자를 위해 연습문제로 남긴다. 점 a의 하반부 곡선은 초음속 유동에 해당하고 점 a의 상반부 곡선은 아음속 유동을 나타낸다. 그림 7.6의 영역 ①의 유동이 초음속이며 그림 7.6의 점 1에 해당된다면 가열은 영역 ②의 조건을 점 a쪽으로 움직이게 한다. 가열을 크게 하면 할수록 영역 ②의 유동 조건은 점 a에 더 가까워진다. 열을 더욱 증가시켜 q가 어떤 값 q_{cr}에 이르면 영역 ②의 조건이 마하수 1인($M_2 = 1$) 점 a에 도달하게 된다. 이때를 유동이 질식되었다고 말한다. q_{cr} 이상으로 가열하면 $M_2 = 1$에는 변함이 없으나 영역 ①과 ② 사이에 수직충격파가 발생하지 않으면 안 된다. 계속 가열하면 수직충격파의 위치가 점점 1쪽으로 이동한다. 물론 수직충격파 뒤에는 아음속이 되며 Rayleigh곡선의 상반부를 따라 점 a에 도달한다(그림 7.6 참조).

만약 초기(입구) 조건이 초음속이 아닌 아음속으로서 그림 7.6의 점 1′로

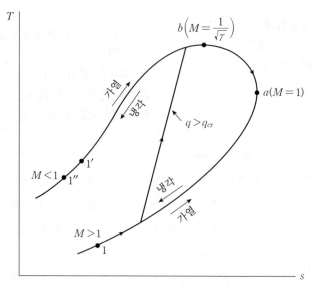

그림 7.6 Rayleigh곡선

주어졌다면 가열량의 증가에 따라 영역 ②의 조건은 Rayleigh곡선의 상반부 곡선을 따라 점 a로 움직인다. q가 충분히 큰 값이면 점 a에 도달할 것이고 영역 ②의 흐름은 음속이 되어 다시 질식하게 된다. 또 그 이상으로 q를 증가시키면 영역 ②의 마하수는 항상 $M_2 = 1$이 되지만 영역 ①의 초기 조건의 변동 없이는 불가능하다. 결국에는 영역 ①의 조건은 보다 낮은 마하수, 즉 그림 7.6의 점 1′가 왼쪽으로, 즉 1″ (그림 7.6 참조)으로 옮겨갈 것이다. 즉 초기 조건의 마하수 M_1이 감소하지 않으면 안 된다.

　　수직충격파나 마찰이 있는 1차원 유동에서와 같이 가열은 초기조건이 아음속이든 초음속이든 모든 경우에 정체압력을 감소시킨다. 이와 같은 효과는 제트 엔진 설계나 기체 역학 및 화학 레이저에 있어서 얻을 수 있는 압력 회복에 매우 중요하다.

　　$\dfrac{T_0}{T_0^*} = f(M)$ 관계식을 그려 보면 그림 7.7과 같다. 그림에서 보여 주는 것과 같이 수평선은 $\dfrac{T_0}{T_0^*}$ 곡선의 2점을 지나게 되며 이는 같은 질량유량, 같은 정체온도를 만족하는 한 쌍의 상태를 정의하고 있다. 그러니까 한 쌍의 상태는 수직충격파 전후의 상태에 해당된다.

　　그림 7.7(a)의 점 1로 주어지는 초기상태가 아음속일 때, 최종상태는 점 2′으로 표시된 아음속 유동이 유일한 해이다. 점 2′(아음속)로부터 점 2″(초음속)

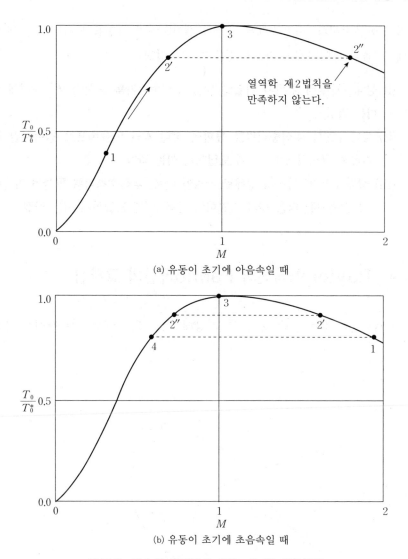

(a) 유동이 초기에 아음속일 때

(b) 유동이 초기에 초음속일 때

그림 7.7 단순한 열전달에 의한 가능한 최종상태

까지 초음속에 도달하는 것은 수직팽창충격파(normal expansion shock)를 통하여 가능한데, 이것은 열역학 제2법칙을 만족시키지 못한다. 하지만 이와 같은 결론은 열전달이 한 방향일 때만 유효하다. 만약 점 1의 아음속 유동을 가열을 통하여 점 3의 마하수 1에 도달하도록 가속시킨 다음, 냉각을 통하여 상태 3(점 3)의 마하수 1로부터 상태 2″(점 2″)의 초음속으로 가속시킬 수 있다. 만약 초기 상태가 초음속(그림 7.7(b)의 점 1)이라면 최종상태는 2′나 2″에 해당되는 초음속이거나 아음속이다. 아음속해는 가열과 수직충격파 과정을 통하여 도달하게 되는데, 다음과 같이 3개의 과정을 통하여 이루어진다.

(i) 상태 1로부터 2′까지 가열한 다음 수직충격파를 통하여 2″ 상태에 도달하는 과정

(ii) 상태 1에서 수직충격파를 통하여 상태 4인 아음속으로 감속시킨 다음 가열을 통하여 상태 2″에 도달하게 하는 과정

(iii) 상태 1과 2′ 사이의 상태로 가열한 다음, 수직충격파를 통하여 아음속으로 감속시킨 다음 다시 가열하여 상태 2″에 도달하게 하는 과정

7.4 Rayleigh곡선과 Fanno곡선의 교차점

Rayleigh곡선은 연속, 운동량 및 상태방정식을 만족하도록 작성한 곡선이

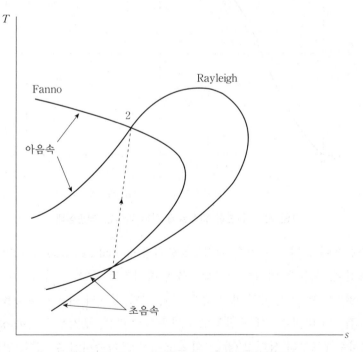

그림 7.8 Fanno곡선과 Rayleigh곡선의 교차

며 Fanno곡선은 연속, 에너지와 상태방정식만을 만족하는 해의 곡선이다. 그런데 수직충격파 방정식은 연속, 운동량, 에너지 및 상태방정식을 동시에 모두 만족하는 해이므로 수직충격파 해는 Rayleigh곡선상에도 있고 동시에 Fanno 곡선상에도 있다. 즉 수직충격파 해는 Rayleigh곡선과 Fanno 곡선이 교차하는 교차점이다. 그림 7.8은 동일한 질량 유량을 갖는 Rayleigh 및 Fanno곡선을 $T-s$ 선도에 동시에 나타낸 것이다.

이들 두 곡선의 교차점은 충격파 전후의 유동영역 ①과 ②이다. 충격파 구조 내의 매우 큰 속도 및 온도구배로 인한 소산 작용에 의한 엔트로피는 증가하므로 그림 7.8의 점 1에서 점 2로의 흐름과정만이 가능하다. 다시 말하면 수직충격파 전후로 유동은 초음속에서 아음속으로 변한다.

연 습 문 제

7.1   단면적이 일정한 관으로 마하수가 0.20으로 공기가 흘러 들어가고 있다. 관의 지름이 1cm이고 평균마찰계수가 0.02일 때, (a) 관의 끝에서 마하수가 0.60되는 데 필요한 관의 길이를 계산하라. (b) 관의 끝에서 마하수가 1.0이 될 때의 필요한 길이를 계산하라. (c) (b)에서 보다 관의 길이를 크게 하면 초기조건은 어떻게 변하는가?

7.2   지름이 2cm 이고 길이가 40m인 파이프 내로 공기가 흐르고 있다. 파이프 출구에서의 유동조건은 $M_2 = 0.5$, $p_2 = 1$atm, $T_2 = 270$K. 단열 1차원 유동으로 가정하라. 평균마찰계수는 0.005이다. 파이프 입구에서의 유동조건 M_1, p_1, T_1, u_1을 계산하라.

7.3   노즐 목의 지름이 1cm를 갖는 축소–확대 노즐의 확대부에 지름이 2.5cm인 관으로 연결되어 있다. 노즐 입구의 압력과 온도는 각각 $7 \times 10^5 \, \text{N/m}^2$와 300K이다. 노즐 내에서의 마찰을 무시하고 관의 평균마찰계수는 0.0025이다.
(a) 관을 따라 압력, 온도, 마하수와 정체압력의 변화를 그려 보아라. 최대 관의 길이를 계산하라.
(b) 관의 길이가 100cm이다. 배압(back pressure) p_b 대 질량유량($\dot{m}$), p_2, M_2와 p_1, M_1과 충격파 위치를 그려라. 여기서 첨자 1, 2는 각각 관의 입구와 출구를 의미한다.
(c) 관의 길이가 250cm일 때 (b)의 계산을 반복하여라.

7.4   지름이 0.15 m인 관으로 압력 $2.0 \times 10^5 \, \text{N/m}^2$, $M = 0.3$으로 흘러 들어가고 있다. 가능한 최대 관의 길이와 출구 압력을 계산하라. 관의 평균마찰계수 $\bar{f} = 0.005$이다.

7.5 공기가 $M_1 = 3$으로 원형관을 흘러 들어가고 있다. 평균마찰계수가 $\bar{f} = 0.0025$이다. 마하수를 1.5로 감소하기 위한 관의 길이 $\dfrac{L}{D}$를 계산하라.

7.6 온도 50℃, 압력 $2.0 \times 10^5 \, \text{N/m}^2$를 가진 어떤 공기-연료 혼합기체가 속도 60m/sec로 램 제트 엔진의 연소실로 들어가고 있다. 공기-연료는 연소시 단위 질량당 $5 \times 10^5 \, \text{J}$의 열을 발생한다. 연소실 출구에서의 유동 성질 p_2, T_2, u_2, p_{02}, T_{02}, M_2를 계산하여라. 유동은 비점성 유동이며 연소실은 단면이 일정한 관으로 가정하고 공기-연료 또는 연소물질은 공기의 분자량, 비열비와 같다고 가정하라.

7.7 다음 문제를 풀어라.
(a) 단면이 일정한 관속을 온도 5℃, 압력이 $4 \times 10^5 \, \text{N/m}^2$, $M = 2$로 들어오고 있는 공기에 연료를 가하여 연소시키고 있다. 얻을 수 있는 최대 정체온도와 대응하는 온도, 압력, 정체압력을 계산하라.
(b) (a)의 초음속 공기가 연소하기 전에 수직충격파가 발생하였다. 이런 경우의 가능한 최대 정체온도와 대응하는 온도, 압력, 정체압력을 계산하여라.

7.8 $p_1 = 1 \text{atm}$, $T_1 = 300 \text{K}$를 가지고 단면이 일정한 관을 공기가 흘러 들어오고 있다. 마찰은 무시하라. 관의 출구에 유동이 질식하기에 필요한 열량(Joules/kg)을 다음에 열거한 입구마하수에 대하여 계산하라. 그리고 관의 출구에서의 압력과 온도를 계산하라.
(a) $M_1 = 2.0$ (b) $m_1 = 0.2$

7.9 초음속 연소 램 제트(Supersonic Combustion Ram Jet : SCRAM Jet)의 연소실에 들어오는 공기는 초음속이다. 연료-공기비(질량비)는 0.03이고 연소실 출구 온도는 2500℃이다. 유동이 질식되지 않기 위한 입구마하수를 계산하라. $\gamma = 1.4$로 가정하고 1차원 비점성 유동으로 가정하라. 연료의 연소시 열량은 $q = 10^6 \, \text{Joules/kg}$이다.

8장

비회전류(非回轉流)와 속도퍼텐셜

8.1 서 론

제2장에서 유도한 일반방정식은 비회전류(irrotational flow)의 경우에 다음에 기술되는 것과 같이 매우 간단하게 된다. ρ, p, T, $\vec{V}$ 등을 종속변수로 갖는 연속방정식, 운동량방정식, 에너지방정식들은 비회전류의 경우에 속도퍼텐셜을 새로운 종속변수로 갖는 하나의 방정식으로 결합된다. 이 장에서는 속도퍼텐셜을 종속변수로 하는 방정식을 유도하게 된다. 이 방정식은 제9장에 기술될 압축성 유동의 몇 가지 매우 중요한 문제들의 근사해를 얻는 데 사용하게 될 것이다.

8.2 비회전류(非回轉流, irrotational flow)

$\nabla \times \vec{V}$를 와도(渦度, vorticity)로 정의하면 물리적으로 $\nabla \times \vec{V}$는 유체입자가 갖는 각속도의 2배이다. 즉,

$$\nabla \times \vec{V} = 2\vec{\omega}$$

여기서, $\vec{\omega}$는 유체입자가 갖는 각속도이다. 유장의 모든 점에서 $\nabla \times \vec{V} \neq 0$인 유동을 회전류라고 부른다. 경계층 내의 유동이나, 곡선충격파 뒤의 비점성

류는 회전류의 대표적인 예이다. 반대로, 특이점을 제외한 전(全) 유장을 통하여 $\nabla \times \vec{V} = 0$인 유동을 비회전류라고 정의한다. 끝이 뾰족한 쐐기나, 원추 주위의 유장이나, 2차원 또는 축대칭 3차원 노즐유동이나, 세장형(細長型) 물체 주위의 유동은 비회전류의 좋은 예이다. 세장형 물체가 초음속으로 운동할 때 정점에 붙어 있는 충격파는 직선이 아니고 약간 곡선이다. 그러므로 엄밀히 말해서, 제2장에서 유도한 Crocco정리로부터 곡선충격파 뒤의 유동은 회전류이다. 그러므로 세장형 물체 주위의 충격파 뒤의 유동은 엄밀하게는 회전류이나, 충격파를 거의 직선으로 가정할 수 있으므로 실제적으로 곡선에 의한 영향을 무시할 수 있다. 그러므로 $\nabla \times \vec{V} = 0$로 가정할 수 있다.

비회전류는 회전류보다 수학적으로 취급하기에 훨씬 간편하다. 비회전류의 조건 $\nabla \times \vec{V} = 0$은 유동을 지배하는 일반운동방정식을 간단히 할 수 있는 추가조건이 된다. 다행히 비회전류로 취급할 수 있는 실제적인 많은 유동문제들이 있다. 그러므로 비회전류에 대한 연구는 유체역학에서 매우 큰 실제적 가치를 가지고 있다.

좀더 자세히 비회전류를 생각하여 보자. 직교좌표계에서 비회전류 조건의 수학적 표현은 다음과 같다.

$$\nabla \times \vec{V} = \begin{vmatrix} \vec{i} & \vec{j} & \vec{k} \\ \dfrac{\partial}{\partial x} & \dfrac{\partial}{\partial y} & \dfrac{\partial}{\partial z} \\ u & v & w \end{vmatrix}$$

$$= \vec{i}\left(\frac{\partial w}{\partial y} - \frac{\partial v}{\partial z}\right) + \vec{j}\left(\frac{\partial u}{\partial z} - \frac{\partial w}{\partial x}\right) + \vec{k}\left(\frac{\partial v}{\partial x} - \frac{\partial u}{\partial y}\right) = 0$$

그러므로 유장의 모든 점에서 $\nabla \times \vec{V} = 0$이 되기 위하여는

$$\frac{\partial w}{\partial y} = \frac{\partial v}{\partial z} \; ; \; \frac{\partial w}{\partial x} = \frac{\partial u}{\partial z} \; ; \; \frac{\partial v}{\partial x} = \frac{\partial u}{\partial y} \tag{8.1}$$

식 (8.1)이 비회전류의 조건이다. 그리고 체적력이 존재하지 않는 Euler방정식을 생각하자.

$$\rho \frac{d\vec{V}}{dt} = -\nabla p$$

정상류에서 윗 식의 x-성분은 다음과 같다.

$$\rho u \frac{\partial u}{\partial x} + \rho v \frac{\partial u}{\partial y} + \rho w \frac{\partial u}{\partial z} = - \frac{\partial p}{\partial x}$$

또는

$$- \frac{\partial p}{\partial x} dx = \rho u \frac{\partial u}{\partial x} dx + \rho v \frac{\partial u}{\partial y} dx + \rho w \frac{\partial u}{\partial z} dx \qquad (8.2)$$

그런데 식 (8.1)로부터 $\frac{\partial u}{\partial y} = \frac{\partial v}{\partial x}$, $\frac{\partial u}{\partial z} = \frac{\partial w}{\partial x}$ 를 식 (8.2)에 대입하면 다음과 같은 결과를 얻는다.

$$- \frac{\partial p}{\partial x} dx = \rho u \frac{\partial u}{\partial x} dx + \rho v \frac{\partial v}{\partial x} dx + \rho w \frac{\partial w}{\partial x} dx$$

또는

$$- \frac{\partial p}{\partial x} dx = \frac{1}{2} \rho \frac{\partial u^2}{\partial x} dx + \frac{1}{2} \rho \frac{\partial v^2}{\partial x} dx + \frac{1}{2} \rho \frac{\partial w^2}{\partial x} dx \qquad (8.3)$$

똑같은 방법으로 Euler방정식의 y와 z성분은 각각 다음과 같다.

$$- \frac{\partial p}{\partial y} dy = \frac{1}{2} \rho \frac{\partial u^2}{\partial y} dy + \frac{1}{2} \rho \frac{\partial v^2}{\partial y} dy + \frac{1}{2} \rho \frac{\partial w^2}{\partial y} dy \qquad (8.4)$$

$$- \frac{\partial p}{\partial z} dz = \frac{1}{2} \rho \frac{\partial u^2}{\partial z} dz + \frac{1}{2} \rho \frac{\partial v^2}{\partial z} dz + \frac{1}{2} \rho \frac{\partial w^2}{\partial z} dz \qquad (8.5)$$

식 (8.3)과 식 (8.4), 식 (8.5)를 함께 더하면 다음과 같이 된다.

$$- \left(\frac{\partial p}{\partial x} dx + \frac{\partial p}{\partial y} dy + \frac{\partial p}{\partial z} dz \right) = \frac{1}{2} \rho \left(\frac{\partial V^2}{\partial x} dx + \frac{\partial V^2}{\partial y} dy + \frac{\partial V^2}{\partial z} dz \right) (8.6)$$

여기서 $V^2 = u^2 + v^2 + w^2$이다.

식 (8.6)은 완전미분의 형태이다. 그러므로 다음과 같이 쓸 수도 있다.

$$-dp = \frac{1}{2} \rho d(V^2)$$

또는

$$dp = -\rho V dV \qquad (8.7)$$

식 (8.7)은 체적력이 존재하지 않는 비회전, 비점성 유장을 통하여, 모든 방향으로 성립하는 Euler방정식의 특수한 형태이다. 만일 유동이 회전류이면 식 (8.7)은 유선을 따라서만 성립한다. 그러나 비회전류의 경우에 식 (8.7)은 유선을 따라서 뿐만이 아니라 모든 방향으로 성립한다.

8.3 속도퍼텐셜(速度 Potential) 방정식

벡터 $\vec{A}$를 생각하자. 모든 점에서 $\nabla \times \vec{A} = 0$이면, 벡터 $\vec{A}$를 어떤 스칼라 함수 x의 구배, 즉 ∇x로 나타낼 수 있다. 이것은 직접 벡터 동일성(vector identity) Curl(gradient)$\equiv 0$으로부터 유도되었다.

$$\nabla \times (\nabla x) \equiv 0$$

여기서 x는 어떤 단일값(single-value)을 갖는 스칼라함수이다. 비회전류에서는 $\nabla \times \vec{V} = 0$이다. 그러므로 우리는 단일치를 갖는 스칼라함수 $\mathit{\Phi} = \mathit{\Phi}(x, y, z)$를 다음과 같이 정의할 수 있다.

$$\vec{V} = \nabla \mathit{\Phi} \tag{8.8}$$

여기서 $\mathit{\Phi}$를 속도퍼텐셜이라 한다. 직교좌표계에서는 $\vec{V} = u\vec{i} + v\vec{j} + w\vec{k}$이므로 식 (8.8)은 다음과 같이 된다.

$$\nabla \mathit{\Phi} = \frac{\partial \mathit{\Phi}}{\partial x}\vec{i} + \frac{\partial \mathit{\Phi}}{\partial y}\vec{j} + \frac{\partial \mathit{\Phi}}{\partial z}\vec{k} = u\vec{i} + v\vec{j} + w\vec{k}$$

또는 양변을 비교하면

$$u = \frac{\partial \mathit{\Phi}}{dx} \; ; \; v = \frac{\partial \mathit{\Phi}}{dy} \; ; \; w = \frac{\partial \mathit{\Phi}}{dz} \tag{8.9}$$

그러므로 속도퍼텐셜을 알고 있으면 직접 식 (8.9)로부터 속도를 계산할 수 있다.

다음에 기술되는 것과 같이 속도퍼텐셜은, 물리적으로 비회전류를 기술하는 하나의 편미분방정식으로부터 얻을 수 있다. 유동은 정상 등엔트로피 유동으로 가정하자. 정상상태의 연속방정식은 다음과 같다.

$$\frac{\partial(\rho u)}{dx} + \frac{\partial(\rho v)}{\partial y} + \frac{\partial(\rho w)}{\partial z} = 0$$

속도퍼텐셜로 나타내면 윗 식은 다음과 같이 된다.

$$\frac{\partial}{\partial x}\left(\rho\,\frac{\partial \varPhi}{\partial x}\right) + \frac{\partial}{\partial y}\left(\rho\,\frac{\partial \varPhi}{\partial y}\right) + \frac{\partial}{\partial z}\left(\rho\,\frac{\partial \varPhi}{\partial z}\right) = 0$$

$$\rho\left(\frac{\partial^2 \varPhi}{\partial x^2} + \frac{\partial^2 \varPhi}{\partial y^2} + \frac{\partial^2 \varPhi}{\partial z^2}\right) + \frac{\partial \varPhi}{\partial x}\,\frac{\partial \rho}{\partial y} + \frac{\partial \varPhi}{\partial y}\,\frac{\partial \rho}{\partial y} + \frac{\partial \varPhi}{\partial z}\,\frac{\partial \rho}{\partial z} = 0 \qquad (8.10)$$

식 (8.7)로 주어진 Euler방정식을 사용하여 식 (8.10)에서 ρ를 소거함으로써 $\varPhi$만의 함수로 나타낼 수 있다.

$$dp = -\rho V dV = -\frac{1}{2}\rho d(V^2) = -\frac{\rho}{2}d(u^2 + v^2 + w^2)$$

$$dp = -\rho d\left[\frac{\left(\frac{\partial \varPhi}{\partial x}\right)^2 + \left(\frac{\partial \varPhi}{\partial y}\right)^2 + \left(\frac{\partial \varPhi}{\partial z}\right)^2}{2}\right] \qquad (8.11)$$

그런데 음속은 $a^2 = \left(\dfrac{\partial p}{\partial \rho}\right)_s$로 정의되었다. 여기서 유동이 등엔트로피 유동임을 상기하면 유동에서 압력변화 dp는 등엔트로피 과정을 통하여 대응하는 밀도변화 $d\rho$를 가져온다. 그러므로

$$\frac{dp}{d\rho} = \left(\frac{\partial p}{\partial \rho}\right)_s = a^2$$

$$d\rho = \frac{dp}{a^2} \qquad (8.12)$$

식 (8.11)과 식 (8.12)를 결합하면

$$d\rho = -\frac{\rho}{a^2}d\left[\frac{\left(\frac{\partial \varPhi}{\partial x}\right)^2 + \left(\frac{\partial \varPhi}{\partial y}\right)^2 + \left(\frac{\partial \varPhi}{\partial z}\right)^2}{2}\right] \qquad (8.13)$$

식 (8.13)으로부터 각각 x, y, z방향의 밀도변화는 다음과 같이 주어진다.

$$\frac{\partial \rho}{\partial x} = -\frac{\rho}{a^2}\frac{\partial}{\partial x}\left[\frac{\left(\frac{\partial \varPhi}{\partial x}\right)^2 + \left(\frac{\partial \varPhi}{\partial y}\right)^2 + \left(\frac{\partial \varPhi}{\partial z}\right)^2}{2}\right]$$

또는

$$\frac{\partial \rho}{\partial x} = -\frac{\rho}{a^2} \left(\Phi_x \Phi_{xx} + \Phi_y \Phi_{yx} + \Phi_z \Phi_{zx} \right) \tag{8.14}$$

똑같은 방법으로

$$\frac{\partial \rho}{\partial y} = -\frac{\rho}{a^2} \left(\Phi_x \Phi_{xy} + \Phi_y \Phi_{yy} + \Phi_z \Phi_{zy} \right) \tag{8.15}$$

$$\frac{\partial \rho}{\partial z} = -\frac{\rho}{a^2} \left(\Phi_x \Phi_{xz} + \Phi_y \Phi_{yz} + \Phi_z \Phi_{zz} \right) \tag{8.16}$$

여기서 하첨자는 Φ의 하첨자 각각에 대한 미분을 나타낸다.

식 (8.14)~식 (8.16)을 식 (8.10)에 대입하고 난 뒤, 각 항에 나타난 ρ를 소거하고 Φ의 2차 도함수를 밖으로 뽑아내면 다음과 같이 된다.

$$\left(1 - \frac{\Phi_x^2}{a^2} \right) \Phi_{xx} + \left(1 - \frac{\Phi_y^2}{a^2} \right) \Phi_{yy} + \left(1 - \frac{\Phi_z^2}{a^2} \right) \Phi_{zz}$$

$$- \frac{2\Phi_x \Phi_y}{a^2} \Phi_{xy} - \frac{2\Phi_x \Phi_z}{a^2} \Phi_{xz} - \frac{2\Phi_y \Phi_z}{a^2} \Phi_{yz} = 0 \tag{8.17}$$

식 (8.17)이 최종적으로 구하고자 하는 속도퍼텐셜방정식이다. 이 식이 바로, 연속방정식과 운동량방정식 및 에너지방정식을 결합하여 1개의 종속변수, 즉 속도퍼텐셜로 나타낸 하나의 방정식이다. 식 (8.17) 내에 변수 a(음속)가 포함되어 있기 때문에 엄밀하게 Φ만의 함수로 표시되어 있지 않다. 그러므로 a를 Φ의 함수로 표시하지 않으면 안 된다. 체적력이 없는 정상상태의 에너지방정식으로부터

$$h_0 = \text{const.}$$

그러므로 열량적 완전기체에 대하여 윗 식은 다음과 같이 표시된다.

$$c_p T + \frac{V^2}{2} = c_p T_0$$

$$\frac{\gamma RT}{\gamma - 1} + \frac{V^2}{2} = \frac{\gamma RT_0}{\gamma - 1}$$

$$\frac{a^2}{\gamma - 1} + \frac{V^2}{2} = \frac{a_0^2}{\gamma - 1}$$

$$a^2 = a_0^2 - \frac{\gamma - 1}{2} V^2 = a_0^2 - \frac{\gamma - 1}{2} (u^2 + v^2 + w^2)$$

$$a^2 = a_0^2 - \frac{\gamma - 1}{2}(\Phi_x^2 + \Phi_y^2 + \Phi_z^2) \qquad (8.18)$$

a_0^2는 유동의 모든 점에서 똑같은 일정한 값을 갖는다. 식 (8.18)에 의하여 a를 Φ의 함수로 나타낼 수 있다.

요약하면 다음과 같다. 식 (8.18)과 더불어 식 (8.17)은 미지수 Φ로 표시된 하나의 방정식을 나타내고 있으며, 연속방정식과 운동량방정식 및 에너지방정식을 합한 것이다.

비회전 등엔트로피 유장의 해를 얻기 위한 일반적 절차는 다음과 같다.

(1) 주어진 문제의 경계조건을 만족하도록 방정식 (8.17)과 (8.18)로부터 Φ를 구한다.

(2) 식 (8.9)로부터 u, v, w를 계산한다. 결국은 $V = \sqrt{u^2 + v^2 + w^2}$를 계산한다.

(3) 식 (8.18)로부터 음속 a를 계산한다.

(4) $M = \dfrac{V}{a}$를 계산한다.

(5) 등엔트로피 유동의 $\dfrac{p}{p_0} = f_1(M)$, $\dfrac{T}{T_0} = f_2(M)$ $\dfrac{\rho}{\rho_0} = f_3(M)$ 관계식으로부터 p, T, ρ를 계산한다.

그러므로 $\Phi = \Phi(x, y, z)$를 구하게 되면 유장의 모든 점에서 유동변수를 계산할 수 있다.

식 (8.18)로 주어진 a를 식 (8.17)에 대입한 식은 비선형 편미분방정식이다. 이 방정식은 아음속, 음속, 초음속의 비회전 등엔트로피 유동에 다같이 적용된다. 또한 비압축성 유동에서도 적용된다. 비압축성 유동에서는 $a \rightarrow \infty$이므로 식 (8.17)은 잘 알려진 Laplace방정식으로 된다.

$$\Phi_{xx} + \Phi_{yy} + \Phi_{zz} = 0$$

더욱이 식 (8.18)과 식 (8.17)을 유도하는 데 등엔트로피와 비회전류의 가정외에는 아무런 물리적인 가정도 하지 않았다. 그리고 현재로서는 어떠한 수학적인 가정도 하지 않았다.

속도퍼텐셜 방정식의 닫혀진 형태의 일반해는 존재하지 않기 때문에 다음 방법 가운데 한 가지 방법에 의하여 해를 얻는 것이 보통이다.

(1) 수치방법에 의한 완전해

이 수치해방법은 해의 일반적 경향을 알고자 할 때에는 별로 도움을 주지 못한다. 왜냐하면 수치해는 실험에 의한 실험자료와 같이 여러 점에서 순전히 숫자로만 주어져 있기 때문이다.

(2) 변수변환에 의한 해

변수들의 변환에 의하여, 속도퍼텐셜로 표시된 비선형방정식을 선형방정식으로 고친다. 이러한 예는 아음속유동의 hodograph방법이다(Shapiro의 책을 참고할 것). 제한된 유용성 때문에 hodograph방법은 이 책에서는 고려되지 않았다.

(3) 선형화된 해

여기서는 비선형방정식에 근사한 선형방정식으로 고쳐서 해석적 해를 얻는다. 비선형 속도퍼텐셜 방정식을 선형화하기 위하여 물리적 가정을 할 수 있는 공학적 문제들이 많이 있다. 역사적으로 공기역학이론은 풍부한 선형이론을 포함하고 있다. 이와 같은 문제는 다음 9장에서 다루게 된다.

9장

선형화된 유동(Linearized Flow)

9.1 서 론

그림 9.1에서 보여 주는 것과 같은 실제 공기역학적 문제들을 생각하자. 공기의 속도가 매우 빠를 때는 비압축성 유동 해석방법으로 정확한 해를 얻을 수 없다. 왜냐하면 공기의 압축성을 고려하지 않았기 때문이다. 그런데 공기의 압축성을 고려한다 하더라도 압축성 유동을 지배하는 방정식은 비선형 편미분방정식이므로 해석적 방법에 의한 일반해는 존재하지 않는다. 그러므로 비선형방정식을 선형방정식으로 바꾸어 이미 알려진 보편적인 수학적 방법에 의하여 해를 얻는다.

그러면 비선형방정식을 선형방정식으로 바꾸어 우리가 원하는 정확한 결과를 얻을 수 있는 실제 공기역학적 문제는 어떤 것들이 있겠는가? 그림 9.1에 예시된 문제들을 다시 생각해 보자. 그림 9.1에서 보여지는 것과 같은 두께가 매우 얇은 물체(비행기의 날개, 또는 세장형 물체)가 균일한 흐름 속에 놓일 때 물체에 의한 유동의 교란은 매우 작다고 가정할 수 있다. 이런 경우에 비선형방정식을 선형방정식으로 고칠 수 있다. 자세한 수학적 과정은 다음 절에 보여져 있다.

선형이론은 1950년 중반까지 공기역학자와 기체역학자의 매우 중요한 연구분야였다. 비선형방정식을 선형화하여 선형방정식으로부터 닫혀진 형태의 해석적 해를 얻음으로써 압축성 유동을 지배하는 매개변수들의 변화에 따른

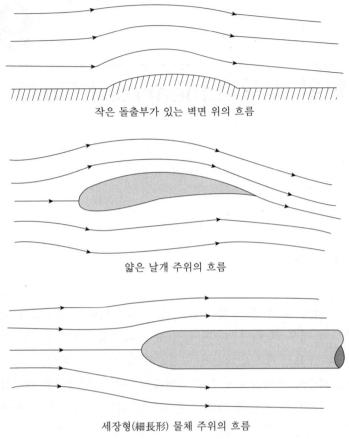

작은 돌출부가 있는 벽면 위의 흐름

얇은 날개 주위의 흐름

세장형(細長形) 물체 주위의 흐름

그림 9.1 미소교란 유동의 예

해의 경향과 압축성 유동의 중요한 물리적 특성을 밝힐 수 있으며, 또한 비교적 정확한 공기역학적 힘과 압력분포를 쉽게 그리고 빨리 계산할 수 있으므로 수학적 선형화는 아직까지도 여러 공기역학적 문제에 이용되고 있다. 그러나 최근 고속 컴퓨터의 출현으로 압축성 유동에서 정확한 해가 요구될 때에는 비선형방정식을 수치적으로 직접 풀 수 있다.

이 장에서는 비선형방정식이 선형화되는 경우의 근사유동만을 취급한다. 각각 아음속과 초음속 유동에 대한 선형방정식을 유도하여 그 해를 얻음으로써 두 유동 사이의 차이점을 밝히는 동시에 비압축성 유동의 결과를 압축성 유동에 관련시켜 주는 상사법칙(相似法則) 등을 유도하게 된다.

9.2 선형화된 속도퍼텐셜 방정식

그림 9.2에 보여지는 것과 같이 균일한 유동에 놓여진 세장형 물체를 생각하자. 균일한 유동의 속도는 V_∞이고 방향은 x축 방향이다. 이때 물체 부근의 어떤 점에서 유동속도는 균일한 유동에 물체에 의한 교란을 합한 것으로 표시될 수 있다. 즉,

$$\vec{V} = \nabla \pmb{\Phi} = (V_\infty + u)\vec{i} + v\vec{j} + w\vec{k}$$

여기서 u, v, w는 각각 교란속도의 x, y, z축에 대한 성분이다. 물체 주위의 어떤 점에서 압력, 밀도 및 온도를 각각 p, ρ, T로 표시한다. 그리고 균일한 유동에서의 압력, 밀도, 온도를 각각 p_∞, ρ_∞, T_∞로 나타내자. 속도퍼텐셜을 사용하여 속도를 표시하면 위의 식과 같이 된다. 여기서 $\pmb{\Phi}$는 8장에서 정의한 속도퍼텐셜을 의미한다. 그리고 교란속도를 나타내는 새로운 교란속도퍼텐셜 φ를 다음과 같이 정의한다.

$$u = \frac{\partial \varphi}{\partial x} \ ; \ v = \frac{\partial \varphi}{\partial y} \ ; \ w = \frac{\partial \varphi}{\partial z}$$

그러면

$$\pmb{\Phi}(x, y, z) = V_\infty x + \varphi(x, y, z)$$

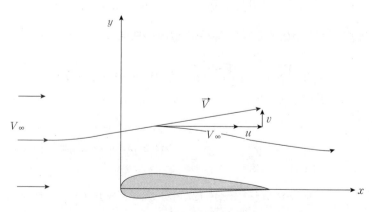

그림 9.2 균일유동과 교란유동의 비교

여기서

$$V_\infty + u = \frac{\partial \Phi}{\partial x} = V_\infty + \frac{\partial \varphi}{\partial x}$$

$$v = \frac{\partial \varphi}{\partial y} , \ w = \frac{\partial \varphi}{\partial z}$$

그리고

$$\Phi_{xx} = \varphi_{xx} \ ; \ \Phi_{yy} = \varphi_{yy} \ ; \ \Phi_{zz} = \varphi_{zz}$$

다시 8장의 식 (8.17)로 주어진 속도퍼텐셜 방정식을 생각하자. 식 (8.17)에 a^2을 곱하고 Φ대신 $\Phi = V_\infty x + \varphi$를 대입하면 다음과 같은 식을 얻는다.

$$\left[a^2 - \left(V_\infty + \frac{\partial \varphi}{\partial x} \right)^2 \right] \frac{\partial^2 \varphi}{\partial x^2} + \left[a^2 - \left(\frac{\partial \varphi}{\partial y} \right)^2 \right] \frac{\partial^2 \varphi}{\partial y^2} + \left[a^2 - \left(\frac{\partial \varphi}{\partial z} \right)^2 \right] \frac{\partial^2 \varphi}{\partial z^2}$$

$$-2 \left(V_\infty + \frac{\partial \varphi}{\partial x} \right) \frac{\partial \varphi}{\partial y} \frac{\partial^2 \varphi}{\partial x \partial y} - 2 \left(V_\infty + \frac{\partial \varphi}{\partial x} \right) \frac{\partial \varphi}{\partial z} \frac{\partial^2 \varphi}{\partial x \partial z} - 2 \frac{\partial \varphi}{\partial y} \frac{\partial \varphi}{\partial z} \frac{\partial^2 \varphi}{\partial y \partial z} = 0$$

$$(9.1)$$

식 (9.1)을 교란속도퍼텐셜 방정식이라 한다. 물리적 이해를 돕기 위하여 식 (9.1)을 교란속도퍼텐셜 대신에 속도항으로 다시 써 보면 다음과 같다.

$$[a^2 - (V_\infty + u)^2] \frac{\partial u}{\partial x} + [a^2 - v^2] \frac{\partial v}{\partial y} + [a^2 - w^2] \frac{\partial w}{\partial z} - (V_\infty + u) v \left(\frac{\partial u}{\partial y} \right.$$

$$\left. + \frac{\partial v}{\partial x} \right) - (V_\infty + u) w \left(\frac{\partial u}{\partial z} + \frac{\partial w}{\partial x} \right) - vw \left(\frac{\partial v}{\partial z} + \frac{\partial w}{\partial y} \right) = 0 \qquad (9.2)$$

정체엔탈피는 전(全) 유장을 통하여 일정하므로

$$h_\infty + \frac{V_\infty^2}{2} = h + \frac{V^2}{2} = h + \frac{1}{2} \left[(V_\infty + u)^2 + v^2 + w^2 \right]$$

또는

$$\frac{a_\infty^2}{\gamma - 1} + \frac{V_\infty^2}{2} = \frac{a^2}{\gamma - 1} + \frac{(V_\infty + u)^2 + v^2 + w^2}{\gamma - 1}$$

$$a^2 = a_\infty^2 - \frac{\gamma - 1}{2} (2u V_\infty + u^2 + v^2 + w^2) \qquad (9.3)$$

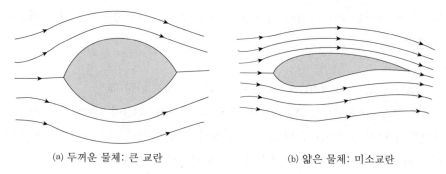

(a) 두꺼운 물체: 큰 교란   (b) 얇은 물체: 미소교란

그림 9.3 교란의 크기 비교

식 (9.3)을 식 (9.2)에 대입하여 대수적으로 다시 정리하면

$$(1 - M_\infty^2)\frac{\partial u}{\partial x} + \frac{\partial v}{\partial y} + \frac{\partial w}{\partial z}$$

$$= M_\infty^2 \left[(\gamma+1)\frac{u}{V_\infty} + \left(\frac{\gamma+1}{2}\right)\frac{u^2}{V_\infty^2} + \left(\frac{\gamma-1}{2}\right)\left(\frac{v^2+w^2}{V_\infty^2}\right) \right]\frac{\partial u}{\partial x}$$

$$+ M_\infty^2 \left[(\gamma-1)\frac{u}{V_\infty} + \left(\frac{\gamma+1}{2}\right)\frac{v^2}{V_\infty^2} + \left(\frac{\gamma-1}{2}\right)\left(\frac{w^2+u^2}{V_\infty^2}\right) \right]\frac{\partial v}{\partial y}$$

$$+ M_\infty^2 \left[(\gamma-1)\frac{u}{V_\infty} + \left(\frac{\gamma+1}{2}\right)\frac{w^2}{V_\infty^2} + \left(\frac{\gamma-1}{2}\right)\left(\frac{u^2+v^2}{V_\infty^2}\right) \right]\frac{\partial w}{\partial z}$$

$$+ M_\infty^2 \left[\frac{v}{V_\infty}\left(1+\frac{u}{V_\infty}\right)\left(\frac{\partial u}{\partial y}+\frac{\partial v}{\partial x}\right) + \frac{w}{V_\infty}\left(1+\frac{u}{V_\infty}\right)\left(\frac{\partial u}{\partial z}+\frac{\partial w}{\partial x}\right) \right.$$

$$\left. + \frac{vw}{V_\infty^2}\left(\frac{\partial w}{\partial y}+\frac{\partial v}{\partial z}\right) \right] \tag{9.4}$$

식 (9.4)는 비회전 등엔트로피 유동에 대한 정확한 방정식이다.

이 식은 단순히 교란속도퍼텐셜 방정식을 교란속도항으로 표시한 것에 불과하다. 식 (9.4)의 왼쪽은 선형이지만 오른쪽은 비선형이다. 지금까지는 교란속도 u, v, w의 크기에 대하여는 언급하지 않았다. 교란속도가 클 수도 있고 (그림 9.3(a)) 또는 작을 수도 있다(그림 9.3(b)). 식 (9.4)는 두 가지 경우에 모두 성립한다.

지금부터 우리는 물체의 교란에 의한 유동을 미소변동(small pertubation)의 경우로 한정하자. 즉, u, v, w는 V_∞에 대하여 매우 작다고 가정하자.

$$\frac{u}{V_\infty}, \ \frac{v}{V_\infty}, \ \frac{w}{V_\infty} \ll 1; \ \left(\frac{u}{V_\infty}\right)^2, \ \left(\frac{v}{V_\infty}\right)^2, \ \left(\frac{w}{V_\infty}\right)^2 \ll 1$$

위의 가정을 기억하면서 식 (9.4)의 우변항들과 좌변항들의 크기를 비교하여 보자.

(a) $0 < M_\infty < 0.8$**(아음속) 또는** $1.2 < M_\infty < 5$**(초음속)일 때**

$0 < M_\infty < 0.8$(아음속 흐름), $1.2 < M_\infty < 5$(초음속 흐름)에 대하여 식 (9.4)의 좌변항의 크기는 속도교란의 크기 정도인데 대하여 우변항의 크기는 속도교란의 제곱의 크기의 정도이다. 그런데 미소교란으로 가정하였으므로

$$(1-M_\infty^2)\frac{\partial u}{\partial x}, \ \frac{\partial v}{\partial y}, \ \frac{\partial w}{\partial z} \gg M_\infty^2\left[(\gamma+1)\frac{u}{V_\infty} + \cdots\right]\frac{\partial u}{\partial x},$$

$$M_\infty^2\left[(\gamma-1)\frac{u}{V_\infty} + \cdots\right]\frac{\partial v}{\partial y},$$

$$M_\infty^2\left[(\gamma-1)\frac{u}{V_\infty} + \cdots\right]\frac{\partial w}{\partial z},$$

$$M_\infty^2\left[\frac{u}{V_\infty}\left(1+\frac{u}{V_\infty}\right)\left(\frac{\partial u}{\partial y}+\frac{\partial v}{\partial x}\right)+\cdots\right]$$

그러므로 식 (9.4)의 우변항들은 좌변항들에 비하여 매우 작아서 무시될 수 있다. 결과적으로 이 식 (9.4)는 다음과 같이 된다.

$$(1-M_\infty^2)\frac{\partial u}{\partial x} + \frac{\partial v}{\partial y} + \frac{\partial w}{\partial z} = 0 \tag{9.5}$$

또는 교란속도퍼텐셜로 표시하면

$$(1-M_\infty^2)\varphi_{xx} + \varphi_{yy} + \varphi_{zz} = 0 \tag{9.6}$$

식 (9.5)와 식 (9.6)은 근사방정식이다. 이 식은 정확한 유동을 나타내지는 못하지만 변동(또는 교란)이 매우 작을 경우에는 원래의 비선형방정식을 식 (9.5)나 식 (9.6)과 같이 선형방정식으로 근사화시킬 수 있다.

식 (9.1)로 주어진 비선형방정식을 교란속도퍼텐셜 방정식이라 하며 식 (9.6)으로 표시된 방정식을 선형 교란속도퍼텐셜 방정식이라 부른다. 그러나 이와 같은 선형화된 근사식 (9.6)은 다음과 같은 이유로 정확한 식 (9.1)보다 훨씬 더 제한을 받게 된다.

1) 교란은 매우 작아야 한다.

2) 식 (9.5)와 식 (9.6)은 천음속 유동($0.8 < M_\infty < 1.2$)에는 적용되지 않는다. (뒤에 그 이유가 설명되어 있다)

3) 식 (9.5)나 식 (9.6)은 극초음속 유동($M_\infty > 5$)에는 성립되지 않는다. 왜냐하면 식 (9.4)의 좌변항의 크기가 교란의 크기 정도인데 비하여 우변항의 크기는

$$M_\infty^2\left[(\gamma+1)\frac{u}{V_\infty}+\cdots\right]\frac{\partial u}{\partial x},\ M_\infty^2\left[(\gamma-1)\frac{u}{V_\infty}+\cdots\right]\frac{\partial v}{\partial y},$$

$$M_\infty^2\left[(\gamma-1)\frac{u}{V_\infty}+\cdots\right]\frac{\partial w}{\partial z},\ M_\infty^2\left[\frac{u}{V_\infty}\left(1+\frac{u}{V_\infty}\right)\left(\frac{\partial u}{\partial y}+\frac{\partial v}{\partial x}\right)+\cdots\right]$$

이다. 그런데 $M_\infty > 5$이면 $(M_\infty)^2$ 때문에 우변항의 크기는 결코 좌변항에 비하여 작다고 할 수 없다. 그러므로 식 (9.5)와 식 (9.6)은 극초음속 유동에는 성립되지 않는다.

그러므로 식 (9.6)은 아음속이나 초음속 유동에만 유효하다는 사실을 기억해 두기 바란다. 그러나 식 (9.6)은 선형이므로 수학적으로 뚜렷한 이점을 갖고 있다.

(b) $0.8 < M_\infty < 1.2$(천음속일 때)

천음속 유동에서 적용되는 방정식을 유도하기 위하여 (a)에서와 같이 각 항들의 크기를 비교해 보자. 우선 식 (9.4)의 우변항들 중 제일 큰 항을 가려내고 크기의 정도를 알아 보자. 미소교란으로 가정하였으므로

$$\frac{u}{V_\infty},\ \frac{v}{V_\infty},\ \frac{w}{V_\infty}\ll 1$$

그러므로

$$\left(\frac{u}{V_\infty}\right)^2,\ \left(\frac{v}{V_\infty}\right)^2,\ \left(\frac{w}{V_\infty}\right)^2\ll\frac{u}{V_\infty}$$

이다. 따라서 식 (9.4)의 오른쪽 첫번째 항 $M_\infty^2(\gamma+1)\dfrac{u}{V_\infty}\dfrac{\partial u}{\partial x}$이 우변항들 중 제일 큰 항이며 크기는 교란의 크기의 제곱에 비례한다. 또 식 (9.4)의 좌변항 $(1-M_\infty^2)\dfrac{\partial u}{\partial x}$를 생각하여 보자. $0.8 < M_\infty < 1.2$이므로 $(1-M_\infty^2)$은 작은 양이

다. 그러므로 우변 첫번째 항 $M_\infty^2(\gamma+1)\dfrac{u}{V_\infty}\dfrac{\partial u}{\partial x}$ 는 식 (9.4)의 좌변항과 같은
크기이므로 무시할 수 없다. 결국 식 (9.4)는 다음과 같이 된다.

$$(1-M_\infty^2)\frac{\partial u}{\partial x}+\frac{\partial v}{\partial y}+\frac{\partial w}{\partial z}=M_\infty^2(\gamma+1)\frac{u}{V_\infty}\frac{\partial u}{\partial x} \tag{9.7}$$

또는 교란속도퍼텐셜항으로 표시하면

$$(1-M_\infty^2)\varphi_{xx}+\varphi_{yy}+\varphi_{zz}=M_\infty^2(\gamma+1)\frac{1}{V_\infty}\varphi_x\varphi_{xx} \tag{9.8}$$

식 (9.8)은 아음속, 천음속, 초음속 유동에서 다 같이 유효하지만 비선형
방정식임을 유의하기 바란다.

이상을 요약해 보면, 아음속과 초음속 유동은 미소교란을 가진 비회전,
등엔트로피 유동의 경우에 근사선형방정식으로 지배된다. 반면에 천음속과 극
초음속 유동은 미소교란의 경우라도 선형화될 수 없다. 천음속 유동과 관련되
어 있는 물리적 문제들(예를 들면 충격파가 존재하는 천음속과 아음속이 공존하는
유동), 그리고 극초음속과 관련되어 있는 문제들(예를 들면 충격파와 경계층류의
상호작용)은 비선형방정식으로 지배된다.
이 장에서 우리는 선형유동만을 고려할 것이다. 즉, 아음속과 초음속 유
동만을 다루게 될 것이다. 극초음속 유동은 대개 기체의 점성과 열전달을 무시
할 수 없기 때문에 이 책에서는 제외되었다. 관심이 있는 독자는 따로 극초음
속 유동만을 다루는 책을 읽기 바란다.

9.3 선형화된 압력계수

압력계수 C_p 를 다음과 같이 정의한다.

$$C_p=\frac{p-p_\infty}{\dfrac{1}{2}\rho_\infty V_\infty^2} \tag{9.9}$$

여기서 p 는 국소압력(어떤 점에서의 압력)이며 p_∞ 와 ρ_∞, V_∞ 는 각각 균일한

자유류에서의 압력, 밀도 및 유속이다. 압력계수는 단순히 압력차이($p-p_\infty$)를 자유류의 동압으로 무차원화한 것이며 유체역학에서 자주 사용된다. 특히 식 (9.9)를 압축성 유동에서 편리하도록 다른 형태로 고쳐 쓰면 다음과 같이 된다.

$$\frac{1}{2}\,\rho_\infty V_\infty = \frac{1}{2}\,\frac{\gamma p_\infty}{\gamma p_\infty}\,\rho_\infty V_\infty^2 = \frac{\gamma}{2}\,p_\infty\,\frac{V_\infty^2}{a_\infty^2} = \frac{\gamma}{2}\,p_\infty M_\infty^2$$

위의 결과를 식 (9.9)에 대입하면

$$C_p = \frac{p-p_\infty}{\dfrac{\gamma}{2}p_\infty M_\infty^2} = \frac{p_\infty\left(\dfrac{p}{p_\infty}-1\right)}{\dfrac{\gamma}{2}p_\infty M_\infty^2}$$

그러므로

$$C_p = \frac{2}{\gamma M_\infty^2}\left(\frac{p}{p_\infty}-1\right) \tag{9.10}$$

식 (9.10)은 ρ_∞와 V_∞ 대신 γ와 M_∞로 표시한 식 (9.9)의 다른 형태이다. 그러면 선형이론과 일치되는 C_p에 대한 근사표현식을 구해 보자. 정체엔탈피는 일정하므로

$$h + \frac{V^2}{2} = h_\infty + \frac{V_\infty^2}{2}$$

열량적 완전기체에 대하여 윗 식은 다음과 같이 된다.

$$T + \frac{V^2}{2c_p} = T_\infty + \frac{V_\infty^2}{2c_p}$$

$$T - T_\infty = \frac{V_\infty^2 - V^2}{2c_p} = \frac{V_\infty^2 - V^2}{2\left(\dfrac{\gamma R}{\gamma-1}\right)}$$

$$\frac{T}{T_\infty} - 1 = \frac{\gamma-1}{2}\left(\frac{V_\infty^2 - V^2}{\gamma R T_\infty}\right) = \frac{\gamma-1}{2}\left(\frac{V_\infty^2 - V^2}{a_\infty^2}\right) \tag{9.11}$$

식 (9.11)에 $V^2 = (V_\infty + u)^2 + v^2 + w^2$을 대입하면 다음과 같다.

$$\frac{T}{T_\infty} = 1 - \frac{\gamma-1}{2a_\infty^2}(2uV_\infty + u^2 + v^2 + w^2) \tag{9.12}$$

그런데 등엔트로피 유동이므로 $\dfrac{p}{p_\infty} = \left(\dfrac{T}{T_\infty}\right)^{\frac{\gamma}{\gamma-1}}$ 이며, 이것을 이용하면 식 (9.12)는 다음과 같이 된다.

$$\frac{p}{p_\infty} = \left[1 - \frac{\gamma-1}{2a_\infty^2}(2uV_\infty + u^2 + v^2 + w^2)\right]^{\frac{\gamma}{\gamma-1}}$$

또는

$$\frac{p}{p_\infty} = \left[1 - \frac{\gamma-1}{2}M_\infty^2\left(\frac{2u}{V_\infty} + \frac{u^2+v^2+w^2}{V_\infty^2}\right)\right]^{\frac{\gamma}{\gamma-1}} \tag{9.13}$$

식 (9.13)은 정확한 표현식이다. 여기서 미소교란, 즉 $\dfrac{u}{V_\infty} \ll 1$; $\dfrac{u^2}{V_\infty^2}$, $\dfrac{v^2}{V_\infty^2}$, $\dfrac{w^2}{V_\infty^2} \ll 1$인 경우를 생각하면 식 (9.13)은 다음과 같다.

$$\frac{p}{p_\infty} = (1-x)^{\frac{\gamma}{\gamma-1}}$$

여기서

$$x = \frac{\gamma-1}{2}M_\infty^2\left(\frac{2u}{V_\infty} + \frac{u^2+v^2+w^2}{V_\infty^2}\right)$$

이며 매우 작은 양이다(즉, $x \ll 1$). 그러므로 이항전개에 의해

$$\frac{p}{p_\infty} = 1 - \frac{\gamma}{\gamma-1}x + \cdots \tag{9.14}$$

여기서 고차항(H.O.T.)은 무시하였다.

$$\frac{p}{p_\infty} = 1 - \frac{\gamma}{2}M_\infty^2\left(\frac{2u}{V_\infty} + \frac{u^2+v^2+w^2}{V_\infty^2}\right) + \cdots \tag{9.15}$$

식 (9.15)로 주어진 표현식을 식 (9.10)에 대입하면 C_p는 다음과 같이 주어진다.

$$C_p = -\frac{2u}{V_\infty} - \frac{u^2+v^2+w^2}{V_\infty^2} + \cdots \tag{9.16}$$

그런데 다시 미소교란의 가정에 의하면 $\dfrac{u^2}{V_\infty^2}$, $\dfrac{v^2}{V_\infty^2}$, $\dfrac{w^2}{V_\infty^2} \ll \dfrac{2u}{V_\infty}$ 이므로 식 (9.16)은 다음과 같이 근사식으로 쓸 수 있다.

$$C_p = -\frac{2u}{V_\infty} \tag{9.17}$$

식 (9.17)은 미소교란에 유효한 선형화된 압력계수식이다. 또한 이 식은 매우 간단한 형태로 주어져 있을 뿐만 아니라 x-방향의 교란속도 성분의 함수로 주어져 있음을 유의하기 바란다.

9.4 선형 아음속 유동(Linearized Subsonic Flow)

항공기의 날개나 세장형 물체에 작용하는 공기역학적 힘과 모멘트를 계산해야 할 필요성은 아음속 압축성 유동에 대한 선형이론의 발달을 가져오게 하였다. 1930년대를 통하여 다음과 같은 의문이 점점 더 강하게 일어났다. 우리는 어떻게 비압축성 유동의 결과(이론 또는 실험)를 수정하여 압축성 효과를 보정할 수 있겠는가? 그림 9.4에 예시된 것같이 다음과 같은 의문을 갖게 되었다.

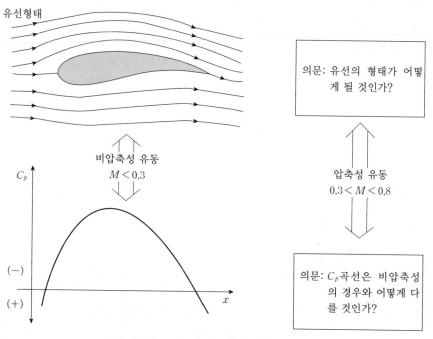

그림 9.4 압축성을 고려할 때의 의문

(1) 비압축성 이론에 의한 유선형태가 압축성을 고려할 때 어떻게 달라지겠는가?

(2) 압축성을 고려한 날개의 압력계수 C_p가 비압축성 유동의 C_p와 얼마나 다를 것인가?

후자의 질문은 결과적으로 날개의 공기역학적 힘과 모멘트에 대한 압축성의 효과에 대한 것이 된다.

이 절에서는 9.2절과 9.3절에서 전개한 선형방정식을 사용하여 위의 질문에 대한 답을 구하게 될 것이다. 우리는 일견 비실제적인 문제처럼 보이는 파형 벽면(벽면의 기하학적인 모양이 파의 모양을 한)에 대한 유동문제의 해를 얻고자 한다. 왜냐하면 파형 벽면의 기하학적인 모양은 수학적으로 쉽게 결정될 수 있을 뿐만 아니라 해(解)도 쉽게 얻어질 수 있기 때문이며, 결국에는 파형 벽면을 지나는 유동의 해로부터 다른 기하학적 모양에 대한 실제 정보(지식)를 추출해 낼 수 있기 때문이다.

그림 9.5에 그려진 것과 같이 벽의 기하학적 모양이 여현곡선(餘弦曲線, cosine curve)으로 주어진 벽을 지나는 아음속 유동을 생각하자. 벽의 훨씬 전방에서 자유류의 속도는 V_∞이고 방향은 x축 방향이다. 그림 9.5에 표시된 벽면은 다음 방정식으로 주어진다.

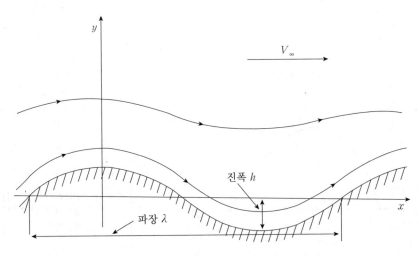

그림 9.5 파형 벽면을 지나는 아음속 흐름

$$y_w = h \cos\left(\frac{2\pi x}{\lambda}\right) \tag{9.18}$$

여기서 h는 벽의 진폭(벽면 높이의 절반)이며, 그리고 λ는 벽의 파장이다. 그리고 $\frac{h}{\lambda}$를 작다고 가정하면 벽 주위의 유동은 균일한 유동조건으로부터 미소교란을 가진 미소교란 유동으로 특정지워질 수 있다. 따라서 식 (9.6)으로 주어진 선형 교란속도 방정식을 사용할 수 있다. 2차원 유동에 있어서 식 (9.6)은 다음과 같이 된다.

$$(1 - M_\infty^2)\varphi_{xx} + \varphi_{yy} = 0 \tag{9.19}$$

식 (9.19)는 선형 편미분방정식으로, 여기서 해를 구하기 위한 표준 접근방법은 변수분리 방법이다. 참고로 덧붙일 것은, 식 (9.19)는 타원형 편미분방정식이며 따라서 경계치 문제(boundary value problem)라는 것이다. 식 (9.19)에 변수분리법을 적용하기 위하여 $\varphi(x, y)$를 x만의 함수와 y만의 함수의 곱으로 가정하자. 즉,

$$\varphi(x, y) = F(x)G(y) \tag{9.20}$$

식 (9.20)으로 표시된 φ를 식 (9.19)에 대입하면

$$(1 - M_\infty^2)GF'' + FG'' = 0$$

또는

$$\frac{F''}{F} = -\frac{1}{1 - M_\infty^2}\frac{G''}{G} \tag{9.21}$$

여기서 F''와 G''는 각각 그 함수의 변수에 대하여 두 번 미분한 것임을 나타낸다. 식 (9.21)은 어떤 x와 y값에 대하여도 유효하다. 그리고 식 (9.21)의 좌변은 x만의 함수이며 우변은 y만의 함수이다. 그러므로 식 (9.21)이 모든 x와 y에 대해 항상 성립하기 위하여 식 (9.21)의 값은 상수이어야 한다. 이 상수를 분리상수라 부르며, 그 값을 $-k^2$이라 놓으면 식 (9.21)은 각각 다음과 같이 F와 G에 대한 방정식으로 분리된다.

$$\frac{1}{1 - M_\infty^2}\frac{G''}{G} = k^2 \tag{9.22}$$

$$\frac{F''}{F} = -k^2 \tag{9.23}$$

식 (9.22)로부터 G에 대한 방정식은 다음과 같이 된다.

$$\frac{d^2G}{dy^2} - k^2(1-M_\infty^2)G = 0 \tag{9.24}$$

식 (9.24)는 상수계수를 가진 이차상미분방정식(second-order ordinary differential eq.)이므로 해는 다음과 같이 쉽게 구하여질 수 있다(표준 미분방정식책을 참조).

$$G(y) = A_1 e^{-k\sqrt{1-M_\infty^2}\,y} + A_2 e^{k\sqrt{1-M_\infty^2}\,y} \tag{9.25}$$

그리고 식 (9.23)으로부터 F에 대한 방정식은 다음과 같이 주어진다.

$$\frac{d^2F}{dx^2} + k^2F = 0 \tag{9.26}$$

식 (9.26)의 해는 다음과 같이 주어진다.

$$F(x) = B_1 \sin(kx) + B_2 \cos(kx) \tag{9.27}$$

식 (9.25)와 식 (9.27)에서 적분상수 A_1, A_2, B_1, B_2, 그리고 분리상수 k^2은 다음과 같은 물리적 경계조건으로부터 결정된다.

(1) $y \to \infty$일 때; $\vec{V}$와 $\nabla\varphi$는 유한해야 한다. $\tag{9.28a}$
(2) 벽면에서의 흐름은 벽에 접선방향이어야 한다. 따라서

$$\frac{dy_w}{dx} = \frac{v}{V_\infty + u}\bigg|_w = \frac{v_w}{V_\infty + u_w} \tag{9.28b}$$

여기서 하첨자 w는 벽면에서 계산한 u와 v를 의미한다. 미소교란의 가정에 의하여 $V_\infty \gg u_w$이므로, 식 (9.28b)는 다음과 같이 근사식으로 나타낼 수 있다.

$$\frac{dy_w}{dx} = \frac{v_w}{V_\infty} = \frac{1}{V_\infty}\left(\frac{\partial\varphi}{\partial y}\right)_w \tag{9.29}$$

식 (9.18)로부터 y_w를 구하여, 그 결과를 식 (9.29)에 대입하면 다음 식을

얻는다.

$$\frac{\partial \varphi}{\partial y}\Big|_w = -V_\infty h\left(\frac{2\pi}{\lambda}\right)\sin\left(\frac{2\pi x}{\lambda}\right) \tag{9.30}$$

그런데 미소교란의 가정에 따라 y_w는 작다. 엄밀하게 말해서 식 (9.30)은 벽면에서 계산되어야 하나, 미소교란의 가정으로부터 벽의 진폭(h)이 크지 않으므로 $\frac{\partial \varphi}{\partial y}\Big|_w$를 $\frac{\partial \varphi}{\partial y}\Big|_{y=0}$으로 대치시킬 수 있다. 다시 말하면 $\frac{h}{\lambda} \ll 1$인 경우에 벽면에서의 $\frac{\partial \varphi}{\partial y}$가 $y=0$에서의 $\frac{\partial \varphi}{\partial y}$로 대치될 수 있다. 이런 경우의 해는 1차 정확도(first-order accuracy)를 갖는다. 그러므로 식 (9.30)은 다음과 같이 된다.

$$\frac{\partial \varphi}{\partial y}\Big|_{y=0} = -V_\infty h\left(\frac{2\pi}{\lambda}\right)\sin\left(\frac{2\pi x}{\lambda}\right) \tag{9.31}$$

식 (9.31)은 미소교란의 경우에 대한 식 (9.28b)의 수학적 표현이다.

그러면 지금부터 $y \rightarrow \infty$의 경계조건과 벽면에서의 선형화된 경계조건을 차례로 적용하자. 먼저 식 (9.25)로 돌아가 식 (9.28a)로 주어진 경계조건을 만족시키려면 $A_2=0$이 되지 않으면 안 된다. 이것은 벽면에서 멀리 떨어진 점에서의($y \rightarrow \infty$에서의) 속도는 유한해야 함을 보증하여 준다. $A_2=0$과 더불어 식 (9.20)과 (9.25), 식 (9.27)을 합하면 다음과 같이 된다.

$$\varphi(x,\ y) = [B_1\sin(kx) + B_2\cos(kx)]A_1 e^{-k\sqrt{1-M_\infty^2}\,y} \tag{9.32a}$$

새로운 상수 C_1과 C_2를 다음과 같이 도입하면

$$\varphi(x,\ y) = e^{-k\sqrt{1-M_\infty^2}\,y}[C_1\sin(kx) + C_2\cos(kx)] \tag{9.32b}$$

여기서

$$C_1 = A_1 B_1 \ ; \ C_2 = A_1 B_2$$

두 번째의 경계조건 식 (9.28b)는 미소교란의 경우에 식 (9.31)로 대치시킬 수 있으며 식(9.32b)로부터 $\frac{\partial \varphi}{\partial y}\Big|_{y=0}$을 계산하여 그 결과를 식 (9.31)에 대입하면 C_1과 C_2, k는 각각 다음과 같이 결정된다.

$$C_1 = \frac{V_\infty h}{\sqrt{1-M_\infty^2}} \ ; \ C_2 = 0 \ ; \ k = \frac{2\pi}{\lambda}$$

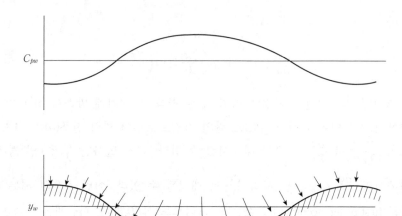

그림 9.6 파형 벽면에 대한 아음속 흐름의 압력 분포

따라서 위의 결과를 식 (9.32b)에 대입하면 φ는 다음과 같이 주어진다.

$$\varphi(x,\,y) = \frac{V_\infty h}{\sqrt{1-M_\infty^2}}\, e^{-\frac{2\pi\sqrt{1-M_\infty^2}}{\lambda}y} \sin\left(\frac{2\pi x}{\lambda}\right) \tag{9.33}$$

식 (9.33)은 우리가 구하고자 하는 파형 벽에 대한 아음속 유동의 교란속도퍼텐셜의 해이다. 이것으로부터 다른 모든 물리적 양들을 계산할 수 있다. 예를 들면,

$$u = \frac{\partial \varphi}{\partial x} = \frac{V_\infty h}{\sqrt{1-M_\infty^2}}\left(\frac{2\pi}{\lambda}\right)\cos\left(\frac{2\pi x}{\lambda}\right) e^{-\frac{2\pi\sqrt{1-M_\infty^2}}{\lambda}y} \tag{9.34}$$

식 (9.34)를 식 (9.17)에 대입하면 선형 압력계수는 다음과 같이 계산된다.

$$C_p = -\frac{2u}{V_\infty} = -\frac{4\pi}{\sqrt{1-M_\infty^2}}\left(\frac{h}{\lambda}\right) e^{-\frac{2\pi\sqrt{1-M_\infty^2}}{\lambda}y}\cos\left(\frac{2\pi x}{\lambda}\right) \tag{9.35}$$

$y=0$는 근사적으로 벽면에 해당하므로 벽 위에서의 압력계수 C_{pw}는 식 (9.35)에서 $y=0$으로 놓음으로써 얻어진다.

$$C_{pw} = -\frac{4\pi}{\sqrt{1-M_\infty^2}}\left(\frac{h}{\lambda}\right)\cos\left(\frac{2\pi x}{\lambda}\right) \tag{9.36}$$

식 (9.33)~식 (9.36)에 내포되어 있는 결과들을 해석하여 보자.

먼저 식 (9.36)과 식 (9.18)을 비교하여 보면 벽면에서의 압력계수는 벽의 모양과 같은 여현(餘弦, cosine) 변화를 갖지만 180°의 위상차(식 (9.36)의 음부호 때문에)를 가지고 있다. 그리고 분명히 그림 9.6으로부터 압력분포는 벽모양과 대칭이다. 압력분포는 그림 9.6에서 벽면에 수직한 화살표로 표시되어 있다. 이와 같이 압력의 대칭분포 때문에 벽 위에서 x-방향의 압력저항은 없다. 이 것은 다음과 같은 일반적인 결론의 한 가지 예이다. 즉,

"2차원, 비점성, 단열, 아음속 압축성 유동에서 물체는 공기역학적 저항을 받지 않는다."

이것은 2차원 비압축, 비회전 유동에서 물체의 저항이 0이라는 잘 알려진 *D'Alembert* 가설의 일반화이다.

유장과 벽면 압력계수 C_{pw}에 대한 마하수 영향을 알아보기 위하여 식 (9.33)에서 마하수를 포함한 인수들만 고려해 보면 다음과 같다.

$$\varphi \propto \frac{1}{\sqrt{1-M_\infty^2}} e^{-\frac{2\pi\sqrt{1-M_\infty^2}}{\lambda}y}$$

따라서 어떤 주어진 아음속 마하수 M_∞에 대하여 $y \to \infty$일 때 $\varphi \to 0$이 다. 즉, 벽면에 의하여 발생된 교란은 벽에서부터 멀리 떨어진 곳에서는 사실 상 사라진다. 즉, 벽으로부터 멀어짐에 따라 교란은 지수함수적으로 감소하게 된다. 그러나 벽으로부터 일정한 위치(일정한 y)에서의 교란은 마하수가 증가함 에 따라 증가한다. 이것은 교란에 대한 마하수의 영향이다. 그러므로 아음속 유동에서는 마하수가 증가함에 따라 벽에서 발생된 교란이 벽으로부터 멀리 떨어진 곳까지 미치게 되며 그림 9.7에 잘 표시되어 있다.

아음속 유동에서 마하수의 가장 중요한 영향은 식 (9.36)이 보여 주는 것 과 같이 표면압력계수에 대한 영향이다.

$$C_{pw} \propto \frac{1}{\sqrt{1-M_\infty^2}}$$

M_{∞_1}과 M_{∞_2}를 두 개의 다른 자유류의 마하수라고 하자. 그러면 식 (9.36) 으로부터

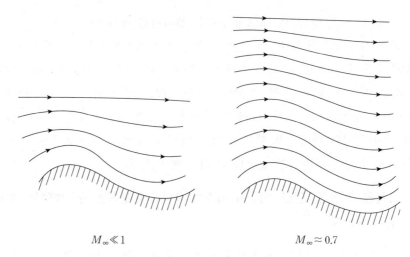

$$M_\infty \ll 1 \qquad\qquad M_\infty \approx 0.7$$

그림 9.7 아음속 흐름의 유선 형태에 대한 마하수의 영향

$$\frac{(C_{pw})M_{\infty_1}}{(C_{pw})M_{\infty_2}} = \sqrt{\frac{1 - M_{\infty_2}^2}{1 - M_{\infty_1}^2}} \tag{9.37}$$

더욱이 M_{∞_2}가 비압축성 유동에 해당하는 마하수, 즉 $M_{\infty_2} = 0$이면 식 (9.37)로부터 다음과 같은 결과를 얻는다.

$$C_{pw} = \frac{(C_{pw})_0}{\sqrt{1 - M_\infty^2}} \tag{9.38}$$

여기서 C_{pw}는 어떤 주어진 아음속 마하수 M_∞에 해당하는 표면압력계수이며 $(C_{pw})_0$는 같은 물체에 대한 비압축성 유동의 표면압력계수이다.

마하수를 증가시키면 C_{pw}의 절대값을 증가시키는 효과를 가져온다. 이 같은 증가는 유동이 음속에 가까워짐에 따라 현저하게 된다.

사실 식 (9.38)은 M_∞가 1에 접근함에 따라 C_{pw}는 무한대가 됨을 보여 주는데 이것은 불가능한 결과이다. 그러나 선형이론이 천음속 영역($M_\infty = 1$ 부근)에서는 성립하지 않는다는 사실을 기억한다면 위와 같은 의문은 쉽게 해결될 것이다. 따라서 식 (9.38)은 마하수로 약 0.7까지만 유효하다.

식 (9.38)은 선형이론을 파형 벽면에 대한 아음속 유동에 적용함으로써 유도되었다. 그러나 지금까지 얻은 기본 물리적 결과는 어떤 특정한 물체의 기하학적 모양에 국한된 것은 아니다. 식 (9.38)은 아음속 유동 내에 놓여진 여하한 2차원 세장형 물체(교란이 미소하다는 가정만 만족이 되면)에 대해서도 성립한다.

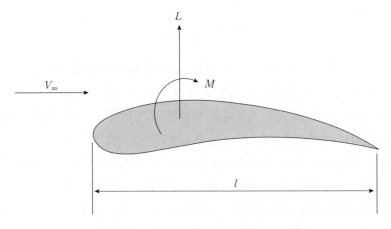

그림 9.8 날개에 작용하는 양력과 모멘트

식 (9.38)을 **Prandtl-Glauert법칙**이라 부른다. 이 법칙은 어느 주어진 2차원 형상을 지나는 비압축성 유동을, 같은 형상을 지나는 아음속 압축성 유동과 관련시켜 주는 법칙이다.

　더 나아가 그림 9.8에 그려진 것과 같이 날개에 작용하는 양력과 모멘트를 생각하자. 양력계수 C_L과 모멘트 계수 C_M을 각각 다음과 같이 정의한다.

$$C_L = \frac{L}{\frac{1}{2}\rho_\infty V_\infty^2 S} \;\; ; \;\; C_M = \frac{M}{\frac{1}{2}\rho_\infty V_\infty^2 Sl}$$

　여기서 S는 기준면적(reference area)(날개인 경우 보통 S는 날개의 투사면적으로 잡는다), l은 기준길이(reference length)(날개의 경우 보통 날개의 시위길이)이다. 제1장에서 양력은 자유류 속도에 수직한 성분의 공기역학적 힘으로 정의되었다. 물체에 작용하는 모든 공기역학적인 힘과 모멘트는 물체표면에 분포된 압력과 전단응력에 의한다. 그런데, 우리는 현재 비점성 유동을 취급하고 있으므로 전단응력은 0이다. 따라서 양력과 모멘트는 물체표면을 따라 분포된 압력에만 의한 것이므로, 아음속 압축성 유동에 대한 물체의 양력과 모멘트를 비압축성 유동의 양력과 모멘트에 대해서 식 (9.38)을 통하여 쉽게 관계를 지을 수 있다.

$$C_L = \frac{C_{L_0}}{\sqrt{1 - M_\infty^2}} \tag{9.39}$$

$$C_M = \frac{C_{M_0}}{\sqrt{1 - M_\infty^2}} \qquad\qquad (9.40)$$

식 (9.39)와 식 (9.40)을 또한 **Prandtl-Glauert법칙**이라 부른다. 식 (9.39)와 식 (9.40)의 증명은 독자에게 맡긴다. 이 식들은 아음속 압축성 유동 내의 세장형 2차원 물체에 작용하는 양력과 모멘트를 계산할 때에 비압축성 유동의 결과로부터 압축성의 영향을 보정하여 주는 매우 실용적인 공식이다. 압축성의 영향은 C_L과 C_M을 증가시키는 효과를 가져옴을 주목하기 바란다.

지금까지 해석에서 Prandtl-Glauert법칙은 파형 벽면을 흐르는 특수한 경우를 취급함으로써 유도되었다. 이것은 수학적으로 편리하기 때문이다. 그러나 위의 결과를 임의의 물체에 대하여서도 적용할 수 있다.

9.5 개선(改善)된 압축성 보정

선형방정식의 해는 자유류조건(M_∞따위)에 의하여 크게 영향을 받지만 유장의 위치에 따르는 변화를 충분히 나타내지는 못한다. 이와 같은 위치에 따른 변화는 근본적으로 비선형현상이다. 예를 들면 6장에서 보여진 것과 같이 선형화된 음파의 속도(미소교란의 전파속도)는 음파의 모든 점에서 크기가 a_1으로 일정하지만 유한파의 전파속도는 파의 각 점에 따라 다르므로(크기는 $u \pm a$이다) 유한파의 파형은 전파하는 과정중에 변형된다.

이와 같은 과정이 비선형 현상이다. 선형 아음속 유동은 식 (9.33)~식 (9.36)에서 보여 주는 것과 같이 국소마하수 M에 의해서가 아니라 자유류의 마하수 M_∞에 의하여 지배된다.

결과적으로 식 (9.38)~식 (9.40)으로 주어진 Prandtl-Glauert법칙은 변수 M_∞만을 포함하고 있음에 유의하라. 압축성 보정을 더 개선하기 위한 노력으로 Laitone은 식 (9.38)에 M_∞대신에 국소마하수 M으로 대치시킴으로써 국소적으로 C_p를 고려하였다. 즉,

$$C_p = \frac{C_{p_0}}{\sqrt{1 - M^2}}$$

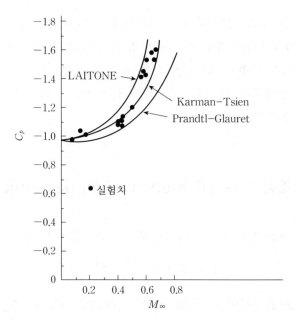

**그림 9.9 받음각 1°53'의 NACA 4412 날개에 대한 몇 가지 압축성 보정식에 의한
이론값과 실험치의 비교**

그런 다음, M과 M_∞와의 관계를 등엔트로피 관계식으로부터 구하고 그
결과를 윗 식의 M에 대입함으로써 압력계수식을 다음과 같이 보정하였다. 따
라서 개선된 압축성 영향의 보정은 다음과 같이 표시된다.

$$C_p = \frac{C_{p_0}}{\sqrt{1-M_\infty^2} + \dfrac{M_\infty^2\left(1+\dfrac{\gamma-1}{2}M_\infty^2\right)}{2\sqrt{1-M_\infty^2}}C_{p_0}} \tag{9.41}$$

또 다른, 잘 알려진 개선된 압축성 보정은 Von Karman과 Tsien에 의한
것이다. 비선형 운동방정식의 호도그래프(hodograph) 해로부터 다음과 같은 결
과를 얻었다.

$$C_p = \frac{C_{p_0}}{\sqrt{1-M_\infty^2} + \left(\dfrac{M_\infty^2}{1+\sqrt{1-M_\infty^2}}\right)\dfrac{C_{p_0}}{2}} \tag{9.42}$$

식 (9.45)는 **Karman-Tsien법칙**이라 부른다.

그림 9.9는 NACA 4412 날개의 0.3시위($0.3\bar{c}$) 위치에서 M_∞ 변화에 따른 C_p변화를 실험치와 이론결과로 비교하고 있다. Prandtl-Glauert법칙은 적용하기에 가장 쉽지만 실험치보다 낮은 값을 예측하는 반면에 개선된 압축성 보정은 분명히 더 정확하다. 이것은 Laitone과 Karman-Tsien법칙이 유동의 비선형적인 면을 고려하고 있기 때문이다.

9.6 선형 초음속 유동(Linearized Supersonic Flow)

2차원 초음속인 경우의 선형 속도퍼텐셜 방정식을 다시 생각하자.

$$(1 - M_\infty^2)\varphi_{xx} + \varphi_{yy} = 0 \tag{9.19}$$

아음속 유동에 대하여는 $m^2 \equiv 1 - M_\infty^2$로 놓으면 $m^2 > 0$이다. 그러면 식 (9.19)는 다음과 같은 형태로 쓸 수 있다.

$$\varphi_{xx} + \varphi_{YY} = 0 \tag{9.43}$$

여기서 $Y = my$이다. 식 (9.43)은 잘 알려진 Laplace방정식이며, 타원형 편미분방정식이다. 그러나 초음속 유동에 대하여는 $(1 - M_\infty^2) < 0$이다. 그러므로 $n^2 = M_\infty^2 - 1$로 놓으면 식 (9.19)는 다음과 같은 형태로 된다.

$$\varphi_{xx} - \frac{1}{n^2}\varphi_{yy} = 0 \tag{9.44}$$

이 식은 쌍곡형(雙曲形) 편미분방정식이며 초기치 문제이다. 타원형 편미분방정식은 경계조건으로서 경계면에서 φ 또는 $\dfrac{\partial \varphi}{\partial n}$ 을 요구하며, 쌍곡형 편미분방정식은 경계면을 따른 경계조건 외에 2개의 초기조건을 요구한다. 자세한 것은 표준 편미분방정식에 관한 책을 참조하기 바란다.

식 (9.43)과 식 (9.44)를 비교해 보면 둘째 항의 부호가 서로 다르다는 차이밖에 없다. 그러나 이런 단순한 차이가 굉장한 뜻을 함축하고 있다. 그것은 아음속 유동과 초음속 유동사이의 근본적인 물리적 차이점을 반영하고 있다. 앞으로 그 차이점을 밝히게 될 것이다.

9.4절에서 주어진 것과 같은 파형 벽면을 생각하자.

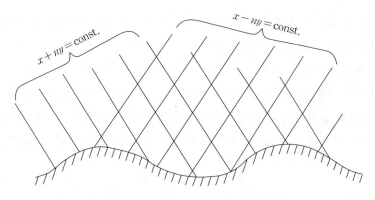

그림 9.10 파형 벽면을 지나는 선형 초음속 유동에 대한 특성 곡선

$$y_w = h\cos\left(\frac{2\pi x}{\lambda}\right) \tag{9.18}$$

그리고 이번에는 파형 벽면 위를 흐르는 초음속 유동을 이해하기 위하여 식 (9.44)로부터 선형경계조건 식 (9.31)을 만족하는 해를 구하면 된다. 식 (9.44)의 x를 t로, y를 x로 보면 식 (9.44)는 6장에서 유도한 1차원 파동방정식과 동일한 형태로 되며, 그 해는 각각 변수 $(x-ny)$와 $(x+ny)$로 표시된 두 임의함수의 합이다. 즉,

$$\varphi(x,\ y) = f(x-ny) + g(x+ny) \tag{9.45}$$

그런데 해 (9.45)에 경계조건을 적용하기 전에 f와 g에 대하여 물리적 의미를 생각하여 보자. $(x-ny)$가 일정한 선을 따라서는 f가 일정하며 $(x+ny)$가 일정한 선을 따라서는 g가 일정하다. 이것이 그림 9.10에서 $x \pm ny = $ const. 인 선이고 6장에서 정의한 특성곡선이며 다음에 보여지겠지만 이것이 바로 마하선(파)을 나타낸다.

그러면 먼저 $f=0$으로 놓고 해 g를 생각하여 보자.

$f=0$일 때

$$\varphi = g(x+ny)$$

이고, $x+ny=$ const. 인 선은 왼쪽으로 전파하는 특성곡선이며 이 특성곡선을 따라 φ는 일정하다. 이것은 물리적으로 벽에서 발생한 교란 φ가 초음속 유동 방향의 반대쪽, 즉 흐름의 상류쪽으로 전파됨을 의미하거나 또는 벽에서부터

멀리 떨어진 상류에서 발생한 교란이 벽에 도달하게 됨을 의미한다. 그러나 벽에서 멀리 떨어진 곳은 교란을 포함하지 않는 x-축에 평행한 균일유동뿐이므로 후자의 경우는 불가능하다. 그리고 벽에서 발생한 교란은 초음속 유동에서는 결코 교란의 전방 쪽, 즉 흐름방향의 반대방향으로 전파될 수 없다(3장 참조).

그러므로 전자의 경우도 물리적으로 불가능하다. 결국은 $g=0$이 되지 않으면 안 된다. 이것을 식 (9.45)에 대입하면 물리적으로 가능한 해는 다음과 같다.

$$\varphi(x, \ y) = f(x - ny) \tag{9.46}$$

여기서 f를 결정하기 위하여 식 (9.31)로 주어진 경계조건을 적용하자. 식 (9.46)으로부터

$$\frac{\partial \varphi}{\partial y} = -nf' \tag{9.47a}$$

여기서 f'는 변수 $(x - ny)$에 대한 f의 미분이다. 식 (9.27a)로부터 $\frac{\partial \varphi}{\partial y}$를 $y=0$에서 계산하면

$$\left. \frac{\partial \varphi}{\partial y} \right|_{y=0} = -nf'(x) \tag{9.47b}$$

식 (9.47b)를 식 (9.31)에 대입하면

$$nf'(x) = V_\infty h \left(\frac{2\pi}{\lambda} \right) \sin \left(\frac{2\pi x}{\lambda} \right) \tag{9.48}$$

그러므로 식 (9.48)로부터

$$f'(x) = \frac{V_\infty h}{n} \left(\frac{2\pi}{\lambda} \right) \sin \left(\frac{2\pi x}{\lambda} \right) \tag{9.49}$$

식 (9.49)를 적분하면

$$f(x) = -\frac{V_\infty h}{n} \cos \left(\frac{2\pi x}{\lambda} \right) + 상수 \tag{9.50}$$

식 (9.50)은 벽면에서 만족되는 식이며 벽에서 떨어진 유동 영역에 대한 해는 x 대신에 $(x - ny)$로 대치시킴으로써 다음과 같이 얻어진다.

$$f(x-ny) = -\frac{V_\infty h}{n}\cos\left[\frac{2\pi}{\lambda}(x-ny)\right] + 상수 \qquad (9.51\text{a})$$

그러므로 우리가 구하고자 하는 교란속도 퍼텐셜은 다음과 같다.

$$\varphi(x,\,y) = f(x-ny) = -\frac{V_\infty h}{n}\cos\left[\frac{2\pi}{\lambda}(x-ny)\right] + 상수 \qquad (9.51\text{b})$$

식 (9.51b)로부터 압력 관계는 다음과 같이 계산된다.

$$C_p = -\frac{2u}{V_\infty} = -\frac{2}{V_\infty}\frac{\partial\varphi}{\partial x} = -\frac{4\pi}{n}\left(\frac{h}{\lambda}\right)\sin\left[\frac{2\pi}{\lambda}(x-ny)\right] \qquad (9.52)$$

벽면 위에서의 압력계수는 식 (9.52)에서 $y=0$으로 놓음으로써 얻어진다.

$$C_{pw} = -\frac{4\pi}{n}\left(\frac{h}{\lambda}\right)\sin\left(\frac{2\pi x}{\lambda}\right) \qquad (9.53)$$

식 (9.51)~식 (9.53)은 파형 벽면을 흐르는 선형 초음속 유동의 해를 나타낸다.

이 결과들을 자세히 검토하여 보자. 먼저 아음속 유동에 대한 앞 절의 결과와는 대조적으로 초음속 유동에서는 지수함수적으로 감쇠하는 요인이 없다. 그러므로 초음속 유동에서는 $y \to \infty$에서 교란이 사라지지 않는다. 더욱이 교란의 크기(예를 들면 φ나 또는 C_p의 크기)는 $x-ny=$ const.인 특성곡선을 따라서 일정하게 전파된다.

다시 말하면 벽의 영향(벽에 의하여 발생된 교란)이 $x-ny=$ const.인 특성곡선을 따라서 일정한 세기를 가지고 무한대까지 전파된다. 이러한 특성곡선들은 다음과 같은 기울기를 가진다.

$$\frac{dy}{dx} = \frac{1}{n} = \frac{1}{\sqrt{M_\infty^2 - 1}}$$

그리고 바로 이 특성곡선들은 자유류의 방향과 각 μ를 갖는 마하선과 동일하다. 즉,

$$\mu = \sin^{-1}\left(\frac{1}{M_\infty}\right)$$

이런 선들은 그림 9.11에 그려져 있다. 마하선이 6장에서 정의한 특성곡

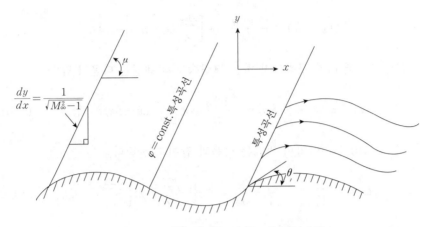

그림 9.11 파형 벽면을 지나는 초음속 흐름

선과 동일하다는 것이 11장에 증명되어 있다. 여기서는 단지 그런 사실을 주목하기 바란다. 그리고 아음속 유동과는 대조적으로 식 (9.51)은 벽면의 골이나 마루를 지나는 수직선에 대하여 비대칭인 유선을 나타낸다. 그리고 그림 9.11에 그려진 것과 같이 유선은 두 개의 경사진 마하파 사이에서 기하학적으로 상사(相似)하게 유지된다.

　　매우 중요한 두 개의 물리적 결과를 식 (9.53)으로부터 추가적으로 설명할수 있다. 첫째로, 아음속 유동과는 달리 표면압력분포는 더 이상 벽에 대하여대칭이 아니다(식 (9.53)은 정현곡선(正弦曲線, sine curve)에 따라 변하지만 벽은 여현곡선(cosine curve)에 따라 변한다). 그러므로 초음속 유동에서의 표면압력분포는 x-축 방향으로 상쇄되지 않는다. 대신에 x-축 방향으로 다시 말하면 자유류의 방향으로, 순(純)힘(net force)이 존재한다. 이 힘을 조파항력(造波抗力, wave drag)이라 부른다. 충격파가 선형이론 구조 내에는 나타나지 않지만 충격파의결과는 항력의 항으로 선형이론 결과에 반영된다.

　　또한 식 (9.53)으로부터

$$C_{pw} \propto \frac{1}{\sqrt{M_\infty^2 - 1}}$$

임을 주목하기 바란다. 그러므로 초음속 유동에서 M_∞를 증가시키면 C_p를 감소시키는 효과를 가져온다. 이것은 아음속 유동의 정반대 결과이다.

　　그림 9.12에 선형이론에 의해 예상된 아음속 유동과 초음속 유동 각각에

대한 C_p변화가 비교되어 있다. 그림 9.12에서 마하수 1 부근의 영역은 선형이
론을 적용할 수 있는 범위를 벗어난 것임을 기억하기 바란다.

압력계수에 대한 식 (9.53)은 다음과 같이 더 간단한 형태로 표현될 수 있
다. 벽면의 식이

$$y_w = h \cos\left(\frac{2\pi x}{\lambda}\right)$$

이므로

$$\frac{dy_w}{dx} = -2\pi\left(\frac{h}{\lambda}\right)\sin\left(\frac{2\pi x}{\lambda}\right) \tag{9.54}$$

식 (9.54)를 식 (9.53)에 대입하면

$$C_{pw} = \frac{2\dfrac{dy_w}{dx}}{\sqrt{M_\infty^2 - 1}} \tag{9.55}$$

그리고 그림 9.11에 그려진 것과 같이 표면의 어느 점에서 벽면과 x-축

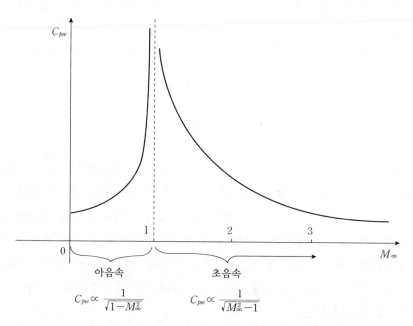

그림 9.12 마하수에 대한 선형 압력계수의 변화

이 이루는 각 θ로 위의 식을 나타내 보자.

$$\frac{dy_w}{dx} = \tan\theta \tag{9.56}$$

그런데 세장형 물체 주위의 유동에서 θ는 작다고 가정할 수 있으므로 식 (9.56)으로부터

$$\frac{dy_w}{dx} = \tan\theta \approx \theta \tag{9.57}$$

식 (9.57)을 식 (9.55)에 대입하면

$$C_{pw} = \frac{2\theta}{\sqrt{M_\infty^2 - 1}} \tag{9.58}$$

식 (9.58)은 선형 초음속 유동에 대한 기본적이고도 극히 유용한 결과이다. 여기서는 비록 파형 벽면에 대해서 유도된 결과이지만 이 결과는 어떤 2차원 세장형 물체에도 유효하다. 여기서 특히 유의할 것은 θ는 국소점에서의 자유류와 이루는 각이다.

예를 들면 그림 9.13에서 보여 주는 것과 같이 양쪽이 볼록한 날개를 생각하자.

표면 위에 임의의 두 점 A와 B에서 압력계수는 각각 다음과 같이 된다.

$$C_{pA} = \frac{2\theta_A}{\sqrt{M_\infty^2 - 1}}$$

$$C_{pB} = \frac{2\theta_B}{\sqrt{M_\infty^2 - 1}}$$

그림 9.13에서 θ_A는 양이고 θ_B는 음의 값이므로 압력계수분포는 앞쪽 표면에서 양의 값으로부터 뒤쪽 표면에서는 음의 값으로 변함을 알 수 있다.

식 (9.58)이 내포하고 있는 의미를 더 조사하기 위하여 그림 9.14에 그려진 것과 같이 초음속 유동에 놓인 반경사각(半傾斜角)이 θ인, 끝이 뾰족한 쐐기를 생각하자. 쐐기 표면의 C_p는 제4장에 기술한 경사충격파이론으로부터 정확하게 얻어진다. $M_\infty = 2$일 때, θ의 여러 값에 대하여 구한 해가 그림 9.14에 실선으로 표시되어 있다.

선형이론에 의해 식 (9.58)로부터 계산된 결과는 점선으로 나타나 있다. θ

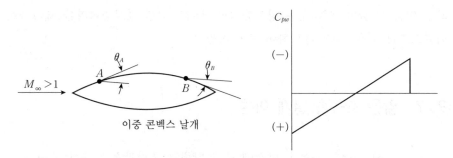

그림 9.13 볼록한 날개 주위의 선형 압력계수

가 작을 때에는 정확한 해(경사충격파 이론)와 선형이론의 해가 잘 맞지만 θ가 커짐에 따라 두 해의 결과는 잘 맞지 않으며 차이가 커진다. 이와 같은 사실은 선형이론이 미소교란의 가정 위에서 유도된 것이므로 당연히 예상되는 결과이다. 그리고 $\theta \to 0$의 경우에는 제4장의 경사충격파 해에서 직접 식 (9.58)의 결

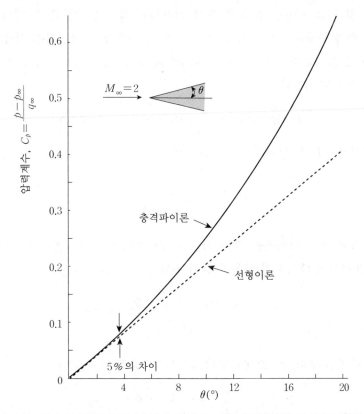

그림 9.14 쐐기 주위를 지나는 초음속 흐름에 대한 충격파이론과 선형이론의 비교

과를 얻을 수 있다. 여러분은 경사충격파 해에서 약한 경사충격파를 고려(작은 θ)함으로써 식 (9.58)을 유도하여 보기 바란다.

9.7   얇은 초음속 날개 이론

식 (9.58)은 얇은 초음속 날개에 대한 양력과 조파항력을 계산할 수 있는 중요한 식이다. 이 절에서 몇 가지 간단한 응용을 생각하여 보자.

우선 그림 9.15에서는 아음속과 초음속 흐름 각각에 놓인 평판 주위로의 압력분포를 보여 주고 있다. 여기서 그림 9.15의 두 번째에 그려진 것과 같이 초음속 유동에 놓인 받음각 α를 갖는, 길이가 c인 평판 문제를 생각하여 보자. 충격파−팽창파 이론(제4장 참조)이나 선형이론[식 (9.58)]으로부터 그림 9.15에 그려진 것과 같이 아랫 면과 윗 면에 작용하는 압력을 계산할 수 있다. 윗 면에 균일하게 작용하는 압력을 p_U로 나타내고, 아랫 면에 균일하게 작용하는 압력을 p_L로 표시하자. 그러면 단위 폭당(지면에 수직한 방향의 단위길이) 양력은 다음과 같이 주어진다.

$$L = (p_L \cos\alpha)c - (p_U \cos\alpha)c = c(p_L - p_U)\cos\alpha \qquad (9.59)$$

양력계수 C_L을 다음과 같이 정의하면

$$C_L = \frac{L}{\frac{1}{2}\rho_\infty V_\infty^2 S}$$

여기서, S는 단위폭을 갖는 평판의 넓이이며 $S = c \times 1 = c$이다. 식 (9.59)를 C_L 표현식에 대입하면 다음과 같이 된다.

$$C_L = \frac{[(p_L - p_\infty) - (p_U - p_\infty)]}{\frac{1}{2}\rho_\infty V_\infty^2}\cos\alpha$$

압력계수 정의, 식 (9.9)로부터 윗 식은 다음과 같이 된다.

$$C_L = (C_{p_L} - C_{p_U})\cos\alpha \qquad (9.60)$$

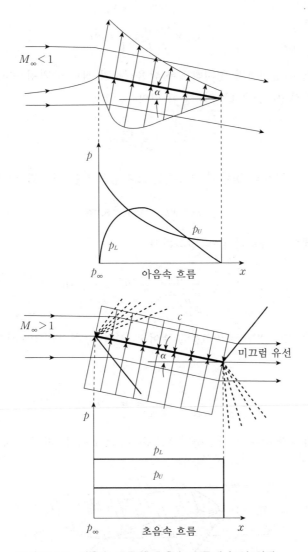

그림 9.15 아음속 흐름과 초음속 흐름에 놓인 평판

그런데 식 (9.58)로부터 C_{p_L}과 C_{p_U}는 각각 다음과 같이 주어진다.

$$C_{p_L} = \frac{2\alpha}{\sqrt{M_\infty^2 - 1}} \qquad (9.61)$$

$$C_{p_U} = \frac{-2\alpha}{\sqrt{M_\infty^2 - 1}} \qquad (9.62)$$

식 (9.61)과 식 (9.62)를 식 (9.60)에 대입하면

$$C_L = \frac{4\alpha}{\sqrt{M_\infty^2 - 1}} \cos\alpha \qquad (9.63)$$

여기서 선형이론과 일치하도록 받음각 α가 작다고 가정하자. 그러면 $\cos\alpha$ ≈ 1이므로 식 (9.63)은 다음과 같이 된다.

$$C_L = \frac{4\alpha}{\sqrt{M_\infty^2 - 1}} \qquad (9.64)$$

그림 9.15로부터 평판에 작용하는 조파항력 D는 다음과 같이 표시된다.

$$D = (p_L - p_U)(c) \sin\alpha \qquad (9.65)$$

항력계수를 다음과 같이 정의하자.

$$C_D = \frac{D}{\frac{1}{2}\rho_\infty V_\infty^2 S} = (C_{p_L} - C_{p_U}) \sin\alpha$$

각각 식 (9.61)과 식 (9.62)로 주어진 C_{p_L}과 C_{p_U}를 윗 식에 대입하면 다음과 같이 된다.

$$C_D = \frac{4\alpha}{\sqrt{M_\infty^2 - 1}} \sin\alpha \qquad (9.66)$$

받음각 α가 작다고 가정하였으므로 $\sin\alpha \approx \alpha$이다. 따라서 윗 식은

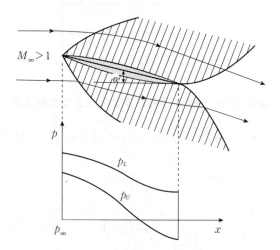

그림 9.16 양면이 볼록한 에어포일(biconvex airfoil)

$$C_D = \frac{4\alpha^2}{\sqrt{M_\infty^2 - 1}} \tag{9.67}$$

식 (9.64)와 식 (9.67)은 초음속 유동 속에 놓인 평판의 양력계수와 항력계수이다. 이 두 식에서 C_L과 C_D는 마하수가 증가함에 따라 감소되는 것을 알 수 있다.

다음으로 그림 9.17로 그려진(이것은 제4장의 그림 4.35와 기하학적인 형상이 동일하다) 다이아몬드형 날개 문제를 생각하여 보자. 그림 9.16에서는 양면이 볼록한 에어포일(biconvex airfoil) 주위의 압력분포를 보여 주고 있다. 4장에서는 충격파–팽창파 이론을 사용하여 다이아몬드형 날개에 작용하는 항력을 계산하였다. 여기에서는 선형이론을 적용하여 보자. 식 (9.58)로부터

$$C_{p_2} = \frac{2\varepsilon}{\sqrt{M_\infty^2 - 1}} \tag{9.68}$$

그리고

$$C_{p_3} = \frac{-2\varepsilon}{\sqrt{M_\infty^2 - 1}} \tag{9.69}$$

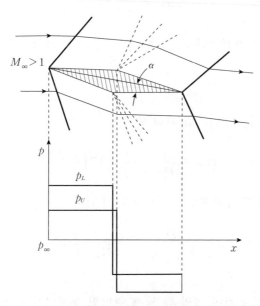

그림 9.17 양면 쐐기형 에어포일(double wedge)

또한 C_p의 정의로부터

$$C_{p_2} - C_{p_3} = \frac{(p_2 - p_\infty) - (p_3 - p_\infty)}{\frac{1}{2}\rho_\infty V_\infty^2} = \frac{(p_2 - p_3)}{\frac{1}{2}\rho_\infty V_\infty^2} \qquad (9.70)$$

식 (9.68)과 식 (9.69)를 식 (9.70)에 대입하여 정리하면

$$p_2 - p_3 = \frac{4\varepsilon}{\sqrt{M_\infty^2 - 1}} \frac{1}{2}\rho_\infty V_\infty^2 \qquad (9.71)$$

그런데 단위 폭당 항력은 다음과 같이 표시된다.

$$D = (p_2 - p_3)t$$

식 (9.71)을 윗 식에 대입하면

$$D = \frac{4\varepsilon}{\sqrt{M_\infty^2 - 1}} \frac{1}{2}\rho_\infty V_\infty^2 t \qquad (9.72)$$

c를 대칭 날개의 시위라 하자. 그러면 그림 4.35의 기하학적 모양으로부터

$$\tan \varepsilon = \frac{t/2}{c/2} = \frac{t}{c} \qquad (9.73)$$

그런데 얇은 날개를 다루고 있으므로 ε은 작다. 그러므로

$$\frac{t}{c} = \tan \varepsilon \approx \varepsilon$$

그러면 식 (9.72)는 다음과 같이 된다.

$$D = \frac{4}{\sqrt{M_\infty^2 - 1}} \frac{1}{2}\rho_\infty V_\infty^2 \left(\frac{t}{c}\right)^2 c \qquad (9.74)$$

식 (9.74)로부터 항력계수는 다음과 같이 된다.

$$C_D = \frac{D}{\frac{1}{2}\rho_\infty V_\infty^2 c} = \frac{4}{\sqrt{M_\infty^2 - 1}} \left(\frac{t}{c}\right)^2 \qquad (9.75)$$

식 (9.75)는 받음각이 영일 때 날개 단면의 두께비가 $\frac{t}{c}$인 대칭 다이아몬

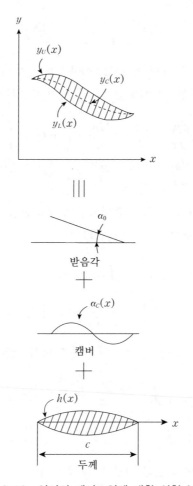

그림 9.18 임의의 에어포일에 대한 선형 분배

드형 날개에 대하여 선형이론을 적용함으로써 유도된 조파항력계수이다.

지금까지 얻은 특수한 결과들로부터 우리는 일반적인 모양을 갖는 얇은 초음속 날개에 대하여 다음과 같은 일반적인 관계식을 유도할 수 있다.

그림 9.18에서 보여 주는 것과 같이 두께, 캠버 그리고 받음각을 갖는 에어포일이 있다. 에어포일의 윗 면과 아랫 면, 그리고 이들 면에 작용하는 압력계수들을 하첨자 U, L로 표시한다. 즉,

$$C_{p_U} = \frac{2}{\sqrt{M_\infty^2 - 1}} \frac{dy_U}{dx} \tag{9.76}$$

$$C_{p_L} = \frac{2}{\sqrt{M_\infty^2 - 1}} \left(-\frac{dy_L}{dx} \right) \tag{9.77}$$

에어포일 외형을 나타내는 곡선(profile) y 는 두께를 나타내는 대칭분포 $h(x)$, 두께가 0인 캠버선 $y_c(x)$ 의 합으로 표시할 수 있다. 즉,

$$\frac{dy_U}{dx} = \frac{dy_c}{dx} + \frac{dh}{dx} = -\alpha(x) + \frac{dh}{dx}$$

$$\frac{dy_L}{dx} = \frac{dy_c}{dx} - \frac{dh}{dx} = -\alpha(x) - \frac{dh}{dx} \tag{9.78}$$

여기서 $\alpha(x) = \alpha_0 + \alpha_c(x)$ 로서 캠버곡선의 국소받음각을 나타낸다.

양력과 항력을 다음과 같이 표시한다.

$$L = q_\infty \int_0^c (C_{p_L} - C_{p_U}) dx$$

$$D = q_\infty \int_0^c \left[C_{p_L} \left(-\frac{dy_L}{dx} \right) + C_{p_U} \left(\frac{dy_U}{dx} \right) \right] dx$$

식 (9.77)과 식 (9.78)을 윗 식에 대입하면 다음 결과를 얻는다.

$$L = \frac{2q_\infty}{\sqrt{M_\infty^2 - 1}} \int_0^c \left(-2\frac{dy_L}{dx} \right) dx = \frac{4q_\infty}{\sqrt{M_\infty^2 - 1}} \int_0^c \alpha(x) dx$$

$$D = \frac{2q_\infty}{\sqrt{M_\infty^2 - 1}} \int_0^c \left[\left(\frac{dy_L}{dx} \right)^2 + \left(\frac{dy_U}{dx} \right)^2 \right] dx = \frac{4q_\infty}{\sqrt{M_\infty^2 - 1}} \int_0^c \left[\alpha(x)^2 + \left(\frac{dh}{dx} \right)^2 \right] dx$$

평균치를 사용하면 적분은 다음과 같이 된다.

$$\bar{\alpha} = \frac{1}{c} \int_0^c \alpha(x) dx$$

정의에 의하여 $\bar{\alpha}_c = 0$.

$$\bar{\alpha} = \overline{(\alpha_0 + \alpha_c)} = \bar{\alpha}_0 + \bar{\alpha}_c = \alpha_0$$

$$\overline{\alpha^2} = \overline{(\alpha_0 + \alpha_c)^2} = \overline{\alpha_0^2} + 2\overline{\alpha_0}\,\overline{\alpha_c} + \overline{\alpha_c^2} = \overline{\alpha_0^2} + \overline{\alpha_c^2}$$

양력계수와 항력계수, $C_L = \dfrac{L}{q_\infty c}$, $C_D = \dfrac{D}{q_\infty c}$ 는 다음과 같이 쓸 수 있다.

$$C_L = 4\frac{\bar{\alpha}}{\sqrt{M_\infty^2 - 1}} = 4\frac{\alpha_0}{\sqrt{M_\infty^2 - 1}} \tag{9.79}$$

$$C_D = \frac{4}{\sqrt{M_\infty^2 - 1}}\left[\overline{\left(\frac{dh}{dx}\right)^2} + \overline{\alpha(x)^2}\right] = \frac{4}{\sqrt{M_\infty^2 - 1}}\left[\overline{\left(\frac{dh}{dx}\right)^2} + \alpha_0^2 + \overline{\alpha_C(x)^2}\right] \quad (9.80)$$

또는 두께 영향과 캠버를 결합하면 윗 식을 다음과 같이 표현할 수 있다.

$$C_D = \frac{4}{\sqrt{M_\infty^2 - 1}}\left[\alpha_0^2 + \frac{1}{2}\left[\overline{\left(\frac{dh}{dx}\right)_U^2} + \overline{\left(\frac{dh}{dx}\right)_L^2}\right]\right]$$

윗 식이 초음속 흐름에 놓인 얇은 에어포일의 양력계수 및 항력계수의 표현식이다.

얇은 에어포일 이론에서 항력은 3부분으로 나눌 수 있는데, "두께에 의한 항력," "양력에 의한 항력," 그리고 "캠버에 의한 항력"이다. 반면에 양력계수는 오직 평균 받음각에만 의존한다.

위와 같이 양력과 항력을 여러 부분으로 선형적으로 더할 수 있는 것은 초음속 유동에서 전형적인 미소교란의 성질이다. 미소교란(또는 유동의 미소변위)의 문제라 할지라도 천음속이나 극초음속 유동에서는 적용되지 않는다.

몇 가지 대표적인 초음속 에어포일에 대한 압력분포가 그림 9.16과 그림 9.17에 그려져 있다.

예제 1   그림 9.19와 같이 2차원 원호와 직선으로 이루어진 에어포일이 자유류 흐름 마하수 $M_\infty = 2.5$에 놓여 있다. 두께비 $\dfrac{t}{c} = 0.1$일 때 코드를 따른 압력계수의 분포를 그려라. 자유류 압력은 101.3kPa이다.

풀 이   그림 9.19로부터

$$r^2 = \left(\frac{c}{2}\right)^2 + (r - t)^2 = \frac{1}{2t}\left(\frac{c^2}{4} + t^2\right)$$

$\dfrac{t}{c} = 0.1$일 때, 윗 식을 다음과 같이 정리할 수 있다.

$$\left(\frac{x}{c}\right)^2 - \left(\frac{x}{c}\right) + 0.25 + \left(\frac{y}{c}\right)^2 + 2.4\left(\frac{y}{c}\right) = 0.25 \qquad \text{(a)}$$

윗 식으로부터

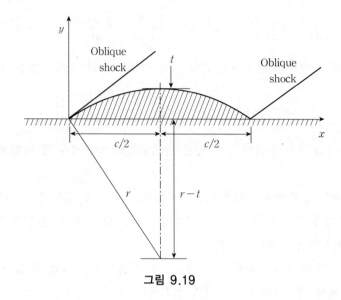

그림 9.19

$$\frac{dy}{dx} = \frac{0.5 - \dfrac{x}{c}}{1.2} + \frac{y}{c} = \tan\theta \qquad\qquad (b)$$

코드를 따른 $\dfrac{x}{c}$의 여러 값에 대한 $\dfrac{y}{c}$ 와 $\dfrac{dy}{dx}$ 값을 계산하여 보면 다음 표와 같다.

$\dfrac{x}{c}$	$\dfrac{y}{c}$	$\dfrac{dy}{dx}$	θ(deg)
0	0	0.4166	22.62
0.1	0.036	0.3236	17.93
0.2	0.065	0.2376	13.37
0.3	0.085	0.1556	8.85
0.4	0.096	0.0771	4.42
0.5	0.1	0	0
0.6	0.096	−0.0771	−4.42
0.7	0.085	−0.1556	−8.85
0.8	0.065	−0.2376	−13.37
0.9	0.036	−0.3236	−17.93
1.0	0	−0.4166	−22.62

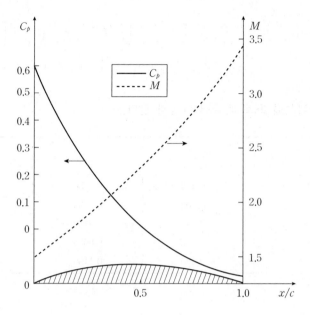

그림 9.20 C_p와 M vs. $\dfrac{x}{c}$

위 결과로부터 코드에 따른 압력분포와 마하수분포를 그려 보면 그림 9.20과 같다.

만약 아주 얇은 에어포일이라면 $\dfrac{y}{c} \ll 1$로 가정할 수 있으며, $\dfrac{dy}{dx} \simeq \dfrac{1}{2.4} - \dfrac{1}{1.2}\dfrac{x}{c}$ 로서 코드에 따른 압력분포는 선형적으로 감소함을 알 수 있다.

예제 2 선형이론을 적용하여 다음 여러 받음각에 대한 반(半)쐐기형 에어포일의 압력계수와 항력계수를 계산하라. $M_\infty = 2.0$이다. 받음각은 $-10°$, $-5°$, $0°$, $+5°$, $+10°$이다.

풀 이 양력계수 $C_L = \dfrac{4\alpha}{\sqrt{M_\infty^2 - 1}} = 4\dfrac{\alpha_0}{\sqrt{M^2 - 1}} = 2.31\alpha_0$

항력계수 $C_D = \dfrac{4}{\sqrt{M_\infty^2 - 1}}\left[\alpha_0^2 + \dfrac{1}{2}\left[\overline{\left(\dfrac{dh}{dx}\right)_U^2} + \overline{\left(\dfrac{dh}{dx}\right)_L^2}\right]\right]$

그런데 $\overline{\left(\dfrac{dh}{dx}\right)_L^2} = 0$이므로

$$\overline{\left(\frac{dh}{dx}\right)_U^2}=\frac{1}{c}\int_o^c\left(\frac{dh}{dx}\right)_U^2 dx=\frac{1}{c}\left[\int_o^{\frac{c}{2}}\left(t\frac{2}{c}\right)_U^2+\int_{\frac{c}{2}}^c\left(t\frac{2}{c}\right)^2\right]dx=4\left(\frac{t}{c}\right)^2$$

$$\therefore\ \ C_D=\frac{4}{\sqrt{M_\infty^2-1}}\left[\alpha_0^2+2\left(\frac{t}{c}\right)^2\right]=2.31\alpha^2+0.0642$$

위 결과들을 표로 만들면 다음과 같다.

α_0	C_L	C_D	$\dfrac{C_L}{C_D}$
$-10°$	-0.403	0.1166	-3.456
$-5°$	-0.202	0.0638	-3.166
$0°$	0	0.0462	0
$+5°$	$+0.202$	0.0638	$+3.166$
$+10°$	$+0.403$	0.1166	$+3.456$

9.8 마하수에 따른 항력의 변화

식 (9.77)에 의하면 초음속의 얇은 날개 이론에서는 마하수가 증가함에 따라 조파항력계수가 감소함을 보여 준다. 이것은 항력 자체에 대해서는 무엇을 의미하는 것일까? 항력이 M_∞에 따라 증가할 것인가 또는 감소할 것인가? 사실 직관적으로 생각해 볼 때 물체의 속도(또는 마하수)가 계속하여 증가함에 따라 항력도 계속하여 증가하리라는 것을 예상할 수 있다.

정상수평운동에서 유체 내의 물체를 추진시키는 추력은 물체에 작용하는 항력과 같다. 이와 같은 사실은 물체의 여하한 비행영역(아음속, 천음속, 초음속 또는 극초음속)에서도 더 큰 속도를 얻기 위하여는 더 많은 추력이 필요하다는 우리의 직관적인 느낌을 확증해 준다. M_∞가 증가함에 따라 C_D는 감소하지만, 반대로 동압(dynamic pressure) $\frac{1}{2}\rho_\infty V_\infty^2$은 증가하기 때문에 항력은 증가하지 않으면 안 된다는 사실을 합리화할 수 있다. 그러나 직관이 종종 틀릴 경우도 있다. 좀더 자세히 이런 문제를 조사하여 보자.

일정한 받음각에서, 일반적인 형태로 정하여진 얇은 날개를 생각하여 보자. 식 (9.77)로부터 항력계수는

$$C_D = \frac{4K_1}{\sqrt{M_\infty^2 - 1}} \qquad (9.81)$$

여기서 K_1은 상수이다. 식 (9.81)로부터 항력은 다음과 같다.

$$D = \frac{1}{2}\rho_\infty V_\infty^2 S C_D = \left(\frac{1}{2}\rho_\infty V_\infty^2\right)\frac{4K_2}{\sqrt{M_\infty^2 - 1}} \qquad (9.82)$$

여기서 $K_2 = SK_1$이다. 그러나 음속과 마하수의 정의로부터

$$\frac{1}{2}\rho_\infty V_\infty^2 = \frac{\gamma}{2}p_\infty M_\infty^2 \qquad (9.83)$$

식 (9.83)을 식 (9.82)에 대입하면

$$D = \frac{K_3 M_\infty^2}{\sqrt{M_\infty^2 - 1}} \qquad (9.84)$$

여기서 상수 $K_3 = 2\gamma K_2 p_\infty$이다. 식 (9.84)로부터 M_∞의 값이 1 근처일 때 식 (9.84)의 분모는 항력을 좌우하게 되고 M_∞이 증가함에 따라 항력을 감소시키게 하는 것을 짐작할 수 있다.

이런 의문을 분명히 설명하기 위하여 식 (9.84)가 극치(極値)를 가지는가를 살펴보자. 식 (9.84)를 M_∞에 대해 미분하여 0으로 놓으면 다음과 같은 결과를

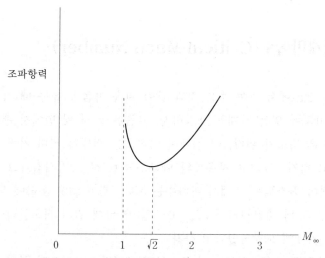

그림 9.21 조파항력에 대한 선형이론: $M_\infty = \sqrt{2}$에서 최소

얻는다.

$$2(M_\infty^2 - 1)M_\infty - M_\infty^3 = 0$$

또는

$$M_\infty = \sqrt{2}$$

한번 더 미분하여 수치를 조사하여 보면 우리는 극치가 최소치임을 알 수 있다. 그러므로 우리는 $1 < M_\infty < \sqrt{2}$에서는 마하수를 증가시키면 조파항력은 감소한다는 결론에 도달한다. 이것은 다소 놀라운 결과이다. 이것은 초음속 날개에 대해 $M_\infty = \sqrt{2}$ 이하에서는 속도에 불안정한 영역이 있음을 말해 준다. 식 (9.84)로부터 이런 경향이 그림 9.21에 나타나 있다.

이와 같은 결과는 어디까지나 얇은 날개에 대한 것이고, 비행체의 전(全) 항력은 위에서 기술한 조파저항(압력저항) 외에 점성에 의한 점성저항도 존재하여, $1 < M_\infty < \sqrt{2}$에서 마하수가 증가함에 따라 날개의 조파저항은 감소할지라도 점성저항은 항상 증가한다. 그리고 비행기는 날개 외에 여러 부분으로 되어 있기 때문에 이러한 부분의 저항도 모두 고려하게 되면, 속도 범위 $1 < M_\infty < \sqrt{2}$에서 날개의 조파저항은 감소할지라도 점성저항과 다른 부분의 저항을 고려한 비행기의 전(全) 항력은 M_∞가 증가함에 따라 증가하게 될 것이다.

9.9 임계마하수(Critical Mach Number)

그림 9.22(a)에서 보여 주는 것과 같이 저속 아음속 유동 때 자유류의 마하수 $M_\infty = 0.35$에 있는 날개를 생각하자. 흐름은 날개 윗 면에서 팽창되며 점 A에서 압력은 최소가 된다. 이 점에서 마하수는 최대가 되며 가령 $M_A = 0.45$가 되었다고 하자. 그리고 자유류의 마하수를 0.5로 증가시켰다고 가정하자. 그러면 압력이 최소되는 점에서 마하수는 0.85(그림 9.22(b) 참조)에 도달되었다고 하자. M_∞를 더 증가시켜서 $M_\infty = 0.65$일 때 날개 위의 최소압력이 되는 점에서 마하수가 1에 도달하였다고 하자.

이런 경우에 자유류의 마하수 M_∞를 임계마하수 M_{cr}이라 한다. 임계마하

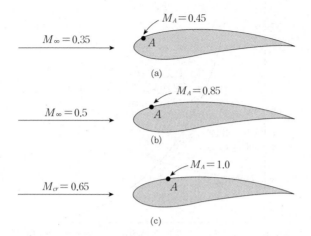

그림 9.22 임계마하수의 정의: 점 A는 날개 윗 면의 최소압력점이다.

수는 날개 위에 음속 유동이 처음으로 발생되었을 때의 자유류의 마하수로 정의한다. 임계마하수는 다음과 같이 계산할 수 있다. 전(全) 유장을 통하여 등엔트로피 유동으로 가정할 때, $\dfrac{p}{p_0} = f(M)$의 관계식(3장 참조)으로부터 다음식을 얻는다.

$$\frac{p_A}{p_\infty} = \frac{p_A/p_0}{p_\infty/p_0} = \left[\frac{1 + \dfrac{\gamma-1}{2}M_\infty^2}{1 + \dfrac{\gamma-1}{2}M_A^2}\right]^{\frac{\gamma}{\gamma-1}} \tag{9.85}$$

식 (9.10)과 식 (9.85)를 결합하면 점 A에서 압력계수는 다음과 같이 주어진다.

$$C_{p_A} = \frac{2}{\gamma M_\infty^2}\left[\left(\frac{1 + \dfrac{\gamma-1}{2}M_\infty^2}{1 + \dfrac{\gamma-1}{2}M_A^2}\right)^{\frac{\gamma}{\gamma-1}} - 1\right] \tag{9.86}$$

식 (9.86)은 주어진 M_∞에 대하여, 날개 위의 어느 점 A에 대한 압력계수와 마하수가 서로 유일하게 관계되어 있음을 보여 준다. 이제 점 A가 날개 위의 최소압력점(최대 속도)이라 가정하자. 더욱이 점 A에서 마하수 $M_A=1$이라고 가정하자. 그러면 정의에 따라 $M_\infty \equiv M_{cr}$이 된다.

또한 이런 경우에 압력계수의 값은 임계압력계수 $C_{p_{cr}}$가 된다. 식 (9.86)에

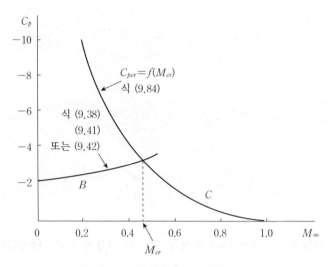

그림 9.23 임계마하수의 계산

서 $M_A=1$로 놓으면 $M_\infty=M_{cr}$이고 $C_p=C_{p_{cr}}$로 되며 따라서 식 (9.86)은 다음과
같이 된다.

$$C_{p_{cr}}=\frac{2}{\gamma M_{cr}^2}\left[\left(\frac{1+\dfrac{\gamma-1}{2}M_{cr}^2}{1+\dfrac{\gamma-1}{2}}\right)^{\frac{\gamma}{\gamma-1}}-1\right] \tag{9.87}$$

$C_{p_{cr}}$는 M_{cr}의 유일한 함수이며 그림 9.24에 곡선 C로서 그려져 있다.

식 (9.38)이나 식 (9.41), 또는 식 (9.42)와 같이 압축성 상사법칙 식들 중
하나의 식과 함께 식 (9.87)은 다음과 같이, 주어진 날개에 대한 임계마하수를
계산하는 데 충분한 도구가 된다.

a) 최소압력점에서 측정되거나 계산된 비압축성 계수 C_{p_0}를 주어진 자료로서
   이용한다.

b) 압축성 보정식들 중 하나의 식을 사용해서 그림 9.18에서 곡선 B로 보여
   진 것 같이 C_p를 M_∞의 함수로 그린다.

c) 식 (9.87)을 사용해서 그림 9.23에 곡선 C로서 보여진 것과 같이 $C_{p_{cr}}$를
   M_{cr}의 함수로서 그린다.

d) 곡선 B와 C의 교차점이 주어진 날개에 대하여 구하고자 하는 임계마하
   수이다.

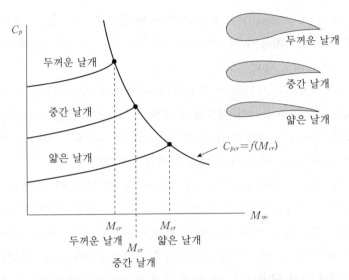

그림 9.24 임계마하수에 대한 날개두께의 영향

그림 9.23에서 곡선 C(식 (9.87)로부터)는 유동의 기본적 기체역학 결과이며, 날개의 크기와 모양에 대한 함수가 아니고 유일하게 결정된다. 반면에 곡선 B는 날개에 따라 다르다. 예를 들면, 그림 9.24에 그려진 3가지 날개를 생각하여 보자. 얇은 날개에 대하여는 날개의 윗 면을 따라서 유동은 약한 팽창이 일어나므로 C_{p_0}는 작다.

선택한 압축성 보정식(식 (9.38), (9.41), (9.42) 중의 하나)과 C_{p_0}로부터 얇은 날개에 대한 C_p 대 M_∞의 곡선을 그리면 그림 9.24에서 맨 아래 위치의 곡선으로 나타나며 큰 값의 M_{cr}를 가져온다. 그리고 중간 두께를 갖는 날개에 대하여는 날개의 윗 면을 통하여 좀더 강한 팽창이 일어나기 때문에 C_{p_0}는 자연적으로 더 큰 값이 된다. 그러므로 C_p 대 M_∞곡선은 그림 9.24의 좀더 위쪽에 위치하게 되며, 결과적으로 좀더 낮은 M_{cr}을 가져온다. 비슷한 경향이 두꺼운 날개에 적용된다. 따라서 그림 9.24에서 도식적으로 볼 수 있는 것과 같이 높은 임계마하수를 가지지 위하여 날개는 얇은 단면을 가져야 한다.

자유류의 마하수가 M_{cr}보다 클 때 날개의 윗면에 유한한 초음속 영역이 존재하게 된다. 충분히 높은 아음속 마하수에서 이와 같은 초음속 영역 뒤의 경계에는 그림 9.25에 그려져 있는 것과 같이 약한 충격파가 발생한다. 이러한 충격파와 관련된 정체압력손실은 작지만, 충격파에 의하여 형성된 역압력구배

(adverse pressure gradient)는 날개 윗 면에 경계층 분리현상을 가져오게 하며, 결과적으로 큰 압력저항의 원인이 된다. 이러한 결과는 그림 9.26에 나타나 있는 것과 같이 극적인 항력 증가를 가져온다.

큰 항력 증가가 시작되는 자유류의 마하수를 항력-발산 마하수(drag-divergence Mach number)라 정의하며 그것은 M_{cr}보다 약간 크다. 항력-발산 마하수에서 일어나는 항력의 대량 증가는 1947년 이전에는 대단히 두렵게 생각되었던 "음속 돌파"에 의한 것으로 이해되어 왔었다.

천음속 유동은 비선형 방정식에 의하여 지배되므로 이 장에서 기술되는 방법과는 다른 방법으로 해석하지 않으면 안 된다는 것을 기억하기 바란다.

끝으로, 다음에 자세히 논의하게 되겠지만 최신 공기역학은 항력 발산을 억제하고 지연시키는 데 2가지 설계방법을 사용하고 있다. 즉, 그것들은 **면적 법칙**과 **초임계 날개 단면**이다. 이 장에 대한 마지막으로 선형이론은 작은 받음 각을 갖는 세장형 회전 물체나 유한한 날개에도 적용될 수 있다. 비록 이 책에서는 이 같은 3차원 선형화 유동에 대하여 지면을 할애하지 않았으나 흥미 있는 독자는 Liepmann과 Roshko, Ferri가 쓴 고전적 문헌들을 읽어 볼 것을 권하는 바이다.

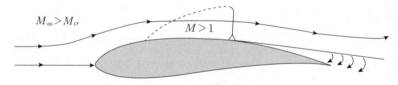

그림 9.25   아음속 날개를 지나는 초임계 흐름

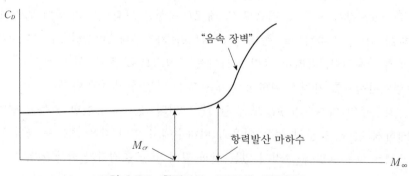

그림 9.26   항력발산 마하수에 대한 설명

연 습 문 제

9.1 2차원 압축성 유동에서 선형화된 압력계수식은 식 (9.17)로써 주어진다.

$$C_p = -\frac{2u}{U_\infty} \qquad (9.88)$$

여기서 u는 교란속도의 x-축 속도성분이고 U_∞는 교란되지 않은 자유류의 속도이다. 비압축성 유동의 교란속도 성분을 u_0라 하면 비압축성 유동에 대한 압력계수식은

$$C_{p_0} = -\frac{2u_0}{U_{\infty_0}} \qquad (9.89)$$

임을 보여라.

9.2 유선형 날개에 대한 2차원 유동에서 $M_\infty = 0.7$일 때, 최소압력점에서 음속흐름이 발생되었다. 이때의 압력계수를 구하라. 그리고 이 물체가 비압축성 흐름속에 놓여 있을 때의 최소압력계수를 구하라.

9.3 전방 자유류의 마하수가 2.0인 초음속 흐름속에 받음각 5°의 평판이 놓여 있다. (a) 선형이론과, (b) 충격파-팽창파 이론을 이용하여 각각 양력계수와 항력계수를 구하고 그 결과를 비교하라.

9.4 그림 4.35, 그림 9.17과 같은 대칭 다이아몬드형 날개에서 $\varepsilon = 10°$, 받음각이 5°, $M_\infty = 2.0$일 때 선형이론을 사용하여 양력계수와 항력계수를 구하라.

9.5 선형이론에 의하여 유도된 식 (9.58)의 결과를, $\theta \to 0$일 때의 경사충격파 해에서 직접 유도하여 보라.

9.6 그림 9.27과 같은 날개에서 받음각이 5°,플랩의 꺾임각 δ가 5°, $M_\infty=2.0$
일 때, (a) 선형이론과, (b) 충격파-팽창파 이론을 이용하여 각각 양력계
수와 항력계수를 구하고 그 결과를 비교하라.

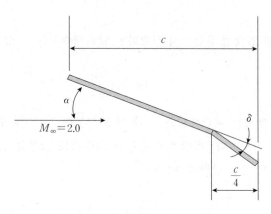

그림 9.27

9.7 아음속 유동과 비압축성 유동을 서로 관련시켜 주는 법칙을 상사법칙
(相似法則)이라 한다. 비압축성 유동은 주어진 여러 가지 경계조건하에
서 해를 얻기가 용이하므로 아음속 유동을 비압축성 유동으로 치환하
여 비압축성 유동을 해석함으로써 아음속 유동을 해석하려는 것이다. 2
차원 아음속 유동의 근사방정식은

$$(1-M_\infty^2)\frac{\partial^2\varphi}{\partial x^2}+\frac{\partial^2\varphi}{\partial y^2}=0 \tag{9.90}$$

이제 교환방정식(交換方程式, transformation equation)을 다음과 같이 정
의한다.

$$x_0=C_1 x$$
$$y_0=C_2 y$$
$$\varphi_0=C_3\varphi$$
$$U_{\infty 0}=C_4 U_\infty$$

여기서 하첨자 0은 비압축성 유동의 변수임을 나타낸다. 위의 교환방
정식을 이용하여 아음속 유동의 근사방정식 (9.90)을 비압축성 유동의

Laplace 방정식

$$\frac{\partial^2 \varphi_0}{\partial x_0^2} + \frac{\partial^2 \varphi_0}{\partial y_0^2} = 0$$

의 형태로 교환시킬 수 있다. 이때 두 식이 일치하기 위한 조건이

$$\frac{C_1}{C_2} = \frac{1}{\sqrt{1 - M_\infty^2}}$$

임을 보여라. 또한 아음속 유동에 대한 경계조건

$$\frac{dy}{dx}\bigg|_w = \frac{v}{U_\infty}\bigg|_w = \frac{1}{U_\infty}\frac{\partial \varphi}{\partial y}\bigg|_w$$

이 변환방정식에 의하여 비압축성 유동에 대한 경계조건

$$\frac{dy_0}{dx_0}\bigg|_w = \frac{v_0}{U_{\infty 0}}\bigg|_w = \frac{1}{U_{\infty 0}}\frac{\partial \varphi_0}{\partial y_0}\bigg|_w$$

의 형태로 변환되어, 두 경계조건이 일치되기 위한 조건은

$$\frac{C_2 C_4}{C_3} = \frac{1}{\sqrt{1 - M_\infty^2}}$$

임을 보여라. 따라서 아음속 유동과 비압축성 유동의 압력계수 사이의 관계식은 문제 9.1의 결과

$$C_p = -\frac{2u}{U_\infty} = -\frac{2}{U_\infty}\frac{\partial \varphi}{\partial y}$$

$$C_{p_0} = -\frac{2u_0}{U_{\infty 0}} = -\frac{2}{U_{\infty 0}}\frac{\partial \varphi_0}{\partial y_0}$$

로부터

$$C_p = \frac{C_{p_0}}{1 - M_\infty^2}$$

가 됨을 보여라. 아울러

$$C_L = -\frac{C_{L_0}}{1 - M_\infty^2}$$

임도 함께 보여라. 위의 두 식은 **Goethert 상사법칙**이라 한다.

(**Goethert 상사법칙**은 앞에서 정의된 변환방정식에 의하여 아음속 유동에서 비압축성 유동으로 변환될 때 날개 모양의 변환을 가져오게 된다. 예를 들면 날개의 두께를 t, 시위를 c라 할 때 변환방정식에 의하여

$$\left(\frac{t}{c}\right)_0 = \left(\frac{t}{c}\right)\sqrt{1-M_\infty^2}$$

이다. 날개의 시위에 대한 두께의 비는 비압축성 유동의 $\left(\dfrac{t}{c}\right)_0$가 아음속 유동의 $\left(\dfrac{t}{c}\right)$ 보다 작은 값을 가진다. 즉, 비압축성과 아음속 유동 각각의 경우에 날개모양이 다르다.

반면에 **Prandtl-Glauert 상사법칙**은 아음속 유동에서 비압축성 유동으로 변환될 때 날개모양이 변하지 않는다.

$$C_p = \frac{C_{p_0}}{1-M_\infty^2} : \textbf{Goethert 상사법칙}$$

$$C_p = \frac{C_{p_0}}{\sqrt{1-M_\infty^2}} : \textbf{Prandtl-Glauert 상사법칙}$$

위의 두 가지 상사법칙에서 각각의 경우 C_{p_0}는 서로 다른 값을 갖는다. 그 이유를 생각해 보라. 그리고 Goethert 법칙에서 Prandtl-Glauert 법칙을 관련지어 유도할 수 있다. 그 과정을 생각하여 보라.)

10장

원추(圓錐) 주위의 유동

10.1 서 론

　제9장에서는 선형화된 2차원 유동을 다루었지만 이 장에서는 자유류 속
에 놓여진 받음각이 없는 원추 주위의 축대칭 3차원 초음속 유동에 대한 비선
형방정식의 완전해를 구하게 될 것이다.

　그림 10.1에 보인 것처럼 받음각이 0인 회전체의 문제를 생각하여 보자.
원통좌표계(r, φ, z)를 사용하여 z-축을 자유류의 방향과 일치하는 대칭축으로
한다. 유장은 z-축에 대하여 대칭임을 알 수 있다. 즉 모든 유동성질들은 φ에
무관하다. 이것의 수학적인 표현은

$$\frac{\partial}{\partial \varphi} \equiv 0$$

　그러므로 유장은 r과 z만의 함수이다. 이러한 유동을 축대칭 유동으로 정
의한다. 유동은 3차원 공간에서 일어나지만 유장은 두 개의 독립변수 r과 z만
의 함수로 나타낼 수 있으므로 축대칭 유동을 때로는 준(準) 2차원 유동이라고
도 한다.

　이 장에서는 그림 10.2에 그려진 것처럼 초음속류에 놓인 끝이 뾰족한 정
원추(正圓錐)에 대해서만 생각하는데 이것은 다음과 같은 세 가지 이유에서 중
요하다.

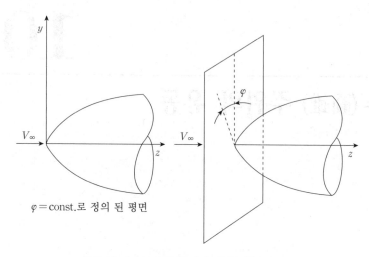

$\varphi = \text{const}$.로 정의 된 평면

그림 10.1 축대칭 물체에 대한 원통좌표계

1) 운동방정식의 완전한 해를 구할 수 있다.

2) 원추에 대한 초음속 유동은 응용공기역학 분야에서 많은 실제 문제를 대표하고 있다. 즉 고속유도탄이나 비행체의 앞 부분과 초음속 여객기의 앞 부분은 원추형으로 되어 있다.

3) 원추 주위의 초음속 유동에 대한 최초의 해는 초음속 유동이 실용화되기 훨씬 이전인 1929년 Buseman에 의하여 얻어졌다. 이 해는 근본적으로 도식(圖式)방법에 의한 것이었지만 몇 가지 중요한 물리적 현상을 설명할 수 있었다. 몇 년 뒤인 1933년에 Taylor와 Maccoll은 압축성 유동 연구의 기념비적인 수치해(數値解)를 발표하였다. 그러므로 원추 주위의 유동에 대한 연구는 역사적으로 큰 의미를 지니고 있다.

10.2 원추 유동에 대한 물리적 고찰

그림 10.2에 그려진 것과 같은 정각(頂角)이 $2\theta_c$인 끝이 뾰족한 원추를 생각하자. 이 원추는 유동의 하류방향으로 무한히 길다고 가정하자(半無限圓錐). 원추가 초음속 유동 속에 놓일 때 경사충격파가 원추의 정점에 붙어 있다. 이 충격파의 모양도 역시 원추형이다.

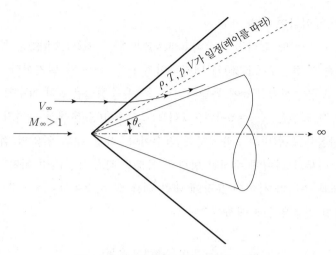

그림 10.2 원추체 주위의 초음속 유동

대칭축에 평행한 자유류의 유선은 충격파를 지나면서 불연속적으로 꺾이며, 충격파 하류에서는 연속적으로 변하여 무한히 먼 곳에서는 원추표면에 거의 평행하게 된다. 이와 같은 유동은 충격파를 지난 뒤 즉각적으로 모든 유선들이 쐐기표면에 평행하게 되는 쐐기주위의 2차원 유동과는 대조적이다.

원추의 길이는 무한하므로 원추를 따라서의 거리는 의미가 없다. 만약 원추표면을 따라서 정점으로부터 1m와 20m 떨어진 곳에서 압력이 다르다면 원추표면을 따라서 무한대의 거리에 있는 점에서의 압력은 어떻게 되겠는가? 이러한 질문은 곤란한 문제를 낳게 되므로 원추의 표면을 따라 압력(다른 유동성질은 물론)이 일정하다고 가정함으로써 이러한 곤란한 문제를 해결할 수 있다.

원추표면은 단순히 정점으로부터 하나의 레이(ray)이다. 그림 10.2에 점선으로 보여진 것과 같은 원추표면과 충격파 사이의 여러 레이를 생각하자. 유동성질은 이러한 레이를 따라 일정하다고 가정하는 것이 이치에 타당하다. 실제로 주어진 원추의 정점으로부터 레이를 따라 모든 유동성질들이 일정한 유동을 원추유동으로 정의한다. 유동성질들은 서로 다른 레이에 대해 다른 값을 가질 수 있다. 원추유동의 이러한 성질은 실험에 의해 증명되었다. 이론적인 근거에서 볼 때, 반무한대 원추(半無限大 圓錐)에 대하여 길이의 척도는 아무런 의미가 없다는 결과이다.

그러면 지금부터 Taylor와 Maccoll의 수학적인 방법을 쫓아서 원추 주위의 유동을 해석하여 보자.

그림 10.3(a)에 그려진 직교좌표(直交座標)와 구좌표(球座標)를 동시에 생각하자. z-축은 정원추(正圓錐)의 대칭축이며 V_∞는 z-축과 일치한다. 유동이 축대칭이므로 유동성질은 φ에 독립적이다. 즉 유동성질은 φ의 함수가 아니며 이것의 수학적 표현은 $\dfrac{\partial}{\partial\varphi}=0$이다. 그러므로 그림 10.3(b)에서 보여지는 것과 같이 유동성질은 독립변수 r과 θ만의 함수이다. 유장 내의 임의의 점 e에서 레이방향의 성분과 레이에 수직한 방향의 성분을 각각 V_r, V_θ라 하자. 우리의 목적은 물체와 충격파 사이의 유장에 대한 해를 얻는 것이다.

축대칭 원추유동에 대하여

$$\frac{\partial}{\partial\varphi}=0 \quad \text{(축대칭 유동)}$$

$$\frac{\partial}{\partial r}=0 \quad \text{(원추대칭 유동)}$$

정상상태의 연속방정식을 구좌표계에 대하여 쓰면 다음과 같다.

$$\nabla\cdot(\rho\vec{V})=\frac{1}{r^2}\frac{\partial}{\partial r}(r^2\rho V_r)+\frac{1}{r\sin\theta}\frac{\partial}{\partial\theta}(\rho V_\theta\sin\theta)$$
$$+\frac{1}{r\sin\theta}\frac{\partial}{\partial\varphi}(\rho V_\varphi)=0 \tag{10.1}$$

위의 축대칭 원추유동조건 $\dfrac{\partial}{\partial\varphi}=0,\ \dfrac{\partial}{\partial r}=0$을 식 (10.1)에 적용하면 다음과 같이 된다.

$$2\rho V_r+\rho V_\theta\cot\theta+\rho\frac{\partial V_\theta}{\partial\theta}+V_\theta\frac{\partial\rho}{\partial\theta}=0 \tag{10.2}$$

식(10.2)는 축대칭 원추유동에 대한 연속방정식이다.

그림 10.2에 그려진 원추 주위의 유동장으로 되돌아가자. 충격파는 직선이므로 충격파를 지날 때의 엔트로피 증가는 모든 유선에 대해 똑같다. 결과적으로 원추주위의 전(全) 유동장에서 $\nabla s=0$이다. 더욱이 유장은 단열, 정상유동이므로 제2장의 에너지방정식으로부터 $\nabla h_0=0$을 만족한다. 그러므로 Crocco정리(식 2.89)로부터 $\nabla\times\vec{V}=0$가 된다. 즉 원추유동장은 비회전유동장이다. Crocco정리는 운동량방정식과 에너지방정식을 합한 것이므로 $\nabla\times\vec{V}$

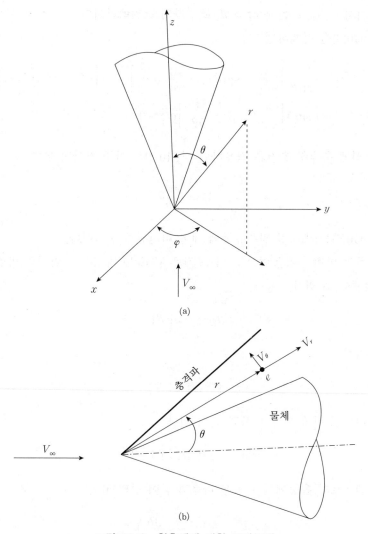

그림 10.3 원추체에 대한 구좌표계

＝0은 두 방정식 중 어느 하나의 식(운동량방정식 또는 에너지방정식) 대신에 사용될 수 있다.

구좌표에서는

$$\nabla \times \vec{V} = \frac{1}{r^2 \sin\theta} \begin{vmatrix} \vec{e_r} & r\vec{e_\theta} & r\sin\theta\vec{e_\theta} \\ \dfrac{\partial}{\partial r} & \dfrac{\partial}{\partial \theta} & \dfrac{\partial}{\partial \varphi} \\ V_r & rV_\theta & r\sin V_\varphi \end{vmatrix} = 0 \qquad (10.3)$$

여기서 $\vec{e_r}$, $\vec{e_\theta}$, $\vec{e_\varphi}$는 각각 r, θ, φ 방향의 단위벡터이다.

식 (10.3)을 전개하면

$$\nabla \times \vec{V} = \frac{1}{r^2 \sin\theta} \left\{ \left[\frac{\partial}{\partial\theta}(r\sin\theta V_\varphi) - \frac{\partial}{\partial\varphi}(rV_\theta) \right] \vec{e_r} - r \left[\frac{\partial}{\partial r}(r\sin\theta V_\varphi) - \frac{\partial r}{\partial\varphi} \right] \vec{e_r} \right.$$
$$\left. + r\sin\theta \left[\frac{\partial}{\partial r}(rV_\theta) - \frac{\partial V_r}{\partial\theta} \right] \vec{e_\varphi} \right\} = 0 \tag{10.4}$$

윗 식에 축대칭 조건을 적용하면 식 (10.4)는 아주 간단히 된다.

$$V_\theta = \frac{\partial V_r}{\partial\theta} \tag{10.5}$$

식 (10.5)는 축대칭 원추유동에 대한 비회전류 조건이다.

유동이 비회전 유동이므로 식 (8.7)로 된 Euler방정식은 임의의 방향에 대하여 적용할 수 있다.

$$dp = -\rho V dV \tag{8.7}$$

여기서

$$V^2 = V_r^2 + V_\theta^2$$

그러므로 식 (8.7)은 다음과 같이 된다.

$$dp = -\rho(V_r dV_r + V_\theta dV_\theta) \tag{10.6}$$

등엔트로피 유동에서 음속은 다음과 같이 정의된다.

$$a^2 \equiv \frac{dp}{d\rho} = \left(\frac{\partial p}{\partial\rho} \right)_s$$

그러므로 식 (10.6)은 다음과 같이 된다.

$$\frac{d\rho}{\rho} = -\frac{1}{a^2}(V_r dV_r + V_\theta dV_\theta) \tag{10.7}$$

새로운 기준속도(基準速度, reference velocity) V_{max}는 주어진 저기조 조건으로부터 얻을 수 있는 최대이론속도(最大理論速度, 유동이 이론적으로 절대온도 0K($h=0$)까지 팽창되었을 때 얻어지는 속도)로써 정의하며, 정상단열유동에 대한 에너지방정식으로부터 다음과 같이 주어진다.

$$h_0 = \text{const.} = h + \frac{V^2}{2} = \frac{V_{\max}^2}{2}$$

여기서 $V_{\max}$는 유동을 통하여 일정하며 $V_{\max}=\sqrt{2h_0}$ 이다. 열량적 완전기체에 대하여 윗 식은 또한 다음과 같이 된다.

$$\frac{a^2}{\gamma-1} + \frac{V^2}{2} = \frac{V_{\max}^2}{2}$$

또는

$$a^2 = \frac{\gamma-1}{2}(V_{\max}^2 - V^2) = \frac{\gamma-1}{2}(V_{\max}^2 - V_r^2 - V_\theta^2) \tag{10.8}$$

식 (10.8)을 식 (10.7)에 대입하면

$$\frac{d\rho}{\rho} = -\frac{2}{\gamma-1}\left(\frac{V_r dV_r + V_\theta dV_\theta}{V_{\max}^2 - V_r^2 - V_\theta^2}\right) \tag{10.9}$$

식 (10.9)는 원추유동을 연구하는 데 유용한 형태의 Euler방정식이다. 방정식 (10.2), (10.5)와 (10.9)는 종속변수 p, V_r, V_θ로 된 3개의 방정식이다. 그러나 축대칭 원추유동조건에 의하여 독립변수는 θ뿐이다. 그러므로 식 (10.2)와 (10.9)에서 편미분은 다음에서와 같이 보다 쉽게 상미분으로 나타낼 수 있다.

우선 식 (10.2)로부터

$$2V_r + V_\theta\cot\theta + \frac{dV_\theta}{d\theta} + \frac{V_\theta}{\rho}\frac{d\rho}{d\theta} = 0 \tag{10.10}$$

그리고 식 (10.9)로부터

$$\frac{d\rho}{d\theta} = \frac{2\rho}{\gamma-1}\frac{V_r\frac{dV_r}{d\theta} + V_\theta\frac{dV_\theta}{d\theta}}{V_{\max}^2 - V_r^2 - V_\theta^2} = 0 \tag{10.11}$$

식 (10.11)을 식 (10.10)에 대입하면

$$2V_r + V_\theta\cot\theta + \frac{dV_\theta}{d\theta} - \frac{2V_\theta}{\gamma-1}\left[\frac{V_r\frac{dV_r}{d\theta} + V_\theta\frac{dV_\theta}{d\theta}}{V_{\max}^2 - V_r^2 - V_\theta^2}\right] = 0$$

또는

$$\frac{\gamma-1}{2}(V_{\max}^2-V_r^2-V_\theta^2)\left(2V_r+V_\theta\cot\theta+\frac{dV_\theta}{d\theta}\right)-V_\theta\left(V_r\frac{dV_r}{dr}+V_\theta\frac{dV_\theta}{d\theta}\right)=0$$

(10.12)

식 (10.5)로부터

$$V_\theta=\frac{dV_r}{d\theta}$$

이므로

$$\frac{dV_\theta}{d\theta}=\frac{d^2V_r}{d\theta^2}$$

위 결과를 식 (10.12)에 대입하면, 최종적으로 다음과 같은 식을 얻는다.

$$\frac{\gamma-1}{2}\left[V_{\max}^2-V_r^2-\left(\frac{dV_r}{d\theta}\right)^2\right]\left[2V_r+\frac{dV_r}{d\theta}\cot\theta+\frac{d^2V_r}{d\theta^2}\right]$$

$$-\frac{dV_r}{d\theta}\left[V_r\frac{dV_r}{d\theta}+\frac{dV_r}{d\theta}\left(\frac{d^2V_r}{d\theta^2}\right)\right]=0$$

(10.13)

식 (10.13)이 원추유동의 해를 구하기 위한 Taylor-Maccoll방정식이다. 이것은 하나의 종속변수 V_r로 표시된 비선형 상미분방정식이다.

식 (10.13)의 해는 θ만의 함수로 된 $V_r=f(\theta)$로 주어진다. 그리고 V_r을 알면 식 (10.5)로부터 V_θ를 구할 수 있다. 즉

$$V_\theta=\frac{dV_r}{d\theta}$$

(10.14)

식 (10.13)의 닫혀진 형태의 해는 존재하지 않으므로 수치적으로 풀어야 한다. 수치해를 위하여 속도를 다음과 같이 무차원화하는 것이 편리하다.

$$\widetilde{V}\equiv\frac{V}{V_{\max}}$$

그러면 식 (10.13)은 다음과 같은 무차원방정식이 된다.

$$\frac{\gamma-1}{2}\left[1-\widetilde{V}_r^2-\left(\frac{d\widetilde{V}_r}{d\theta}\right)^2\right]\left[2\widetilde{V}_r+\frac{d\widetilde{V}_r}{d\theta}\cot\theta+\frac{d^2\widetilde{V}_r}{d\theta^2}\right]$$

$$-\frac{d\widetilde{V}_r}{d\theta}\left[\widetilde{V}_r\frac{d\widetilde{V}_r}{d\theta}+\frac{d\widetilde{V}_r}{d\theta}\left(\frac{d^2\widetilde{V}_r}{d\theta^2}\right)\right]=0 \tag{10.15}$$

무차원속도 $\widetilde{V}$ 는 마하수만의 함수이다. 이것을 분명히 보이기 위하여 에너지방정식을 이용하자.

$$h+\frac{V^2}{2}=\frac{V_{\max}^2}{2}$$

$$\frac{a^2}{\gamma-1}+\frac{V^2}{2}=\frac{V_{\max}^2}{2}$$

$$\frac{1}{\gamma-1}\left(\frac{a}{V}\right)^2+\frac{1}{2}=\frac{1}{2}\left(\frac{V_{\max}}{V}\right)^2$$

$$\frac{2}{\gamma-1}\left(\frac{1}{M}\right)^2+1=\left(\frac{V_{\max}}{V}\right)^2$$

$$\frac{V}{V_{\max}}=\widetilde{V}=\sqrt{\frac{1}{\dfrac{2}{(\gamma-1)M^2}+1}} \tag{10.16}$$

식 (10.15)의 해로부터 식 (10.14)에서 V_θ를 구하고 식 (10.16)을 사용하여 마하수를 계산할 수 있다.

10.3 수치해(數値解)를 구하는 절차

정원추(正圓錐)에 대한 초음속 유동의 수치해를 구하기 위하여 우리는 역방법(inverse approach)을 사용한다. 역방법은 우선 주어진 충격파를 가정하여 이러한 충격파를 발생하는 원추를 계산하는 방법이다. 이것은 원추가 주어져 있고 원추 주위의 유동과 충격파를 계산하는 직접방법과는 대조적이다.

식 (10.15)는 2계(second-order)상미분방정식이므로 두 개의 초기조건을 요구하고 있다. 그런데 초기조건으로서 $\theta=\theta_c$에서 원추표면에 수직한 속도성분 $\widetilde{V}_\theta=0$이라는 하나의 초기조건만이 주어져 있다. 따라서 우리는 역으로 충격파를 가정하고서 원추표면으로 계산해 나가는 것이 편리하다.

수치적 절차는 다음과 같다.

1) 충격파각 β와 자유류의 마하수 M_∞를 가정한다(그림 10.4 참조). 이 값들에 대

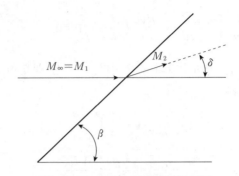

그림 10.4 충격파 전후에서의 변화

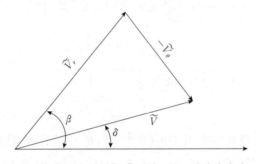

그림 10.5 원추체에 발생한 충격파 바로 뒤에서의 속도 성분

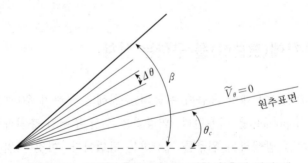

그림 10.6 특정한 충격파각으로 인한 원추체 각의 해

하여 제 4 장의 경사충격파 관계식들로부터 충격파 바로 뒤의 마하수 M_2와 흐름꺾임각 δ를 각각 구한다. 극좌표 θ와의 혼동을 피하기 위하여 흐름꺾임각을 δ로 표시하였음을 유의하기 바란다.

2) M_2와 δ로부터 충격파 바로 뒤의 레이(ray)방향의 속도성분 $\widetilde{V_r}$과 수직방향의 속도성분 $\widetilde{V_\theta}$를 그림 10.5의 기하학적 모양으로부터 구한다. 여기서 $\widetilde{V}$는 M_2를 식 (10.16)에 대입함으로써 구해졌다. 식 (10.14)로부터 $\dfrac{dV_r}{d\theta}$를 구한다.

3) 단계 2)에서 계산한 충격파 바로 뒤의 $\widetilde{V}_r$값과 $\dfrac{dV_r}{d\theta}$ 값을 초기조건으로 사용하여 θ 구간에 따라 $\widetilde{V}_r$를 식 (10.15)로부터 계산하면 충격파로부터 떨어진 점에 대한 $\widetilde{V}_r$를 계산하게 된다. 여기서 유장은 그림 10.6에 그려진 것처럼 각 θ의 증분 $\Delta\theta$로 나누어져 있다. 식 (10.15)와 같은 상미분방정식의 해, 즉 $\widetilde{V}_r$의 계산은 Runge-Kutta방법과 같은 표준 수치해 방법을 사용하여 매 $\Delta\theta$에 대하여 해를 구한다.

4) 매 $\Delta\theta$구간마다 계산한 解 $\widetilde{V}_r$를 이용하여 식 (10.14)로부터 매 $\Delta\theta$ 구간에 대한 $\widetilde{V}_\theta$를 계산한다. θ가 어떠한 값이 될 때, 즉 $\theta = \theta_c$일 때 $\widetilde{V}_\theta = 0$이 된다. 비점성 유동의 비투과성 표면에서는 표면에 수직한 속도성분은 0이다. 그러므로 $\theta = \theta_c$에서 $\widetilde{V}_\theta$가 영일 때 θ_c는 위의 단계 1)에서 가정한 주어진 마하수 M_∞와 충격파각 β의 해를 갖는 특정한 원추, 즉 θ_c를 반정각(半頂角)으로 하는 원추의 해이다. 다시 말해 반정각 θ_c인 원추는 마하수가 M_∞인 자유류에 놓일 때 충격파각은 β이다. $\widetilde{V}_r$와 θ_c값으로부터 식 (10.16)을 통하여 원추표면에서 마하수를 계산한다.

5) 위에 기술한 단계 1)~4)의 과정을 밟아 물체와 충격파 사이의 전(全) 유장에서 속도분포를 구하게 된다. 매 $\Delta\theta$구간에서, 즉 $\Delta\theta$구간에 해당되는 레이를 따른 속도 $\widetilde{V}^2 = (\widetilde{V}_r)^2 + (\widetilde{V}_\theta)^2$로부터 식 (10.16)을 사용하여 M을 계산한다. 각 레이(ray)를 따라서 압력과 밀도, 온도는 제3장에서 유도한 등엔트로피 관계식

$$\frac{p}{p_{02}} = f_1(M), \quad \frac{\rho}{\rho_{02}} = f_2(M), \quad \frac{T}{T_{02}} = f_3(M)$$

으로부터 계산할 수 있다. 여기서 경사충격파와 물체 사이의 유장은 등엔트로피 유동장이다. 그리고 p_{02}, ρ_{02}는 경사충격파 뒤의 정체값들이며 경사충격파 관계식으로부터 경사충격파 전의 정체값들로 나타낼 수 있다. T_0는 단열과정이므로 충격파를 통하여 일정하다.

1)단계에서 M_∞와 β를 다르게 가정함으로써 1)로부터 5)까지의 순차적인 단계를 밟아서 유장과 반정각 θ_c를 계산한다. 이와 같은 계산을 다른 여러 M_∞와 β에 대해 반복함으로써 초음속 원추 유동성질들에 대한 표와 그래프를 작성할 수 있다. 원추유동에 대한 Kopal과 Sims에 의한 표들은 바로 이러한 방법에 의해 계산된 해이다.

10.4 원추 주위의 초음속 유동의 물리적 특성

앞 절의 해로부터 얻어진 몇 가지 대표적인 수치결과들이 그림 10.7에 보여져 있는데 여기에서는 충격파각 β가 M_∞를 매개변수(parameter)로 하여 원추각 θ_c의 함수로 주어져 있다. 원추에 대한 그림 10.7은 4장의 2차원 쐐기에 대한 그림 4.6과 유사하다. 즉 이 두 그림은 정성적으로는 비슷하지만 수치들

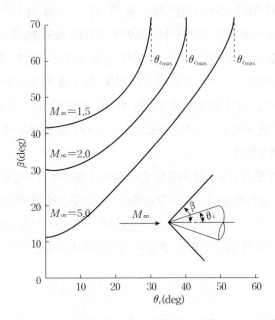

그림 10.7 초음속 유동에서 원추체에 대한 $\theta_c - \beta - M$의 관계

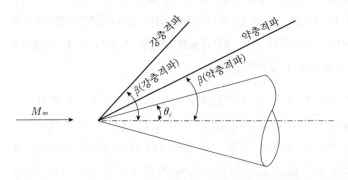

그림 10.8 원추체에 생긴 강한 충격파와 약한 충격파

은 다르다.

그림 10.7을 자세히 조사하여 보면 주어진 원추각 θ_c와 M_∞에 대하여 두 개의 가능한 경사충격파해—강한 충격파해와 약한 충격파해—가 존재하는 것을 알 수 있다. 이것은 제4장에서 기술된 2차원의 경우와 비슷하다. 이들 강한 충격파해와 약한 충격파해가 그림 10.8에 보여져 있다. 약한 충격파해는 유한한 초음속 원추 유동에서 실제로 거의 항상 관찰된다. 그러나 원추의 뒤끝 (base) 부근의 압력, 즉 배압을 원추 끝부분의 표면압력과는 독립적으로 증가 시킴으로써 강제적으로 강한 충격파를 발생시킬 수도 있다.

또한 그림 10.7로부터 주어진 M_∞에 대하여 Taylor-Maccoll해가 가능한 최대원추각 $\theta_{c_{\max}}$이 존재한다. 원추각이 $\theta_{c_{\max}}$보다 더 크면 충격파는 원추로부터 분리되어 분리충격파로 된다. 이것이 그림 10.9에 보여져 있다.

$\theta_c > \theta_{c_{\max}}$일 때에는 Taylor-Maccoll해가 존재하지 않으며 충격파는 원추로부터 떨어져 나가게 된다.

쐐기 주위의 2차원 유동과 비교할 때 원추 주위의 3차원 유동은 다른 방향으로 팽창할 수 있는 한 차원을 더 갖고 있다. 이러한 3차원 효과는 4장에서 이미 언급한 바가 있는데 여러분은 다시 한번 익혀두기 바란다. 특히, 일정한 정각을 갖는 원추에 발생되는 충격파는 같은 정각을 갖는 쐐기에 발생되는 충격파보다 그 강도가 약하다는 것을 기억하기 바란다. 그러므로 원추의 충격파 뒤의 압력, 온도, 밀도 및 엔트로피 변화는 쐐기에 생긴 충격파 뒤의 압력, 온도, 밀도 및 엔트로피 변화보다 작다.

주어진 M_∞에 대하여 부착된 충격파해가 존재하기 위하여 가능한 최대원

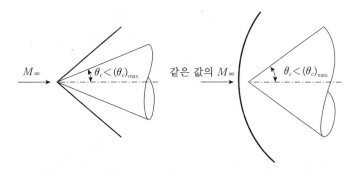

그림 10.9 원추체에 발생한 부착된 충격파와 분리된 충격파

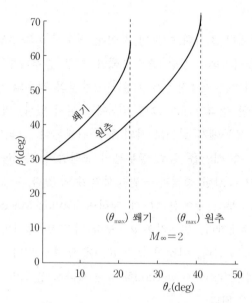

그림 10.10   마하수 2일 때, 쐐기와 원추체에 발생한 충격파각의 비교

추각은 최대쐐기각보다 크다. 이것이 그림 10.10에 명확하게 보여져 있다.

　　끝으로, 수치적 결과에 의하면 원추표면과 충격파 사이의 유선은 곡선으로 되어 있으나 먼 곳에서는 원추표면에 평행하게 접근함을 볼 수 있다. 또한 대개의 경우 원추표면과 충격파 사이의 유동은 초음속이다. 그러나 원추각이 $\theta_{c_{max}}$을 넘지 않는 범위 내에서 충분히 크면, 즉 $\theta_c \cong \theta_{c_{max}}$ 부근에서는 강한 충격파가 형성되어 충격파 뒤에는 아음속이 될 경우도 더러 있다. 이와 같은 경우가 그림 10.11에 보여져 있으며 유장 내의 레이(ray) 가운데 어느 하나의 레이

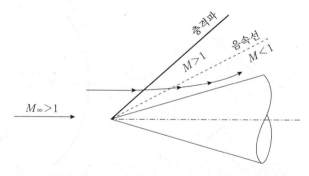

그림 10.11   등엔트로피 압축과정에 의해 원추체 표면 근처에서 초음속 유동이 아음속 유동으로 변화되는 특수한 경우의 유동장

는 음속선(音速線)이다(그림 10.11 참조). 이러한 경우는 초음속 유동이 실제로 등엔트로피 과정을 통하여 초음속으로부터 아음속으로 압축되는 자연현상 가운데 드물게 일어나는 경우 중의 하나이다. 4장에서 논의된 것과 같이 초음속 유동으로부터 아음속 유동으로 변하는 과정은 항상 충격파를 동반하지 않으면 안 된다. 그러나 원추 주위의 유동은 예외이다.

연 습 문 제

10.1 공기를 완전기체로 가정하자. 풍동에서 저기조의 온도가 15℃, 압력
이 $70 \times 10^5 \, \text{N/m}^2$이고, 시험부의 마하수가 3.0이다. 시험부 내에 반정
각 $\theta_c = 15°$인 원추체가 받음각이 없는 상태로 놓여 있다. 그림 10.12
와 그림 10.13, 그리고 그림 10.7을 참조하여 충격파의 파각으로 파각
을 구하고 충격파 뒤의 원추표면에서의 마하수와 압력, 온도를 구하
라.

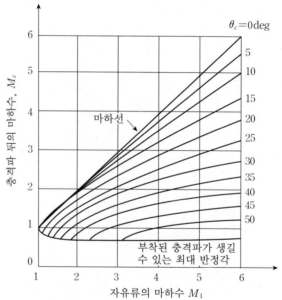

**그림 10.12   원추충격파에 대한 자유류의 마하수(M_1)와 반정각(θ_c)과 충격파 뒤의 원추
표면의 마하수(M_c)와의 관계($\gamma = 1.4$)**

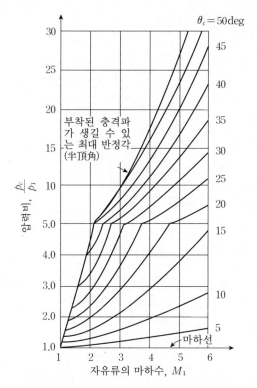

그림 10.13 원추충격파에 대한 자유류의 마하수(M_1)와 반정각(θ_c)과 충격파 뒤의 원추 표면 압력비(p_c/p_1)와의 관계($\gamma = 1.4$)

10.2 반정각 $\theta_c = 15°$인 쐐기의 경우에 대하여 위의 문제를 다시 풀고 그 결과를 비교하라. 또한 쐐기와 원추체의 비교된 결과에 대하여 논하라.

그림 10·3 ...

10·2 ...

11장

특성곡선해법

11.1 특성곡선해법(特性曲線解法)의 원리(原理)

그림 11.1과 식 (11.1)을 다시 고려함으로써 특성곡선해법에 대한 감각을 얻어 보기로 하자. 식 (11.1)의 2차 이상의 고차항(H.O.T.)을 무시하면,

$$u_{i+1,\,j} = u_{i,\,j} + \left(\frac{\partial u}{\partial x}\right)_{i,\,j} \varDelta x + \cdots \tag{11.1}$$

도함수 $\dfrac{\partial u}{\partial x}$의 값은 일반적 보존방정식에서 얻을 수 있다. 2차원의 비회전 유동을 예로 들면, 식 (8.17)을 속도의 항으로 표시하여 다음과 같이 고쳐 쓸 수 있다.

$$\left(1 - \frac{u^2}{a^2}\right)\frac{\partial u}{\partial x} + \left(1 - \frac{v^2}{a^2}\right)\frac{\partial v}{\partial y} - \frac{2uv}{a^2}\frac{\partial u}{\partial y} = 0 \tag{11.2}$$

식 (11.3)을 $\dfrac{\partial u}{\partial x}$에 대하여 풀면

$$\frac{\partial u}{\partial x} = \frac{-\left(1 - \dfrac{v^2}{a^2}\right)\dfrac{\partial v}{\partial y} + \dfrac{2uv}{a^2}\dfrac{\partial u}{\partial y}}{\left(1 - \dfrac{u^2}{a^2}\right)} \tag{11.3}$$

그림 11.1에서와 같이 $x = x_0$인 수직선상의 각 격자점에서 속도 $\vec{V}$, 즉 u와

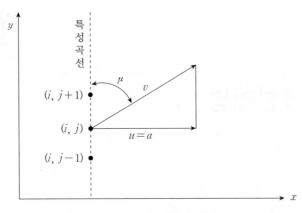

그림 11.1 특성곡선 방향의 예시

v를 안다고 가정하자. 그러면 점 (i, j)와 그 인접점 $(i, j+1)$과 $(i, j-1)$에서 u와 v를 알기 때문에, (i, j)에서의 y방향 도함수 $\dfrac{\partial u}{\partial x}$와 $\dfrac{\partial v}{\partial y}$도 알 수 있다. 따라서 식 (11.3)의 우변은 $\left(\dfrac{\partial u}{\partial x}\right)_{i,j}$에 대한 하나의 수치를 나타내며, 이를 식 (11.1)에 대입함으로써 $u_{i+1,j}$를 계산할 수 있다. 그러나 여기에는 하나의 중요한 예외가 있다. 만일 식 (11.3)의 분모가 0이면 $\left(\dfrac{\partial u}{\partial x}\right)$는 최소한 미정이며 또한 불연속일 수도 있다. 분모는 $u=a$일 때, 즉 그림 11.1에서 보듯이 $x=x_0$에 수직한 유동속도성분이 음속이 될 때 0이다.

더욱이 그림 11.1에서의 각 μ는 $\sin\mu = \dfrac{u}{V} = \dfrac{a}{V} = \dfrac{1}{M}$으로 정의되는 마하각이다. 그림 11.1에서 $\vec{V}$에 대한 x-y방향은 임의로 취할 수 있다. 방금 언급한 바와 같이 임의의 어느 한 점에서의 유선의 방향과 마하각을 이루는 선에 직각인 방향의 u의 도함수가 미정이거나 또는 불연속일 가능성이 있는 선들이 실제로 존재하는 것을 보였으며 이러한 선들이 마하선들이다. 위에서 논의된 u는 임의로 선택된 유동값이다. 그러므로 p, ρ, T, $\vec{V}$ 등과 같은 유동변수들의 도함수들도 이 선들을 전후하여 미정이다. 이러한 선들을 특성곡선(characterstic lines 또는 characteristics)이라고 정의한다.

이상의 사실을 염두에 두고 지금부터 특성곡선해법의 일반적 개념을 기술하여 보자. x-y평면공간에서의 2차원 초음속, 정상유동 영역을 생각하자(처음에는 간단한 2차원 유동의 문제를 다루며 이는 나중에 3차원 유동으로 연장될 수 있다). 이 유동장을 다음과 같은 3단계를 거쳐 풀 수 있다.

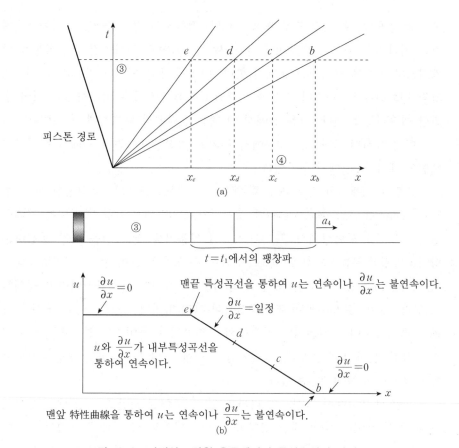

그림 11.2 비정상 1 차원 유동에서의 특성곡선의 관계

1단계: x-y 공간상에서 유동변수들(p, ρ, T, u, v 등)은 연속이지만 그것들의 도함수 $\left(\dfrac{\partial p}{\partial x}, \dfrac{\partial u}{\partial y}\right.$ 등$)$가 미정인, 실제로는 불연속이기도 한 특수한 선들(방향들)을 찾는다. 앞에서 정의한 대로 그러한 x-y 공간에서의 선들을 특성곡선이라 한다.

2단계: 편미분형태의 보존방정식들을 결합하여 특성곡선에 따라서만 성립하는 상미분방정식의 형태로 고친다. 이 상미분방정식을 적합조건 방정식(compatibility equations)이라 한다.

3단계: 적합조건 방정식들을 초기조건들로 주어진 유동 내의 어떤 점이나 영역으로부터 시작하여 특성곡선을 따라 단계적으로 풀어 나간다.

이와 같이 하여 전(全) 유동영역이 특성곡선들에 의하여 그려진다. 일반적으로 특성곡선들은 유동장에 따라 다르며, 적합조건 방정식들은 특성곡선들에 따른 기하학적 위치의 함수이다. 따라서 특성곡선과 적합조건 방정식들을 단계적으로 동시에 구성하고 풀어야 한다. 이것에 대한 예외가 있는데, 그것은 2차원 비회전유동이다. 이 경우에는 적합조건 방정식들은 기하학적 위치에 무관한 대수식들로 된다. 다음 절에서 이 내용이 명백히 보여지게 될 것이다.

이와 유사한 것으로, 6.3절에서 논의된 비정상 1차원 유동에서 특성곡선 해법의 개념이 잘 예시되어 있다.

그림 11.2에서와 같이 오른쪽 방향으로 진행하고 있는 유심팽창파(有心膨脹波, centered expansion wave)를 생각하자. 6.3절에서 유동의 편미분 지배방정식들은 x-t 평면상에서 $\dfrac{dx}{dt}=u\pm a$인 기울기를 갖는 선을 따라 성립하는 상미분방정식(적합조건 방정식)들로 귀착될 수 있음을 보여 준다. 적합방정식들이 식 (6.73)과 (6.74)이며, 또한 그 선들을 6.3절에서 특성곡선이라고 정의하고 있다. 그림 11.2(a)에 이 특성곡선들이 그려져 있다. 그러나 6.3절에서는 그러한 특성곡선이 가지는 유동변수들의 도함수가 미정이거나 불연속이라는 성질을 명백히 하지는 않았다. 그렇지만 이러한 식별은 $u=u(x,\ t)$를 나타내는 해를 조사하여 보면 알 수 있다.

그림 11.2(a)에서 점선으로 나타나 있는, 주어진 시간 $t=t_1$일 때를 생각해 보자. 시간 t_1에서 파의 맨앞 팽창파는 x_b에 위치해 있고 맨끝 팽창파는 x_e에 위치해 있다. 질량유동, u에 대한 해를 시간 t_1일 때 계산하여 도표로 그려놓은 것이 그림 11.2(b)이다. x_b에서 u는 연속적이나 최초 특성곡선을 전후하여 $\dfrac{\partial u}{\partial x}$는 불연속임을 주목하라. 마찬가지로 x_e에서도 최종 특성곡선을 전후하여 u는 연속적이나 $\dfrac{\partial u}{\partial x}$는 불연속이다. 따라서 그림 11.2(a) 와 11.2(b)를 보면 6.3절에서 가리키는 특성곡선들이 실제로 이 장에서 정의한 특성곡선과 일치함을 알 수 있다.

11. 2   특성곡선의 결정

11.1절 서두에서 우리는 유동 내의 마하선들이 특성곡선과 동일함을 자연히 알게 되었다. 유동 내에 다른 특성곡선들이 존재할 수 있을 것인가? 특성곡

선들을 식별하는 좀더 결정적인 방법이 없겠는가? 이러한 문제들을 이 절에서 다루고자 한다.

먼저 초음속의 2차원 단열, 비회전, 정상유동을 생각해 보자. 이와 다른 형의 유동은 다음 절에서 다루게 될 것이다. 유동의 지배방정식은 식 (8.17)과 (8.18)이며 이는 비선형이다. 식 (8.17)을 2차원 유동에 대한 식으로 고쳐 쓰면 다음과 같다.

$$\left(1 - \frac{\boldsymbol{\Phi}_x^2}{a^2}\right)\boldsymbol{\Phi}_{xx} + \left(1 - \frac{\boldsymbol{\Phi}_y^2}{a^2}\right)\boldsymbol{\Phi}_{yy} - \frac{2\boldsymbol{\Phi}_x\boldsymbol{\Phi}_y}{a^2}\boldsymbol{\Phi}_{xy} = 0 \qquad (11.4)$$

여기서 $\boldsymbol{\Phi}$가 전(全) 속도퍼텐셜이며, 교란(perturbation)퍼텐셜이 아님을 주의해야 한다. 이 장에서 우리는 교란을 생각하지 않는다.

따라서

$$\boldsymbol{\Phi}_x = u, \; \boldsymbol{\Phi}_y = v \; 그리고 \; \vec{V} = u\vec{i} + v\vec{j}$$

이고, $\boldsymbol{\Phi}_x$와 $\boldsymbol{\Phi}_y$가 x와 y의 함수임을 상기하면

$$du = d\boldsymbol{\Phi}_x = \frac{\partial \boldsymbol{\Phi}_x}{\partial x}dx + \frac{\partial \boldsymbol{\Phi}_x}{\partial y}dy = \boldsymbol{\Phi}_{xx}dx + \boldsymbol{\Phi}_{xy}dy \qquad (11.5)$$

$$dv = d\boldsymbol{\Phi}_y = \frac{\partial \boldsymbol{\Phi}_y}{\partial x}dx + \frac{\partial \boldsymbol{\Phi}_y}{\partial y}dy = \boldsymbol{\Phi}_{xy}dx + \boldsymbol{\Phi}_{yy}dy \qquad (11.6)$$

위에서 유도한 식들을 다시 써보면 다음과 같다.

식 (11.4)로부터 $\left(1 - \frac{u^2}{a^2}\right)\boldsymbol{\Phi}_{xx} - \frac{2uv}{a^2}\boldsymbol{\Phi}_{xy} + \left(1 - \frac{v^2}{a^2}\right)\boldsymbol{\Phi}_{yy} = 0$

식 (11.5)로부터 $(dx)\,\boldsymbol{\Phi}_{xx} + (dy)\,\boldsymbol{\Phi}_{xy} = du$

식 (11.6)으로부터 $(dx)\,\boldsymbol{\Phi}_{xy} + (dy)\boldsymbol{\Phi}_{yy} = dv$

이 식들은 $\boldsymbol{\Phi}_{xx}$, $\boldsymbol{\Phi}_{yy}$와 $\boldsymbol{\Phi}_{xy}$를 종속변수로 하는 선형 연립 대수방정식이다. 따라서 Cramer의 법칙을 사용하여 $\boldsymbol{\Phi}_{xy}$에 대하여 풀면

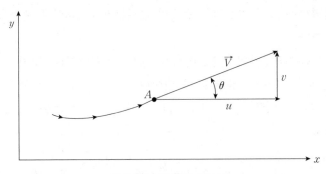

그림 11.3   유선의 기하

$$\phi_{xy} = \frac{\begin{vmatrix} \left(1-\dfrac{u^2}{a^2}\right) & 0 & \left(1-\dfrac{v^2}{a^2}\right) \\ dx & du & 0 \\ 0 & dv & dy \end{vmatrix}}{\begin{vmatrix} \left(1-\dfrac{u^2}{a^2}\right) & -\dfrac{2uv}{a^2} & \left(1-\dfrac{v^2}{a^2}\right) \\ dx & dy & 0 \\ 0 & dx & dy \end{vmatrix}} = \frac{N}{D} \tag{11.7}$$

이제 그림 11.3에 그려진 것과 같이 유동영역 내의 임의의 점 A와 그 주위를 생각하자.

식 (11.7)은 점 A에서 dx와 dy를 임의로 선택하여 결정되는 방향에 대하여 점 A에서의 ϕ_{xy}의 해를 구할 수 있는 식이다. 그러나 식 (11.7)로부터 점 A 주위에서 ϕ_{xy}의 유일한 해를 얻기 위해서는 분모 D가 0이 되지 않도록 dx와 dy의 방향을 결정하지 않으면 안 된다.

만약 dx, dy가 $D=0$이 되도록 선택되면 그 dx, dy에 의하여 선택된 방향으로는 ϕ_{xy}가 결정되지 않는다. ϕ_{xy}는 비록 그것이 유일한 값으로 결정되지는 않더라도, 최소한 유한한 값을 갖도록 해야 한다. ϕ_{xy}가 무한한 값을 가진다는 것은 물리적 현상에 부합하지 않기 때문이다. 예를 들면 그림 11.2(b)에서 점 b와 e에서의 $\dfrac{\partial u}{\partial x}$가 유일하게 결정되지는 않지만, 그 값은 0(零)과 점 b와 e 사이의 기울기로 주어진 값 사이에 존재하리라고 말할 수 있다. 결과적으로 점 A로부터의 방향이 $D=0$이 되도록 결정되면 ϕ_{xy}가 유한한 값을 갖기 위해서는 분자 역시 $N=0$이 되어야 한다.

$$\phi_{xy} = \frac{N}{D} = \frac{0}{0}$$

다시 말하면 $\phi_{xy} = \frac{\partial u}{\partial y} = \frac{\partial v}{\partial x}$가 미정이다. 우리는 이미 앞에서 유동값들의 함수가 미정이거나 혹은 불연속인 유동영역 내의 방향이 특성곡선 방향임을 정의하였다. 따라서 $x-y$ 공간에서 $D=0$(따라서 $N=0$)인 선들이 곧 특성곡선임을 알 수 있다.

이 사실은 특성곡선들을 결정하기 위한 식들을 얻게 해 준다. 식 (11.7)에서 $D=0$으로 놓으면

$$\left(1 - \frac{u^2}{a^2}\right)(dy)^2 + \frac{2uv}{a^2}(dx)(dy) + \left(1 - \frac{v^2}{a^2}\right)(dx)^2 = 0$$

또는

$$\left(1 - \frac{u^2}{a^2}\right)\left(\frac{dy}{dx}\right)_{char}^2 + \frac{2uv}{a^2}\left(\frac{dy}{dx}\right)_{char} + \left(1 - \frac{v^2}{a^2}\right) = 0 \tag{11.8}$$

식 (11.8)에서 $\left(\frac{dy}{dx}\right)_{char}$은 특성곡선들의 기울기이다. 식 (11.8)을 $\left(\frac{dy}{dx}\right)_{char}$에 대하여 풀면

$$\left(\frac{dy}{dx}\right)_{char} = \frac{-\frac{2uv}{a^2} \pm \sqrt{\left(\frac{2uv}{a^2}\right)^2 - 4\left(1 - \frac{u^2}{a^2}\right)\left(1 - \frac{v^2}{a^2}\right)}}{2\left(1 - \frac{u^2}{a^2}\right)}$$

또는

$$\left(\frac{dy}{dx}\right)_{char} = \frac{-\frac{uv}{a^2} \pm \sqrt{\frac{u^2+v^2}{a^2} - 1}}{\left(1 - \frac{u^2}{a^2}\right)} \tag{11.9}$$

식 (11.9)가 물리적 $x-y$ 공간에서 특성곡선을 결정해 주는 식이다. 이 식을 세밀히 검토하여 보면 근호 내의 항이

$$\frac{u^2+v^2}{a^2} - 1 = \frac{V^2}{a^2} - 1 = M^2 - 1$$

이므로 다음과 같은 사실을 얻어낼 수 있다.

(1) 만일 $M > 1$이면, 유장 내의 각 점은 그 점을 통과하는 2개의 실특성곡선(實特性曲線, real characteristics)을 갖는다. 이때의 식 (11.4)는 쌍곡형(雙曲形) 편미분방정식이 된다.

(2) 만일 $M = 1$이면, 유장 내의 각 점은 하나의 실특성곡선을 갖는다. 이때 식 (11.5)는 포물형(抛物形) 편미분방정식이 된다.

(3) 만일 $M < 1$이면, 유장 내의 각 점은 두 개의 허특성곡선(虛特性曲線, imaginary characteristics)을 갖는다. 이때 식 (11.4)는 타원형(楕圓形) 편미분방정식이 된다.

그러므로 우리는 초음속, 비점성, 정상유동은 쌍곡형 방정식으로, 음속유동은 포물형 방정식으로, 아음속 유동은 타원형 방정식으로 각각 지배됨을 알 수 있다.

특히 $M > 1$인 유동에서는 각 점에서 두 개의 특성곡선이 실제로 존재하므로, 특성곡선해법은 초음속 유동을 풀기 위한 실질적인 기법이 된다. 그러나 $M < 1$일 때는 허특성곡선이므로 아음속 유동을 풀기 위해서는 특성곡선해법을 사용할 수 없다. 이것의 예외는 아음속과 초음속이 공존하는 혼합영역을 복합평면(complex plane)에서 허특성곡선을 사용하여 풀고 있는 천음속 유동이다.

또한 6장에서 비정상 1차원 유동은 쌍곡형 방정식으로 지배되며 따라서 x-t 평면상의 각 점에서 두 개의 특성곡선이 존재함을 이미 배운 바 있다. 실제로 비정상, 비점성 유동은 2차원과 3차원 공간에서, 속도의 영역 ── 아음속, 천음속, 쌍곡형의 초음속 ── 에 관계없이 쌍곡형이다.

2차원의 초음속 정상유동에 초점을 두고 식 (11.9)로 주어진 실특성곡선들을 조사하여 보자. 그림 11.3에 그려진 유선들을 생각하면 점 A에서 $u = V \cos\theta$이며 $v = V \sin\theta$이다. 따라서 식 (11.9)는 다음과 같이 된다.

$$\left(\frac{dy}{dx}\right)_{\text{char}} = \frac{-\dfrac{V^2 \cos\theta \cdot \sin\theta}{a^2} \pm \sqrt{\dfrac{V^2}{a^2}(\cos^2\theta + \sin^2\theta) - 1}}{1 - \dfrac{V^2}{a^2}\cos^2\theta} \tag{11.10}$$

마하각 $\mu = \sin^{-1}\left(\dfrac{1}{M}\right)$ 또는 $\sin\mu = \dfrac{1}{M}$ 임을 상기하면, $\dfrac{V^2}{a^2} = M^2 = \dfrac{1}{\sin^2\mu}$ 이므로 식 (11.10)은

$$\left(\frac{dy}{dx}\right)_{\text{char}} = \frac{-\dfrac{\cos\theta \cdot \sin\theta}{\sin^2\mu} \pm \sqrt{\dfrac{\cos^2\theta + \sin^2\theta}{\sin^2\mu} - 1}}{1 - \dfrac{\cos^2\theta}{\sin^2\mu}} \qquad (11.11)$$

삼각함수의 성질을 써서

$$\sqrt{\frac{\cos^2\theta + \sin^2\theta}{\sin^2\mu} - 1} = \sqrt{\frac{1}{\sin^2\mu} - 1} = \sqrt{\csc^2\mu - 1} = \sqrt{\cot^2\mu} = \frac{1}{\tan\mu}$$

따라서 식 (11.11)은

$$\left(\frac{dy}{dx}\right)_{\text{char}} = \frac{-\dfrac{\cos\theta \cdot \sin\theta}{\sin^2\mu} \pm \dfrac{1}{\tan\mu}}{1 - \dfrac{\cos^2\theta}{\sin^2\mu}} \qquad (11.12)$$

이 식을 더 간단히 하면 결국 다음과 같이 된다.

$$\left(\frac{dy}{dx}\right)_{\text{char}} = \tan(\theta \mp \mu) \qquad (11.13)$$

그림 11.3을 좀더 상세히 하여 식 (11.13)을 도식적으로 설명해 놓은 것이 그림 11.4이다. 그림 11.4의 점 A에서 유선은 x축과 θ만큼의 각을 이루고 있

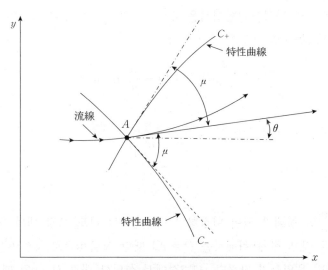

그림 11.4 왼쪽과 오른쪽으로 진행하는 특성곡선의 예시

다. 식 (11.13)은 점 A를 통과하는 두 개의 특성곡선 중 하나는 유선 위로 각 μ 만큼, 다른 하나는 유선 아래로 μ를 가지고 존재하게 된다. 따라서 이 특성 곡선들은 마하선들이다. 이러한 사실은 11.1절에서 언급되었다. 여기서는 좀 더 정확하게 유도하였다.

경사각이 $(\theta + \mu)$인 특성곡선을 C_+특성곡선이라고 부르는데 이것은 6장에 서 사용한 C_+특성곡선과 유사한 왼쪽으로 진행하는 좌행(左行)특성곡선이다. 그리고 경사각이 $(\theta - \mu)$인 특성곡선을 C_-특성곡선이라고 부르며 이것은 6장에 서 사용한 C_-특성곡선과 유사한 오른쪽으로 진행하는 우행(右行)특성곡선이다.

특성곡선은 일반적으로 곡선의 형태를 갖는다는 점에 유의하라. 왜냐하면 일반적으로 유동의 값들(따라서 θ와 μ)이 유장의 위치에 따라 일정치 않고 변하 기 때문이다.

11.3 적합조건방정식(compatibility eqs.)의 결정

본질적으로 식 (11.7)은 2차원의 비회전, 단열, 정상유동에 대한 연속방정 식과 운동량방정식, 에너지방정식을 결합한 것이다. 앞 절에서 식 (11.7)의 분 모를 $D=0$으로 놓음으로써 특성곡선을 구하였는데 이 절에서는 분자를 $N=0$ 으로 놓음으로써 적합조건방정식을 유도하고자 한다. 식 (11.7)에서 분자행렬 식을 $N=0$로 놓으면 다음과 같이 된다.

$$\left(1 - \frac{u^2}{a^2}\right)dudy + \left(1 - \frac{v^2}{a^2}\right)dxdv = 0$$

또는

$$\frac{dv}{du} = \frac{-\left(1 - \dfrac{u^2}{a^2}\right)}{\left(1 - \dfrac{v^2}{a^2}\right)}\left(\frac{dy}{dx}\right) \tag{11.14}$$

비록 $\frac{0}{0}$인 형태가 되어 미정형(未定形)이 되더라도 유장 내의 도함수들이 유한한 값을 갖게 하기 위해서는 $D=0$일 때만 N을 0으로 놓아야 한다는 것 을 다시 한번 유의하기 바란다. 11.2절에서 설명한 대로 $D=0$일 때는 반드시 특성곡선을 따라서만 방향이 고려되어야 한다. 따라서 $N=0$일 때도 같은 제한이 성립한다. 그러므로 식 (11.14)에서

$$\frac{dy}{dx} \equiv \left(\frac{dy}{dx}\right)_{\text{char}}$$

식 (11.9)를 식 (11.4)에 대입하면 다음 식을 얻는다.

$$\frac{dv}{du} = -\frac{\left(1-\dfrac{v^2}{a^2}\right)}{\left(1-\dfrac{v^2}{a^2}\right)}\left[\frac{\dfrac{-uv}{a^2} \pm \sqrt{\dfrac{u^2+v^2}{a^2}-1}}{\left(1-\dfrac{u^2}{a^2}\right)}\right]$$

이것을 간단히 정리하면

$$\frac{dv}{du} = \frac{\dfrac{uv}{a^2} \mp \sqrt{\dfrac{u^2+v^2}{a^2}-1}}{\left(1-\dfrac{v^2}{a^2}\right)} \tag{11.15}$$

$u=V\cos\theta$, $v=V\sin\theta$임을 상기하고 식 (11.15)를 변형하면

$$\frac{d(V\sin\theta)}{d(V\cos\theta)} = \frac{M^2\cos\theta \cdot \sin\theta \mp \sqrt{M^2-1}}{1-M^2\sin^2\theta}$$

이것을 다시 간단히 하면

$$d\theta = \mp\sqrt{M^2-1}\,\frac{dV}{V} \tag{11.16}$$

식 (11.16)이 적합조건방정식이다. 다시 말하면 특성곡선들을 따라 유동의 값들이 변화하는 것을 나타내는 식이다. 이 식을 식 (11.13)과 비교하면 다음을 알 수 있다.

$$d\theta = -\sqrt{M^2-1}\,\frac{dV}{V} \text{ 는 } C_-\text{특성곡선을 따라 적용됨} \tag{11.17}$$

$$d\theta = \sqrt{M^2-1}\,\frac{dV}{V} \text{ 는 } C_+\text{특성곡선을 따라 적용됨} \tag{11.18}$$

식 (11.16)을 Prandtl-Meyer유동과 비교해 보면 두 식이 동일함을 발견할 수 있다. 따라서 식 (11.16)을 적분하면 식 (4.40)의 Prandtl-Meyer함수

$\nu(M)$과 동일하다. 그러므로 식 (11.17)과 (11.18)은 다음과 같이 대수형 적합조
건방정식으로 대치된다.

$$C_-\text{특성곡선을 따라서 } \theta + \nu(M) = \text{const.} = K_- \qquad (11.19)$$

$$C_+\text{특성곡선을 따라서 } \theta - \nu(M) = \text{const.} = K_+ \qquad (11.20)$$

식 (11.19)와 (11.20)에서 K_-와 K_+는 각각의 특성곡선을 따라 일정하며 6
장에서 정의된 비정상 유동에 대한 Riemann 불변량 P, Q와 유사하다.

식 (11.19)와 (11.20)의 적합조건방정식들은 특성곡선을 따라 속도의 크기
와 방향을 관련시켜 준다. 이 성질 때문에 이들을 때로는 속도평면상의 특성곡
선이라고도 부른다. 속도평면상의 특성곡선 구성은 도식적인 해를 구하거나
또는 특성곡선해법을 이용하여 간단한 계산을 하기에 유용하다. 속도평면방법
을 더 알고자 하는 사람은 참고문헌 [4]와 [15]를 읽기를 권한다. 여기서 도식
적인 방법을 다루지 않는다. 그러나 식 (11.19)와 식 (11.20)은 직접적인 수치
적 계산을 하기에 충분한 형태를 취하고 있다; 그것들은 최신 컴퓨터에 의한
계산에 아주 적합한 형태들이다.

식 (11.19)와 식 (11.20)으로 표현된 적합조건 방정식들이 공간좌표 x와 y
를 포함하고 있지 않다는 것은 매우 중요한 사실이다. 특성곡선들의 기하학적
인 위치에 대한 지식이 없이도 적합조건방정식을 풀 수 있다. 이렇게 적합조건
방정식들이 특성곡선들의 기하학적 위치에 무관하다는 것은 2차원 비회전 유
동에서만 나타나는 특징이다. 그 이외의 경우에는 모두 적합조건방정식들이
공간위치에 종속적이며, 이것은 다음에 논의될 것이다.

11.4   단위절차(單位節次)

11.1절에서 특성곡선해법의 개념을 세 단계로 설명한 바 있다. 제1단계
"특성곡선들의 결정"은 11.2절에서 설명이 되었고, 제2단계 "특성곡선을 따
라 성립하는 적합조건방정식의 결정"은 11.3절에서 기술되었다. 이제 이 절에
서는 제3단계, 즉 특성곡선상을 따른 격자점들에서 적합조건방정식의 해를
구하는 방법을 알고자 한다.

특성곡선해법을 적용하는 절차는 "단위절차"라고 부르는 특정한 계산의 연속인데, 그 단위절차는 계산하고자 하는 점이 유동장 내부의 점인지, 자유경계나 고체벽면상의 점인지, 혹은 충격파 위의 점인지에 따라 다르다.

(1) 내부유동(内部流動, internal flow)

만일 유장 내의 2개의 점(즉 점 1과 점 2)에서 유장(流場)조건을 알고 있다면, 그림 11.5에서와 같이 제3의 점에서의 유장조건을 결정할 수 있다. 여기에서 ν_1과 θ_1은 점 1에서 주어진 유장조건이며, ν_2와 θ_2는 점 2에서 주어진 유장조건이다. 제3의 점은 점 1을 통과하는 C_-특성곡선과 점 2를 통과하는 C_+ 특성곡선의 교차점이다. 점 1을 통과하는 C_-특성곡선을 따라서 식 (11.19)가 성립한다. 즉

$$C_- \text{를 따라서 } \theta_1 + \nu_1 = K_- = \text{const.} \tag{11.19}$$

그리고 점 2를 통과하는 C_+특성곡선을 따라서 식 (11.20)이 성립한다.

$$C_+ \text{를 따라서 } \theta_2 - \nu_2 = K_+ = \text{const.} \tag{11.20}$$

그리고 점 3에서의 유장조건은 식 (11.19)로부터

$$\theta_3 + \nu_3 = (K_-)_3 = (K_-)_1 \tag{11.21}$$

그리고 식 (11.20)으로부터

$$\theta_3 - \nu_3 = (K_+)_3 = (K_+)_2 \tag{11.22}$$

가 성립한다. 식 (11.21)과 식 (11.22)로부터 θ_3와 ν_3의 값을 기지수(既知數) K_+

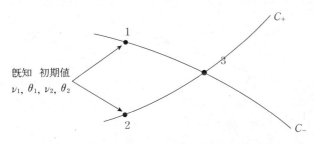

그림 11.5 내부점에 대한 단위절차

와 K_-로 구하면

$$\theta_3 = \frac{1}{2}\left[(K_-)_1 + (K_+)_2\right] \tag{11.23}$$

$$\nu_3 = \frac{1}{2}\left[(K_-)_1 - (K_+)_2\right] \tag{11.24}$$

이렇게 하여 점 3에서의 유동조건을 점 1과 점 2에서의 기지(旣知)조건으로 구할 수가 있다. 식 (4.33)을 이용하여 ν_3로부터 M_3를 구할 수 있으며 이 M_3를 등엔트로피 유동 관계식 (3.33), (3.35)와 (3.36)에 대입하면 점 3의 온도, 압력, 밀도를 구할 수 있다.

한편 점 3의 공간상 위치는 그림 11.6과 같이 점 1을 통과하는 C_-특성곡선과 점 2를 통과하는 C_+특성곡선의 교차점으로 주어진다. 그러나 C_-와 C_+곡선들은 일반적으로 곡선들이며 알고 있는 것은 단지 점 1과 2에서의 곡선들의 방향이다. 이것만으로는 점 3을 찾을 수 없다. 그러면 어떻게 점 3의 위치를 계산할 수 있는가? 근사적이지만 만족할 만큼 충분히 정확한 방법으로서, 보통 두 격자점 사이의 특성곡선을 그 두 점에서의 곡선 기울기의 평균치를 기울기로 하는 직선으로 가정하는 것이다. 예를 들어, 그림 11.6을 보자. 여기서 점 1을 통과하는 C_-특성곡선을 다음과 같은 점 1, 3에서의 곡선 경사각(曲線傾斜角)의 평균치를 그 경사각으로 하는 직선으로 가정되어 있다.

$$\left[\frac{1}{2}(\theta_1 + \theta_3) - \frac{1}{2}(\mu_1 + \mu_3)\right]$$

마찬가지로 점 2를 통과하는 가정된 C_+특성곡선의 경사각은

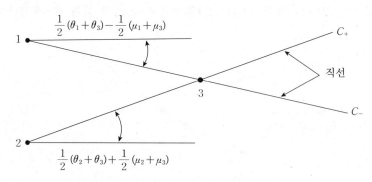

그림 11.6 직선으로 근사화한 특성곡선

$$\left[\frac{1}{2}(\theta_2+\theta_3)+\frac{1}{2}(\mu_2+\mu_3)\right]$$

이다.

이 두 직선의 교차점이 바로 점 3의 위치로 결정된다.

(2) 벽면상의 점

만일 고체벽면에 인근한 유장 내의 점에서 유동조건을 알면, 벽면에서의 유동변수들을 아래와 같이 결정할 수 있다. 그림 11.7에서 유동조건을 알고 있는 점 1을 보자. 점 1을 통과하는 C_-특성곡선을 따른 K_-값은 알고 있는 값이다. 즉

$$(K_-)_1=\theta_1+\nu_1 \quad (\text{기지량})$$

C_-특성곡선이 벽면과 점 2에서 만난다고 할 때, 점 2에서는

$$(K_-)_2=(K_-)_1=\theta_2+\nu_2 \tag{11.25}$$

벽면의 모양을 알고 있으면, 유동은 벽면과 평행하게 흐르므로 θ_2를 알 수 있다. 따라서 식 (11.25)에서 ν_2를 계산할 수 있다. 즉

$$\nu_2=\nu_1+\theta_1-\theta_2$$

(3) 충격파상의 점

만일 충격파 근처의 한 점에서 유동조건을 알면, 충격파 바로 뒤에서의 유동변수들과 국소충격파의 기울기를 다음과 같이 결정할 수 있다. 그림 11.8에서와 같이 점 1을 유동상태를 알고 있는 점이라고 하면 점 1을 지나는 C_+특성

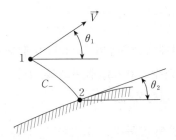

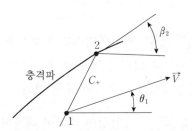

그림 11.7 고체경계면에서의 단위절차 　　 그림 11.8 충격파에서의 단위절차

곡선을 따른 K_+의 값을 알 수 있다.

$$(K_+)_1 = \theta_1 - \nu_1 \quad \text{(기지량)}$$

C_+특성곡선이 충격파와 점 2에서 교차한다고 할 때, 점 2에서는

$$(K_+)_2 = (K_+)_1 = \theta_2 - \nu_2 \tag{11.26}$$

주어진 자유류 마하수 M_∞에 대하여, 충격파 직후에서 식 (11.26)의 $(K_+)_2$의 값과 일치하는 $(\theta_2 - \nu_2)$ 값을 가지는 국소(局所)충격파각 β_2를 찾을 수 있다. 이것은 4장에서 구한 경사충격파의 관계식을 사용하여 시행착오법으로 구한다. 이렇게 하여 구한 β_2와 주어진 M_∞를 가지고 경사충격파의 관계식을 사용하면 점 2에서의 기타 유동성질들을 알 수 있다.

(4) 초기조건선(initial data line)

이 절에서 기술한 단위조작은 유동장 내의 어딘가에서부터 출발하여야 한다. 특성곡선해법을 시행하기 위하여는 초음속유동장 내의 어떤 한 선을 따라서 물성치가 주어져 있는 초기조건선을 가지고 있지 않으면 안 된다. 그런 다음 특성곡선해법은 초기조건선으로부터 하류방향으로 전진하면서 계산을 수행하게 된다. 이와 같은 하류 전진계산방법은 수학적으로 쌍곡형이나 포물형 편미분방정식이 갖는 성질이다. 예를 들면 노즐유동과 같은 내부유동계산에서 초기조건선은 노즐목에서의 음속선을 직선으로 가정하고 이 음속선을 초기조건선으로 택한다. 앞 부분이 2차원 쐐기(wedge)모양을 갖는 끝이 날카로운 에어포일 주위 외부유동계산에는 초기조건선은 물체 앞 부분에 부착된 경사충격파뒤의 물성치를 갖는 경사충격파선으로 택한다.

예제 1   직선벽면으로 이루어진 2차원 확대채널유동이 그림 11.9에 보여져 있다. 두 벽면이 이루는 각은 12도이다. 마하수 2.0으로 들어오고 있다. 특성곡선해법을 적용하여 채널 내의 속도분포를 계산하라.

풀 이   중앙선에 대하여 대칭이므로 반만의 유동장을 고려하면 된다.

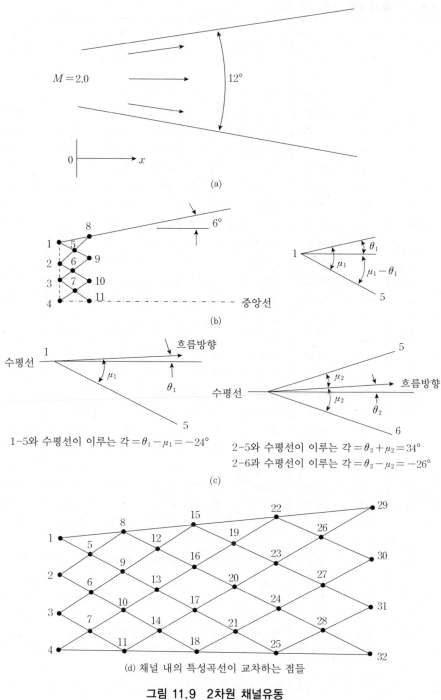

$M = 2.0$

$12°$

0 ──→ x

(a)

8

1

5

2 6 9

3 7 10

4 11

$6°$

중앙선

1

θ_1

μ_1

$\mu_1 - \theta_1$

5

(b)

수평선 1 흐름방향

μ_1

θ_1

5

5

수평선   흐름방향

μ_2

μ_2

θ_2

6

1-5와 수평선이 이루는 각 $= \theta_1 - \mu_1 = -24°$

2-5와 수평선이 이루는 각 $= \theta_2 + \mu_2 = 34°$

2-6과 수평선이 이루는 각 $= \theta_2 - \mu_2 = -26°$

(c)

1 5 8 12 15 19 22 26 29

2 6 9 13 16 20 23 27 30

3 7 10 14 17 24 28 31

4 11 18 21 25 32

(d) 채널 내의 특성곡선이 교차하는 점들

그림 11.9 2차원 채널유동

표 11.1 예제 1에 대한 계산결과

Point	M	μ	ν	θ	K_-	K_+	$\theta+\mu$	$\theta-\mu$
1	2.00	30.00	26.38	6	32.38	20.38	36.00	−24.00
2	2.00	30.00	26.38	4	30.38	22.38	34.00	−26.00
3	2.00	30.00	26.38	2	28.38	24.38	32.00	−28.00
4	2.00	30.00	26.38	0	26.38	26.38	30.00	−30.00
5	2.04	29.35	27.38	5	32.38	22.38	34.35	−24.35
6	2.04	29.35	27.38	3	30.38	24.38	32.35	−26.35
7	2.04	29.35	27.38	1	28.38	26.38	30.35	−28.35
8	2.07	28.89	28.38	6	34.38	22.38	34.89	−22.89
9	2.07	28.89	28.38	4	32.38	24.38	32.89	−24.89
10	2.07	28.89	28.38	2	30.38	26.38	30.89	−26.89
11	2.07	28.89	28.38	0	28.38	28.38	28.89	−28.89
12	2.11	28.29	29.38	5	34.38	24.38	33.29	−23.29
13	2.11	28.29	29.38	3	32.38	26.38	31.29	−25.29
14	2.11	28.29	29.38	1	30.38	28.38	29.29	−27.29
15	2.15	27.72	30.38	6	36.38	24.38	33.72	−21.72
16	2.15	27.72	30.38	4	34.38	26.38	31.72	−23.72
17	2.15	27.72	30.38	2	32.38	28.38	29.72	−25.72
18	2.15	27.72	30.38	0	30.38	30.38	27.72	−27.72
19	2.19	27.17	31.38	5	36.38	26.38	32.17	−22.17
20	2.19	27.17	31.38	3	34.38	28.38	30.17	−24.17
21	2.19	27.17	31.38	1	32.38	30.38	28.17	−26.17
22	2.23	26.64	32.38	6	38.38	26.38	32.64	−20.64
23	2.23	26.64	32.38	4	36.38	28.38	30.64	−22.64
24	2.23	26.64	32.38	2	34.38	30.38	28.64	−24.64
25	2.23	26.64	32.38	0	32.38	32.38	26.64	−26.64
26	2.26	26.26	33.38	5	38.38	28.38	31.26	−24.26
27	2.26	26.26	33.38	3	36.38	30.38	29.26	−23.26
28	2.26	26.26	33.38	1	34.38	32.38	27.26	−25.26
29	2.30	25.77	34.38	6	40.38	28.38	31.77	−19.77
30	2.30	25.77	34.38	4	38.38	30.38	29.77	−21.77
31	2.30	25.77	34.38	2	36.38	32.38	27.77	−23.77
32	2.30	25.77	34.38	0	34.38	34.38	25.77	−25.77

(1) 초기조건선의 선택

초기조건선은 채널입구의 수직선이다. 이 선을 따라서 마하수 분포는 2.0 이다. 그리고 4등분된 공간점을 초기조건선을 따라 선택한다(많은 점을 선택하면 할수록 더 정확한 공간적 물성치를 얻는다). 여기서는 1, 2, 3, 4점들이다.

(2) 단위절차 수행

초기조건선상의 점들에서 각각의 C_+와 C_-특성곡선을 결정한다. 특성곡선 방향은 유동흐름 방향과는 위와 아래로 각각 $+\mu$와 $-\mu$ 각을 이루며, 수평방향과는 위와 아래로 $\mu+\theta$와 $\mu-\theta$만큼 이룬다. 그러므로 어떤 점에서의 특성곡선 방향은 그 점에서 μ와 θ의 값으로 결정된다. 점 1, 2, 3, 4에서의 특성곡선 방향은 점 1, 2, 3, 4에서의 각각 μ와 θ값으로부터 결정된다. 그리고 특성곡선을 따라 K_+와 K_-값을 알 수 있다. 예를 들면 점 5는 점 1에서의 K_-값과 점 2에서의 K_+값으로 결정된다. 이상과 같은 단위절차방법을 채널 유동장에 걸쳐 적용하면 다음과 같은 결과를 얻는다. 채널 내의 특성곡선들이 교차하는 점들이 그림 11.9(d)에 보여져 있다. 그리고 각 점에서의 마하수, M, μ, ν, θ, K_+, K_-, $\theta+\mu$, $\theta-\mu$값들이 표 11.1로 주어져 있다.

11.5 초음속 노즐의 설계

도관 내의 정상유동을 아음속에서 초음속으로 팽창시키기 위해서는 그 도관이 그림 11.10(a)와 같은 축소-확대 형태를 취해야 한다는 것은 5장에서 논의한 바 있다. 거기서 우리는 국소마하수에 관한 관계식들을 유도하였으며 압력, 밀도, 온도를 국소면적비 $\dfrac{A}{A^*}$의 함수로 나타내었다. 그러나 이 관계식들은 준 1차원유동으로 가정한 결과이기 때문에 엄밀히 말하면 이 식들은 그림 11.10(a)와 같은 2차원 유동을 만족시켜주지 못한다. 그뿐 아니라 준 1차원 유동이론으로는 도관의 적절한 외형에 대한 표현, 즉 유동방향에 따른 면적변화인 $A = A(x)$를 구할 수가 없다. 만일 노즐의 외형이 적절하지 못하면 충격파가 도관 내부에 발생할 수 있다.

특성곡선해법은 도관 내부의 다차원(多次元) 유동에 대하여 충격파를 발생시키지 않고 등엔트로피 유동을 얻을 수 있는 초음속 노즐 모양을 적절히 설계할

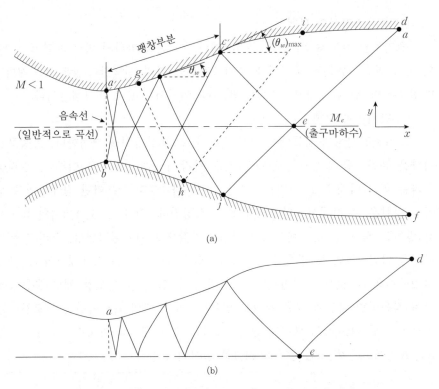

그림 11.10 특성곡선해법에 의한 초음속 노즐설계의 개략도

수 있는 기법을 제공해 준다. 이 절의 목적은 그러한 적용을 예시하는 데 있다.

　　그림 11.10(a)에서, 도관의 축소부분에서의 아음속 유동은 관의 목에서 음속으로까지 가속된다. 이때 축소부의 아음속 유동은 다차원이며, 따라서 음속선도 일반적으로는 완만한 곡선 형태를 갖는다. 그러나 대부분의 실제 문제에서 음속선은 그림 11.10(a)에 점선 $a-b$와 같이 직선으로 가정될 수 있다. 음속선의 후방에서 도관의 단면이 커지는데 이 확대부의 벽면과 x-방향이 이루는 각을 θ_w로 표시하자. 노즐에서 θ_w가 증가하는 부분을 팽창부분이라고 부른다; 이 부분에서는 팽창파들이 생성되어 유동의 하류로 전파되어 나가면서 서로 반대되는 벽면에 부딪혀 반사된다. $\theta_w = (\theta_w)_{max}$인 점 C를 노즐 외형의 변곡점(inflection point)이라고 한다. 점 C후방에서는 θ_w가 감소하여 점 d와 f에 이르러 노즐벽이 x-방향과 평행이 된다. 이러한 점 c와 d 사이의 부분을 상쇄부분(相殺部分, cancellation section)이라고 말하는데, 이 부분은 팽창부분에서 발생한 모든 팽창파를 상쇄시키도록 특별히 설계된다. 예를 들어 그림 11.10(a)에

서 점선으로 표시된 팽창파를 보면 점 g에서 발생하여 점 h에서 반사되고 점 i에서 상쇄된다.

그림 11.10(a)는 또한 점 d와 f를 통과하는 두 개의 특성곡선(실선)을 그려 놓고 있는데 이 곡선은 노즐 내의 무한소(無限小) 세기의 팽창파, 즉 마하파를 나타낸다. 이 두 개의 특성곡선을 전방으로 추적해 올라가면 노즐의 목 부분에 이르기까지 여러 번 반사하는 것을 보게 된다. $acejb$로 이루어진 영역은 왼쪽과 오른쪽으로 진행하는 특성곡선들로 이루어진 노즐의 팽창부분이다. 이러한 두 종류의 파로 구성되는 영역을 비단순영역(非單純領域, non-simple region)이라고 정의한다(6장에서 기술되어 있는 비정상, 1차원 유동의 비단순파와 유사하다).

이 영역에서의 특성곡선은 곡선이다. 이에 반하여, 영역 cde와 jef에서는 단지 한 종류의 파로만 이루어져 있는데 이것은 다른 종류의 파가 벽면에서 상쇄되기 때문이다. 그래서 이 영역을 단순영역(單純領域, simple region)이라고 정의하고, 이 영역에서의 특성곡선은 직선이다. def를 지난 유동은 원하는 마하수를 갖는 균일한 평행류가 된다.

마지막으로, 노즐유동의 대칭성으로 인해 파들 또는 특성곡선들은 벽면에서 발생하여 마치 중심선에서 반사되는 것처럼 보인다. 그러므로 계산을 할 때 이러한 대칭적 현상을 이용하여 그림 11.10(b)와 같이 단지 중심선의 윗 부분만을 고려하면 된다.

그림 11.10(a), (b)와 같이 팽창부분의 완만한 곡선으로 만들어진 초음속 노즐은 상쇄부 하류(풍동의 측정부)에 양질의 균일유동을 만들어 주기 때문에 풍동노즐에 적합하다. 즉 풍동의 노즐은 길고 비교적 완만한 곡선으로 된 팽창부를 가진다. 이에 반하여 로켓의 노즐은 그 중량 감소를 위하여 짧은 것이 요구되고 또한 최근의 기체역학적 레이저에서의 비평형유동과 같은 급격한 팽창이 요구되는 경우에도 노즐의 길이가 가능한 한 짧아야 한다. 최소길이 노즐에서는 팽창부가 한 점으로 줄어든다. 즉 그림 11.11(a)에서 보는 바와 같이 목에 각 $(\theta_w)_{max, ML}$인 뾰족한 모서리가 있어서 여기에 중심을 둔 유심 Prandtl-Meyer파를 통하여 팽창이 일어난다. 그림 11.11(a)에서 L로 표시된 초음속 노즐의 길이는 충격파가 발생하지 않는 등엔트로피 유동과 일치하는 최소값이다. 만일 노즐의 길이가 L보다 작으면 노즐 내부에 충격파가 발생할 것이다.

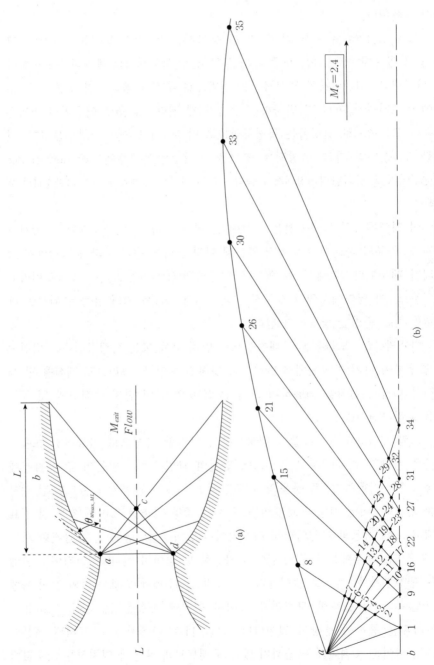

그림 11.11 (a) 최소길이를 갖는 노즐의 개략도 (b) 노즐의 기하학적 구성

그림 11.10(a)와 11.11(a)의 노즐이 동일한 출구마하수를 갖도록 설계되었다고 가정해 보자. 임의의 팽창부 형태 ac를 갖는 그림 11.10(a)의 노즐에서는 벽면 ac를 따라 여러 번의 특성곡선(팽창파) 반사가 일어난다. 유선을 따라 움직이는 유동입자는 이러한 다수의 반사파를 통과하면서 일정하게 가속된다. 반면에 그림 11.11(a)와 같은 최소길이 노즐에서는 팽창부가 점 a인 뾰족한 하나의 모서리로 대치되므로 파의 반사가 일어나지 않으며, 따라서 유동입자들은 단지 두 종류의 파 — 점 a에서 발생하여 우로 진행하는 우행파와 점 d에서 발생하여 좌로 진행하는 좌행파 — 만을 만나게 된다. 그러므로 그림 11.11(a)의 $(\theta_w)_{\max, ML}$은, 비록 출구마하수가 동일하더라도, 그림 11.10(a)의 $(\theta_w)_{\max}$보다 커야만 한다.

ν_M을 설계 출구마하수와 관련이 되는 Prandtl–Meyer 함수라 하자. 그러면 그림 11.11(a)의 C_+특성곡선 cb를 따라서 $\nu = \nu_M = \nu_c = \nu_b$이다. 이제, 점 a와 c를 지나는 C_-특성곡선에 대하여 식 (11.19)를 사용하면 점 c에서

$$\theta_c + \nu_c = (K_-)_c \tag{11.27}$$

그런데 $\theta_c = 0$이고 $\nu_c = \nu_M$이므로

$$(K_-)_c = \nu_M \tag{11.28}$$

동일한 C_-특성곡선 ac를 따라서 점 a에서는 식 (11.19)로부터

$$(\theta_w)_{\max, ML} + \nu_a = (K_-)_a \tag{11.29}$$

점 a에서의 팽창은 최초에 음속조건에서부터 시작된 Prandtl–Meyer 팽창이므로, 4장에서부터 $\nu_a = (\theta_w)_{\max, ML}$임을 알 수 있다. 따라서 식 (11.29)는 다음과 같다.

$$(\theta_w)_{\max, ML} = \frac{1}{2}(K_-)_a \tag{11.30}$$

그러나 동일한 C_-특성곡선을 따라서는 $(K_-)_a = (K_-)_c$이므로 식 (11.30)은

$$(\theta_w)_{\max, ML} = \frac{1}{2}(K_-)_c \tag{11.31}$$

식 (11.28)과 (11.31)을 결합하면

$$(\theta_w)_{\max,ML} = \frac{\nu_M}{2} \tag{11.32}$$

식 (11.32)는 최소길이 노즐에 있어서는 목 하류의 벽면 팽창각이 설계출구마하수에 대한 Prandtl-Meyer 함수값의 $\frac{1}{2}$과 같음을 보여 준다.

그림 11.10(a)에서 보여진 노즐에서 유한한 길이를 갖는 팽창부의 모양은 어느 정도 임의로 선택할 수 있다. 흔히 모양을 노즐목의 직경보다 더 큰 직경을 갖는 원호(circular arc)로 선택한다. 그러나 확대부의 모양을 선택하고 나면 길이와 $(\theta_w)_{\max}$는 출구 마하수에 의하여 결정된다. 이와 같은 성질은 팽창부 끝에서 출발한 특성곡선이 점 e(극소 마하수는 설계출구마하수와 같게 되는)에서의 중앙선과 교차하는 것을 알고 있으므로 쉽게 찾을 수 있다. 그러므로 팽창부 길이와 $(\theta_w)_{\max}$를 찾기 위하여는 여러분은 노즐목에서 시작하여 특성곡선해를 수행해가면서 중앙선에서의 마하수를 간단히 계속 추적해 가기만 하면 된다. 중앙선의 마하수가 설계출구마하수(점 1, 2, 3 등에서)와 같아질 때에 바로 그 점이 e점이다. 이렇게 하여 팽창부는 점 c에서 끝나며 노즐길이와 $(\theta_w)_{\max}$값이 확정된다.

예제 2 디자인 마하수가 2.4인 최소길이의 2차원 초음속 노즐을 계산하고 그려라.

풀 이 계산결과가 그림 11.11(b)에 주어져 있다. 목에서 음속선, ab를 직선으로 가정하고 시작한다. 목의 모서리에서 출발한 최초 특성곡선 $(a$-$1)$을 수직음속선과 약간 각을 이룬 직선으로 선택한다($\varDelta\theta = 0.375°$로 선택하면, $\theta + \nu = 0.75°$, $dy/dx = \theta - \mu = -73.725°$). 나머지 팽창파팬을 $\varDelta\theta = 3°$로 6등분으로 나눈다. 총모서리각 $(\theta_w)_{\max} = \dfrac{\nu}{2} = \dfrac{36.75°}{2} = 18.375°$이다. 모든 격자점에서 K_+, K_-, θ, ν값들이 표 11.2에 주어져 있다.

표 11.2의 첫번째 줄에서 보여 주는 것과 같이 그림 11.11의 점 1에서 θ값은 작지만 영이 아닌 값 0.375°를 보여 주고 있음을 유의하기 바란다. 그림 11.11은 중앙선상의 점 1은 $\theta = 0$인 값을 보여 주어야 하는 물리적 현상과 일치하지 않는다. 이러한 불일치는 최초의 직선특성곡선, a-1을 따라서 θ값이 일정한

표 11.2 계산 결과

point no.	$K_- = \theta + \nu$	$K_+ = \theta - \nu$	$\theta = \frac{1}{2}(K_- + K_+)$	$\nu = \frac{1}{2}(K_- - K_+)$	M	μ	Comments
1	0.75	0	0.375†	0.375†	1.04	74.1	
2	6.75	0	3.375†	3.375†	1.19	57.2	
3	12.75	0	6.375†	6.375†	1.31	49.8	
4	18.75	0	9.375†	9.375†	1.41	45.2	
5	24.75	0	12.375†	12.375†	1.52	41.1	
6	30.75	0	15.375†	15.375†	1.62	38.1	
7	36.75	0	18.375†	18.375†	1.72	35.6	
8	36.75†	0†			1.72†	35.6†	Same as point 7
9	6.75	−6.75	0†	6.75	1.32	49.3	
10	12.75†	−6.75†	3	9.75	1.43	44.4	
11	18.75†	−6.75†	6	12.75	1.53	40.8	
12	24.75†	−6.75†	9	15.75	1.63	37.8	
13	30.75†	−6.75†	12	18.75	1.73	35.3	
14	36.75†	−6.75†	15	21.75	1.84	32.9	
15	36.75†	−6.75†	15†	21.75†	1.84†	32.9†	Same as point 14
16	12.75†	−12.75	0†	12.75	1.53	40.8	
17	18.75†	−12.75†	3	15.75	1.63	37.8	
18	24.75†	−12.75†	6	18.75	1.73	35.3	
19	30.75†	−12.75†	9	21.75	1.84	32.9	
20	36.75†	−12.75†	12	24.75	1.94	31.0	
21	36.75†	−12.75†	12†	24.75†	1.94†	31.0†	Same as point 20
22	18.75†	−18.75	0†	18.75	1.73	35.3	
23	24.75†	−18.75†	3	21.75	1.84	32.9	
24	30.75†	−18.75†	6	24.75	1.94	31.0	
25	36.75†	−18.75†	9	27.75	2.05	29.2	
26	36.75†	−18.75†	9†	27.75†	2.05†	29.2†	Same as point 25
27	24.75†	−24.75	0†	24.75	1.94	31.0	
28	30.75†	−24.75†	3	27.75	2.05	29.2	
29	36.75†	−24.75†	6	30.75	2.16	27.6	
30	36.75†	−24.75†	6†	30.75†	2.16	27.6†	Same as point 29
31	30.75†	−30.75	0	30.75	2.16	27.6	
32	36.75†	−30.75	3	33.75	2.28	26.0	
33	36.75†	−30.75†	3†	33.75†	2.28†	26.0†	Same as point 32
34	36.75†	−36.75	0†	36.75	2.4	24.6	
35	36.75†	−36.75†	0†	36.75†	2.4†	24.6†	Same as point 34

†Known quantities at beginning of each step

0.375°의 값을 가지고 계산을 시작하여야만 하는 필요성 때문이다. 실제로 특성
곡선 a-1은 그림 11.11의 a-b-1로 표시된 영역 내에서 흐름이 균일하지 않기
때문에 직선이 아닌 곡선이다. 그러나 우리는 이 영역 내에서 어떤 비균일한
유동이 이루어졌는지 알 수가 없다. 그러나 최초의 특성곡선 a-1을 직선음속
선에 가능한한 가장 가깝게 취할 수만 있으면 이와 같은 불일치는 최소화될 것
이다.

11.6 축대칭, 비회전 유동에 대한 특성곡선해법

앞 절에서, 2차원 비회전 유동에 대한 특성곡선해법을 소개하였다. 이것
은 2차원 초음속 노즐유동이나 2차원 물체 위를 흐르는 초음속 유동을 연구하
는 데는 충분하다. 그러나 축대칭 유동은 2차원 유동과는 또 다른데, 이것을
공부하는 것도 매우 중요하다. 먼저 독자들은 그림 10.1과 10.1절에 언급된 축
대칭 유동의 정의를 다시 한번 읽기 바란다.

축대칭 비회전 유동에 대한 특성곡선해법의 개념은 앞서 논의된 것과 같
다. 그러나 몇몇 세부사항들은 다르며, 이는 주로 적합조건 방정식에서 발생한
다. 이 절은 양자간의 차이점을 예시하는 데 목적이 있다.

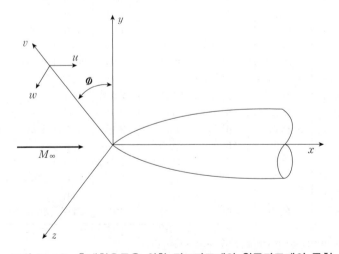

그림 11.12 축대칭유동을 위한 직교좌표계와 원주좌표계의 중첩

축대칭 유동은 그림 11.12와 같은 원주좌표계(圓柱座標系)로 기술하는 것이 편리하다. 원주좌표계는 x, r, θ로 표시하며 각 좌표에 해당하는 속도성분을 u, v, w라 한다(그림 10.1에서는 z축이 대칭축이었으나 여기서는 x축이 대칭축임을 유의하라).

연속방정식;

$$\nabla \cdot (\rho \vec{V}) = 0$$

을 원주좌표계로 표시하면 다음과 같다.

$$\frac{\partial(\rho u)}{\partial x} + \frac{\partial(\rho v)}{\partial r} + \frac{1}{r}\frac{\partial(\rho w)}{\partial \theta} + \frac{\rho v}{r} = 0 \tag{11.33}$$

10.1절에서 언급한 대로 축대칭 유동에서는 $\frac{\partial}{\partial \theta} = 0$이 됨을 상기하면 식 (11.33)은

$$\frac{\partial(\rho u)}{\partial x} + \frac{\partial(\rho v)}{\partial r} + \frac{\rho v}{r} = 0 \tag{11.34}$$

비회전 유동에 대한 Euler 방정식 (8.7)에서

$$dp = -\rho V dV = -\frac{\rho}{2} d(V^2) = -\frac{\rho}{2} d(u^2 + v^2 + w^2) \tag{11.35}$$

여기서 음속은 $a^2 = \left(\frac{\partial p}{\partial \rho}\right)_s = \frac{dp}{d\rho}$ 이고, 축대칭 유동에서는 $w = 0$이므로 식 (11.35)는

$$d\rho = -\frac{\rho}{a^2}(udu + vdv) \tag{11.36}$$

또는

$$\frac{\partial \rho}{\partial x} = -\frac{\rho}{a^2}\left(u\frac{\partial u}{\partial x} + v\frac{\partial v}{\partial x}\right) \tag{11.37}$$

$$\frac{\partial \rho}{\partial r} = -\frac{\rho}{a^2}\left(u\frac{\partial u}{\partial r} + v\frac{\partial v}{\partial r}\right) \tag{11.38}$$

식 (11.37)과 (11.38)을 식 (11.34)에 대입하고 정리하면

$$\left(1 - \frac{u^2}{a^2}\right)\frac{\partial u}{\partial x} - \frac{uv}{a^2}\frac{\partial v}{\partial x} - \frac{uv}{a^2}\frac{\partial u}{\partial r} + \left(1 - \frac{u^2}{a^2}\right)\frac{\partial v}{\partial r} = -\frac{v}{r} \tag{11.39}$$

비회전 유동조건은

$$\nabla \times \vec{V} = 0$$

이므로, 이것을 원주좌표계로 고쳐 쓰면

$$\nabla \times \vec{V} = \frac{1}{r} \begin{vmatrix} \vec{e_x} & \vec{e_r} & \vec{re_\theta} \\ \dfrac{\partial}{\partial x} & \dfrac{\partial}{\partial r} & \dfrac{\partial}{\partial \theta} \\ u & v & rw \end{vmatrix} = 0 \tag{11.40}$$

축대칭 유동에서 식 (11.40)은 다음과 같다.

$$\frac{\partial u}{\partial r} = \frac{\partial v}{\partial x} \tag{11.41}$$

식 (11.41)을 식 (11.39)에 대입하면

$$\left(1 - \frac{u^2}{a^2}\right)\frac{\partial u}{\partial x} - 2\frac{uv}{a^2}\frac{\partial v}{\partial x} + \left(1 - \frac{v^2}{a^2}\right)\frac{\partial v}{\partial r} = -\frac{v}{r} \tag{11.42}$$

한편 $u = u(x, r)$, $v = v(x, r)$이므로

$$du = \frac{\partial u}{\partial x}dx + \frac{\partial u}{\partial r}dr = \frac{\partial u}{\partial x}dx + \frac{\partial v}{\partial x}dr \tag{11.43}$$

$$dv = \frac{\partial v}{\partial x}dx + \frac{\partial v}{\partial r}dr \tag{11.44}$$

식 (11.42)와 (11.43), (11.44)의 세 식으로부터 도함수 $\dfrac{\partial u}{\partial x}$, $\dfrac{\partial v}{\partial x}$, $\dfrac{\partial v}{\partial r}$ 를 풀 수 있다.

독자들은 여기서 2차원 유동의 특성방정식을 유도하는 과정과 동일한 절차를 따르고 있음을 알 수 있을 것이다. 축대칭 유동에 대한 식 (11.42)~(11.44)는 2차원 유동에 대한 식 (11.4)~(11.6)과 유사하다. 특성곡선과 적합조건 방정식을 결정하기 위하여 식 (11.42)~(11.44)로 $\dfrac{\partial v}{\partial x}$ 에 대하여 푼다.

$$\frac{\partial v}{\partial x} = \frac{\begin{vmatrix} \left(1-\frac{u^2}{a^2}\right) & -\frac{v}{r}\left(1-\frac{v^2}{a^2}\right) \\ dx & du & 0 \\ 0 & dv & dr \end{vmatrix}}{\begin{vmatrix} \left(1-\frac{u^2}{a^2}\right) & -2\frac{uv}{a^2} & \left(1-\frac{v^2}{a^2}\right) \\ dx & dr & 0 \\ 0 & dx & dr \end{vmatrix}} = \frac{N}{D} \tag{11.45}$$

특성곡선 방향은 $D=0$으로 놓음으로써 결정된다.

$$\left(\frac{dr}{dx}\right)_{\text{char}} = \frac{-\frac{uv}{a^2} \pm \sqrt{\frac{u^2+v^2}{a^2}-1}}{1-\frac{u^2}{a^2}} \tag{11.46}$$

식 (11.46)은 식 (11.9)와 동일하다. 그러므로 식 (11.9)로부터 식 (11.13)에 이르기까지의 논의과정이 여기에서도 성립한다. 결국, 식 (11.46)은

$$\left(\frac{dr}{dx}\right)_{\text{char}} = \tan(\theta \mp \mu) \tag{11.47}$$

이 되며, 축대칭 비회전 유동에서도 특성곡선이 마하선과 일치함을 알 수 있다. C_+와 C_-특성곡선들은 그림 11.4에 나타난 바와 동일하다.

특성곡선을 따라 성립하는 적합조건 방정식은 식 (11.45)에서 $N=0$으로 놓음으로써 구할 수 있다.

$$\frac{dv}{du} = \frac{-\left(1-\frac{u^2}{a^2}\right) - \frac{v}{r}\frac{dx}{du}}{\left(1-\frac{v^2}{a^2}\right)\frac{dx}{dr}}$$

또는

$$\frac{dv}{du} = \frac{-\left(1-\frac{u^2}{a^2}\right)}{\left(1-\frac{v^2}{a^2}\right)}\frac{dr}{dx} - \frac{\frac{v}{r}\frac{dr}{du}}{\left(1-\frac{v^2}{a^2}\right)} \tag{11.48}$$

식 (11.48)의 $\frac{dr}{dx}$항은 식 (11.46)에 의하여 주어진 특성곡선방향이다. 그

러므로 식 (11.46)을 식 (11.48)에 대입하면

$$\frac{dv}{du} = \frac{\dfrac{uv}{a^2} \mp \sqrt{\dfrac{u^2+v^2}{a^2}-1}}{\left(1-\dfrac{v^2}{a^2}\right)} - \frac{\dfrac{v}{r}\,\dfrac{dr}{du}}{\left(1-\dfrac{v^2}{a^2}\right)} \tag{11.49}$$

축대칭 유동에 대한 식 (11.49)는 2차원 유동에 대한 식 (11.15)에 비하여 $\dfrac{dr}{r}$ 을 포함하는 항이 추가되어 있음을 발견할 수 있다.

그림 11.5로 돌아가서, 식 (11.49)에 $u=V\cos\theta$, $v=V\sin\theta$를 대입하고 정리하면

$$d\theta = \mp\sqrt{M^2-1}\,\frac{dV}{V} \pm \frac{1}{\sqrt{M^2-1}\mp\cot\theta}\,\frac{dr}{r} \tag{11.50}$$

식 (11.50)의 우변 첫째항은 미분형 Prandtl-Meyer 함수이다(4장 참조). 따라서 적합조건방정식의 최종 형태는 아래와 같다.

C_-특성곡선을 따라서;

$$d(\theta+\nu) = \frac{1}{\sqrt{M^2-1}-\cot\theta}\,\frac{dr}{r} \tag{11.51}$$

C_+특성곡선을 따라서 ;

$$d(\theta-\nu) = \frac{-1}{\sqrt{M^2-1}+\cot\theta}\,\frac{dr}{r} \tag{11.52}$$

식 (11.51)과 (11.52)가 축대칭 비회전 유동에 대한 적합조건 방정식이다. 이 식을 식 (11.19)와 (11.20)으로 주어진 2차원 비회전 유동의 결과와 그 유사성을 비교해 보아라. 축대칭유동에 대하여 우리는 다음과 같은 사실을 알 수 있다.

a. 적합조건 방정식은 미분방정식이며, 2차원 유동에서와 같은 대수방정식이 아니다.

b. $(\theta+\nu)$의 값이 C_-특성곡선을 따라서 더 이상 일정하지 않다. 그대신 이 값은 식 (11.52)의 $\dfrac{dr}{r}$ 항에 의하여 표시되는 유장 내의 공간위치의 함수

이다. C_+특성곡선을 따르는 $(\theta - \nu)$의 값도 마찬가지이다.

특성곡선해법에 의한 축대칭 유동을 실제 수치적으로 계산하기 위하여서는 미분형의 식 (11.51)과 (11.52)를 유한차분(이것은 나중에 논의될 것임)으로 대치시킨다. 유동의 성질과 위치는 식 (11.47)을 사용한 특성곡선망의 구성과 동시에 특성곡선망에 대하여 식 (11.51)과 (11.52)를 단계적으로 풀어감으로써 계산한다.

11.7 회전 유동(비등엔트로피, 비단열 유동)에 대한 특성 곡선해법

앞 절에서 기술한 바대로 비회전 유동의 가정은 유동해석을 크게 단순화시켜 준다. 예를 들면, 2차원 비회전 유동에 대한 식 (11.4)는 단지 3개의 속도 도함수, 즉

$$\varPhi_{xx} = \frac{\partial u}{\partial x}, \quad \varPhi_{yy} = \frac{\partial v}{\partial y}$$

그리고

$$\varPhi_{xy} = \frac{\partial u}{\partial y} = \frac{\partial v}{\partial x}$$

만을 포함하고 있다.

비회전 유동조건은 속도퍼텐셜의 사용을 가능케 하며, 특히 $\frac{\partial u}{\partial y} = \frac{\partial v}{\partial x}$ 를 이용하여 미지 속도 도함수 하나를 소거할 수 있었다.

식 (11.5)와 (11.6)은 3개의 미지 속도 도함수로 된 방정식계를 이루며, 식 (11.7)의 3×3행렬식에 의하여 그 해를 구한다. 축대칭 비회전 유동에서도 마찬가지로, 식 (11.41)의 비회전 유동조건은 단지 3개의 미지 속도 도함수만을 포함하고 있는 식 (11.42)의 지배방정식의 유도를 가능하게 한다. 이것도 또한 식 (11.45)와 같은 3×3행렬식으로 귀착된다.

이에 비하여 비록 특성곡선해법의 개념은 동일하지만, 회전 유동은 더욱 복잡하다. 여기서는 다만 간단한 회전 유동의 특성곡선해법의 개요만을 설명하

려고 한다. 세부적인 것을 자세히 알려면 참고문헌 [8]과 [15]를 읽기 바란다.

식 (2.89)의 Crocco의 정리를 다시 써 보면 다음과 같다.

$$T \nabla s = \nabla h_0 - \vec{V} \times (\nabla \times \vec{V})$$

이 식은 회전 유동이 비등엔트로피($\nabla s \neq 0$)나, 또는 비단열조건($\nabla h_0 \neq 0$)의 상태하에서 발생함을 말해 준다. 전자에 해당하는 유동의 예는 충격파를 지난 후의 엔트로피 증가가 유선에 따라 다른 값을 가지는 곡선충격파(그림 2.9 참조) 후방의 유동에서 볼 수 있다.

비회전 유동조건에 의하여 단순화를 할 수 없을 때는, 3개의 미지 유동변수 도함수로 된 3개의 독립적인 식들을 얻을 수 없다.

그림 2.9와 같은 유동영역에 대해서는 보조관계식(식 (11.43)과 (11.44))과 보존방정식들로부터 8개의 미지 도함수로 표시된 최소한 8개의 방정식을 얻을 수 있다. 그러면 특성곡선과 그에 대응하는 적합조건 방정식들을 8×8행렬식을 계산함으로써 구해진다. 이 책은 그 자세한 전개를 하지 않는다. 그러나 2차원과 축대칭의 회전 유동의 결과는 3종류의 특성곡선——좌행 및 우행 마하선들과 유동의 유선들—— 이 존재함을 보여 준다.

마하선들을 따른 적합조건 방정식은

$$dV = f\left(d\theta, \ ds, \ dh_0, \ \frac{dr}{r}\right) \tag{11.53}$$

인 형태를 가지며, 유선들을 따라서는 적합조건 방정식은

$$dh_0 = \dot{q} \tag{11.54}$$

$$Tds = de + pd\left(\frac{1}{\rho}\right) \tag{11.55}$$

식 (11.53)에서의 ds와 dh_0는 마하선을 따른 엔트로피 및 전(全)엔탈피의 변화를 나타낸다. 식 (11.54)와 (11.55)는 각각 유선을 따른 ds 및 dh_0의 변화를 나타낸다.

마하선들과 유선들로 구성된 특성곡선망을 따라서 성립하는 식 (11.53) ~(11.55)는 서로 관련되어 있기 때문에 동시에 단계적으로 풀어 나가야 한다. 자세한 절차는 참고문헌 [8]과 [15]를 참조하기 바란다.

연 습 문 제

11.1 설계출구마하수 $M_e = 1.64$를 최소 길이를 갖는 2차원 노즐에 의하여 얻으려고 한다. 특성곡선해법을 사용하여 노즐을 계산하고 노즐모양 (contour)을 그려라.

12장

초음속 유동의 가시화(Visualization)

12.1 서 론

이 장에서는 압축성유동의 현상을 가시화하는 데 사용되어지는 몇 가지 방법들에 대하여 논의할 것이다. 가시화 장치, 가시화 방법과 함께 초음속 유동에서 나타나는 압축성 효과의 특성 가운데 밀도의 변화를 주의 깊게 살펴보도록 한다.

12.2 압력의 측정

정압(static pressure)은 유동과 같은 속도로 움직이면서 측정하는 도구에 의해 나타내어지는 압력이다. 다시 말하면, 유동에 속도변화나 교란의 영향을 주지 않는 장치에 의해 측정되어지는 압력이다. 벽면을 따른 유동의 정압을 측정하는 일반적인 방법은 벽의 표면에 수직한 작은 구멍을 만들고, 마노미터 (manometer)나 압력계 또는 다른 유사한 도구그림(12.1 참고)을 연결하는 것이다. 구멍은 경계층의 두께에 비하여 작아야 하고, 유동에 교란을 주지 않기 위해 매끄럽게 만든다. 경계층에서는 벽면에 수직한 방향으로 압력변화가 없기 때문에, 측정되어진 압력은 자유류의 정압 p_∞와 같다.

벽면이 존재하지 않는 유동의 정압은 탐침(probe)을 이용하여 측정할 수

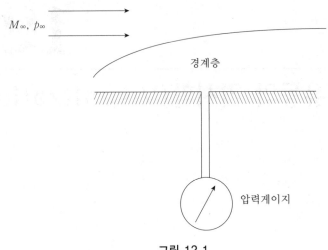

그림 12.1

있다. 이때, 탐침에 의한 유동의 교란을 최소화하기 위하여 탐침을 매우 얇게 만들고 유동방향에 나란히 배치한다. 전형적인 정압 탐침은 그림 12.2와 같다. 일반적으로 탐침의 선단은 날카로운 원추형을 띠고, 정압 탭은 선단에 의해 발생되어지는 교란의 영향을 피하기 위하여 탐침 직경의 10~20배 정도의 후류 쪽으로 충분히 멀리 위치시킨다. 초음속유동의 경우에는 그림 12.3에서 볼 수 있듯이 선단에서 충격파가 발생되어진다. 그러나 탐침의 선단부와 원통부가 만나는 S점에서 팽창파가 발생하므로 충격파의 강도가 크지 않을 경우, P점 에서 측정되어지는 압력은 자유류의 정압 p_∞와 거의 같은 값을 갖는다. 탐침

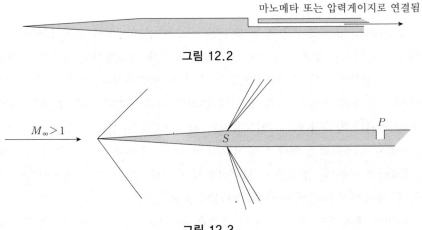

그림 12.2

그림 12.3

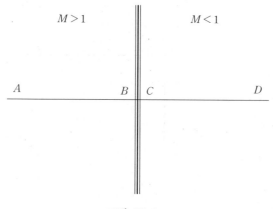

그림 12.4

에 의한 압력 측정은 탐침의 위치와 유동의 방향에 매우 민감하다. 이는 탐침의
방향이 유동의 방향과 어긋날수록, 탐침에 의해 유동에 발생되는 교란이 커지
기 때문이다. 이러한 민감도는 P점에 원주방향으로 여러 개의 구멍을 만들고,
압력의 평균값을 구하는 것으로 감소시킬 수 있지만, 정확도가 오차 1% 범위
에 들기 위해서는 탐침과 유동방향의 각도가 5°를 넘지 않도록 주의해야 한다.

충격파 주변의 압력을 정압 탐침으로 측정하는 경우, 그 결과를 해석할
때 각별한 주의를 요한다. 그림 12.4와 같이 수직충격파가 존재하는 초음속
유동장을 생각해 보자. 만약 선 $ABCD$를 따라서 탐침을 움직인다면 그림
12.5와 같은 압력 곡선을 얻어야 한다. 그러나 탐침 표면에서의 유동 속도는 0
이므로, 탐침 위에는 아음속 영역이 존재하는 경계층이 형성된다. 따라서 경
계층 밖에서 발생하는 충격파를 통한 급격한 압력 변화가 경계층 내부에서는
전방으로 전파하게 된다. 즉, 충격파가 존재하더라도 경계층 내부에서는 경계
층 외부와 같은 급격한 압력변화가 일어나지 않는다. 그림 12.6에 보여 주는
것처럼 압력 탐침에 의한 측정 결과는 갑작스러운 압력 증가 대신, 좀더 완만
한 압력 상승을 나타낸다. 충격파가 존재할 경우, 탐침에 의한 정압 측정은
탐침이 충격파의 전방, 혹은 후방으로 멀리 떨어져 있을 때 정확한 값을 얻을
수 있다.

정체압력은 유동이 등엔트로피 과정을 거쳐 속도가 0이 되었을 때의 압력
이다. 이러한 정체압력은 그림 12.7에서 보여 주는 것처럼 유동을 정면으로 바
라보도록 만든 피토 튜브(pitot tube)를 이용하여 측정할 수 있다. 초음속 유동

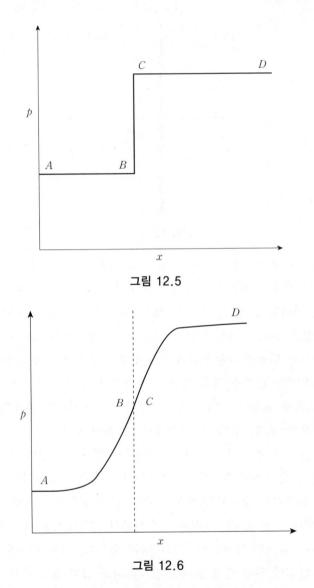

그림 12.5

그림 12.6

의 경우에는 탐침의 뭉툭한 앞면에 의해 분리충격파가 발생하므로, 마노미터
나 게이지에 의해 측정되어진 정체압력은 수직충격파를 지난 유동의 정체압력
이 될 것이다. 그러나, 아음속 유동의 경우 피토 튜브에 의해 측정되어진 정체
압력은 식 (12.1)에 표현된 것과 같은 실제 유동의 정체압력이 된다.

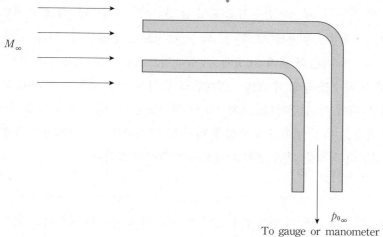

To gauge or manometer

그림 12.7

$$p_{0_{pito}} = p_{0_\infty} = p_\infty \left(1 + \frac{\gamma - 1}{2} M_\infty^2\right)^{\gamma/(\gamma-1)} \tag{12.1}$$

초음속 유동의 경우, 피토 튜브에서 측정되어진 정체압력은 식 (12.2)와 같이 자유류의 마하수에서 발생되는 수직충격파 뒤 유동의 정체압력이다. 그림 12.8에 표시되어 있다.

$$p_{0_{pito}} = p_{02} = \frac{p_{02}}{p_{01}} \frac{p_{01}}{p_\infty} p_\infty \tag{12.2}$$

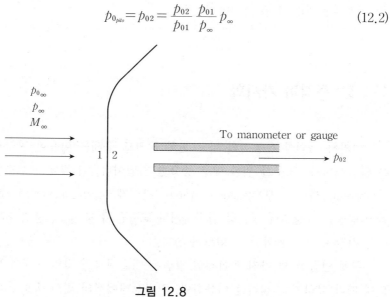

To manometer or gauge

그림 12.8

여기서 $\frac{p_{02}}{p_{01}}$ 은 M_∞ 의 함수이고(표 II 참고), $\frac{p_{01}}{p_\infty}$ 또한 M_∞ 의 함수이므로 (표 I 참고), 초음속유동에서 M_∞ 는 p_{02} 와 p_∞ 측정으로 결정할 수 있다. 초음속 유동의 $p_1(=p_\infty)$ 과 p_{02} 의 비가 표 II에 주어져 있으므로 이를 이용하면 더욱 쉽게 자유류 마하수를 구할 수 있다. 정체압력 탐침은 정압 탐침에 비하여 유동 방향과의 위치에 덜 민감하다. 오차 1%의 정확도는 20°의 각까지 얻을 수 있다. 관의 직경은 측정 정확도에 영향을 미치며, 경계층에서의 정체압력 측정은 0.5mm 정도의 직경을 가진 탐침을 사용하는 것이 적절하다.

예제 1 압축성 유동의 마하수를 정압 탐침과 피토 튜브를 사용하여 얻으려 고 한다. 정압 탐침이 20kPa을 나타내고 피토 튜브가 32kPa을 나타낼 때 유동 의 마하수를 계산하라. 피토 튜브의 압력이 80kPa일 때의 마하수도 계산하라.

풀 이 처음의 경우, $p_\infty / p_{0_{pito}}$ 의 값이 마하수가 1인 경우보다 큰 값을 나타 내므로 아음속이며 그러므로 식 (12.1)을 사용할 수 있다. 표 I을 이용하면 p_0/p_∞ 의 값이 1.6인 경우, 마하수는 0.848임을 알 수 있다.

두 번째 경우, $p_\infty / p_{0_{pito}}$ 의 값이 마하수 1인 경우보다 작은 값을 나타내므 로 초음속이며 식 (12.2)를 적용한다. 표 II를 이용하면 p_{02}/p_∞ 의 값이 4인 경 우, 마하수는 1.647임을 확인할 수 있다.

12.3 충격파 가시화

여기서 논의할 유동장의 밀도 변화나 밀도 구배를 이용한 광학적인 방법 은 압축성 유동 연구를 위한 매우 중요한 기법이다. 이 절에서 설명할 슐리렌 (Schlieren), 섀도 그래프(shadow graph), 간섭계(interferometer)의 세 가지 광 학적 방법은 유동장에 장치를 설치하거나 교란을 주지 않고, 충격파와 같은 현 상을 직접 눈으로 관찰할 수 있도록 한다.

위에 언급한 세 가지 광학적인 방법은 매질에서의 빛의 속도가 매질의 밀 도에 따라 달라지는 원리를 이용한다. 진공상태에서의 빛의 속도 c_0 와 매질에서의 빛의 속도 c의 관계를 나타내는 굴절률은 다음과 같이 정의된다.

$$n = \frac{c_0}{c} \qquad (12.3)$$

기체일 경우에, 굴절률은 1에 매우 가까우며 다음의 식으로 표현된다.

$$n = 1 + K_1\rho \;\; (K_1: \text{양의 상수}) \qquad (12.4)$$

잘 알려진 바와 같이 만약 빛이 임의의 매질로부터 밀도가 다른 매질로 지나간다면, 빛은 휘게 된다.

그림 12.9에서처럼 빛이 공기에서 물로 진행하는 과정을 생각해 보자. 파면 OA는 빛이 물의 표면에 입사된 순간을 나타내고, 잠시 후 $O'A'$에 도착한다. 물에서의 빛의 속도는 공기보다 느리기 때문에 거리 OO'은 AA'보다 짧아지고, 결과적으로 파면은 휘어져 다음과 같은 관계식이 성립된다.

$$\frac{\sin i}{\sin r} = \frac{c_{air}}{c_{water}} = \frac{c_0/c_{water}}{c_0/c_{air}} = \frac{n_{water}}{n_{air}} \qquad (12.5)$$

이제 굴절률 n이 갑자기 변하는 대신, 그림 12.10과 같이 빛이 굴절률이 점차적으로 변하는 지역을 지나갈 때를 생각해 보자. 이러한 경우에 빛은 굴절률의 구배에 따라 부드럽게 휘어지며, 굴절률의 구배는 y방향의 밀도 구배에 따라 결정된다.

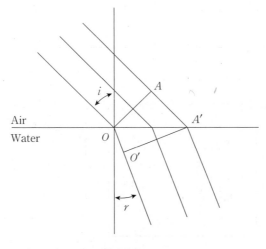

그림 12.9

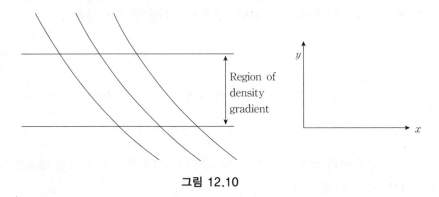

그림 12.10

다음으로 그림 12.11에서 보여 주는 것처럼 y방향으로 밀도 변화(충격파 등의 영향)가 있는 z방향의 2차원 유동을 생각해 보자. 빛은 단면 AA를 통해서 지나간다. 이러한 2차원 유동은 x방향으로는 유동의 구배가 존재하지 않는다. y방향으로 밀도가 감소한다고 가정하면, 광선 1의 빛의 속도는 광선 2보다 크게 되며, 결과적으로 그림 12.12에서 보여 주는 것처럼 파면과 광선이 휘어지게 된다. 광선의 궤적을 직선으로 생각할 수 있을 만큼 밀도의 변화가 작다고 가정해 보자. 광선 2의 속도를 c라고 하면, 광선 1의 속도는 $c + (dc/dy)$ $\triangle y$일 것이다. 파면의 굴절각, 즉 광선이 휘는 각은 다음과 같이 주어진다.

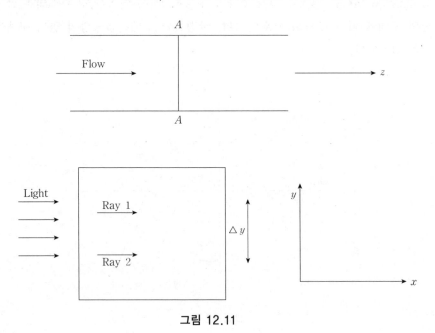

그림 12.11

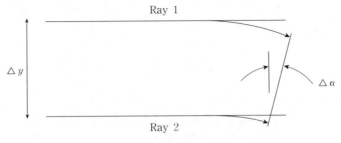

그림 12.12

$$\triangle \alpha = \frac{\triangle t \dfrac{dc}{dy} \triangle y}{\triangle y}$$

여기서

$$\triangle t = \frac{L}{c}$$

결과적으로, 식 (12.6)을 얻을 수 있고,

$$\triangle \alpha = \frac{dc}{dy}\frac{L}{c} \tag{12.6}$$

식 (12.3)과 식 (12.4)로부터 다음 식을 유도할 수 있다.

$$\triangle \alpha = -\frac{L}{n}K_1\frac{d\rho}{dy} \tag{12.7}$$

3차원 유동의 경우, 굴절각은 x와 y의 방향의 밀도 구배에 따라 변한다. 위의 식에서 얻을 수 있는 중요한 결과는 빛의 굴절각이 밀도의 1차 미분에 비례한다는 것이다.

기본적인 광학 원리를 알아보았으니 슐리렌, 섀도 그래프, 그리고 간섭계의 원리를 각각 알아보도록 하자.

기본적으로 슐리렌 장치는 그림 12.13과 같이 구성된다. 광원 ab(예를 들면, 필라멘트)로부터 나온 빛은 렌즈 L_1에 의해서 평행하게 시험부를 통과한다. 그림 12.13은 광원 a와 b에서 나온 빛이 각각 시험부를 평행하게 통과하는 것을 보여 주고 있다. 시험부를 통과한 후 빛은 렌즈 L_2에 의해서 $a'b'$에 초점이

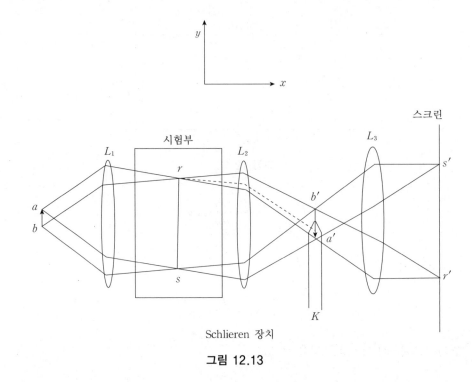

Schlieren 장치

그림 12.13

맺히고, 광원의 역상이 생기게 된다. 다시 렌즈 L_3에 의해서 사진판이나 스크 린에 상이 맺히고, 시험부는 역상(inverted image)으로 보여지게 된다. 이제 $a'b'$에 받침날(knife edge) K를 위치시키자. 만약 이 받침날을 너무 위로 배치 하면, 모든 빛을 가려서 스크린은 어두워질 것이므로, 받침날을 입사된 빛의 대략 반쯤 가리도록 위치시킨다. 이러한 경우, 스크린 위의 시험부의 상이 전 보다는 어두워질 것이지만 그러나 여전히 균일하게 비추어진다. 즉 광선 $rb'r'$ 은 스크린에 도착하지만, 광선 $ra'r'$은 스크린에 도착하지 못하여 점 r에서의 상은 받침날이 없을 때와 비교하여 반정도의 밝기를 갖게 된다.

이제 시험부의 r 위치에 밀도 구배가 있다고 생각해 보자. 이러한 경우, r 을 통과하는 빛은 굴절될 것이고 광선 $rb'r'$은 그림 12.13의 점선으로 표시된 것과 같이 아래로 휘게 될 것이다. 이 광선은 받침날에 의해 가려지고, 그 결 과 스크린 위의 상 r은 시험부의 다른 이미지보다 어두워질 것이다. 만약 밀도 구배가 반대부호를 갖는다면, r을 통과하는 광선은 위로 휘어질 것이며, 받침 날에 의해 차단되었던 빛의 일부분이 이제는 통과되어 스크린 위의 r의 상은

그림 12.14 Steady formation of an oblique shock: Schlieren

그림 12.15 Rifle bullet at M=1.1: Schlieren

밝아진다. 이러한 방식으로 슐리렌 장치를 사용하여 스크린 위에 밝고 어두운
상을 맺게 함으로써 충격파와 같은 유동현상을 가시화할 수 있게 된다. 슐리렌
장치는 섀도 그래프 방법이나 간섭계와 달리 유동장의 밀도 구배를 가시화한
다는 것에 유의해야 한다. 실제적으로, 슐리렌 장치는 렌즈보다는 거울을 사용
하는 것이 더욱 좋은 결과를 제공한다. 그림 12.14와 그림 12.15는 슐리렌 장
치를 사용하여 얻은 유동 가시화 사진이다.

기본적인 섀도 그래프 장치는 그림 12.16과 같다. 그림에서와 같이 시험부
를 지난 평행한 빛이 스크린을 비추도록 한다. 만약 시험부에 밀도 구배가 존
재한다면, 그림과 같이 광선은 굴절할 것이다. R_1 지역에서는 광선이 퍼져나

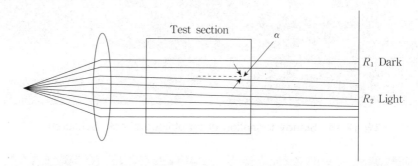

그림 12.16 Shadowgraph apparatus

그림 12.17 Rifle bullet at M = 1.1: Shadowgraph

가고, 그 결과 이 지역의 스크린의 밝기는 감소할 것이다. 반면, R_2 지역에서는 광선이 모여지며, 그 결과 밝기는 증가할 것이다. 따라서 충격파는 스크린 위에 밝은 선과 어두운 선이 있는 영역으로 나타나게 된다. 그림 12.17은 전형적인 충격파의 섀도 그래프를 보여 주고 있다.

섀도 그래프는 밀도의 2차 미분을 이용하여 유동장을 가시화한다는 것에 유의해야 한다. 만약 그림 12.18과 같이 시험부 안에 균일한 밀도 구배가 존재한다면 모든 광선들은 같은 각도로 굴절할 것이며 스크린은 균일한 밝기의 상을 나낼 것이다. 스크린 위에 나타나는 밝고 어두운 선은 밀도 구배의 변화에 의해서만 나타날 수가 있다. 밀도의 2차 미분을 이용하는 섀도 그래프는 밀도가 급격하게 변하는 유동장(예를 들면 충격파의 세기가 큰 유동장)을 표현하는 데 유용하게 사용되어진다. 밀도의 변화가 완만한 유동장은 슐리렌 장치를 사용하여 유동가시화를 하는 것이 적절하다. 섀도 그래프는 슐리렌 장치에 비하여 구성이 간단하며, 비용이 적게 들고, 작동 법이 쉽다는 장점이 있으나 정밀한 측정에는 적합하지 않다.

세 번째 광학 장치는 그림 12.19에 나타나 있는 간섭계이다. 두 개의 거울 M_1, M_2와 두 개의 스플리터 판 SP_1, SP_2로 구성되어지며, 스플리터 판의 절반은 거울로 되어 있어 빛의 반은 반사되며 나머지 반만 통과하도록 되어 있다. 그러므로 광원 A로부터 나온 단색광은 SP_1으로부터 M_1, SP_2, S로 가는 경로와 SP_1으로부터 M_2를 거쳐서 시험부인 SP_2를 거쳐 S로 가는 두 가지 경로를 갖는다. 만약 빛이 S에 각각의 경로를 통하여 도착했을 때, 위상이 일치한다면 그 빛들은 서로 보강되어 스크린을 밝게 비추게 되지만 반 파장의 위상차가 난다면 서로 상쇄되어 스크린은 어두워질 것이다.

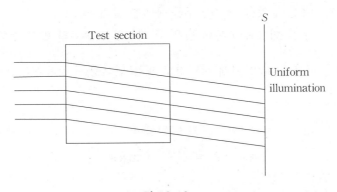

그림 12.18

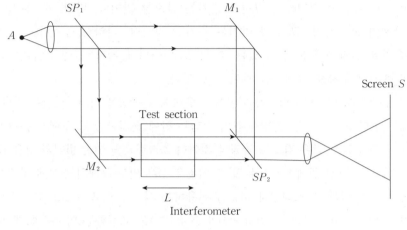

그림 12.19

　시험부에 유동의 변화가 없도록 하고, 파의 보강과 상쇄로 인하여 그림 12.20과 그림 12.21의 바깥 영역과 같이 무늬가 균일하게 형성되도록 거울의 각도를 조절하여 시험장치를 맞춘다. 이제 시험부에 유동장을 형성하여 밀도의 변화가 생기도록 하면, 시험부를 통과하는 빛(아래 경로의 빛)의 속도에 변화가 발생한다. 시험부의 밀도가 증가하면 아래 경로를 통과하는 빛의 실제 경로가 증가한다. 이것은 이동시간의 증가로 확인할 수 있는데, 이동시간은 다음과 같이 증가된다.

$$\triangle t = + \frac{L}{c_f} - \frac{L}{c_i}$$

여기서

　　c_i = 유동이 없을 때 시험부를 통과한 빛의 속도

　　c_f = 높은 밀도와 유동이 있을 때 시험부를 통과한 빛의 속도

이것은 다음과 같이 실제 광학경로 또는 단색광(단 주파수)의 무늬를 증가시킨다.

$$\triangle L = c \triangle t$$

$$N = \frac{\triangle L}{\lambda} \quad \text{fringes}$$

여기서 λ는 빛의 파장이다.

그림 12.20 Symmetric shock waves on a wedge: Interferometer

그림 12.21 Sphere at $M = 5.7$: Interferometer

관찰 영역에 대한 각 점에서의 무늬의 이동을 파악하면 그 점들에서의 밀도를 결정할 수 있는데, 배경의 균일한 무늬와 대조함으로써 무늬의 이동을 파악할 수 있다.

세 가지 광학 측정 방법 중에서 간섭계가 가장 정확하지만, 가장 비용이 비싸고, 민감하며, 설치하기가 어렵다. 이 방법은 슐리렌이나 섀도 그래프와는 달리 밀도값에 대한 직접적인 정보를 준다. 간섭계에 적용하기 적절한 단색의 작은 결맞는 광원으로는 레이저가 적합하다. 그림 12.21은 레이저가 단색광의 광원으로 사용된 결과이다.

연 습 문 제

12.1 마하수 2.5의 유동장에 피토 튜브가 놓여 있다. 피토 튜브에 의해 측정된 압력이 500kPa일 때, 유동장의 정압을 계산하라.

12.2 헬륨 유동장에서 피토 튜브로 측정한 압력이 280kPa이고 정압이 20kPa로 측정되었다. 유동의 마하수를 구하라.

부 록

표 1. 기체역학에 관계되는 물리적 양에 대한 차원공식(次元公式) 및 단위(單位)

물리량(物理量)	차원공식(次元公式)		단위계(單位系)	
	(M, L, T)	(F, L, T)	EE	SI
Angular distance			rad	rad
Angular velocity	$1/T$	$1/T$	rad/sec	rad/s
Angular acceleration	$1/T^2$	$1/T^2$	rad/sec^2	rad/s^2
Area	L^2	L^2	ft^2	m^2
Density	M/L^3	FT^2/L^4	lb$_m$/ft^3	kg/m^3
Dynamic velocity	M/LT	FT/L^2	lb$_f$-sec/ft^2	N-s/m^2
Energy	ML^2/T^2	FL	ft-lb$_f$	J
Enthalpy	L^2/T^2	FL/M	ft-lb$_f$/lb$_m$	J/kg
Force	ML/T^2	F	lb$_f$	N
Heat	ML^2/T^2	FL	ft-lb$_f$	J
Impulse	ML/T	FT	lb$_f$-sec	N-s
Kinematic viscosity	L^2/T	L^2/T	ft^2/sec	m^2/s
Linear distance	L	L	ft	m
Linear velocity	L/T	L/T	ft/sec	m/s
Linear acceleration	L/T^2	L/T^2	ft/sec^2	m/s^2
Mass	M	FT^2/L	lb$_m$	kg
Moment	ML^2/T^2	FL	ft-lb$_f$	N-m
Momentum	ML/T	FT	lb$_m$-ft/sec	kg-m/s
Pressure	M/LT^2	F/L^2	lb$_f$/ft^2	N/m^2
Power	ML^2/T^3	FL/T	ft-lb$_f$/sec	J/s
Time	T	T	sec	s
Torque	ML^2/T^2	FL	ft-lb$_f$	N-m
Weight	ML/T^2	F	lb$_f$	N
Work	ML^2/T^2	FL	ft-lb$_f$	J

EE: 영국공학단위(英國工學單位, British Engineering Units)
SI: 국제표준단위(國際標準單位, International Standard Units)

표 2. 단위환산(單位換算)

정의된 환산(換算)	$T(\mathrm{K})=t(\mathrm{℃})+273.15$ $T(\mathrm{°R})=t(\mathrm{°F})+459.67$ $T(\mathrm{°R})=1.8T(\mathrm{K})$ $1\mathrm{ft}=0.3048\mathrm{m}$ $1\,\mathrm{lb}_m=0.45359237\mathrm{kg}$ $1\,\mathrm{kcal}=1/860\mathrm{kWh}$ $1\mathrm{Hz}=1\mathrm{cycle/second}=1\mathrm{s}^{-1}$ $1\mathrm{nmi(nautical\ mile)}=1.852\mathrm{km}$
질량 단위환산계수	$1\mathrm{lb}_m=0.45359237\mathrm{kg}$ $1\mathrm{slug}=32.174\,\mathrm{lb}_m$
힘의 단위환산계수	$1\mathrm{lb}_f=4.4482\mathrm{N}$ $1\mathrm{kg}_f=9.8066\mathrm{N}$
압력 단위환산계수	$1\mathrm{atm}=760\mathrm{mmHg}=1.01325\times10^5\mathrm{N/m^2}=14.696\mathrm{lb}_f/\mathrm{in^2}$ $1\mathrm{bar}=10^5\mathrm{N/m^2}=0.98692\mathrm{atm}$ $1\mathrm{tor}=1\mathrm{mmHg}$ $1\mathrm{kg}_f/\mathrm{cm^2}=0.98066\mathrm{N/m^2}=0.96784\mathrm{atm}$
에너지 단위환산계수	$1\mathrm{kcal}=3.9683\mathrm{Btu}=4{,}186.0\mathrm{J}$ $1\mathrm{Btu}=778.03\mathrm{ft\cdot lb}_f=1{,}055.04\mathrm{J}$ $1\mathrm{kWh}=3.6\times10^6\mathrm{J}$ $1\mathrm{ft\cdot lb}_f=1.3558\mathrm{J}$
점성 단위환산계수	$1\mathrm{g/(cm)(s)}=1\mathrm{poise}=10^{-1}\mathrm{kg/(m)(s)}=10^2\mathrm{centipoise}$ $1\mathrm{lb}_m/\mathrm{(ft)(s)}=1.4882\mathrm{kg/(m)(s)}$ $1\mathrm{stoke}=1\mathrm{cm^2/s}$

표 3. 일반 물리상수

$c=$ 진공상태에서의 광속 $=2.997295 \times 10^8 \text{m/s}(186,282.4\text{mi/sec})$
$g_0=$ 표준중력가속도 $=9.80665\text{m/s}^2(32.174\text{ft/sec}^2)$
$h=$ Plank상수 $=6.626196 \times 10^{-34}\text{J-s}$
$k=$ Boltzmann상수 $=1.38054 \times 10^{-23}\text{J/K}$
$N_A=$ Avogadro수 $=6.02252 \times 10^{23}\text{particles/mole}$
$\mathcal{R}=$ 일반기체상수 $=8.31434\text{J/mole-K}(1545.3\text{ft-lb}_f/\text{lb mole-R})$

표 4. 일반기체의 열역학 상수

기 체	화학기호	분 자 량	비열비 γ	EE단위		SI단위	
				기체상수 $(R=\mathcal{R}/m)$	비열 c_p	기체상수 $(R=\mathcal{R}/m)$	비열 c_p
Air		28.964	1.400	53.352	0.2398	287.06	1004.0
Argon	A	39.944	1.658	38.687	0.1253	208.15	524.61
Carbon monoxide	CO	28.010	1.398	55.170	0.249	296.83	1042.5
Carbon dioxide	CO_2	44.010	1.288	35.112	0.202	188.92	845.73
Helium	He	4.000	1.659	386.33	1.250	2078.2	5233.5
Hydrogen	H_2	2.016	1.405	766.52	3.419	4124.2	14315.0
Methane	CH_4	16.043	1.304	96.322	0.531	518.25	2223.2
Nitrogen	N_2	28.013	1.400	55.164	0.248	296.80	1038.3
Oxigen	O_2	32.000	1.395	48.291	0.219	259.82	916.90
Water	H_2O	18.016	1.329	85.774	0.445	461.50	1863.1

* 비열비 γ 라는 것은, 298.15K(77F)에서의 값이다.
* EE단위에서 기체상수와 비열 c_p의 단위는,
  기체상수: ft-lb$_f$/lb$_m$-R, 비열: Btu/lb$_m$-R(77F에서)
* SI단위에서 기체상수와 비열 c_p의 단위는,
  기체상수: J/kg-K, 비열: J/kg-K(298.15K에서)

표 5. 해수면상(海水面上) 표준대기(標準大氣)의 기본특성(基本特性)

		SI단위	EE단위
Temperature	t_0	288.16K	59F
Pressure	p_0	$1.01325 \times 10^3 \text{N/m}^2$	$2116.22 \text{lb}_f/\text{ft}^2$
Density	ρ_0	1.225kg/m^3	$0.076474 \text{lb}_m/\text{ft}^3$
Gas constant	R	$287.04 \text{J/kg} \cdot \text{K}$	$53.35 \text{ft} \cdot \text{lb}_f/\text{lb}_m \cdot \text{R}$
Specific heat ratio	$\gamma = C_p/C_v$	1.40	1.40
Acoustic speed	a_0	340.29m/s	1116.4ft/sec
Viscosity	μ_0	$1.7894 \times 10^{-5} \text{kg/m} \cdot \text{s}$	$1.2024 \times 10^{-5} \text{lb}_m/\text{ft} \cdot \text{sec}$
kinematic viscosity	$\nu_0 = \mu_0/\rho_0$	$1.4607 \times 10^{-5} \text{m}^2/\text{s}$	$1.5723 \times 10^{-4} \text{ft}^2/\text{sec}$
Mean Free path of air molecule	λ_0	$6.6328 \times 10^{-8} \text{m}$	$2.1671 \times 10^{-7} \text{ft}$
Molecular Weight	$\overline{m_0}$	28.9644	28.9644

표 6. 표준대기의 성질

height(m)	t(K)	p(N/m²)	ρ(kg/m³)	g(m/s²)	$\mu \cdot 10^5$(kg/m-s²)	$k \cdot 10^6$(kcal/m-s-K)	a(m/s)
−1000	294.65	1.1393+5	1.3470+0	9.8097	1.8206	6.1748	344.11
−500	291.50	1.0748	1.2849	9.8082	1.8050	6.1140	342.21
0	288.15	1.0133	1.2250	9.8066	1.7894	6.0530	340.29
500	284.90	9.5461+4	1.1673	9.8051	1.7737	5.9919	338.37
1000	281.65	8.9876	1.1117	9.8036	1.7579	5.9305	336.44
1500	278.40	8.4560	1.0581	9.8020	1.7420	5.8690	334.49
2000	275.15	7.9501	1.0066	9.8005	1.7260	5.8073	332.53
2500	271.91	7.4692	9.5695−1	9.7989	1.7099	5.7454	330.56
3000	268.66	7.0121	9.0925	9.7974	1.6938	5.6833	328.58
3500	265.41	6.5780	8.6340	9.7959	1.6775	5.6210	326.59
4000	262.17	6.1660	8.1935	9.7943	1.6612	5.5586	324.59
4500	258.92	5.7753	7.7704	9.7928	1.6448	5.4959	322.57
5000	255.68	5.4048	7.3643	9.7912	1.6282	5.4331	320.55
6000	249.19	4.7218	6.6011	9.7882	1.5949	5.3068	316.45
7000	242.70	4.1105	5.9002	9.7851	1.5612	5.1798	312.31
8000	236.22	3.5652	5.2579	9.7820	1.5271	5.0520	308.11
9000	229.73	3.0801	4.6706	9.7789	1.4926	4.9235	303.85
10000	223.25	2.6500	4.1351	9.7759	1.4577	4.7942	299.53
11000	216.77	2.2700	3.6480	9.7728	1.4223	4.6642	295.14
12000	216.65	1.9399	3.1194	9.7697	1.4216	4.6617	295.07
13000	216.65	1.6580	2.6660	9.7667	1.4216	4.6617	295.07
14000	216.65	1.4170	2.2786	9.7636	1.4216	4.6617	295.07
15000	216.65	1.2112	1.9475	9.7605	1.4216	4.6617	295.07
16000	216.65	1.0353	1.6647	9.7575	1.4216	4.6617	295.07
17000	216.65	8.8497+3	1.4230	9.7544	1.4216	4.6617	295.07
18000	216.65	7.5652	1.2165	9.7513	1.4216	4.6617	295.07
19000	216.65	6.4675	1.0400	9.7483	1.4216	4.6617	295.07
20000	216.65	5.5293	8.8910−2	9.7452	1.4216	4.6617	295.07
21000	217.58	4.7289	7.5715	9.7422	1.4267	4.6804	295.70
22000	218.57	4.0475	6.4510	9.7391	1.4322	4.7004	296.38
23000	219.57	3.4669	5.5006	9.7361	1.4376	4.7204	297.05
24000	220.56	2.9717	4.6938	9.7330	1.4430	4.7403	297.72
25000	221.55	2.5492	4.0084	9.7300	1.4484	4.7602	298.39
26000	222.54	2.1884	3.4257	9.7269	1.4538	4.7800	299.06
27000	223.54	1.8800	2.9298	9.7239	1.4592	4.7999	299.72

height(m)	t(K)	p(N/m²)	ρ(kg/m³)	g(m/s²)	$\mu \cdot 10^5$(kg/ m–s²)	$k \cdot 10^6$(kcal/ m–s–K)	a(m/s)
28000	224.53	1.6162	2.5076	9.7208	1.4646	4.8197	300.39
29000	225.52	1.3904	2.1478	9.7178	1.4699	4.8395	301.05
30000	226.51	1.1970	1.8410	9.7147	1.4753	4.8593	301.71
31000	227.50	1.0313	1.5792	9.7117	1.4806	4.8790	302.37
32000	228.49	8.8906+2	1.3555	9.7086	1.4859	4.8988	303.03
33000	230.97	7.6731	1.1573	9.7056	1.4992	4.9481	304.67
34000	233.74	6.6341	9.8874−3	9.7026	1.5140	5.0031	306.49
35000	236.51	5.7459	8.4634	9.6995	1.5287	5.0579	308.30
36000	239.28	4.9852	7.2579	9.6965	1.5433	5.1125	310.10
37000	242.05	4.3325	6.2355	9.6935	1.5578	5.1670	311.89
38000	244.82	3.7714	5.3666	9.6904	1.5723	5.2213	313.67
39000	247.58	3.2882	4.6267	9.6874	1.5866	5.2577	315.43
40000	250.35	2.8714	3.9957	9.6844	1.6009	5.3295	317.19
42000	255.88	2.1997	2.9948	9.6783	1.6293	5.4370	320.67
44000	261.40	1.6950	2.2589	9.6723	1.6573	5.5438	324.12
46000	266.93	1.3124	1.7141	9.6662	1.6851	5.5601	327.52
48000	270.65	1.0230	1.3167	9.6602	1.7037	5.7214	329.80
50000	270.65	7.9779+1	1.0269	9.6542	1.7037	5.7214	329.80
55000	265.59	4.2752	5.6075−4	9.6391	1.6784	5.6245	326.70
60000	255.77	2.2461	3.0592	9.6241	1.6287	5.4349	320.61
65000	239.28	1.1446	1.6665	9.6091	1.5433	5.1125	310.10
70000	219.70	5.5205+0	8.7535−5	9.5941	1.4383	4.7230	297.14
75000	200.15	2.4904	4.335	9.579	1.329	4.327	283.61
80000	180.65	1.0366	1.999	9.564	1.216	3.925	269.44
85000	180.65	4.1250−1	7.955−6	9.550	1.216	3.925	269.44
90000	180.65	1.6438	3.170	9.535	1.216	3.925	269.44
95000	195.51	6.8012−2	1.211	9.520			
100000	210.02	3.0075	4.974−7	9.505			

참고문헌

다음의 참고문헌 [1]~[17]까지는 고전적 압축성 유체역학의 교재이므로, 이 책 전체를 통하여 참조하기 바란다. 특히 1장, 2장, 3장, 4장, 5장, 6장, 7장 및 9장에 필요한 문헌이다.

_____ 1장

[1] Anderson, J.D., Jr., *Introduction to Flight*: *Its Engineering and History*, McGraw-Hill Book Co., New York, 1978.

[2] Courant, R. and Friedrichs, K.O., *Supersonic Flow and Shock Waves*.

[3] Emmons, H.W. (Editor), *Foundations of Gas Dynamics*. Vol. Ⅲ of *High Speed Aerodynamics and Jet Propulsion*, Princeton, 1956.

[4] Ferri, Antonio, *Elements of Aerodynamics of Supersonic Flows*, Macmillan Co., New York, 1949.

[5] Hilton, W.F., *High Speed Aerodynamics*, Longmans, Green and Co. Ltd., London, 1951.

[6] Howarth, L. (Editor), *Modern Developments in Fluid Dynamics*, *High Speed Flow*, 2 vols., Oxford, 1953.

[7] Johns, J.E.A., *Gas Dynamics*, Allyn and Bacon, Boston, 1969.

[8] Liepmann, H.W. and Roshko, *Elements of Gasdynamics*, John Wiley, New York, 1957.

[9] Miles, E.R.C., *Supersonic Aerodynamics*, Dover, New York, 1950.

[10] von Mises, Richard, *Mathematical Theory of Compressible flow*, Academic Press, New York, 1958.

[11] Oswatitsch, K., *Gasdynamik*, Springer, Vienna, 1952; Academic Press, New York, 1956.

[12] Owczarek, J.A., *Fundamentals of Gas Dynamics*, International Textbook Co., Scranton, 1964.

[13] Pope, Alan, *Aerodynamics of Supersonic Flight*, 2nd edition, Pitman Publishing Corp., New York, 1958.

[14] Sears, W.R. (Editor), *Theory of High Speed Aerodynamics*, Vol. VI of *High Speed Aerodynamics and Jet Propulsion*, Princeton, 1954.

[15] Shapiro, A.H., *The Dynamics and Thermodynamics of Compressible Fluid Flow*, 2 vols., Ronald, New York, 1953.

[16] Thompson, P.A., *Compressible-Fluid Dynamics*, McGraw-Hill Book Co., New York, 1972.

[17] Zucrow, M.J. and Hoffman, J.D., *Gas Dynamics*, 2 vols., John Wiley and Sons, Inc., New York, 1976-77.

_____ 2장

[18] Batchelor, G.K., *Introduction to Fluid Dynamics*, Cambridge University Press, London, 1967.

[19] Serrin, J., "Mathematical Principles of Classical Fluid Mechanics," *Encyclopedia of Physics*, Vol. VIII/1, Edited by S. Flügge, Springer-Verlag, Berlin, 1959.

[20] Hirschfelder, J.O., Curtiss, C.F. and Bird, R.B., *Molecular Theory of Gases and Liquids*, John Wiley and Sons, Inc., New York, 1954.

_____ 8장

[21] Laitone, E.V., "New Compressibility Correction for Two-Dimensional Subsonic *Flow*," *Journal of the Aeronautical Sciences*, Vol.18, No.5, May 1951, p.350.

[22] Tsien, H.S., "Two-Dimensional Sunsonic Flow of Compressible Fluids," *Journal of the Aeronautical Sciences*, Vol.6, No.10, August 1939, p.399.

[23] von Karman, Th., "Compressibility Effects in Aerodynamics," *Journal of the Aeronautical Sciences*, Vol.8, No.9, July 1941, p.337.

_____ 10장

[24] Taylor, G.I. and Maccoll, J.W., "The Air Pressure on a Cone Moving at High Speed," *Proceedings of the Royal Society*(London) A, Vol.139, 1937, p.278.

[25] Kopal, Z., "Tables of Subsonic Flow Around Cones," M.I.T. Center of Analysis Tech. Report No.1, U.S. Govt. Printing Office, 1947.

[26] Sims, Josesph L., "Tables for Supersonic Flow Around Right Circular Cones at Zero Angle of Attack," NASA SP-3004, 1964.

[27] Busemann, A., "Drucke auf Kegelformige Spitzen bei Bewegung mit Uberschallgeschwindigkeit," Z.a.M.M., Vol.9, 1929, p.496.

표 I. 등엔트로피 유동값($\gamma = 1.4$)

M	$\dfrac{p_0}{p}$	$\dfrac{\rho_0}{\rho}$	$\dfrac{T_0}{T}$	$\dfrac{A}{A^*}$
0.200−01	0.1000+01	0.1000+01	0.1000+01	0.2894+02
0.400−01	0.1001+01	0.1001+01	0.1000+01	0.1448+02
0.600−01	0.1003+01	0.1002+01	0.1001+01	0.9666+01
0.800−01	0.1004+01	0.1003+01	0.1001+01	0.7262+01
0.100+00	0.1007+01	0.1005+01	0.1002+01	0.5822+01
0.120+00	0.1010+01	0.1007+01	0.1003+01	0.4864+01
0.140+00	0.1014+01	0.1010+01	0.1004+01	0.4182+01
0.160+00	0.1018+01	0.1013+01	0.1005+01	0.3673+01
0.180+00	0.1023+01	0.1016+01	0.1006+01	0.3278+01
0.200+00	0.1028+01	0.1020+01	0.1008+01	0.2964+01
0.220+00	0.1034+01	0.1024+01	0.1010+01	0.2708+01
0.240+00	0.1041+01	0.1029+01	0.1012+01	0.2496+01
0.260+00	0.1048+01	0.1034+01	0.1014+01	0.2317+01
0.280+00	0.1056+01	0.1040+01	0.1016+01	0.2166+01
0.300+00	0.1064+01	0.1046+01	0.1018+01	0.2035+01
0.320+00	0.1074+01	0.1052+01	0.1020+01	0.1922+01
0.340+00	0.1083+01	0.1059+01	0.1023+01	0.1823+01
0.360+00	0.1094+01	0.1066+01	0.1026+01	0.1736+01
0.380+00	0.1105+01	0.1074+01	0.1029+01	0.1659+01
0.400+00	0.1117+01	0.1082+01	0.1032+01	0.1590+01
0.420+00	0.1129+01	0.1091+01	0.1035+01	0.1529+01
0.440+00	0.1142+01	0.1100+01	0.1039+01	0.1474+01
0.460+00	0.1156+01	0.1109+01	0.1042+01	0.1425+01
0.480+00	0.1171+01	0.1119+01	0.1046+01	0.1380+01
0.500+00	0.1186+01	0.1130+01	0.1050+01	0.1340+01
0.520+00	0.1202+01	0.1141+01	0.1054+01	0.1303+01
0.540+00	0.1219+01	0.1152+01	0.1058+01	0.1270+01
0.560+00	0.1237+01	0.1164+01	0.1063+01	0.1240+01
0.580+00	0.1256+01	0.1177+01	0.1067+01	0.1213+01
0.600+00	0.1276+01	0.1190+01	0.1072+01	0.1188+01
0.620+00	0.1296+01	0.1203+01	0.1077+01	0.1166+01
0.640+00	0.1317+01	0.1218+01	0.1082+01	0.1145+01
0.660+00	0.1340+01	0.1232+01	0.1087+01	0.1127+01
0.680+00	0.1363+01	0.1247+01	0.1092+01	0.1110+01
0.700+00	0.1387+01	0.1263+01	0.1098+01	0.1094+01

M	$\dfrac{p_0}{p}$	$\dfrac{\rho_0}{\rho}$	$\dfrac{T_0}{T}$	$\dfrac{A}{A^*}$
0.720+00	0.1412+01	0.1280+01	0.1104+01	0.1081+01
0.740+00	0.1439+01	0.1297+01	0.1110+01	0.1068+01
0.760+00	0.1466+01	0.1314+01	0.1116+01	0.1057+01
0.780+00	0.1495+01	0.1333+01	0.1122+01	0.1047+01
0.800+00	0.1524+01	0.1351+01	0.1128+01	0.1038+01
0.820+00	0.1555+01	0.1371+01	0.1134+01	0.1030+01
0.840+00	0.1587+01	0.1391+01	0.1141+01	0.1024+01
0.860+00	0.1621+01	0.1412+01	0.1148+01	0.1018+01
0.880+00	0.1655+01	0.1433+01	0.1155+01	0.1013+01
0.900+00	0.1691+01	0.1456+01	0.1162+01	0.1009+01
0.920+00	0.1729+01	0.1478+01	0.1169+01	0.1006+01
0.940+00	0.1767+01	0.1502+01	0.1177+01	0.1003+01
0.960+00	0.1808+01	0.1526+01	0.1184+01	0.1001+01
0.980+00	0.1850+01	0.1552+01	0.1192+01	0.1000+01
0.100+01	0.1893+01	0.1577+01	0.1200+01	0.1000+01
0.102+01	0.1938+01	0.1604+01	0.1208+01	0.1000+01
0.104+01	0.1985+01	0.1632+01	0.1216+01	0.1000+01
0.106+01	0.2033+01	0.1660+01	0.1225+01	0.1003+01
0.108+01	0.2083+01	0.1689+01	0.1233+01	0.1005+01
0.110+01	0.2135+01	0.1719+01	0.1242+01	0.1008+01
0.112+01	0.2189+01	0.1750+01	0.1251+01	0.1011+01
0.114+01	0.2245+01	0.1782+01	0.1260+01	0.1015+01
0.116+01	0.2303+01	0.1814+01	0.1269+01	0.1020+01
0.118+01	0.2363+01	0.1848+01	0.1278+01	0.1025+01
0.120+01	0.2425+01	0.1883+01	0.1288+01	0.1030+01
0.122+01	0.2489+01	0.1918+01	0.1298+01	0.1037+01
0.124+01	0.2556+01	0.1955+01	0.1308+01	0.1043+01
0.126+01	0.2625+01	0.1992+01	0.1318+01	0.1050+01
0.128+01	0.2697+01	0.2031+01	0.1328+01	0.1058+01
0.130+01	0.2771+01	0.2071+01	0.1338+01	0.1066+01
0.132+01	0.2847+01	0.2112+01	0.1348+01	0.1075+01
0.134+01	0.2927+01	0.2153+01	0.1359+01	0.1084+01
0.136+01	0.3009+01	0.2197+01	0.1370+01	0.1094+01
0.138+01	0.3094+01	0.2241+01	0.1381+01	0.1104+01
0.140+01	0.3182+01	0.2286+01	0.1392+01	0.1115+01
0.142+01	0.3273+01	0.2333+01	0.1403+01	0.1126+01
0.144+01	0.3368+01	0.2381+01	0.1415+01	0.1138+01
0.146+01	0.3465+01	0.2430+01	0.1426+01	0.1150+01
0.148+01	0.3566+01	0.2480+01	0.1438+01	0.1163+01
0.150+01	0.3671+01	0.2532+01	0.1450+01	0.1176+01

M	$\dfrac{p_0}{p}$	$\dfrac{\rho_0}{\rho}$	$\dfrac{T_0}{T}$	$\dfrac{A}{A^*}$
0.152+01	0.3779+01	0.2585+01	0.1462+01	0.1190+01
0.154+01	0.3891+01	0.2639+01	0.1474+01	0.1204+01
0.156+01	0.4007+01	0.2695+01	0.1487+01	0.1219+01
0.158+01	0.4127+01	0.2752+01	0.1499+01	0.1234+01
0.160+01	0.4250+01	0.2811+01	0.1512+01	0.1250+01
0.162+01	0.4378+01	0.2871+01	0.1525+01	0.1267+01
0.164+01	0.4511+01	0.2933+01	0.1538+01	0.1284+01
0.166+01	0.4648+01	0.2996+01	0.1551+01	0.1301+01
0.168+01	0.4790+01	0.3061+01	0.1564+01	0.1319+01
0.170+01	0.4936+01	0.3128+01	0.1578+01	0.1338+01
0.172+01	0.5087+01	0.3196+01	0.1592+01	0.1357+01
0.174+01	0.5244+01	0.3266+01	0.1606+01	0.1376+01
0.176+01	0.5406+01	0.3338+01	0.1620+01	0.1397+01
0.178+01	0.5573+01	0.3411+01	0.1634+01	0.1418+01
0.180+01	0.5746+01	0.3487+01	0.1648+01	0.1439+01
0.182+01	0.5924+01	0.3564+01	0.1662+01	0.1461+01
0.184+01	0.6109+01	0.3643+01	0.1677+01	0.1484+01
0.186+01	0.6300+01	0.3723+01	0.1692+01	0.1507+01
0.188+01	0.6497+01	0.3806+01	0.1707+01	0.1531+01
0.190+01	0.6701+01	0.3891+01	0.1722+01	0.1555+01
0.192+01	0.6911+01	0.3978+01	0.1737+01	0.1580+01
0.194+01	0.7128+01	0.4067+01	0.1753+01	0.1606+01
0.196+01	0.7353+01	0.4158+01	0.1768+01	0.1633+01
0.198+01	0.7585+01	0.4251+01	0.1784+01	0.1660+01
0.200+01	0.7824+01	0.4347+01	0.1800+01	0.1687+01
0.205+01	0.8458+01	0.4596+01	0.1840+01	0.1760+01
0.210+01	0.9145+01	0.4859+01	0.1882+01	0.1837+01
0.215+01	0.9888+01	0.5138+01	0.1924+01	0.1919+01
0.220+01	0.1069+02	0.5433+01	0.1968+01	0.2005+01
0.225+01	0.1156	02	0.5746+01	0.2012+01	0.2096+01
0.230+01	0.1250+02	0.6076+01	0.2058+01	0.2193+01
0.235+01	0.1352+02	0.6425+01	0.2104+01	0.2295+01
0.240+01	0.1462+02	0.6794+01	0.2152+01	0.2403+01
0.245+01	0.1581+02	0.7183+01	0.2200+01	0.2517+01
0.250+01	0.1709+02	0.7594+01	0.2250+01	0.2637+01
0.255+01	0.1847+02	0.8027+01	0.2300+01	0.2763+01
0.260+01	0.1995+02	0.8484+01	0.2352+01	0.2896+01
0.265+01	0.2156+02	0.8965+01	0.2404+01	0.3036+01
0.270+01	0.2328+02	0.9472+01	0.2458+01	0.3183+01
0.275+01	0.2514+02	0.1001+02	0.2512+01	0.3338+01

M	$\dfrac{p_0}{p}$	$\dfrac{\rho_0}{\rho}$	$\dfrac{T_0}{T}$	$\dfrac{A}{A^*}$
0.280+01	0.2714+02	0.1057+02	0.2568+01	0.3500+01
0.285+01	0.2929+02	0.1116+02	0.2624+01	0.3671+01
0.290+01	0.3159+02	0.1178+02	0.2682+01	0.3850+01
0.295+01	0.3407+02	0.1243+02	0.2740+01	0.4038+01
0.300+01	0.3673+02	0.1312+02	0.2800+01	0.4235+01
0.305+01	0.3959+02	0.1384+02	0.2860+01	0.4441+01
0.310+01	0.4265+02	0.1459+02	0.2922+01	0.4657+01
0.315+01	0.4593+02	0.1539+02	0.2984+01	0.4884+01
0.320+01	0.4944+02	0.1622+02	0.3048+01	0.5121+01
0.325+01	0.5320+02	0.1709+02	0.3112+01	0.5369+01
0.330+01	0.5722+02	0.1800+02	0.3178+01	0.5629+01
0.335+01	0.6152+02	0.1896+02	0.3244+01	0.5900+01
0.340+01	0.6612+02	0.1996+02	0.3312+01	0.6184+01
0.345+01	0.7103+02	0.2101+02	0.3380+01	0.6480+01
0.350+01	0.7627+02	0.2211+02	0.3450+01	0.6790+01
0.355+01	0.8187+02	0.2325+02	0.3520+01	0.7113+01
0.360+01	0.8784+02	0.2445+02	0.3592+01	0.7450+01
0.365+01	0.9420+02	0.2571+02	0.3664+01	0.7802+01
0.370+01	0.1010+03	0.2701+02	0.3738+01	0.8169+01
0.375+01	0.1082+03	0.2838+02	0.3812+01	0.8552+01
0.380+01	0.1159+03	0.2981+02	0.3888+01	0.8951+01
0.385+01	0.1241+03	0.3129+02	0.3964+01	0.9366+01
0.390+01	0.1328+03	0.3285+02	0.4042+01	0.9799+01
0.395+01	0.1420+03	0.3446+02	0.4120+01	0.1025+02
0.400+01	0.1518+03	0.3615+02	0.4200+01	0.1072+02
0.405+01	0.1623+03	0.3791+02	0.4280+01	0.1121+02
0.410+01	0.1733+03	0.3974+02	0.4362+01	0.1171+02
0.415+01	0.1851+03	0.4164+02	0.4444+01	0.1224+02
0.420+01	0.1975+03	0.4363+02	0.4528+01	0.1279+02
0.425+01	0.2108+03	0.4569+02	0.4612+01	0.1336+02
0.430+01	0.2247+03	0.4784+02	0.4698+01	0.1395+02
0.435+01	0.2396+03	0.5007+02	0.4784+01	0.1457+02
0.440+01	0.2553+03	0.5239+02	0.4872+01	0.1521+02
0.445+01	0.2719+03	0.5480+02	0.4960+01	0.1587+02
0.450+01	0.2894+03	0.5731+02	0.5050+01	0.1656+02
0.455+01	0.3080+03	0.5991+02	0.5140+01	0.1728+02
0.460+01	0.3276+03	0.6261+02	0.5232+01	0.1802+02
0.465+01	0.3483+03	0.6542+02	0.5324+01	0.1879+02
0.470+01	0.3702+03	0.6833+02	0.5418+01	0.1958+02
0.475+01	0.3933+03	0.7135+02	0.5512+01	0.2041+02

M	$\dfrac{p_0}{p}$	$\dfrac{\rho_0}{\rho}$	$\dfrac{T_0}{T}$	$\dfrac{A}{A^*}$
0.480+01	0.4177+03	0.7448+02	0.5608+01	0.2162+02
0.485+01	0.4434+03	0.7772+02	0.5704+01	0.2215+02
0.490+01	0.4705+03	0.8109+02	0.5802+01	0.2307+02
0.495+01	0.4990+03	0.8457+02	0.5900+01	0.2402+02
0.500+01	0.5291+03	0.8818+02	0.6000+01	0.2500+02
0.510+01	0.5941+03	0.9579+02	0.6202+01	0.2707+02
0.520+01	0.6661+03	0.1039+03	0.6408+01	0.2928+02
0.530+01	0.7457+03	0.1127+03	0.6618+01	0.3165+02
0.540+01	0.8335+03	0.1220+03	0.6832+01	0.3417+02
0.550+01	0.9304+03	0.1320+03	0.7050+01	0.3687+02
0.560+01	0.1037+04	0.1426+03	0.7272+01	0.3974+02
0.570+01	0.1154+04	0.1539+03	0.7498+01	0.4280+02
0.580+01	0.1283+04	0.1660+03	0.7728+01	0.4605+02
0.590+01	0.1424+04	0.1789+03	0.7962+01	0.4951+02
0.600+01	0.1579+04	0.1925+03	0.8200+01	0.5318+02
0.610+01	0.1748+04	0.2071+03	0.8442+01	0.5708+02
0.620+01	0.1933+04	0.2225+03	0.8688+01	0.6121+02
0.630+01	0.2135+04	0.2388+03	0.8938+01	0.6559+02
0.640+01	0.2335+04	0.2562+03	0.9192+01	0.7023+02
0.650+01	0.2594+04	0.2745+03	0.9450+01	0.7513+02
0.660+01	0.2855+04	0.2939+03	0.9712+01	0.8032+02
0.670+01	0.3138+04	0.3145+03	0.9978+01	0.8580+02
0.680+01	0.3445+04	0.3362+03	0.1025+02	0.9159+02
0.690+01	0.3779+04	0.3591+03	0.1052+02	0.9770+02
0.700+01	0.4140+04	0.3833+03	0.1080+02	0.1041+03
0.710+01	0.4531+04	0.4088+03	0.1108+02	0.1109+03
0.720+01	0.4953+04	0.4357+03	0.1137+02	0.1181+03
0.730+01	0.5410+04	0.4640+03	0.1166+02	0.1256+03
0.740+01	0.5903+04	0.4939+03	0.1195+02	0.1335+03
0.750+01	0.6434+04	0.5252+03	0.1225+02	0.1418+03
0.760+01	0.7006+04	0.5582+03	0.1255+02	0.1506+03
0.770+01	0.7623+04	0.5928+03	0.1286+02	0.1598+03
0.780+01	0.8285+04	0.6292+03	0.1317+02	0.1694+03
0.790+01	0.8998+04	0.6674+03	0.1348+02	0.1795+03
0.800+01	0.9763+04	0.7075+03	0.1380+02	0.1901+03
0.900+01	0.2110+05	0.1227+04	0.1720+02	0.3272+03
0.100+02	0.4244+05	0.2021+04	0.2100+02	0.5395+03
0.110+02	0.8033+05	0.3188+04	0.2520+02	0.8419+03
0.120+02	0.1445+06	0.4848+04	0.2980+02	0.1276+04
0.130+02	0.2486+06	0.7144+04	0.3480+02	0.1876+04

M	$\dfrac{p_0}{p}$	$\dfrac{\rho_0}{\rho}$	$\dfrac{T_0}{T}$	$\dfrac{A}{A^*}$
0.140+02	0.4119+06	0.1025+05	0.4020+02	0.2685+04
0.150+02	0.6602+06	0.1435+05	0.4600+02	0.3755+04
0.160+02	0.1028+07	0.1969+05	0.5220+02	0.5145+04
0.170+02	0.1559+07	0.2651+05	0.5880+02	0.6921+04
0.180+02	0.2311+07	0.3512+05	0.6580+02	0.9159+04
0.190+02	0.3356+07	0.4584+05	0.7320+02	0.1195+05
0.200+02	0.4783+07	0.5905+05	0.8100+02	0.1538+05
0.220+02	0.9251+07	0.9459+05	0.9780+02	0.2461+05
0.240+02	0.1691+08	0.1456+06	0.1162+03	0.3783+05
0.260+02	0.2949+08	0.2165+06	0.1362+03	0.5624+05
0.280+02	0.4936+08	0.3128+06	0.1578+03	0.8121+05
0.300+02	0.7978+08	0.4408+06	0.1810+03	0.1144+06
0.320+02	0.1250+09	0.6076+06	0.2058+03	0.1576+06
0.340+02	0.1908+09	0.8216+06	0.2322+03	0.2131+06
0.360+02	0.2842+09	0.1092+07	0.2602+03	0.2832+06
0.380+02	0.4143+09	0.1430+07	0.2898+03	0.3707+06
0.400+02	0.5926+09	0.1846+07	0.3210+03	0.4785+06
0.420+02	0.8330+09	0.2345+07	0.3538+03	0.6102+06
0.440+02	0.1153+10	0.2969+07	0.3882+03	0.7694+06
0.460+02	0.1572+10	0.3706+07	0.4242+03	0.9603+06
0.480+02	0.2116+10	0.4583+07	0.4618+03	0.1187+07
0.500+02	0.2815+10	0.5618+07	0.5010+03	0.1455+07

표 Ⅱ. 수직충격파 값($\gamma = 1.4$)

M_1	$\dfrac{p_2}{p_1}$	$\dfrac{\rho_2}{\rho_1}$	$\dfrac{T_2}{T_1}$	$\dfrac{p_{02}}{p_{01}}$	$\dfrac{p_{02}}{p_1}$	M_2
0.100+01	0.1000+01	0.1000+01	0.1000+01	0.1000+01	0.1893+01	0.1000+01
0.102+01	0.1047+01	0.1033+01	0.1013+01	0.1000+01	0.1938+01	0.9805+00
0.104+01	0.1095+01	0.1067+01	0.1026+01	0.9999+00	0.1984+01	0.9620+00
0.106+01	0.1144+01	0.1101+01	0.1039+01	0.9998+00	0.2032+01	0.9444+00
0.108+01	0.1194+01	0.1135+01	0.1052+01	0.9994+00	0.2082+01	0.9277+00
0.110+01	0.1245+01	0.1169+01	0.1065+01	0.9989+00	0.2133+01	0.9118+00
0.112+01	0.1297+01	0.1203+01	0.1078+01	0.9982+00	0.2185+01	0.8966+00
0.114+01	0.1350+01	0.1238+01	0.1090+01	0.9973+00	0.2239+01	0.8820+00
0.116+01	0.1403+01	0.1272+01	0.1103+01	0.9961+00	0.2294+01	0.8682+00
0.118+01	0.1458+01	0.1307+01	0.1115+01	0.9946+00	0.2350+01	0.8549+00
0.120+01	0.1513+01	0.1342+01	0.1128+01	0.9928+00	0.2408+01	0.8422+00
0.122+01	0.1570+01	0.1376+01	0.1141+01	0.9907+00	0.2466+01	0.8300+00
0.124+01	0.1627+01	0.1411+01	0.1153+01	0.9884+00	0.2526+01	0.8183+00
0.126+01	0.1686+01	0.1446+01	0.1166+01	0.9857+00	0.2588+01	0.8071+00
0.128+01	0.1745+01	0.1481+01	0.1178+01	0.9827+00	0.2650+01	0.7963+00
0.130+01	0.1805+01	0.1516+01	0.1191+01	0.9794+00	0.2714+01	0.7860+00
0.132+01	0.1866+01	0.1551+01	0.1204+01	0.9758+00	0.2778+01	0.7760+00
0.134+01	0.1928+01	0.1585+01	0.1216+01	0.9718+00	0.2884+01	0.7664+00
0.136+01	0.1991+01	0.1620+01	0.1229+01	0.9676+00	0.2912+01	0.7572+00
0.138+01	0.2055+01	0.1665+01	0.1242+01	0.9630+00	0.2980+01	0.7483+00
0.140+01	0.2120+01	0.1690+01	0.1255+01	0.9582+00	0.3049+01	0.7397+00
0.142+01	0.2186+01	0.1724+01	0.1268+01	0.9531+00	0.3120+01	0.7314+00
0.144+01	0.2253+01	0.1759+01	0.1281+01	0.9476+00	0.3191+01	0.7235+00
0.146+01	0.2320+01	0.1793+01	0.1294+01	0.9420+00	0.3264+01	0.7157+00
0.148+01	0.2389+01	0.1828+01	0.1307+01	0.9360+00	0.3338+01	0.7083+00
0.150+01	0.2458+01	0.1862+01	0.1320+01	0.9298+00	0.3413+01	0.7011+00
0.152+01	0.2529+01	0.1896+01	0.1334+01	0.9233+00	0.3489+01	0.6941+00
0.154+01	0.2600+01	0.1930+01	0.1347+01	0.9166+00	0.3567+01	0.6874+00
0.156+01	0.2673+01	0.1964+01	0.1361+01	0.9097+00	0.3645+01	0.6809+00
0.158+01	0.2746+01	0.1998+01	0.1374+01	0.9026+00	0.3724+01	0.6746+00
0.160+01	0.2820+01	0.2032+01	0.1388+01	0.8952+00	0.3805+01	0.6684+00
0.162+01	0.2895+01	0.2065+01	0.1402+01	0.8877+00	0.3887+01	0.6625+00
0.164+01	0.2971+01	0.2099+01	0.1416+01	0.8799+00	0.3969+01	0.6568+00
0.166+01	0.3048+01	0.2132+01	0.1430+01	0.8720+00	0.4053+01	0.6512+00
0.168+01	0.3126+01	0.2165+01	0.1444+01	0.8639+00	0.4138+01	0.6458+00

M_1	$\dfrac{p_2}{p_1}$	$\dfrac{\rho_2}{\rho_1}$	$\dfrac{T_2}{T_1}$	$\dfrac{p_{02}}{p_{01}}$	$\dfrac{p_{02}}{p_1}$	M_2
0.170+01	0.3205+01	0.2198+01	0.1458+01	0.8557+00	0.4224+01	0.6405+00
0.172+01	0.3285+01	0.2230+01	0.1473+01	0.8474+00	0.4311+01	0.6355+00
0.174+01	0.3366+01	0.2263+01	0.1487+01	0.8389+00	0.4399+01	0.6305+00
0.176+01	0.3447+01	0.2295+01	0.1502+01	0.8302+00	0.4488+01	0.6257+00
0.178+01	0.3530+01	0.2327+01	0.1517+01	0.8215+00	0.4578+01	0.6210+00
0.180+01	0.3613+01	0.2359+01	0.1532+01	0.8127+00	0.4670+01	0.6165+00
0.182+01	0.3698+01	0.2391+01	0.1547+01	0.8038+00	0.4762+01	0.6121+00
0.184+01	0.3783+01	0.2422+01	0.1562+01	0.7948+00	0.4855+01	0.6078+00
0.186+01	0.3870+01	0.2454+01	0.1577+01	0.7857+00	0.4950+01	0.6036+00
0.188+01	0.3957+01	0.2485+01	0.1592+01	0.7765+00	0.5045+01	0.5996+00
0.190+01	0.4045+01	0.2516+01	0.1608+01	0.7674+00	0.5142+01	0.5956+00
0.192+01	0.4134+01	0.2546+01	0.1624+01	0.7581+00	0.5239+01	0.5918+00
0.194+01	0.4224+01	0.2577+01	0.1639+01	0.7488+00	0.5338+01	0.5880+00
0.196+01	0.4315+01	0.2607+01	0.1655+01	0.7395+00	0.5438+01	0.5844+00
0.198+01	0.4407+01	0.2637+01	0.1671+01	0.7302+00	0.5539+01	0.5808+00
0.200+01	0.4500+01	0.2667+01	0.1687+01	0.7209+00	0.5640+01	0.5774+00
0.205+01	0.4736+01	0.2740+01	0.1729+01	0.6975+00	0.5900+01	0.5691+00
0.210+01	0.4978+01	0.2812+01	0.1770+01	0.6742+00	0.6165+01	0.5613+00
0.215+01	0.5226+01	0.2882+01	0.1813+01	0.6511+00	0.6438+01	0.5540+00
0.220+01	0.5480+01	0.2951+01	0.1857+01	0.6281+00	0.6716+01	0.5471+00
0.225+01	0.5740+01	0.3019+01	0.1901+01	0.6055+00	0.7002+01	0.5406+00
0.230+01	0.6005+01	0.3085+01	0.1947+01	0.5833+00	0.7294+01	0.5344+00
0.235+01	0.6276+01	0.3149+01	0.1993+01	0.5615+00	0.7592+01	0.5286+00
0.240+01	0.6553+01	0.3212+01	0.2040+01	0.5401+00	0.7897+01	0.5231+00
0.245+01	0.6836+01	0.3273+01	0.2088+01	0.5193+00	0.8208+01	0.5179+00
0.250+01	0.7125+01	0.3333+01	0.2137+01	0.4990+00	0.8526+01	0.5130+00
0.255+01	0.7420+01	0.3392+01	0.2187+01	0.4793+00	0.8850+01	0.5083+00
0.260+01	0.7720+01	0.3449+01	0.2238+01	0.4601+00	0.9181+01	0.5039+00
0.265+01	0.8026+01	0.3505+01	0.2290+01	0.4416+00	0.9519+01	0.4996+00
0.270+01	0.8338+01	0.3559+01	0.2343+01	0.4236+00	0.9862+01	0.4956+00
0.275+01	0.8656+01	0.3612+01	0.2397+01	0.4062+00	0.1021+02	0.4918+00
0.280+01	0.8980+01	0.3664+01	0.2451+01	0.3895+00	0.1057+02	0.4882+00
0.285+01	0.9310+01	0.3714+01	0.2507+01	0.3733+00	0.1093+02	0.4847+00
0.290+01	0.9645+01	0.3763+01	0.2563+01	0.3577+00	0.1130+02	0.4814+00
0.295+01	0.9986+01	0.3811+01	0.2621+01	0.3428+00	0.1168+02	0.4782+00
0.300+01	0.1033+02	0.3857+01	0.2679+01	0.3283+00	0.1206+02	0.4752+00
0.305+01	0.1069+02	0.3902+01	0.2738+01	0.3145+00	0.1245+02	0.4723+00
0.310+01	0.1104+02	0.3947+01	0.2799+01	0.3012+00	0.1285+02	0.4695+00
0.315+01	0.1141+02	0.3990+01	0.2860+01	0.2885+00	0.1325+02	0.4669+00
0.320+01	0.1178+02	0.4031+01	0.2922+01	0.2762+00	0.1366+02	0.4643+00

M_1	$\dfrac{p_2}{p_1}$	$\dfrac{\rho_2}{\rho_1}$	$\dfrac{T_2}{T_1}$	$\dfrac{p_{02}}{p_{01}}$	$\dfrac{p_{02}}{p_1}$	M_2
0.325+01	0.1216+02	0.4072+01	0.2985+01	0.2645+00	0.1407+02	0.4619+00
0.330+01	0.1254+02	0.4112+01	0.3049+01	0.2533+00	0.1449+02	0.4596+00
0.335+01	0.1293+02	0.4151+01	0.3114+01	0.2425+00	0.1492+02	0.4573+00
0.340+01	0.1332+02	0.4188+01	0.3180+01	0.2322+00	0.1535+02	0.4552+00
0.345+01	0.1372+02	0.4225+01	0.3247+01	0.2224+00	0.1579+02	0.4531+00
0.350+01	0.1412+02	0.4261+01	0.3315+01	0.2129+00	0.1624+02	0.4512+00
0.355+01	0.1454+02	0.4296+01	0.3384+01	0.2039+00	0.1670+02	0.4492+00
0.360+01	0.1495+02	0.4330+01	0.3454+01	0.1953+00	0.1716+02	0.4474+00
0.365+01	0.1538+02	0.4363+01	0.3525+01	0.1871+00	0.1762+02	0.4456+00
0.370+01	0.1580+02	0.4395+01	0.3596+01	0.1792+00	0.1810+02	0.4439+00
0.375+01	0.1624+02	0.4426+01	0.3669+01	0.1717+00	0.1857+02	0.4423+00
0.380+01	0.1668+02	0.4457+01	0.3743+01	0.1645+00	0.1906+02	0.4407+00
0.385+01	0.1713+02	0.4487+01	0.3817+01	0.1576+00	0.1955+02	0.4392+00
0.390+01	0.1758+02	0.4516+01	0.3893+01	0.1510+00	0.2005+02	0.4377+00
0.395+01	0.1804+02	0.4544+01	0.3969+01	0.1448+00	0.2056+02	0.4363+00
0.400+01	0.1850+02	0.4571+01	0.4047+01	0.1388+00	0.2107+02	0.4350+00
0.405+01	0.1897+02	0.4598+01	0.4125+01	0.1330+00	0.2159+02	0.4336+00
0.410+01	0.1944+02	0.4624+01	0.4205+01	0.1276+00	0.2211+02	0.4324+00
0.415+01	0.1993+02	0.4650+01	0.4285+01	0.1223+00	0.2264+02	0.4311+00
0.420+01	0.2041+02	0.4675+01	0.4367+01	0.1173+00	0.2318+02	0.4299+00
0.425+01	0.2091+02	0.4699+01	0.4449+01	0.1126+00	0.2372+02	0.4288+00
0.430+01	0.2140+02	0.4723+01	0.4532+01	0.1080+00	0.2427+02	0.4277+00
0.435+01	0.2191+02	0.4746+01	0.4616+01	0.1036+00	0.2483+02	0.4266+00
0.440+01	0.2242+02	0.4768+01	0.4702+01	0.9948−01	0.2539+02	0.4255+00
0.445+01	0.2294+02	0.4790+01	0.4788+01	0.9550−01	0.2596+02	0.4245+00
0.450+01	0.2346+02	0.4812+01	0.4875+01	0.9170−01	0.2654+02	0.4236+00
0.455+01	0.2399+02	0.4833+01	0.4963+01	0.8806−01	0.2712+02	0.4226+00
0.460+01	0.2452+02	0.4853+01	0.5052+01	0.8459−01	0.2771+02	0.4217+00
0.465+01	0.2506+02	0.4873+01	0.5142+01	0.8126−01	0.2831+02	0.4208+00
0.470+01	0.2560+02	0.4893+01	0.5233+01	0.7809−01	0.2891+02	0.4199+00
0.475+01	0.2616+02	0.4912+01	0.5325+01	0.7505−01	0.2952+02	0.4191+00
0.480+01	0.2671+02	0.4930+01	0.5418+01	0.7214−01	0.3013+02	0.4183+00
0.485+01	0.2728+02	0.4948+01	0.5512+01	0.6936−01	0.3075+02	0.4175+00
0.490+01	0.2784+02	0.4966+01	0.5607+01	0.6670−01	0.3138+02	0.4167+00
0.495+01	0.2842+02	0.4983+01	0.5703+01	0.6415−01	0.3201+02	0.4160+00
0.500+01	0.2900+02	0.5000+01	0.5800+01	0.6172−01	0.3265+02	0.4152+00
0.510+01	0.3018+02	0.5033+01	0.5997+01	0.5715−01	0.3395+02	0.4138+00
0.520+01	0.3138+02	0.5064+01	0.6197+01	0.5297−01	0.3528+02	0.4125+00
0.530+01	0.3260+02	0.5093+01	0.6401+01	0.4913−01	0.3663+02	0.4113+00
0.540+01	0.3385+02	0.5122+01	0.6610+01	0.4560−01	0.3801+02	0.4101+00

M_1	$\dfrac{p_2}{p_1}$	$\dfrac{\rho_2}{\rho_1}$	$\dfrac{T_2}{T_1}$	$\dfrac{p_{02}}{p_{01}}$	$\dfrac{p_{02}}{p_1}$	M_2
0.550+01	0.3512+02	0.5149+01	0.6822+01	0.4236−01	0.3941+02	0.4090+00
0.560+01	0.3642+02	0.5175+01	0.7038+01	0.3938−01	0.4084+02	0.4079+00
0.570+01	0.3774+02	0.5200+01	0.7258+01	0.3664−01	0.4230+02	0.4069+00
0.580+01	0.3908+02	0.5224+01	0.7481+01	0.3412−01	0.4378+02	0.4059+00
0.590+01	0.4044+02	0.5246+01	0.7709+01	0.3180−01	0.4528+02	0.4050+00
0.600+01	0.4183+02	0.5268+01	0.7941+01	0.2965−01	0.4682+02	0.4052+00
0.610+01	0.4324+02	0.5289+01	0.8176+01	0.2767−01	0.4837+02	0.4033+00
0.620+01	0.4468+02	0.5309+01	0.8415+01	0.2584−01	0.4996+02	0.4025+00
0.630+01	0.4614+02	0.5329+01	0.8658+01	0.2416−01	0.5157+02	0.4018+00
0.640+01	0.4762+02	0.5347+01	0.8905+01	0.2259−01	0.5320+02	0.4011+00
0.650+01	0.4912+02	0.5365+01	0.9156+01	0.2115−01	0.5486+02	0.4004+00
0.660+01	0.5065+02	0.5382+01	0.9411+01	0.1981−01	0.5655+02	0.3997+00
0.670+01	0.5220+02	0.5399+01	0.9670+01	0.1857−01	0.5826+02	0.3991+00
0.680+01	0.5378+02	0.5415+01	0.9933+01	0.1741−01	0.6000+02	0.3985+00
0.690+01	0.5538+02	0.5430+01	0.1020+02	0.1635−01	0.6176+02	0.3979+00
0.700+01	0.5700+02	0.5444+01	0.1047+02	0.1535−01	0.6355+02	0.3974+00
0.710+01	0.5864+02	0.5459+01	0.1074+02	0.1443−01	0.6537+02	0.3968+00
0.720+01	0.6031+02	0.5472+01	0.1102+02	0.1357−01	0.6721+02	0.3963+00
0.730+01	0.6200+02	0.5485+01	0.1130+02	0.1277−01	0.6908+02	0.3958+00
0.740+01	0.6372+02	0.5498+01	0.1159+02	0.1202−01	0.7097+02	0.3954+00
0.750+01	0.6546+02	0.5510+01	0.1188+02	0.1133−01	0.7289+02	0.3949+00
0.760+01	0.6722+02	0.5522+01	0.1217+02	0.1068−01	0.7483+02	0.3945+00
0.770+01	0.6900+02	0.5533+01	0.1247+02	0.1008−01	0.7680+02	0.3941+00
0.780+01	0.7081+02	0.5544+01	0.1277+02	0.9510−02	0.7880+02	0.3937+00
0.790+01	0.7264+02	0.5555+01	0.1308+02	0.8982−02	0.8082+02	0.3933+00
0.800+01	0.7450+02	0.5565+01	0.1339+02	0.8488−02	0.8287+02	0.3929+00
0.900+01	0.9433+02	0.5651+01	0.1669+02	0.4964−02	0.1048+03	0.3898+00
0.100+02	0.1165+03	0.5714+01	0.2039+02	0.3045−02	0.1292+03	0.3876+00
0.110+02	0.1410+03	0.5762+01	0.2447+02	0.1945−02	0.1563+03	0.3859+00
0.120+02	0.1678+03	0.5799+01	0.2894+02	0.1287−02	0.1859+03	0.3847+00
0.130+02	0.1970+03	0.5828+01	0.3380+02	0.8771−03	0.2181+03	0.3837+00
0.140+02	0.2285+03	0.5851+01	0.3905+02	0.6138−03	0.2528+03	0.3829+00
0.150+02	0.2623+03	0.5870+01	0.4469+02	0.4395−03	0.2902+03	0.3823+00
0.160+02	0.2985+03	0.5885+01	0.5072+02	0.3212−03	0.3301+03	0.3817+00
0.170+02	0.3370+03	0.5898+01	0.5714+02	0.2390−03	0.3726+03	0.3813+00
0.180+02	0.3778+03	0.5909+01	0.6394+02	0.1807−03	0.4176+03	0.3810+00
0.190+02	0.4210+03	0.5918+01	0.7114+02	0.1386−03	0.4653+03	0.3806+00
0.200+02	0.4665+03	0.5926+01	0.7872+02	0.1078−03	0.5155+03	0.3804+00
0.220+02	0.5645+03	0.5939+01	0.9506+02	0.6741−04	0.6236+03	0.3800+00
0.240+02	0.6718+03	0.5948+01	0.1129+03	0.4388−04	0.7421+03	0.3796+00

M_1	$\dfrac{p_2}{p_1}$	$\dfrac{\rho_2}{\rho_1}$	$\dfrac{T_2}{T_1}$	$\dfrac{p_{02}}{p_{01}}$	$\dfrac{p_{02}}{p_1}$	M_2
0.260+02	0.7885+03	0.5956+01	0.1324+03	0.2953−04	0.8709+03	0.3794+00
0.280+02	0.9145+03	0.5962+01	0.1534+03	0.2046−04	0.1010+04	0.3792+00
0.300+02	0.1050+04	0.5967+01	0.1759+03	0.1453−04	0.1159+04	0.3790+00
0.320+02	0.1194+04	0.5971+01	0.2001+03	0.1055−04	0.1319+04	0.3789+00
0.340+02	0.1348+04	0.5974+01	0.2257+03	0.7804−05	0.1489+04	0.3788+00
0.360+02	0.1512+04	0.5977+01	0.2529+03	0.5874−05	0.1669+04	0.3787+00
0.380+02	0.1648+04	0.5979+01	0.2817+03	0.4488−05	0.1860+04	0.3786+00
0.400+02	0.1866+04	0.5981+01	0.3121+03	0.3477−05	0.2061+04	0.3786+00
0.420+02	0.2058+04	0.5983+01	0.3439+03	0.2727−05	0.2272+04	0.3785+00
0.440+02	0.2258+04	0.5985+01	0.3774+03	0.2163−05	0.2493+04	0.3785+00
0.460+02	0.2468+04	0.5986+01	0.4124+03	0.1733−05	0.2725+04	0.3784+00
0.480+02	0.2688+04	0.5987+01	0.4489+03	0.1402−05	0.2967+04	0.3784+00
0.500+02	0.2916+04	0.5988+01	0.4871+03	0.1144−05	0.3219+04	0.3784+00

표 Ⅲ. 파각 β(경사충격파) γ=1.4

꺾임각 θ(deg)

M_1 \ M_1	0.0	2.0	4.0	6.0	8.0	10.0	12.0	14.0	16.0	18.0	20.0	22.0	24.0	26.0	28.0	30.0	32.0	34.0	36.0	38.0	40.0
1.00																					
1.01	81.93	85.36	0.05																		
1.02	78.64	83.49	0.14																		
1.03	76.14	82.08	0.26																		
1.04	74.06	80.93	0.40																		
1.05	72.25	79.94	0.56																		
1.06	70.63	79.06	0.73																		
1.07	69.16	78.27	0.91																		
1.08	67.81	77.56	1.10																		
1.09	66.55	76.90	1.30																		
1.10	65.38	76.30	1.52																		
1.11	64.28	75.73	1.73																		
1.12	63.23	75.21	1.96																		
1.13	62.25	70.93	74.72	2.19																	
1.14	61.31	68.71	74.26	2.43																	
1.15	60.41	67.00	73.82	2.67																	
1.16	59.55	65.56	73.41	2.92																	
1.17	58.73	64.28	73.02	3.17																	
1.18	57.94	63.11	72.66	3.42																	
1.19	57.18	62.05	72.31	3.68																	

M_1	꺽임각 θ(deg)																				
	0.0	2.0	4.0	6.0	8.0	10.0	12.0	14.0	16.0	18.0	20.0	22.0	24.0	26.0	28.0	30.0	32.0	34.0	36.0	38.0	40.0
1.20	56.44	61.05	71.96	3.94																	
1.21	55.74	60.12	68.09	71.66	4.21																
1.22	55.05	59.24	66.03	71.36	4.47																
1.23	54.39	58.40	64.47	71.07	4.74																
1.24	53.75	57.60	63.15	70.80	5.01																
1.25	53.13	56.04	61.99	70.54	5.29																
1.26	52.53	56.12	60.93	70.29	5.56																
1.27	51.94	55.42	59.97	70.05	5.83																
1.28	51.38	54.75	59.06	67.38	69.82	6.11															
1.29	50.82	54.10	58.22	65.05	69.60	6.39															
1.30	50.28	53.47	57.42	63.46	69.40	6.66															
1.31	49.76	52.87	56.67	62.16	69.19	6.94															
1.32	49.25	52.28	55.95	61.03	69.00	7.22															
1.33	48.75	51.72	55.26	60.02	68.82	7.49															
1.34	48.27	51.17	54.60	59.09	68.64	7.77															
1.35	47.79	50.63	53.97	58.23	66.91	68.47	8.05														
1.36	47.33	50.11	53.36	57.43	64.29	68.31	8.33														
1.37	46.88	49.61	52.77	56.68	62.70	68.15	8.60														
1.38	46.44	49.12	52.20	55.96	61.43	68.00	8.88														
1.39	46.01	48.64	51.65	55.28	60.34	67.85	9.15														

편입각 θ(deg)

M_1	0.0	2.0	4.0	6.0	8.0	10.0	12.0	14.0	16.0	18.0	20.0	22.0	24.0	26.0	28.0	30.0	32.0	34.0	36.0	38.0	40.0
1.40	45.58	48.17	51.12	54.63	59.37	67.72	9.43														
1.41	45.17	47.72	50.60	54.01	59.48	67.58	9.70														
1.42	44.77	47.27	50.10	53.42	57.67	67.45	9.97														
1.43	44.37	46.84	49.61	52.64	56.91	63.95	67.33	10.25													
1.44	43.98	46.42	49.14	52.29	56.19	62.31	67.21	10.52													
1.45	43.60	46.00	48.68	51.76	55.52	61.05	67.10	10.79													
1.46	43.23	45.60	48.23	51.24	54.87	59.98	66.99	11.05													
1.47	42.88	45.20	47.79	50.74	54.26	59.04	66.88	11.32													
1.48	42.51	44.82	47.37	50.25	53.86	58.19	66.78	11.59													
1.49	42.16	44.44	46.95	49.78	53.11	57.41	66.68	11.85													
1.50	41.81	44.06	46.54	49.33	52.57	56.68	64.36	66.59	12.11												
1.51	41.47	43.70	46.15	48.88	52.05	56.00	62.42	66.50	12.37												
1.52	41.14	43.34	45.76	48.45	51.55	55.35	61.10	66.41	12.63												
1.53	40.81	42.99	45.38	48.03	51.06	54.74	60.02	66.33	12.89												
1.54	40.49	42.65	45.01	47.62	50.59	54.16	59.08	66.25	13.15												
1.55	40.18	42.32	44.64	47.21	50.13	53.60	58.24	66.17	13.40												
1.56	39.87	41.99	44.29	46.82	49.69	53.06	57.47	66.10	13.66												
1.57	39.56	41.66	43.94	46.44	49.26	52.55	56.77	66.03	13.91												
1.58	39.27	41.34	43.59	46.07	48.84	52.05	56.10	63.38	65.96	14.16											
1.59	38.97	41.03	43.26	45.70	48.43	51.58	55.48	61.73	65.89	14.41											

M_1	꺾임각 θ(deg)																				
	0.0	2.0	4.0	6.0	8.0	10.0	12.0	14.0	16.0	18.0	20.0	22.0	24.0	26.0	28.0	30.0	32.0	34.0	36.0	38.0	40.0
1.60	38.68	40.72	42.93	45.34	48.03	51.12	54.69	60.54	65.83	14.65											
1.61	38.40	40.42	42.61	44.99	47.64	50.67	54.33	59.55	65.77	14.90											
1.62	38.12	40.13	42.29	44.65	47.26	50.23	53.79	58.69	65.71	15.14											
1.63	37.84	39.84	41.98	44.32	46.89	49.81	53.28	57.91	65.65	15.38											
1.64	37.57	39.55	41.68	43.99	46.53	49.41	52.79	57.20	65.60	15.62											
1.65	37.31	39.27	41.38	43.67	46.18	49.01	52.31	56.54	65.55	15.86											
1.66	37.04	38.99	41.08	43.35	45.84	48.62	51.85	55.93	63.58	65.50	16.09										
1.67	36.78	38.72	40.79	43.04	45.50	48.24	51.41	55.34	61.80	65.45	16.32										
1.68	36.53	38.45	40.51	42.74	45.17	47.88	50.98	54.79	60.60	65.40	16.55										
1.69	36.28	38.19	40.23	42.44	44.85	47.52	50.57	54.27	59.63	65.36	16.78										
1.70	36.03	37.93	39.96	42.14	44.53	47.17	50.17	53.77	58.79	65.32	17.01										
1.71	35.79	37.67	39.69	41.86	44.22	46.82	49.78	53.29	58.05	65.28	17.24										
1.72	35.55	37.42	39.42	41.57	43.91	46.49	49.40	52.83	57.36	65.24	17.46										
1.73	35.31	37.17	39.16	41.30	43.61	46.16	49.03	52.39	56.73	65.20	17.68										
1.74	35.08	36.93	38.90	41.02	43.32	45.84	48.67	51.96	56.14	65.17	17.90										
1.75	34.85	36.69	38.65	40.76	43.03	45.53	48.32	51.55	55.59	62.94	65.13	18.12									
1.76	34.62	36.45	38.40	40.49	42.75	45.22	47.98	51.15	55.06	61.42	65.10	18.34									
1.77	34.40	36.22	38.16	40.23	42.48	44.92	47.64	50.76	54.57	60.34	65.07	18.55									
1.78	34.18	35.99	37.91	39.98	42.20	44.63	47.32	50.38	54.09	59.46	65.04	18.76									
1.79	33.96	35.76	37.68	39.73	41.94	44.34	47.00	50.02	53.63	58.69	65.01	18.97									

꺾임각 θ(deg)

M_1	0.0	2.0	4.0	6.0	8.0	10.0	12.0	14.0	16.0	18.0	20.0	22.0	24.0	26.0	28.0	30.0	32.0	34.0	36.0	38.0	40.0
1.80	33.75	35.54	37.44	39.48	41.67	44.06	46.69	49.66	53.20	57.99	64.99	19.18									
1.81	33.54	35.32	37.21	39.24	41.42	43.78	46.36	49.31	52.78	57.36	64.96	19.39									
1.82	33.33	35.10	36.99	39.00	41.16	43.51	46.08	48.98	52.37	56.78	64.94	19.59									
1.83	33.12	34.89	36.76	38.76	40.91	43.24	45.79	48.65	51.98	56.23	64.91	19.80									
1.84	32.92	34.68	36.54	38.53	40.67	42.98	45.50	48.33	51.60	55.71	64.89	20.00									
1.85	32.72	34.47	36.32	38.30	40.42	42.72	45.22	48.01	51.23	55.23	62.10	64.87	20.20								
1.86	32.52	34.26	36.11	38.08	40.19	42.46	44.95	47.71	50.88	54.76	60.91	64.85	20.40								
1.87	32.33	34.06	35.90	37.86	39.95	42.21	44.68	47.41	50.53	54.32	59.99	64.83	20.59								
1.88	32.13	33.86	35.69	37.64	39.72	41.97	44.41	47.12	50.19	53.90	59.21	64.82	20.79								
1.89	31.94	33.66	35.48	37.42	39.50	41.73	44.15	46.83	49.86	53.49	58.52	64.80	20.98								
1.90	31.76	33.47	35.28	37.21	39.27	41.49	43.90	46.55	49.54	53.10	57.90	64.78	21.17								
1.91	31.57	33.27	35.08	37.00	39.05	41.26	43.65	46.28	49.23	52.72	57.33	64.77	21.36								
1.92	31.39	33.08	34.80	36.79	38.84	41.03	43.40	46.01	48.93	52.35	56.80	64.75	21.54								
1.93	31.21	32.90	34.69	36.59	38.62	40.08	43.16	45.74	48.63	52.00	56.30	64.74	21.73								
1.94	31.03	32.71	34.49	36.39	38.41	40.58	42.92	45.48	48.34	51.65	55.83	64.73	21.91								
1.95	30.85	32.33	34.30	36.19	38.20	40.36	42.69	45.23	48.06	51.32	55.38	62.86	64.72	22.05							
1.96	30.68	32.35	34.12	36.00	38.00	40.14	42.46	44.98	47.78	51.00	54.96	61.49	64.71	22.27							
1.97	30.51	32.17	33.93	35.80	37.80	39.93	42.23	44.74	47.51	50.68	54.55	60.53	64.70	22.45							
1.98	30.33	31.99	33.75	35.61	37.60	39.72	42.01	44.50	47.25	50.37	54.16	59.74	64.69	22.63							
1.99	30.17	31.82	33.57	35.43	37.40	39.52	41.79	44.26	46.99	50.08	53.78	59.06	64.68	22.80							

꺾임각 θ(deg)

M_1	0.0	2.0	4.0	6.0	8.0	10.0	12.0	14.0	16.0	18.0	20.0	22.0	24.0	26.0	28.0	30.0	32.0	34.0	36.0	38.0	40.0
2.00	30.33	31.65	33.39	35.24	37.21	39.31	41.58	44.03	46.73	49.79	53.42	58.46	64.67	22.97							
2.02	29.67	31.31	33.04	34.88	36.83	38.92	41.15	43.58	46.24	49.22	52.74	57.39	64.65	23.31							
2.04	29.35	30.98	32.70	34.52	36.46	38.53	40.75	43.14	45.76	48.69	52.09	56.46	64.64	23.65							
2.06	29.04	30.66	32.37	34.18	36.10	38.15	40.35	42.72	45.30	48.17	51.49	55.63	64.63	23.98							
2.08	28.74	30.34	32.04	33.84	35.75	37.79	39.97	42.31	44.86	47.68	50.91	54.87	61.28	64.63	24.30						
2.10	28.44	30.03	31.72	33.51	35.41	37.43	39.59	41.91	44.43	47.21	50.36	54.17	59.77	64.62	24.61						
2.12	28.14	29.73	31.41	33.19	35.08	37.09	39.23	41.53	44.02	46.75	49.84	53.52	58.62	64.62	24.92						
2.14	27.86	29.44	31.11	32.88	34.76	36.75	38.87	41.15	43.62	46.32	49.35	52.91	57.65	64.62	25.23						
2.16	27.58	29.15	30.81	32.57	34.44	36.42	38.53	40.79	43.23	45.89	48.87	52.34	56.81	64.62	25.52						
2.18	27.30	28.87	30.52	32.27	34.13	36.10	38.20	40.44	42.85	45.49	48.41	51.79	56.05	64.62	25.82						
2.20	27.04	28.59	30.24	31.98	33.83	35.79	37.87	40.09	42.49	45.09	47.98	51.28	55.36	62.70	64.62	26.10					
2.22	26.77	28.32	29.96	31.69	33.53	35.48	37.55	39.76	42.14	44.71	47.55	50.79	54.72	60.85	64.62	26.38					
2.24	26.51	28.06	29.69	31.42	33.24	35.18	37.24	39.44	41.79	44.34	47.15	50.32	54.12	59.63	64.63	26.66					
2.26	26.26	27.80	29.42	31.14	32.96	34.89	36.94	39.12	41.46	43.98	46.75	49.87	53.56	58.65	64.64	26.93					
2.28	26.01	27.54	29.16	30.87	32.69	34.60	36.64	38.81	41.13	43.64	46.37	49.44	53.03	57.82	64.64	27.19					
2.30	25.77	27.29	28.91	30.61	32.42	34.33	36.35	38.51	40.82	43.30	46.01	49.03	52.54	57.08	64.65	27.45					
2.32	25.53	27.05	28.66	30.35	32.15	34.05	36.07	38.22	40.51	42.97	45.65	48.63	52.06	56.41	64.66	27.71					
2.34	25.30	26.81	28.41	30.10	31.89	33.79	35.80	37.93	40.21	42.65	45.31	48.25	51.61	55.79	64.67	27.96					
2.36	25.07	26.58	28.17	29.86	31.64	33.53	35.53	37.65	39.91	42.34	44.97	47.88	51.18	55.22	61.97	64.68	28.20				
2.38	24.85	26.35	27.93	29.61	31.39	33.27	35.26	37.38	39.63	42.04	44.65	47.52	50.77	54.69	60.65	64.70	28.45				

꺽임각 θ(deg)

M_1	0.0	2.0	4.0	6.0	8.0	10.0	12.0	14.0	16.0	18.0	20.0	22.0	24.0	26.0	28.0	30.0	32.0	34.0	36.0	38.0	40.0
2.40	24.62	26.12	27.70	29.38	31.15	33.02	35.01	37.11	39.35	41.75	44.34	47.17	50.37	54.18	59.66	64.71	28.68				
2.42	24.41	25.90	27.48	29.14	30.91	32.78	34.76	36.85	39.08	41.46	44.03	46.84	49.99	53.71	58.83	64.72	28.91				
2.44	24.19	25.68	27.25	28.92	30.68	32.54	34.51	36.60	38.82	41.18	43.73	46.52	49.62	53.26	58.11	64.74	29.14				
2.46	23.99	25.47	27.03	28.69	30.45	32.31	34.27	36.35	38.56	40.91	43.45	46.20	49.27	52.83	57.47	64.75	29.36				
2.48	23.78	25.26	26.82	28.47	30.23	32.08	34.03	36.10	38.30	40.65	43.16	45.90	48.93	52.43	56.88	64.77	29.58				
2.50	23.58	25.05	26.61	28.26	30.01	31.85	33.80	35.87	38.06	40.39	42.89	45.60	48.69	52.04	56.33	64.78	29.80				
2.52	23.38	24.85	26.40	28.05	29.79	31.63	33.58	35.63	37.82	40.14	42.62	45.31	48.28	51.66	55.83	64.27	64.80	30.01			
2.54	23.18	24.65	26.20	27.84	29.58	31.41	33.35	35.41	37.58	39.89	42.36	45.04	47.97	51.30	55.36	62.05	64.81	30.22			
2.56	22.99	24.45	26.00	27.64	29.37	31.20	33.14	35.18	37.35	39.65	42.11	44.76	47.67	50.96	54.91	60.94	64.83	30.42			
2.58	22.81	24.26	25.80	27.44	29.17	30.99	32.92	34.96	37.12	39.41	41.88	44.50	47.38	50.63	54.49	60.08	64.85	30.62			
2.60	22.62	24.07	25.61	27.24	28.97	30.79	32.71	34.75	36.90	39.19	41.62	44.24	47.10	50.31	54.09	59.35	64.87	30.81			
2.62	22.44	23.89	25.42	27.05	28.77	30.59	32.51	34.54	36.68	38.96	41.39	43.99	46.83	50.00	53.71	58.72	64.88	31.01			
2.64	22.26	23.70	25.24	26.86	28.58	30.39	32.31	34.33	36.47	38.74	41.16	43.75	46.56	49.70	53.34	58.14	64.90	31.19			
2.66	22.08	23.52	25.05	26.67	28.39	30.20	32.11	34.13	36.26	38.53	40.95	43.51	46.31	49.41	52.99	57.62	64.92	31.38			
2.68	21.91	23.35	24.87	26.49	28.20	30.01	31.92	33.93	36.06	38.32	40.71	43.28	46.05	49.12	52.66	57.14	64.94	31.56			
2.70	21.74	23.17	24.70	26.31	28.02	29.82	31.73	33.74	35.86	38.11	40.50	43.05	45.81	48.85	52.33	56.69	64.96	31.74			
2.72	21.57	23.00	24.52	26.13	27.84	29.64	31.54	33.55	35.67	37.91	40.29	42.83	45.57	48.59	52.02	56.26	64.97	31.92			
2.74	21.41	22.83	24.35	25.96	27.66	29.46	31.36	33.36	35.48	37.71	40.00	42.61	45.34	48.33	51.72	55.87	63.25	64.99	32.09		
2.76	21.24	22.67	24.10	25.79	27.49	29.28	31.18	33.18	35.29	37.52	39.80	42.40	45.11	48.08	51.44	55.49	62.00	65.01	32.26		
2.78	21.08	22.50	24.02	25.62	27.32	29.11	31.00	33.00	35.10	37.33	39.68	42.19	44.89	47.84	51.16	55.13	61.14	65.03	32.42		

꺾임각 θ(deg)

M_1	0.0	2.0	4.0	6.0	8.0	10.0	12.0	14.0	16.0	18.0	20.0	22.0	24.0	26.0	28.0	30.0	32.0	34.0	36.0	38.0	40.0
2.80	20.92	22.34	23.85	25.45	27.15	28.94	30.83	32.82	34.92	37.14	39.49	41.99	44.63	47.60	50.89	54.79	60.43	65.05	32.59		
2.82	20.77	22.19	23.69	25.29	26.98	28.77	30.66	32.65	34.75	36.96	39.30	41.79	44.47	47.38	50.62	54.46	59.83	65.07	32.75		
2.84	20.62	22.03	23.54	25.13	26.82	28.61	30.49	32.48	34.57	36.78	39.12	41.60	44.26	47.15	50.37	54.14	59.29	65.09	32.91		
2.86	20.47	21.88	23.38	24.97	26.66	28.45	30.33	32.31	34.40	36.60	38.94	41.41	44.06	46.93	50.13	53.84	58.80	65.11	33.06		
2.88	20.32	21.73	23.23	24.82	26.50	28.29	30.17	32.15	34.23	36.43	38.76	41.23	43.86	46.72	49.89	53.55	58.35	65.13	33.21		
2.90	20.17	21.58	23.08	24.67	26.35	28.13	30.01	31.99	34.07	36.26	38.58	41.04	43.67	46.51	49.63	53.27	57.93	65.15	33.36		
2.92	20.03	21.43	22.93	24.52	26.20	27.98	29.85	31.83	33.91	36.10	38.41	40.87	43.48	46.31	49.43	53.00	57.54	65.16	33.51		
2.94	19.89	21.29	22.78	24.37	26.05	27.82	29.70	31.67	33.75	35.94	38.25	40.69	43.30	46.12	49.21	52.74	57.17	65.18	33.65		
2.96	19.75	21.15	22.64	24.22	25.90	27.67	29.55	31.52	33.59	35.78	38.08	40.52	43.12	45.92	49.00	52.49	56.83	65.20	33.82		
2.98	19.61	21.00	22.49	24.08	25.75	27.53	29.40	31.37	33.44	35.62	37.92	40.36	42.95	45.73	48.79	52.25	56.50	65.22	33.94		
3.00	19.47	20.87	22.35	23.94	25.61	27.38	29.25	31.22	33.29	35.47	37.76	40.19	42.73	45.55	48.59	52.01	56.18	63.63	65.24	34.07	
3.05	19.14	20.53	22.01	23.59	25.26	27.03	28.90	30.86	32.92	35.10	37.38	39.80	42.36	45.11	48.10	51.45	55.46	61.50	65.29	34.41	
3.10	18.82	20.20	21.68	23.26	24.93	26.69	28.55	30.51	32.57	34.74	37.02	39.42	41.97	44.69	47.65	50.93	54.80	60.21	65.34	34.73	
3.15	18.51	19.89	21.37	22.94	24.60	26.37	28.23	30.10	32.24	34.40	36.67	39.06	41.59	44.30	47.22	50.45	54.20	59.20	65.38	35.02	
3.20	18.21	19.59	21.06	22.63	24.29	26.05	27.91	29.86	31.92	34.07	36.34	38.72	41.24	43.92	46.81	49.99	53.65	58.35	65.43	35.35	
3.25	17.92	19.29	20.76	22.33	23.99	25.75	27.60	29.56	31.61	33.76	36.02	38.39	40.90	43.56	46.43	49.57	53.14	57.62	65.47	35.61	
3.30	17.64	19.01	20.48	22.04	23.70	25.46	27.31	29.26	31.31	33.46	35.71	38.08	40.57	43.22	46.06	49.16	52.67	56.96	65.52	35.88	
3.35	17.37	18.73	20.20	21.76	23.42	25.17	27.03	28.98	31.02	33.17	35.42	37.73	40.26	42.90	45.72	48.78	52.22	56.37	63.38	65.56	36.14
3.40	17.10	18.47	19.93	21.49	23.15	24.90	26.75	28.70	30.75	32.89	35.13	37.49	39.97	42.59	45.39	48.42	51.61	55.84	61.91	65.60	36.39
3.45	16.85	18.21	19.67	21.23	22.88	24.64	26.49	28.44	30.48	32.62	34.86	37.21	39.68	42.29	45.07	48.08	51.42	55.34	60.90	65.65	36.63

꺾임각 θ(deg)

M_1	0.0	2.0	4.0	6.0	8.0	10.0	12.0	14.0	16.0	18.0	20.0	22.0	24.0	26.0	28.0	30.0	32.0	34.0	36.0	38.0	40.0
3.50	16.60	17.96	19.42	20.97	22.63	24.38	26.24	28.18	30.22	32.36	34.60	36.95	39.41	42.01	44.77	47.76	51.05	54.89	60.09	65.69	36.87
3.55	16.36	17.71	19.17	20.73	22.30	24.14	25.99	27.94	29.98	32.12	34.35	36.69	39.15	41.74	44.49	47.45	50.70	54.46	59.40	65.73	37.09
3.60	16.13	17.48	18.93	20.49	22.14	23.90	25.75	27.70	29.74	31.88	34.11	36.45	38.90	41.48	44.21	47.15	50.30	54.07	58.79	65.77	37.31
3.65	15.90	17.25	18.70	20.26	21.91	23.67	25.52	27.47	29.51	31.65	33.88	36.21	38.66	41.23	43.95	46.87	50.06	53.69	58.25	65.81	37.51
3.70	15.68	17.03	18.48	20.03	21.69	23.44	25.30	27.25	29.29	31.42	33.65	35.99	38.43	40.99	43.70	46.61	49.77	53.34	57.76	65.85	37.71
3.75	15.47	16.81	18.26	19.81	21.47	23.23	25.08	27.03	29.07	31.21	33.44	35.77	38.20	40.76	43.46	46.35	49.49	53.01	57.31	65.88	37.91
3.80	15.26	16.60	18.05	19.60	21.26	23.02	24.87	26.82	28.86	31.00	33.23	35.56	37.99	40.54	43.23	46.10	49.22	52.70	56.89	64.19	65.92
3.85	15.05	16.39	17.84	19.40	21.05	22.81	24.67	26.62	28.66	30.80	33.03	35.35	37.78	40.33	43.01	45.87	48.96	52.41	56.51	62.94	65.96
3.90	14.86	16.20	17.64	19.20	20.85	22.61	24.47	26.42	28.47	30.61	32.83	35.16	37.53	40.13	42.80	45.65	48.72	52.13	56.15	62.09	65.99
3.95	14.66	16.00	17.45	19.00	20.66	22.42	24.28	26.23	28.28	30.42	32.65	34.97	37.39	39.93	42.60	45.43	48.48	51.86	55.81	61.41	66.03
4.00	14.48	15.81	17.26	18.81	20.47	22.23	24.09	26.05	28.10	30.24	32.46	34.79	37.21	39.74	42.40	45.22	48.26	51.61	55.50	60.83	66.06
4.05	14.29	15.63	17.07	18.63	20.29	22.05	23.91	25.87	27.92	30.06	32.29	34.61	37.03	39.56	42.21	45.03	48.04	51.36	55.20	60.32	66.09
4.10	14.12	15.45	16.89	18.45	20.11	21.88	23.74	25.70	27.75	29.89	32.12	34.44	36.86	39.38	42.03	44.83	47.84	51.13	54.92	59.86	66.12
4.15	13.94	15.27	16.72	18.27	19.94	21.70	23.57	25.53	27.58	29.72	31.95	34.27	36.69	39.21	41.86	44.65	47.64	50.91	54.65	59.45	66.15
4.20	13.77	15.10	16.55	18.10	19.77	21.54	23.41	25.37	27.42	29.56	31.79	34.11	36.53	39.05	41.69	44.47	47.45	50.70	54.39	59.07	66.18
4.25	13.61	14.94	16.38	17.94	19.60	21.37	23.24	25.21	27.27	29.41	31.64	33.96	36.37	38.89	41.52	44.30	47.27	50.50	54.15	58.72	66.21
4.30	13.45	14.77	16.22	17.78	19.44	21.22	23.09	25.06	27.11	29.26	31.49	33.81	36.22	38.74	41.37	44.14	47.09	50.30	53.92	58.40	66.24
4.35	13.29	14.62	16.06	17.62	19.29	21.06	22.94	24.91	26.97	29.11	31.35	33.67	36.08	38.59	41.22	43.98	46.92	50.12	53.71	58.10	66.27
4.40	13.14	14.46	15.90	17.46	19.13	20.91	22.79	24.76	26.82	28.97	31.20	33.53	35.94	38.45	41.07	43.83	46.76	49.94	53.50	57.81	66.30
4.45	12.99	14.31	15.75	17.31	18.99	20.77	22.65	24.62	26.68	28.83	31.07	33.39	35.80	38.31	40.93	43.68	46.60	49.77	53.30	57.54	65.77

M_1	꺾임각 θ(deg)																				
M_1	0.0	2.0	4.0	6.0	8.0	10.0	12.0	14.0	16.0	18.0	20.0	22.0	24.0	26.0	28.0	30.0	32.0	34.0	36.0	38.0	40.0
4.50	12.84	14.16	15.61	17.17	18.84	20.62	22.50	24.48	26.55	28.70	30.94	33.26	35.67	38.17	40.79	43.54	46.45	49.60	53.10	57.29	64.34
4.55	12.70	14.02	15.46	17.02	18.70	20.48	22.37	24.35	26.42	28.57	30.81	33.13	35.54	38.04	40.66	43.40	46.31	49.44	52.92	57.05	63.58
4.60	12.56	13.88	15.32	16.88	18.56	20.35	22.24	24.22	26.29	28.44	30.68	33.00	35.41	37.92	40.53	43.27	46.17	49.29	52.75	56.83	63.00
4.65	12.42	13.74	15.18	16.75	18.43	20.22	22.11	24.09	26.16	28.32	30.56	32.88	35.29	37.80	40.40	43.14	46.03	49.14	52.58	56.61	62.51
4.70	12.28	13.60	15.05	16.61	18.30	20.09	21.98	23.97	26.04	28.20	30.44	32.77	35.18	37.68	40.28	43.01	45.90	49.00	52.41	56.40	62.09
4.75	12.15	13.47	14.92	16.48	18.17	19.96	21.86	23.85	25.92	28.09	30.33	32.65	35.06	37.56	40.17	42.89	45.77	48.86	52.26	56.21	61.71
4.80	12.02	13.34	14.79	16.36	18.04	19.84	21.74	23.73	25.81	27.97	30.22	32.54	34.95	37.45	40.05	42.78	45.65	48.73	52.11	56.02	61.37
4.85	11.90	13.22	14.66	16.23	17.92	19.72	21.62	23.61	25.70	27.86	30.11	32.44	34.85	37.34	39.94	42.66	45.53	48.60	51.96	55.84	61.06
4.90	11.78	13.09	14.54	16.11	17.80	19.60	21.50	23.50	25.59	27.76	30.00	32.33	34.74	37.24	39.84	42.55	45.42	48.47	51.82	55.67	60.78
4.95	11.66	12.97	14.42	15.99	17.68	19.49	21.39	23.39	25.48	27.65	29.90	32.23	34.64	37.14	39.73	42.45	45.30	48.35	51.69	55.51	60.51
5.00	11.54	12.85	14.30	15.88	17.57	19.38	21.28	23.29	25.38	27.55	29.80	32.13	34.54	37.04	39.63	42.34	45.20	48.24	51.56	55.35	60.26
5.25	10.98	12.29	13.75	15.33	17.03	18.85	20.78	22.79	24.90	27.08	29.34	31.68	34.09	36.59	39.17	41.87	44.70	47.71	50.97	54.65	59.21
5.50	10.48	11.79	13.24	14.84	16.55	18.39	20.32	22.35	24.47	26.66	28.93	31.20	33.69	36.19	38.77	41.46	44.28	47.26	50.47	54.06	58.40
5.75	10.02	11.33	12.79	14.39	16.12	17.97	19.92	21.96	24.09	26.30	28.57	30.92	33.34	35.84	38.42	41.11	43.91	46.87	50.04	53.56	57.74
6.00	9.59	10.91	12.37	13.98	15.73	17.59	19.55	21.61	23.75	25.97	28.26	30.61	33.04	35.54	38.12	40.79	43.58	46.52	49.67	53.14	57.19
6.25	9.21	10.52	11.99	13.61	15.37	17.24	19.22	21.29	23.45	25.67	27.97	30.33	32.76	35.26	37.84	40.52	43.30	46.22	49.35	52.77	56.72
6.50	8.85	10.16	11.64	13.27	15.04	16.93	18.92	21.01	23.17	25.41	27.71	30.08	32.52	35.02	37.60	40.27	43.05	45.96	49.06	52.44	56.32
6.75	8.52	9.83	11.32	12.96	14.74	16.64	18.65	20.75	22.93	25.17	27.48	29.86	32.30	34.80	37.38	40.05	42.82	45.72	48.81	52.16	55.98
7.00	8.21	9.53	11.02	12.67	14.46	16.38	18.40	20.51	22.70	24.96	27.28	29.66	32.10	34.61	37.19	39.85	42.62	45.51	48.58	51.91	55.67
7.25	7.93	9.24	10.74	12.40	14.21	16.14	18.18	20.30	22.50	24.76	27.09	29.48	31.92	34.43	37.01	39.60	42.44	45.33	48.38	51.69	55.41

꺾임각 θ(deg)

M_1	0.0	2.0	4.0	6.0	8.0	10.0	12.0	14.0	16.0	18.0	20.0	22.0	24.0	26.0	28.0	30.0	32.0	34.0	36.0	38.0	40.0
7.50	7.66	8.98	10.48	12.16	13.98	15.92	17.97	20.10	22.31	24.58	26.92	29.31	31.76	34.27	36.88	39.52	42.28	45.16	48.20	51.49	55.17
7.75	7.41	8.73	10.24	11.93	13.76	15.72	17.78	19.92	22.14	24.42	26.76	29.16	31.61	34.13	36.71	39.37	42.13	45.00	48.04	51.31	54.96
8.00	7.18	8.50	10.02	11.71	13.56	15.53	17.60	19.76	21.98	24.27	26.62	29.02	31.48	34.00	36.58	39.24	41.99	44.86	47.89	51.15	54.77
8.25	6.96	8.28	9.81	11.51	13.37	15.35	17.44	19.60	21.84	24.14	26.49	28.90	31.36	33.88	36.46	39.12	41.87	44.74	47.76	51.00	54.60
8.50	6.76	8.08	9.61	11.33	13.20	15.19	17.29	19.46	21.71	24.01	26.37	28.78	31.24	33.77	36.35	39.01	41.76	44.62	47.64	50.86	54.44
8.75	6.56	7.89	9.43	11.15	13.04	15.04	17.15	19.33	21.58	23.89	26.26	28.67	31.14	33.67	36.25	38.91	41.66	44.52	47.52	50.74	54.30
9.00	6.38	7.71	9.25	10.99	12.88	14.90	17.02	19.21	21.47	23.79	26.16	28.58	31.05	33.57	36.16	38.82	41.57	44.42	47.42	50.63	54.17
9.25	6.21	7.54	9.09	10.84	12.74	14.77	16.90	19.10	21.36	23.69	26.06	28.48	30.96	33.49	36.08	38.73	41.48	44.33	47.33	50.53	54.06
9.50	6.04	7.38	8.94	10.69	12.61	14.65	16.78	18.99	21.27	23.60	25.97	28.40	30.88	33.41	36.00	38.66	41.40	44.25	47.24	50.44	53.95
9.75	5.89	7.22	8.79	10.56	12.48	14.53	16.68	18.90	21.18	23.51	25.89	28.32	30.80	33.33	35.93	38.58	41.33	44.17	47.16	50.35	53.85
10.00	5.74	7.08	8.65	10.43	12.37	14.43	16.58	18.81	21.09	23.43	25.82	28.25	30.73	33.27	35.80	38.52	41.26	44.10	47.09	50.27	53.76
11.00	5.22	6.56	8.17	9.99	11.96	14.06	16.24	18.50	20.81	23.16	25.56	28.01	30.50	33.04	35.66	38.29	41.03	43.87	46.84	50.01	53.46
12.00	4.78	6.14	7.77	9.63	11.64	13.77	15.98	18.26	20.58	22.96	25.37	27.82	30.32	32.86	35.46	38.12	40.86	43.69	46.66	49.80	53.23
13.00	4.41	5.78	7.44	9.33	11.38	13.54	15.77	18.07	20.41	22.79	25.22	27.68	30.18	32.73	35.33	37.99	40.72	43.56	46.51	49.65	53.06
14.00	4.10	5.48	7.17	9.09	11.16	13.35	15.60	17.91	20.27	22.66	25.09	27.56	30.07	32.62	35.22	37.88	40.62	43.45	46.40	49.53	52.92
15.00	3.82	5.21	6.93	8.88	10.99	13.19	15.46	17.79	20.15	22.56	24.99	27.47	29.98	32.53	35.13	37.80	40.53	43.36	46.31	49.43	52.81
16.00	3.58	4.98	6.73	8.71	10.84	13.06	15.35	17.68	20.06	22.47	24.91	27.39	29.90	32.46	35.06	37.73	40.46	43.29	46.23	49.35	52.72
17.00	3.37	4.78	6.55	8.56	10.71	12.95	15.25	17.60	19.98	22.40	24.84	27.32	29.04	32.40	35.00	37.67	40.40	43.23	46.17	49.28	52.64
18.00	3.18	4.61	6.40	8.43	10.60	12.86	15.17	17.52	19.91	22.33	24.79	27.27	29.79	32.35	34.95	37.62	40.35	43.18	46.12	49.22	52.58
19.00	3.02	4.45	6.27	8.32	10.51	12.78	15.10	17.46	19.86	22.28	24.74	27.22	29.74	32.31	34.91	37.58	40.31	43.13	46.07	49.18	52.53

꺾임각 θ(deg)

M_1	0.0	2.0	4.0	6.0	8.0	10.0	12.0	14.0	16.0	18.0	20.0	22.0	24.0	26.0	28.0	30.0	32.0	34.0	36.0	38.0	40.0
20.00	2.87	4.31	6.15	8.22	10.43	12.71	15.04	17.41	19.81	22.24	24.70	27.18	29.71	32.27	34.88	37.54	40.28	43.10	46.04	49.14	52.48
21.00	2.73	4.19	6.04	8.14	10.36	12.65	14.99	17.36	19.77	22.20	24.66	27.15	29.67	32.24	34.85	37.51	40.24	43.07	46.00	49.10	52.44
22.00	2.61	4.07	5.95	8.06	10.29	12.60	14.94	17.32	19.73	22.17	24.63	27.12	29.65	32.21	34.82	37.48	40.22	43.04	45.98	49.07	52.41
23.00	2.49	3.97	5.87	8.00	10.24	12.55	14.90	17.29	19.70	22.14	24.60	27.09	29.62	32.19	34.80	37.46	40.20	43.02	45.95	49.05	52.38
24.00	2.39	3.88	5.79	7.94	10.19	12.51	14.87	17.26	19.67	22.11	24.58	27.07	29.60	32.17	34.78	37.44	40.17	42.99	45.93	49.02	52.36
25.00	2.29	3.79	5.73	7.88	10.15	12.47	14.84	17.23	19.65	22.09	24.56	27.05	29.58	32.15	34.76	37.42	40.16	42.98	45.91	49.00	52.33

표 Ⅳ. Prandtl-Meyer함수와 마하각($\gamma = 1.4$)

M	ν	μ	M	ν	μ
0.100+01	0.0000+00	0.9000+02	0.140+01	0.8987+01	0.4558+02
0.101+01	0.4472−01	0.8193+02	0.141+01	0.9276+01	0.4517+02
0.102+01	0.1257+00	0.7864+02	0.142+01	0.9565+01	0.4477+02
0.103+01	0.2294+00	0.7614+02	0.143+01	0.9855+01	0.4437+02
0.104+01	0.3510+00	0.7406+02	0.144+01	0.1015+02	0.4398+02
0.105+01	0.4874+00	0.7225+02	0.145+01	0.1044+02	0.4360+02
0.106+01	0.6367+00	0.7063+02	0.146+01	0.1073+02	0.4323+02
0.107+01	0.7973+00	0.6916+02	0.147+01	0.1102+02	0.4286+02
0.108+01	0.9680+00	0.6781+02	0.148+01	0.1132+02	0.4251+02
0.109+01	0.1148+01	0.6655+02	0.149+01	0.1161+02	0.4216+02
0.110+01	0.1336+01	0.6538+02	0.150+01	0.1191+02	0.4181+02
0.111+01	0.1532+01	0.6428+02	0.151+01	0.1220+02	0.4147+02
0.112+01	0.1735+01	0.6323+02	0.152+01	0.1249+02	0.4114+02
0.113+01	0.1944+01	0.6225+02	0.153+01	0.1279+02	0.4081+02
0.114+01	0.2160+01	0.6131+02	0.154+01	0.1309+02	0.4049+02
0.115+01	0.2381+01	0.6041+02	0.155+01	0.1338+02	0.4018+02
0.116+01	0.2607+01	0.5955+02	0.156+01	0.1368+02	0.3987+02
0.117+01	0.2839+01	0.5873+02	0.157+01	0.1397+02	0.3956+02
0.118+01	0.3074+01	0.5794+02	0.158+01	0.1427+02	0.3927+02
0.119+01	0.3314+01	0.5718+02	0.159+01	0.1456+02	0.3897+02
0.120+01	0.3558+01	0.5644+02	0.160+01	0.1486+02	0.3868+02
0.121+01	0.3806+01	0.5574+02	0.161+01	0.1516+02	0.3840+02
0.122+01	0.4057+01	0.5505+02	0.162+01	0.1545+02	0.3812+02
0.123+01	0.4312+01	0.5439+02	0.163+01	0.1575+02	0.3784+02
0.124+01	0.4569+01	0.5375+02	0.164+01	0.1604+02	0.3757+02
0.125+01	0.4830+01	0.5313+02	0.165+01	0.1634+02	0.3731+02
0.126+01	0.5093+01	0.5253+02	0.166+01	0.1663+02	0.3704+02
0.127+01	0.5359+01	0.5194+02	0.167+01	0.1693+02	0.3678+02
0.128+01	0.5627+01	0.5138+02	0.168+01	0.1722+02	0.3653+02
0.129+01	0.5898+01	0.5082+02	0.169+01	0.1752+02	0.3628+02
0.130+01	0.6170+01	0.5028+02	0.170+01	0.1781+02	0.3603+02
0.131+01	0.6445+01	0.4976+02	0.171+01	0.1810+02	0.3579+02
0.132+01	0.6721+01	0.4925+02	0.172+01	0.1840+02	0.3555+02
0.133+01	0.7000+01	0.4875+02	0.173+01	0.1869+02	0.3531+02
0.134+01	0.7279+01	0.4827+02	0.174+01	0.1898+02	0.3508+02
0.135+01	0.7561+01	0.4779+02	0.175+01	0.1927+02	0.3485+02
0.136+01	0.7843+01	0.4733+02	0.176+01	0.1956+02	0.3462+02
0.137+01	0.8128+01	0.4688+02	0.177+01	0.1986+02	0.3440+02
0.138+01	0.8413+01	0.4644+02	0.178+01	0.2015+02	0.3418+02
0.139+01	0.8699+01	0.4601+02	0.179+01	0.2044+02	0.3396+02

M	ν	μ	M	ν	μ
0.180+01	0.2073+02	0.3375+02	0.240+01	0.3675+02	0.2462+02
0.181+01	0.2101+02	0.3354+02	0.242+01	0.3723+02	0.2441+02
0.182+01	0.2130+02	0.3333+02	0.244+01	0.3771+02	0.2419+02
0.183+01	0.2159+02	0.3312+02	0.246+01	0.3818+02	0.2399+02
0.184+01	0.2188+02	0.3292+02	0.248+01	0.3866+02	0.2378+02
0.185+01	0.2216+02	0.3272+02	0.250+01	0.3912+02	0.2358+02
0.186+01	0.2245+02	0.3252+02	0.252+01	0.3959+02	0.2338+02
0.187+01	0.2273+02	0.3233+02	0.254+01	0.4005+02	0.2318+02
0.188+01	0.2302+02	0.3213+02	0.256+01	0.4051+02	0.2299+02
0.189+01	0.2330+02	0.3194+02	0.258+01	0.4096+02	0.2281+02
0.190+01	0.2359+02	0.3176+02	0.260+01	0.4141+02	0.2262+02
0.191+01	0.2387+02	0.3157+02	0.262+01	0.4186+02	0.2244+02
0.192+01	0.2415+02	0.3139+02	0.264+01	0.4231+02	0.2226+02
0.193+01	0.2443+02	0.3121+02	0.266+01	0.4275+02	0.2208+02
0.194+01	0.2471+02	0.3103+02	0.268+01	0.4319+02	0.2191+02
0.195+01	0.2499+02	0.3085+02	0.270+01	0.4362+02	0.2174+02
0.196+01	0.2527+02	0.3068+02	0.272+01	0.4405+02	0.2157+02
0.197+01	0.2555+02	0.3051+02	0.274+01	0.4448+02	0.2141+02
0.198+01	0.2583+02	0.3033+02	0.276+01	0.4491+02	0.2124+02
0.199+01	0.2610+02	0.3017+02	0.278+01	0.4533+02	0.2108+02
0.200+01	0.2683+02	0.3000+02	0.280+01	0.4575+02	0.2092+02
0.202+01	0.2693+02	0.2967+02	0.282+01	0.4616+02	0.2077+02
0.204+01	0.2748+02	0.2935+02	0.284+01	0.4657+02	0.2062+02
0.206+01	0.2802+02	0.2904+02	0.286+01	0.4698+02	0.2047+02
0.208+01	0.2856+02	0.2874+02	0.288+01	0.4739+02	0.2032+02
0.210+01	0.2910+02	0.2844+02	0.290+01	0.4779+02	0.2017+02
0.212+01	0.2963+02	0.2814+02	0.292+01	0.4819+02	0.2003+02
0.214+01	0.3016+02	0.2786+02	0.294+01	0.4859+02	0.1989+02
0.216+01	0.3069+02	0.2758+02	0.296+01	0.4898+02	0.1975+02
0.218+01	0.3121+02	0.2730+02	0.298+01	0.4937+02	0.1961+02
0.220+01	0.3173+02	0.2704+02	0.300+01	0.4976+02	0.1947+02
0.222+01	0.3225+02	0.2677+02	0.302+01	0.5014+02	0.1934+02
0.224+01	0.3276+02	0.2651+02	0.304+01	0.5052+02	0.1920+02
0.226+01	0.3327+02	0.2626+02	0.306+01	0.5090+02	0.1907+02
0.228+01	0.3378+02	0.2601+02	0.308+01	0.5128+02	0.1895+02
0.230+01	0.3428+02	0.2577+02	0.310+01	0.5165+02	0.1882+02
0.232+01	0.3478+02	0.2553+02	0.312+01	0.5202+02	0.1869+02
0.234+01	0.3528+02	0.2530+02	0.314+01	0.5239+02	0.1857+02
0.236+01	0.3577+02	0.2507+02	0.316+01	0.5275+02	0.1845+02
0.238+01	0.3626+02	0.2485+02	0.318+01	0.5311+02	0.1833+02

M	ν	μ	M	ν	μ
0.320+01	0.5347+02	0.1821+02	0.400+01	0.6578+02	0.1448+02
0.322+01	0.5383+02	0.1809+02	0.402+01	0.6605+02	0.1440+02
0.324+01	0.5418+02	0.1798+02	0.404+01	0.6631+02	0.1433+02
0.326+01	0.5453+02	0.1786+02	0.406+01	0.6657+02	0.1426+02
0.328+01	0.5488+02	0.1775+02	0.408+01	0.6683+02	0.1419+02
0.330+01	0.5522+02	0.1764+02	0.410+01	0.6708+02	0.1412+02
0.332+01	0.5556+02	0.1753+02	0.412+01	0.6734+02	0.1405+02
0.334+01	0.5590+02	0.1742+02	0.414+01	0.6759+02	0.1398+02
0.336+01	0.5624+02	0.1731+02	0.416+01	0.6784+02	0.1391+02
0.338+01	0.5658+02	0.1721+02	0.418+01	0.6809+02	0.1384+02
0.340+01	0.5691+02	0.1710+02	0.420+01	0.6833+02	0.1377+02
0.342+01	0.5724+02	0.1700+02	0.422+01	0.6858+02	0.1371+02
0.344+01	0.5756+02	0.1690+02	0.424+01	0.6882+02	0.1364+02
0.346+01	0.5789+02	0.1680+02	0.426+01	0.6906+02	0.1358+02
0.348+01	0.5821+02	0.1670+02	0.428+01	0.6930+02	0.1351+02
0.350+01	0.5853+02	0.1660+02	0.430+01	0.6954+02	0.1345+02
0.352+01	0.5885+02	0.1650+02	0.432+01	0.6978+02	0.1338+02
0.354+01	0.5916+02	0.1641+02	0.434+01	0.7001+02	0.1332+02
0.356+01	0.5947+02	0.1631+02	0.436+01	0.7024+02	0.1326+02
0.358+01	0.5978+02	0.1622+02	0.438+01	0.7048+02	0.1320+02
0.360+01	0.6009+02	0.1613+02	0.440+01	0.7071+02	0.1314+02
0.362+01	0.6040+02	0.1604+02	0.442+01	0.7093+02	0.1308+02
0.364+01	0.6070+02	0.1595+02	0.444+01	0.7116+02	0.1302+02
0.366+01	0.6100+02	0.1586+02	0.446+01	0.7139+02	0.1296+02
0.368+01	0.6130+02	0.1577+02	0.448+01	0.7161+02	0.1290+02
0.370+01	0.6160+02	0.1568+02	0.450+01	0.7183+02	0.1284+02
0.372+01	0.6189+02	0.1559+02	0.452+01	0.7205+02	0.1278+02
0.374+01	0.6218+02	0.1551+02	0.454+01	0.7227+02	0.1272+02
0.376+01	0.6247+02	0.1542+02	0.456+01	0.7249+02	0.1267+02
0.378+01	0.6276+02	0.1534+02	0.458+01	0.7270+02	0.1261+02
0.380+01	0.6304+02	0.1526+02	0.460+01	0.7292+02	0.1256+02
0.382+01	0.6333+02	0.1518+02	0.462+01	0.7313+02	0.1250+02
0.384+01	0.6361+02	0.1509+02	0.464+01	0.7334+02	0.1245+02
0.386+01	0.6389+02	0.1501+02	0.466+01	0.7355+02	0.1239+02
0.388+01	0.6416+02	0.1494+02	0.468+01	0.7376+02	0.1234+02
0.390+01	0.6444+02	0.1486+02	0.470+01	0.7397+02	0.1228+02
0.392+01	0.6471+02	0.1478+02	0.472+01	0.7418+02	0.1223+02
0.394+01	0.6498+02	0.1470+02	0.474+01	0.7438+02	0.1218+02
0.396+01	0.6525+02	0.1463+02	0.476+01	0.7458+02	0.1213+02
0.398+01	0.6552+02	0.1455+02	0.478+01	0.7479+02	0.1208+02

M	ν	μ	M	ν	μ
0.480+01	0.7499+02	0.1202+02	0.650+01	0.8817+02	0.8850+01
0.482+01	0.7519+02	0.1197+02	0.655+01	0.8847+02	0.8782+01
0.484+01	0.7538+02	0.1192+02	0.660+01	0.8876+02	0.8715+01
0.486+01	0.7558+02	0.1187+02	0.665+01	0.8905+02	0.8649+01
0.488+01	0.7578+02	0.1182+02	0.670+01	0.8933+02	0.8584+01
0.490+01	0.7597+02	0.1178+02	0.675+01	0.8962+02	0.8520+01
0.492+01	0.7618+02	0.1173+02	0.680+01	0.8989+02	0.8457+01
0.494+01	0.7635+02	0.1168+02	0.685+01	0.9017+02	0.8394+01
0.496+01	0.7654+02	0.1163+02	0.690+01	0.9044+02	0.8333+01
0.498+01	0.7673+02	0.1158+02	0.695+01	0.9071+02	0.8273+01
0.500+01	0.7692+02	0.1154+02	0.700+01	0.9097+02	0.8213+01
0.505+01	0.7738+02	0.1142+02	0.705+01	0.9123+02	0.8155+01
0.510+01	0.7784+02	0.1131+02	0.710+01	0.9149+02	0.8097+01
0.515+01	0.7829+02	0.1120+02	0.715+01	0.9175+02	0.8040+01
0.520+01	0.7873+02	0.1109+02	0.720+01	0.9200+02	0.7984+01
0.525+01	0.7917+02	0.1098+02	0.725+01	0.9224+02	0.7928+01
0.530+01	0.7960+02	0.1088+02	0.730+01	0.9249+02	0.7874+01
0.535+01	0.8002+02	0.1077+02	0.735+01	0.9273+02	0.7820+01
0.540+01	0.8043+02	0.1067+02	0.740+01	0.9297+02	0.7766+01
0.545+01	0.8084+02	0.1057+02	0.745+01	0.9321+02	0.7714+01
0.550+01	0.8124+02	0.1048+02	0.750+01	0.9344+02	0.7662+01
0.555+01	0.8164+02	0.1038+02	0.755+01	0.9367+02	0.7611+01
0.560+01	0.8203+02	0.1029+02	0.760+01	0.9390+02	0.7561+01
0.565+01	0.8242+02	0.1019+02	0.765+01	0.9412+02	0.7511+01
0.570+01	0.8280+02	0.1010+02	0.770+01	0.9434+02	0.7462+01
0.575+01	0.8317+02	0.1002+02	0.775+01	0.9456+02	0.7414+01
0.580+01	0.8354+02	0.9928+01	0.780+01	0.9478+02	0.7366+01
0.585+01	0.8390+02	0.9842+01	0.785+01	0.9500+02	0.7319+01
0.590+01	0.8426+02	0.9758+01	0.790+01	0.9521+02	0.7272+01
0.595+01	0.8461+02	0.9675+01	0.795+01	0.9542+02	0.7226+01
0.600+01	0.8496+02	0.9594+01	0.800+01	0.9562+02	0.7181+01
0.605+01	0.8530+02	0.9514+01	0.810+01	0.9603+02	0.7092+01
0.610+01	0.8563+02	0.9435+01	0.820+01	0.9643+02	0.7005+01
0.615+01	0.8597+02	0.9358+01	0.830+01	0.9682+02	0.6920+01
0.620+01	0.8629+02	0.9282+01	0.840+01	0.9720+02	0.6837+01
0.625+01	0.8662+02	0.9207+01	0.850+01	0.9757+02	0.6756+01
0.630+01	0.8694+02	0.9133+01	0.860+01	0.9794+02	0.6677+01
0.635+01	0.8725+02	0.9061+01	0.870+01	0.9829+02	0.6600+01
0.640+01	0.8756+02	0.8989+01	0.880+01	0.9864+02	0.6525+01
0.645+01	0.8787+02	0.8919+01	0.890+01	0.9898+02	0.6451+01

M	ν	μ	M	ν	μ
0.900+01	0.9932+02	0.6379+01	0.250+02	0.1190+03	0.2292+01
0.910+01	0.9965+02	0.6309+01	0.260+02	0.1195+03	0.2204+01
0.920+01	0.9997+02	0.6240+01	0.270+02	0.1199+03	0.2123+01
0.930+01	0.1003+03	0.6173+01	0.280+02	0.1202+03	0.2047+01
0.940+01	0.1006+03	0.6107+01	0.290+02	0.1206+03	0.1976+01
0.950+01	0.1009+03	0.6042+01	0.300+02	0.1209+03	0.1910+01
0.960+01	0.1012+03	0.5979+01	0.310+02	0.1212+03	0.1849+01
0.970+01	0.1015+03	0.5917+01	0.320+02	0.1215+03	0.1791+01
0.980+01	0.1018+03	0.5857+01	0.330+02	0.1218+03	0.1737+01
0.990+01	0.1020+03	0.5797+01	0.340+02	0.1220+03	0.1685+01
0.100+02	0.1023+03	0.5739+01	0.350+02	0.1223+03	0.1637+01
0.110+02	0.1048+03	0.5216+01	0.360+02	0.1225+03	0.1592+01
0.120+02	0.1069+03	0.4780+01	0.370+02	0.1227+03	0.1549+01
0.130+02	0.1087+03	0.4412+01	0.380+02	0.1229+03	0.1508+01
0.140+02	0.1102+03	0.4096+01	0.390+02	0.1231+03	0.1469+01
0.150+02	0.1115+03	0.3823+01	0.400+02	0.1233+03	0.1433+01
0.160+02	0.1127+03	0.3583+01	0.410+02	0.1235+03	0.1398+01
0.170+02	0.1137+03	0.3372+01	0.420+02	0.1236+03	0.1364+01
0.180+02	0.1146+03	0.3185+01	0.430+02	0.1238+03	0.1333+01
0.190+02	0.1155+03	0.3017+01	0.440+02	0.1239+03	0.1302+01
0.200+02	0.1162+03	0.2866+01	0.450+02	0.1241+03	0.1273+01
0.210+02	0.1169+03	0.2729+01	0.460+02	0.1242+03	0.1246+01
0.220+02	0.1175+03	0.2605+01	0.470+02	0.1244+03	0.1219+01
0.230+02	0.1180+03	0.2492+01	0.480+02	0.1245+03	0.1194+01
0.240+02	0.1186+03	0.2388+01	0.490+02	0.1246+03	0.1169+01
			0.500+02	0.1247+03	0.1146+01

표 Ⅴ. 마찰이 있는 1 차원 유동

M	$\dfrac{T}{T^*}$	$\dfrac{p}{p^*}$	$\dfrac{\rho}{\rho^*}$	$\dfrac{p_0}{p_0^*}$	$\dfrac{4\bar{f}L^*}{D}$
0.200−01	0.1200+01	0.5477+02	0.4565+02	0.2894+02	0.1778+04
0.400−01	0.1200+01	0.2738+02	0.2283+02	0.1448+02	0.4404+03
0.600−01	0.1199+01	0.1825+02	0.1522+02	0.9666+01	0.1930+03
0.800−01	0.1198+01	0.1368+02	0.1142+02	0.7262+01	0.1067+03
0.100+00	0.1198+01	0.1094+02	0.9138+01	0.5822+01	0.6692+02
0.120+00	0.1197+01	0.9116+01	0.7618+01	0.4864+01	0.4541+02
0.140+00	0.1195+01	0.7809+01	0.6533+01	0.4182+01	0.3251+02
0.160+00	0.1194+01	0.6829+01	0.5720+01	0.3673+01	0.2420+02
0.180+00	0.1192+01	0.6066+01	0.5088+01	0.3278+01	0.1854+02
0.200+00	0.1190+01	0.5455+01	0.4583+01	0.2964+01	0.1453+02
0.220+00	0.1188+01	0.4955+01	0.4169+01	0.2708+01	0.1160+02
0.240+00	0.1186+01	0.4538+01	0.3825+01	0.2496+01	0.9386+01
0.260+00	0.1184+01	0.4185+01	0.3535+01	0.2317+01	0.7688+01
0.280+00	0.1181+01	0.3882+01	0.3286+01	0.2166+01	0.6357+01
0.300+00	0.1179+01	0.3619+01	0.3070+01	0.2035+01	0.5299+01
0.320+00	0.1176+01	0.3389+01	0.2882+01	0.1922+01	0.4447+01
0.340+00	0.1173+01	0.3185+01	0.2716+01	0.1823+01	0.3752+01
0.360+00	0.1170+01	0.3004+01	0.2586+01	0.1736+01	0.3180+01
0.380+00	0.1166+01	0.2842+01	0.2437+01	0.1659+01	0.2705+01
0.400+00	0.1163+01	0.2696+01	0.2318+01	0.1590+01	0.2308+01
0.420+00	0.1159+01	0.2563+01	0.2212+01	0.1529+01	0.1974+01
0.440+00	0.1155+01	0.2443+01	0.2114+01	0.1474+01	0.1692+01
0.460+00	0.1151+01	0.2333+01	0.2026+01	0.1425+01	0.1451+01
0.480+00	0.1147+01	0.2231+01	0.1945+01	0.1380+01	0.1245+01
0.500+00	0.1143+01	0.2138+01	0.1871+01	0.1340+01	0.1069+01
0.520+00	0.1138+01	0.2052+01	0.1802+01	0.1303+01	0.9174+00
0.540+00	0.1134+01	0.1972+01	0.1739+01	0.1270+01	0.7866+00
0.560+00	0.1129+01	0.1898+01	0.1680+01	0.1240+01	0.6736+00
0.580+00	0.1124+01	0.1828+01	0.1626+01	0.1213+01	0.5757+00
0.600+00	0.1119+01	0.1763+01	0.1575+01	0.1188+01	0.4908+00
0.620+00	0.1114+01	0.1703+01	0.1528+01	0.1166+01	0.4172+00
0.640+00	0.1109+01	0.1646+01	0.1484+01	0.1145+01	0.3533+00
0.660+00	0.1104+01	0.1592+01	0.1442+01	0.1127+01	0.2979+00
0.680+00	0.1098+01	0.1541+01	0.1403+01	0.1110+01	0.2498+00
0.700+00	0.1093+01	0.1493+01	0.1367+01	0.1094+01	0.2081+00

M	$\dfrac{T}{T^*}$	$\dfrac{p}{p^*}$	$\dfrac{\rho}{\rho^*}$	$\dfrac{p_0}{p_0^*}$	$\dfrac{4fL^*}{D}$
0.720+00	0.1087+01	0.1448+01	0.1332+01	0.1081+01	0.1721+00
0.740+00	0.1082+01	0.1405+01	0.1299+01	0.1068+01	0.1411+00
0.760+00	0.1076+01	0.1365+01	0.1269+01	0.1057+01	0.1145+00
0.780+00	0.1070+01	0.1326+01	0.1240+01	0.1047+01	0.9167−01
0.800+00	0.1064+01	0.1289+01	0.1212+01	0.1038+01	0.7229−01
0.820+00	0.1058+01	0.1254+01	0.1186+01	0.1030+01	0.5593−01
0.840+00	0.1052+01	0.1221+01	0.1161+01	0.1024+01	0.4226−01
0.860+00	0.1045+01	0.1189+01	0.1137+01	0.1018+01	0.3097−01
0.880+00	0.1039+01	0.1158+01	0.1115+01	0.1013+01	0.2179−01
0.900+00	0.1033+01	0.1129+01	0.1093+01	0.1009+01	0.1451−01
0.920+00	0.1026+01	0.1101+01	0.1073+01	0.1006+01	0.8913−02
0.940+00	0.1020+01	0.1074+01	0.1053+01	0.1003+01	0.4815−02
0.960+00	0.1013+01	0.1049+01	0.1035+01	0.1001+01	0.2057−02
0.980+00	0.1007+01	0.1024+01	0.1017+01	0.1000+01	0.4947−03
0.100+01	0.1000+01	0.1000+01	0.1000+01	0.1000+01	0.0000+00
0.102+01	0.9933+00	0.9771+00	0.9837+00	0.1000+01	0.4587−03
0.104+01	0.9866+00	0.9551+00	0.9681+00	0.1001+01	0.1758−02
0.106+01	0.9798+00	0.9338+00	0.9531+00	0.1003+01	0.3838−02
0.108+01	0.9730+00	0.9133+00	0.9387+00	0.1005+01	0.6585−02
0.110+01	0.9662+00	0.8936+00	0.9249+00	0.1008+01	0.9935−02
0.112+01	0.9593+00	0.8745+00	0.9116+00	0.1011+01	0.1382−01
0.114+01	0.9524+00	0.8561+00	0.8988+00	0.1015+01	0.1819−01
0.116+01	0.9455+00	0.8383+00	0.8865+00	0.1020+01	0.2298−01
0.118+01	0.9386+00	0.8210+00	0.8747+00	0.1025+01	0.2814−01
0.120+01	0.9317+00	0.8044+00	0.8633+00	0.1030+01	0.3364−01
0.122+01	0.9247+00	0.7882+00	0.8524+00	0.1037+01	0.3943−01
0.124+01	0.9178+00	0.7726+00	0.8418+00	0.1043+01	0.4547−01
0.126+01	0.9108+00	0.7574+00	0.8316+00	0.1050+01	0.5174−01
0.128+01	0.9038+00	0.7427+00	0.8218+00	0.1058+01	0.5820−01
0.130+01	0.8969+00	0.7285+00	0.8123+00	0.1066+01	0.6483−01
0.132+01	0.8899+00	0.7147+00	0.8031+00	0.1075+01	0.7161−01
0.134+01	0.8829+00	0.7012+00	0.7942+00	0.1084+01	0.7850−01
0.136+01	0.8760+00	0.6882+00	0.7856+00	0.1094+01	0.8550−01
0.138+01	0.8690+00	0.6755+00	0.7773+00	0.1104+01	0.9259−01
0.140+01	0.8621+00	0.6632+00	0.7693+00	0.1115+01	0.9974−01
0.142+01	0.8551+00	0.6512+00	0.7615+00	0.1126+01	0.1069+00
0.144+01	0.8482+00	0.6396+00	0.7540+00	0.1138+01	0.1142+00
0.146+01	0.8413+00	0.6282+00	0.7467+00	0.1150+01	0.1215+00
0.148+01	0.8344+00	0.6172+00	0.7397+00	0.1163+01	0.1288+00
0.150+01	0.8276+00	0.6056+00	0.7328+00	0.1176+01	0.1361+00

M	$\dfrac{T}{T^*}$	$\dfrac{p}{p^*}$	$\dfrac{\rho}{\rho^*}$	$\dfrac{p_0}{p_0^*}$	$\dfrac{4fL^*}{D}$
0.152+01	0.8207+00	0.5960+00	0.7262+00	0.1190+01	0.1433+00
0.154+01	0.8139+00	0.5858+00	0.7198+00	0.1204+01	0.1506+00
0.156+01	0.8071+00	0.5759+00	0.7135+00	0.1219+01	0.1579+00
0.158+01	0.8004+00	0.5662+00	0.7074+00	0.1234+01	0.1651+00
0.160+01	0.7937+00	0.5568+00	0.7016+00	0.1250+01	0.1724+00
0.162+01	0.7896+00	0.5476+00	0.6958+00	0.1267+01	0.1795+00
0.164+01	0.7803+00	0.5386+00	0.6903+00	0.1284+01	0.1867+00
0.166+01	0.7736+00	0.5299+00	0.6849+00	0.1301+01	0.1938+00
0.168+01	0.7670+00	0.5213+00	0.6796+00	0.1319+01	0.2008+00
0.170+01	0.7605+00	0.5130+00	0.6745+00	0.1338+01	0.2078+00
0.172+01	0.7539+00	0.5048+00	0.6696+00	0.1357+01	0.2147+00
0.174+01	0.7474+00	0.4969+00	0.6648+00	0.1376+01	0.2216+00
0.176+01	0.7410+00	0.4891+00	0.6601+00	0.1397+01	0.2284+00
0.178+01	0.7345+00	0.4815+00	0.6555+00	0.1418+01	0.2352+00
0.180+01	0.7282+00	0.4741+00	0.6511+00	0.1439+01	0.2419+00
0.182+01	0.7218+00	0.4668+00	0.6467+00	0.1461+01	0.2485+00
0.184+01	0.7155+00	0.4597+00	0.6425+00	0.1484+01	0.2551+00
0.186+01	0.7093+00	0.4528+00	0.6384+00	0.1507+01	0.2616+00
0.188+01	0.7030+00	0.4460+00	0.6344+00	0.1531+01	0.2680+00
0.190+01	0.6969+00	0.4394+00	0.6305+00	0.1555+01	0.2743+00
0.192+01	0.6907+00	0.4329+00	0.6267+00	0.1580+01	0.2806+00
0.194+01	0.6847+00	0.4265+00	0.6230+00	0.1606+01	0.2868+00
0.196+01	0.6786+00	0.4203+00	0.6193+00	0.1633+01	0.2929+00
0.198+01	0.6726+00	0.4142+00	0.6158+00	0.1660+01	0.2990+00
0.200+01	0.6667+00	0.4082+00	0.6124+00	0.1687+01	0.3050+00
0.205+01	0.6520+00	0.3939+00	0.6041+00	0.1760+01	0.3197+00
0.210+01	0.6376+00	0.3802+00	0.5963+00	0.1837+01	0.3339+00
0.215+01	0.6235+00	0.3673+00	0.5890+00	0.1919+01	0.3476+00
0.220+01	0.6098+00	0.3549+00	0.5821+00	0.2005+01	0.3609+00
0.225+01	0.5963+00	0.3432+00	0.5756+00	0.2096+01	0.3738+00
0.230+01	0.5831+00	0.3320+00	0.5694+00	0.2193+01	0.3862+00
0.235+01	0.5702+00	0.3213+00	0.5635+00	0.2295+01	0.3983+00
0.240+01	0.5576+00	0.3111+00	0.5580+00	0.2403+01	0.4099+00
0.245+01	0.5453+00	0.3014+00	0.5527+00	0.2517+01	0.4211+00
0.250+01	0.5333+00	0.2921+00	0.5477+00	0.2637+01	0.4320+00
0.255+01	0.5216+00	0.2832+00	0.5430+00	0.2763+01	0.4425+00
0.260+01	0.5102+00	0.2747+00	0.5385+00	0.2896+01	0.4526+00
0.265+01	0.4991+00	0.2666+00	0.5342+00	0.3036+01	0.4624+00
0.270+01	0.4882+00	0.2588+00	0.5301+00	0.3183+01	0.4718+00
0.275+01	0.4776+00	0.2513+00	0.5262+00	0.3883+01	0.4809+00

M	$\dfrac{T}{T^*}$	$\dfrac{p}{p^*}$	$\dfrac{\rho}{\rho^*}$	$\dfrac{p_0}{p_0^*}$	$\dfrac{4fL^*}{D}$
0.280+01	0.4673+00	0.2441+00	0.5225+00	0.3500+01	0.4898+00
0.285+01	0.4572+00	0.2373+00	0.5189+00	0.3671+01	0.4983+00
0.290+01	0.4474+00	0.2307+00	0.5155+00	0.3850+01	0.5065+00
0.295+01	0.4379+00	0.2243+00	0.5123+00	0.4038+01	0.5145+00
0.300+01	0.4286+00	0.2182+00	0.5092+00	0.4235+01	0.5222+00
0.305+01	0.4195+00	0.2124+00	0.5062+00	0.4441+01	0.5296+00
0.310+01	0.4107+00	0.2067+00	0.5034+00	0.4657+01	0.5386+00
0.315+01	0.4021+00	0.2013+00	0.5007+00	0.4884+01	0.5437+00
0.320+01	0.3937+00	0.1961+00	0.4980+00	0.5121+01	0.5504+00
0.325+01	0.3855+00	0.1911+00	0.4955+00	0.5369+01	0.5569+00
0.330+01	0.3776+00	0.1862+00	0.4931+00	0.5629+01	0.5632+00
0.335+01	0.3699+00	0.1815+00	0.4908+00	0.5900+01	0.5693+00
0.340+01	0.3623+00	0.1770+00	0.4886+00	0.6184+01	0.5752+00
0.345+01	0.3550+00	0.1727+00	0.4865+00	0.6480+01	0.5809+00
0.350+01	0.3478+00	0.1685+00	0.4845+00	0.6790+01	0.5864+00
0.355+01	0.3409+00	0.1645+00	0.4825+00	0.7113+01	0.5918+00
0.360+01	0.3341+00	0.1606+00	0.4806+00	0.7450+01	0.5970+00
0.365+01	0.3275+00	0.1568+00	0.4788+00	0.7802+01	0.6020+00
0.370+01	0.3210+00	0.1531+00	0.4770+00	0.8169+01	0.6068+00
0.375+01	0.3148+00	0.1496+00	0.4753+00	0.8552+01	0.6115+00
0.380+01	0.3086+00	0.1462+00	0.4737+00	0.8951+01	0.6161+00
0.385+01	0.3027+00	0.1429+00	0.4721+00	0.9366+01	0.6206+00
0.390+01	0.2969+00	0.1397+00	0.4706+00	0.9799+01	0.6248+00
0.395+01	0.2912+00	0.1366+00	0.4691+00	0.1025+02	0.6290+00
0.400+01	0.2857+00	0.1336+00	0.4677+00	0.1072+02	0.6331+00
0.405+01	0.2803+00	0.1307+00	0.4663+00	0.1121+02	0.6370+00
0.410+01	0.2751+00	0.1279+00	0.4650+00	0.1171+02	0.6408+00
0.415+01	0.2700+00	0.1252+00	0.4637+00	0.1224+02	0.6445+00
0.420+01	0.2650+00	0.1226+00	0.4625+00	0.1279+02	0.6481+00
0.425+01	0.2602+00	0.1200+00	0.4613+00	0.1336+02	0.6516+00
0.430+01	0.2554+00	0.1175+00	0.4601+00	0.1395+02	0.6550+00
0.435+01	0.2508+00	0.1151+00	0.4590+00	0.1457+02	0.6583+00
0.440+01	0.2463+00	0.1128+00	0.4579+00	0.1521+02	0.6615+00
0.445+01	0.2419+00	0.1105+00	0.4569+00	0.1587+02	0.6646+00
0.450+01	0.2376+00	0.1083+00	0.4559+00	0.1656+02	0.6676+00
0.455+01	0.2334+00	0.1062+00	0.4549+00	0.1728+02	0.6706+00
0.460+01	0.2294+00	0.1041+00	0.4539+00	0.1802+02	0.6734+00
0.465+01	0.2254+00	0.1021+00	0.4530+00	0.1879+02	0.6762+00
0.470+01	0.2215+00	0.1001+00	0.4521+00	0.1958+02	0.6790+00
0.475+01	0.2177+00	0.9823−01	0.4512+00	0.2041+02	0.6816+00

M	$\dfrac{T}{T^*}$	$\dfrac{p}{p^*}$	$\dfrac{\rho}{\rho^*}$	$\dfrac{p_0}{p_0^*}$	$\dfrac{4fL^*}{D}$
0.480+01	0.2140+00	0.9637−01	0.4504+00	0.2126+02	0.6842+00
0.485+01	0.2104+00	0.9457−01	0.4495+00	0.2215+02	0.6867+00
0.490+01	0.2068+00	0.9281−01	0.4487+00	0.2307+02	0.6891+00
0.495+01	0.2034+00	0.9110−01	0.4480+00	0.2402+02	0.6915+00
0.500+01	0.2000+00	0.8944−01	0.4472+00	0.2500+02	0.6938+00
0.510+01	0.1935+00	0.8625−01	0.4458+00	0.2707+02	0.6983+00
0.520+01	0.1873+00	0.8322−01	0.4444+00	0.2928+02	0.7025+00
0.530+01	0.1813+00	0.8034−01	0.4431+00	0.3165+02	0.7065+00
0.540+01	0.1756+00	0.7761−01	0.4419+00	0.3417+02	0.7104+00
0.550+01	0.1702+00	0.7501−01	0.4407+00	0.3687+02	0.7140+00
0.560+01	0.1650+00	0.7254−01	0.4396+00	0.3974+02	0.7175+00
0.570+01	0.1600+00	0.7018−01	0.4385+00	0.4280+02	0.7208+00
0.580+01	0.1553+00	0.6794−01	0.4375+00	0.4605+02	0.7240+00
0.590+01	0.1507+00	0.6580−01	0.4366+00	0.4951+02	0.7270+00
0.600+01	0.1463+00	0.6376−01	0.4357+00	0.5318+02	0.7299+00
0.610+01	0.1421+00	0.6181−01	0.4348+00	0.5708+02	0.7326+00
0.620+01	0.1381+00	0.5994−01	0.4340+00	0.6121+02	0.7353+00
0.630+01	0.1343+00	0.5816−01	0.4332+00	0.6559+02	0.7378+00
0.640+01	0.1305+00	0.5646−01	0.4324+00	0.7023+02	0.7402+00
0.650+01	0.1270+00	0.5482−01	0.4317+00	0.7513+02	0.7425+00
0.660+01	0.1236+00	0.5326−01	0.4310+00	0.8032+02	0.7448+00
0.670+01	0.1203+00	0.5176−01	0.4304+00	0.8580+02	0.7469+00
0.680+01	0.1171+00	0.5032−01	0.4298+00	0.9159+02	0.7489+00
0.690+01	0.1140+00	0.4894−01	0.4292+00	0.9770+02	0.7509+00
0.700+01	0.1111+00	0.4762−01	0.4286+00	0.1041+03	0.7528+00
0.710+01	0.1083+00	0.4635−01	0.4280+00	0.1109+03	0.7546+00
0.720+01	0.1056+00	0.4512−01	0.4275+00	0.1181+03	0.7564+00
0.730+01	0.1029+00	0.4395−01	0.4270+00	0.1256+03	0.7580+00
0.740+01	0.1004+00	0.4282−01	0.4265+00	0.1335+03	0.7597+00
0.750+01	0.9796−01	0.4173−01	0.4260+00	0.1418+03	0.7612+00
0.760+01	0.9560−01	0.4068−01	0.4256+00	0.1506+03	0.7627+00
0.770+01	0.9333−01	0.3967−01	0.4251+00	0.1598+03	0.7642+00
0.780+01	0.9113−01	0.3870−01	0.4247+00	0.1694+03	0.7656+00
0.790+01	0.8901−01	0.3776−01	0.4243+00	0.1795+03	0.7669+00
0.800+01	0.8696−01	0.3686−01	0.4239+00	0.1901+03	0.7682+00
0.900+01	0.6977−01	0.2935−01	0.4207+00	0.3272+03	0.7790+00
0.100+02	0.5714−01	0.2390−01	0.4183+00	0.5359+03	0.7868+00
0.110+02	0.4762−01	0.1984−01	0.4166+00	0.8419+03	0.7927+00
0.120+02	0.4027−01	0.1672−01	0.4153+00	0.1276+04	0.7972+00
0.130+02	0.3448−01	0.1428−01	0.4142+00	0.1876+04	0.8007+00

M	$\dfrac{T}{T^*}$	$\dfrac{p}{p^*}$	$\dfrac{\rho}{\rho^*}$	$\dfrac{p_0}{p_0^*}$	$\dfrac{4fL^*}{D}$
0.140+02	0.2985−01	0.1234−01	0.4134+00	0.2685+04	0.8036+00
0.150+02	0.2609−01	0.1077−01	0.4128+00	0.3755+04	0.8058+00
0.160+02	0.2299−01	0.9476−02	0.4122+00	0.5145+04	0.8077+00
0.170+02	0.2041−01	0.8403−02	0.4118+00	0.6921+04	0.8093+00
0.180+02	0.1824−01	0.7502−02	0.4114+00	0.9159+04	0.8106+00
0.190+02	0.1639−01	0.6739−02	0.4111+00	0.1195+05	0.8117+00
0.200+02	0.1481−01	0.6086−02	0.4108+00	0.1538+05	0.8126+00
0.220+02	0.1227−01	0.5035−02	0.4104+00	0.2461+05	0.8142+00
0.240+02	0.1033−01	0.4234−02	0.4100+00	0.3783+05	0.8153+00
0.260+02	0.8811−02	0.3610−02	0.4098+00	0.5624+05	0.8162+00
0.280+02	0.7605−02	0.3114−02	0.4095+00	0.8121+05	0.8170+00
0.300+02	0.6630−02	0.2714−02	0.4094+00	0.1144+06	0.8176+00
0.320+02	0.5831−02	0.2386−02	0.4092+00	0.1576+06	0.8180+00
0.340+02	0.5168−02	0.2114−02	0.4091+00	0.2131+06	0.8184+00
0.360+02	0.4612−02	0.1886−02	0.4090+00	0.2832+06	0.8188+00
0.380+02	0.4141−02	0.1693−02	0.4090+00	0.3707+06	0.8190+00
0.400+02	0.3738−02	0.1529−02	0.4089+00	0.4785+06	0.8193+00
0.420+02	0.3392−02	0.1387−02	0.4088+00	0.6102+06	0.8195+00
0.440+02	0.3091−02	0.1264−02	0.4088+00	0.7694+06	0.8197+00
0.460+02	0.2829−02	0.1156−02	0.4087+00	0.9603+06	0.8198+00
0.480+02	0.2599−02	0.1062−02	0.4087+00	0.1187+07	0.8200+00
0.500+02	0.2395−02	0.9788−03	0.4087+00	0.1455+07	0.8201+00

표 Ⅵ. 가열이 있는 1 차원 유동

M	$\dfrac{p}{p^*}$	$\dfrac{T}{T^*}$	$\dfrac{\rho}{\rho^*}$	$\dfrac{p_0}{p_0^*}$	$\dfrac{T_0}{T_0^*}$
0.200−01	0.2399+01	0.2301−02	0.1042+04	0.1268+01	0.1918−02
0.400−01	0.2395+01	0.9175−02	0.2610+03	0.1266+01	0.7648−02
0.600−01	0.2388+01	0.2053−01	0.1163+03	0.1265+01	0.1712−01
0.800−01	0.2379+01	0.3621−01	0.6569+02	0.1262+01	0.3022−01
0.100+00	0.2367+01	0.5602−01	0.4225+02	0.1259+01	0.4678−01
0.120+00	0.2353+01	0.7970−01	0.2952+02	0.1255+01	0.6661−01
0.140+00	0.2336+01	0.1069+00	0.2184+02	0.1251+01	0.8947−01
0.160+00	0.2317+01	0.1374+00	0.1686+02	0.1246+01	0.1151+00
0.180+00	0.2296+01	0.1708+00	0.1344+02	0.1241+01	0.1432+00
0.200+00	0.2273+01	0.2066+00	0.1100+02	0.1235+01	0.1736+00
0.220+00	0.2248+01	0.2445+00	0.9192+01	0.1228+01	0.2057+00
0.240+00	0.2221+01	0.2841+00	0.7817+01	0.1221+01	0.2395+00
0.260+00	0.2193+01	0.3250+00	0.6747+01	0.1214+01	0.2745+00
0.280+00	0.2163+01	0.3667+00	0.5898+01	0.1206+01	0.3104+00
0.300+00	0.2131+01	0.4089+00	0.5213+01	0.1199+01	0.3469+00
0.320+00	0.2099+01	0.4512+00	0.4652+01	0.1190+01	0.3837+00
0.340+00	0.2066+01	0.4933+00	0.4188+01	0.1182+01	0.4206+00
0.360+00	0.2031+01	0.5348+00	0.3798+01	0.1174+01	0.4572+00
0.380+00	0.1996+01	0.5755+00	0.3469+01	0.1165+01	0.4935+00
0.400+00	0.1961+01	0.6151+00	0.3188+01	0.1157+01	0.5290+00
0.420+00	0.1925+01	0.6535+00	0.2945+01	0.1148+01	0.5638+00
0.440+00	0.1888+01	0.6903+00	0.2736+01	0.1139+01	0.5975+00
0.460+00	0.1852+01	0.7254+00	0.2552+01	0.1131+01	0.6301+00
0.480+00	0.1815+01	0.7587+00	0.2392+01	0.1122+01	0.6614+00
0.500+00	0.1778+01	0.7901+00	0.2250+01	0.1114+01	0.6914+00
0.520+00	0.1741+01	0.8196+00	0.2124+01	0.1106+01	0.7199+00
0.540+00	0.1704+01	0.8469+00	0.2012+01	0.1098+01	0.7470+00
0.560+00	0.1668+01	0.8723+00	0.1912+01	0.1090+01	0.7725+00
0.580+00	0.1632+01	0.8955+00	0.1822+01	0.1083+01	0.7965+00
0.600+00	0.1596+01	0.9167+00	0.1741+01	0.1075+01	0.8189+00
0.620+00	0.1560+01	0.9358+00	0.1667+01	0.1068+01	0.8398+00
0.640+00	0.1525+01	0.9530+00	0.1601+01	0.1061+01	0.8592+00
0.660+00	0.1491+01	0.9682+00	0.1540+01	0.1055+01	0.8771+00
0.680+00	0.1457+01	0.9814+00	0.1484+01	0.1049+01	0.8935+00
0.700+00	0.1423+01	0.9929+00	0.1434+01	0.1043+01	0.9085+00

M	$\dfrac{p}{p^*}$	$\dfrac{T}{T^*}$	$\dfrac{\rho}{\rho^*}$	$\dfrac{p_0}{p_0^*}$	$\dfrac{T_0}{T_0^*}$
0.720+00	0.1391+01	0.1003+01	0.1387+01	0.1038+01	0.9221+00
0.740+00	0.1359+01	0.1011+01	0.1344+01	0.1033+01	0.9344+00
0.760+00	0.1327+01	0.1017+01	0.1305+01	0.1028+01	0.9455+00
0.780+00	0.1296+01	0.1022+01	0.1268+01	0.1023+01	0.9553+00
0.800+00	0.1266+01	0.1025+01	0.1234+01	0.1019+01	0.9639+00
0.820+00	0.1236+01	0.1028+01	0.1203+01	0.1016+01	0.9715+00
0.840+00	0.1207+01	0.1029+01	0.1174+01	0.1012+01	0.9781+00
0.860+00	0.1179+01	0.1028+01	0.1147+01	0.1010+01	0.9836+00
0.880+00	0.1152+01	0.1027+01	0.1121+01	0.1007+01	0.9883+00
0.900+00	0.1125+01	0.1025+01	0.1098+01	0.1005+01	0.9921+00
0.920+00	0.1098+01	0.1021+01	0.1076+01	0.1003+01	0.9951+00
0.940+00	0.1073+01	0.1017+01	0.1055+01	0.1002+01	0.9973+00
0.960+00	0.1048+01	0.1012+01	0.1035+01	0.1001+01	0.9988+00
0.980+00	0.1024+01	0.1006+01	0.1017+01	0.1000+01	0.9997+00
0.100+01	0.1000+01	0.1000+01	0.1000+01	0.1000+01	0.1000+01
0.102+01	0.9770+00	0.9930+00	0.9838+00	0.1000+01	0.9997+00
0.104+01	0.9546+00	0.9855+00	0.9686+00	0.1001+01	0.9989+00
0.106+01	0.9327+00	0.9776+00	0.9542+00	0.1002+01	0.9977+00
0.108+01	0.9115+00	0.9691+00	0.9406+00	0.1003+01	0.9960+00
0.110+01	0.8909+00	0.9603+00	0.9277+00	0.1005+01	0.9939+00
0.112+01	0.8708+00	0.9512+00	0.9155+00	0.1007+01	0.9915+00
0.114+01	0.8512+00	0.9417+00	0.9039+00	0.1010+01	0.9887+00
0.116+01	0.8322+00	0.9320+00	0.8930+00	0.1012+01	0.9856+00
0.118+01	0.8137+00	0.9220+00	0.8826+00	0.1016+01	0.9823+00
0.120+01	0.7958+00	0.9118+00	0.8727+00	0.1019+01	0.9787+00
0.122+01	0.7783+00	0.9015+00	0.8633+00	0.1023+01	0.9749+00
0.124+01	0.7613+00	0.8911+00	0.8543+00	0.1028+01	0.9709+00
0.126+01	0.7447+00	0.8805+00	0.8458+00	0.1033+01	0.9668+00
0.128+01	0.7287+00	0.8699+00	0.8376+00	0.1038+01	0.9624+00
0.130+01	0.7130+00	0.8592+00	0.8299+00	0.1044+01	0.9580+00
0.132+01	0.6987+00	0.8484+00	0.8225+00	0.1050+01	0.9534+00
0.134+01	0.6830+00	0.8377+00	0.8154+00	0.1056+01	0.9487+00
0.136+01	0.6686+00	0.8269+00	0.8086+00	0.1063+01	0.9440+00
0.138+01	0.6546+00	0.8161+00	0.8021+00	0.1070+01	0.9391+00
0.140+01	0.6410+00	0.8054+00	0.7959+00	0.1078+01	0.9343+00
0.142+01	0.6278+00	0.7947+00	0.7900+00	0.1086+01	0.9293+00
0.144+01	0.6149+00	0.7840+00	0.7843+00	0.1094+01	0.9243+00
0.146+01	0.6024+00	0.7735+00	0.7788+00	0.1103+01	0.9193+00
0.148+01	0.5902+00	0.7629+00	0.7736+00	0.1112+01	0.9143+00
0.150+01	0.5783+00	0.7525+00	0.7685+00	0.1122+01	0.9093+00

M	$\dfrac{p}{p^*}$	$\dfrac{T}{T^*}$	$\dfrac{\rho}{\rho^*}$	$\dfrac{p_0}{p_0^*}$	$\dfrac{T_0}{T_0^*}$
0.152+01	0.5668+00	0.7422+00	0.7637+00	0.1132+01	0.9042+00
0.154+01	0.5555+00	0.7319+00	0.7590+00	0.1142+01	0.8992+00
0.156+01	0.5446+00	0.7217+00	0.7545+00	0.1153+01	0.8942+00
0.158+01	0.5339+00	0.7117+00	0.7502+00	0.1164+01	0.8892+00
0.160+01	0.5236+00	0.7017+00	0.7461+00	0.1176+01	0.8842+00
0.162+01	0.5135+00	0.6919+00	0.7421+00	0.1188+01	0.8792+00
0.164+01	0.5036+00	0.6822+00	0.7383+00	0.1200+01	0.8743+00
0.166+01	0.4940+00	0.6726+00	0.7345+00	0.1213+01	0.8694+00
0.168+01	0.4847+00	0.6631+00	0.7310+00	0.1226+01	0.8645+00
0.170+01	0.4756+00	0.6538+00	0.7275+00	0.1240+01	0.8597+00
0.172+01	0.4668+00	0.6445+00	0.7242+00	0.1254+01	0.8549+00
0.174+01	0.4581+00	0.6355+00	0.7210+00	0.1269+01	0.8502+00
0.176+01	0.4497+00	0.6365+00	0.7178+00	0.1284+01	0.8455+00
0.178+01	0.4415+00	0.6176+00	0.7148+00	0.1300+01	0.8409+00
0.180+01	0.4335+00	0.6089+00	0.7119+00	0.1316+01	0.8363+00
0.182+01	0.4257+00	0.6004+00	0.7091+00	0.1332+01	0.8317+00
0.184+01	0.4181+00	0.5919+00	0.7064+00	0.1349+01	0.8273+00
0.186+01	0.4107+00	0.5836+00	0.7038+00	0.1367+01	0.8228+00
0.188+01	0.4035+00	0.5754+00	0.7012+00	0.1385+01	0.8185+00
0.190+01	0.3964+00	0.5673+00	0.6988+00	0.1403+01	0.8141+00
0.192+01	0.3895+00	0.5594+00	0.6964+00	0.1422+01	0.8099+00
0.194+01	0.3828+00	0.5516+00	0.6940+00	0.1442+01	0.8057+00
0.196+01	0.3763+00	0.5439+00	0.6918+00	0.1462+01	0.8015+00
0.198+01	0.3699+00	0.5364+00	0.6896+00	0.1482+01	0.7974+00
0.200+01	0.3636+00	0.5289+00	0.6875+00	0.1503+01	0.7934+00
0.205+01	0.3487+00	0.5109+00	0.6825+00	0.1558+01	0.7835+00
0.210+01	0.3345+00	0.4936+00	0.6778+00	0.1616+01	0.7741+00
0.215+01	0.3212+00	0.4770+00	0.6735+00	0.1678+01	0.7649+00
0.220+01	0.3086+00	0.4611+00	0.6694+00	0.1743+01	0.7561+00
0.225+01	0.2968+00	0.4458+00	0.6656+00	0.1813+01	0.7477+00
0.230+01	0.2855+00	0.4312+00	0.6621+00	0.1886+01	0.7395+00
0.235+01	0.2749+00	0.4172+00	0.6588+00	0.1963+01	0.7317+00
0.240+01	0.2648+00	0.4038+00	0.6557+00	0.2045+01	0.7242+00
0.245+01	0.2552+00	0.3910+00	0.6527+00	0.2131+01	0.7170+00
0.250+01	0.2462+00	0.3787+00	0.6500+00	0.2222+01	0.7101+00
0.255+01	0.2375+00	0.3669+00	0.6474+00	0.2317+01	0.7034+00
0.260+01	0.2294+00	0.3556+00	0.6450+00	0.2418+01	0.6970+00
0.265+01	0.2216+00	0.3448+00	0.6427+00	0.2523+01	0.6908+00
0.270+01	0.2142+00	0.3344+00	0.6405+00	0.2634+01	0.6849+00
0.275+01	0.2071+00	0.3244+00	0.6384+00	0.2751+01	0.6793+00

M	$\dfrac{p}{p^*}$	$\dfrac{T}{T^*}$	$\dfrac{\rho}{\rho^*}$	$\dfrac{p_0}{p_0^*}$	$\dfrac{T_0}{T_0^*}$
0.280+01	0.2004+01	0.3149+00	0.6365+00	0.2873+01	0.6738+00
0.285+01	0.1940+00	0.3057+00	0.6346+00	0.3001+01	0.6685+00
0.290+01	0.1879+00	0.2969+00	0.6329+00	0.3136+01	0.6635+00
0.295+01	0.1820+00	0.2884+00	0.6312+00	0.3277+01	0.6586+00
0.300+01	0.1765+00	0.2803+00	0.6296+00	0.3424+01	0.6540+00
0.305+01	0.1711+00	0.2725+00	0.6281+00	0.3579+01	0.6495+00
0.310+01	0.1660+00	0.2650+00	0.6267+00	0.3741+01	0.6452+00
0.315+01	0.1612+00	0.2577+00	0.6253+00	0.3910+01	0.6410+00
0.320+01	0.1565+00	0.2508+00	0.6240+00	0.4087+01	0.6370+00
0.325+01	0.1520+00	0.2441+00	0.6228+00	0.4272+01	0.6331+00
0.330+01	0.1477+00	0.2377+00	0.6216+00	0.4465+01	0.6294+00
0.335+01	0.1436+00	0.2315+00	0.6205+00	0.4667+01	0.6258+00
0.340+01	0.1397+00	0.2255+00	0.6194+00	0.4878+01	0.6224+00
0.345+01	0.1359+00	0.2197+00	0.6183+00	0.5098+01	0.6190+00
0.350+01	0.1322+00	0.2142+00	0.6173+00	0.5328+01	0.6158+00
0.355+01	0.1287+00	0.2088+00	0.6164+00	0.5568+01	0.6127+00
0.360+01	0.1254+00	0.2037+00	0.6155+00	0.5817+01	0.6097+00
0.365+01	0.1221+00	0.1987+00	0.6146+00	0.6078+01	0.6068+00
0.370+01	0.1190+00	0.1939+00	0.6138+00	0.6349+01	0.6040+00
0.375+01	0.1160+00	0.1893+00	0.6130+00	0.6631+01	0.6013+00
0.380+01	0.1131+00	0.1848+00	0.6122+00	0.6926+01	0.5987+00
0.385+01	0.1103+00	0.1805+00	0.6114+00	0.7232+01	0.5962+00
0.390+01	0.1077+00	0.1763+00	0.6107+00	0.7550+01	0.5937+00
0.395+01	0.1051+00	0.1722+00	0.6100+00	0.7882+01	0.5914+00
0.400+01	0.1026+00	0.1683+00	0.6094+00	0.8227+01	0.5891+00
0.405+01	0.1002+00	0.1645+00	0.6087+00	0.8585+01	0.5869+00
0.410+01	0.9782−01	0.1609+00	0.6081+00	0.8958+01	0.5847+00
0.415+01	0.9557−01	0.1573+00	0.6075+00	0.9345+01	0.5827+00
0.420+01	0.9340−01	0.1539+00	0.6070+00	0.9747+01	0.5807+00
0.425+01	0.9130−01	0.1506+00	0.6064+00	0.1016+02	0.5787+00
0.430+01	0.8927−01	0.1473+00	0.6059+00	0.1060+02	0.5768+00
0.435+01	0.8730−01	0.1442+00	0.6054+00	0.1105+02	0.5850+00
0.440+01	0.8540−01	0.1412+00	0.6049+00	0.1152+02	0.5732+00
0.445+01	0.8356−01	0.1383+00	0.6044+00	0.1200+02	0.5725+00
0.450+01	0.8177−01	0.1354+00	0.6039+00	0.1250+02	0.5698+00
0.455+01	0.8004−01	0.1326+00	0.6035+00	0.1302+02	0.5682+00
0.460+01	0.7837−01	0.1300+00	0.6030+00	0.1356+02	0.5666+00
0.465+01	0.8675−01	0.1274+00	0.6026+00	0.1412+02	0.5651+00
0.470+01	0.7517−01	0.1248+00	0.6022+00	0.1470+02	0.5635+00
0.475+01	0.7365−01	0.1224+00	0.6018+00	0.1530+02	0.5622+00

M	$\dfrac{p}{p^*}$	$\dfrac{T}{T^*}$	$\dfrac{\rho}{\rho^*}$	$\dfrac{p_0}{p_0^*}$	$\dfrac{T_0}{T_0^*}$
0.480+01	0.7217−01	0.1200+00	0.6014+00	0.1592+02	0.5608+00
0.485+01	0.7073−01	0.1177+00	0.6010+00	0.1657+02	0.5594+00
0.490+01	0.6934−01	0.1154+00	0.6007+00	0.1723+02	0.5581+00
0.495+01	0.6798−01	0.1132+00	0.6003+00	0.1792+02	0.5568+00
0.500+01	0.6667−01	0.1111+00	0.6000+00	0.1863+02	0.5556+00
0.510+01	0.6415−01	0.1070+00	0.5994+00	0.2013+02	0.5532+00
0.520+01	0.6177−01	0.1032+00	0.5987+00	0.2173+02	0.5509+00
0.530+01	0.5951−01	0.9950−01	0.5982+00	0.2344+02	0.5487+00
0.540+01	0.5738−01	0.9602−01	0.5976+00	0.2527+02	0.5467+00
0.550+01	0.5536−01	0.9272−01	0.5971+00	0.2721+02	0.5447+00
0.560+01	0.5345−01	0.8958−01	0.5966+00	0.2928+02	0.5429+00
0.570+01	0.5163−01	0.8660−01	0.5962+00	0.3148+02	0.5411+00
0.580+01	0.4990−01	0.8376−01	0.5957+00	0.3382+02	0.5394+00
0.590+01	0.4826−01	0.8106−01	0.5953+00	0.3631+02	0.5378+00
0.600+01	0.4669−01	0.7849−01	0.5949+00	0.3895+02	0.5363+00
0.610+01	0.4520−01	0.7603−01	0.5945+00	0.4174+02	0.5349+00
0.620+01	0.4378−01	0.7369−01	0.5942+00	0.4471+02	0.5335+00
0.630+01	0.4243−01	0.7145−01	0.5938+00	0.4785+02	0.5322+00
0.640+01	0.4114−01	0.6931−01	0.5935+00	0.5117+02	0.5309+00
0.650+01	0.3990−01	0.6726−01	0.5932+00	0.5468+02	0.5297+00
0.660+01	0.3872−01	0.6531−01	0.5929+00	0.5840+02	0.5285+00
0.670+01	0.3759−01	0.6343−01	0.5926+00	0.6232+02	0.5274+00
0.680+01	0.3651−01	0.6164−01	0.5923+00	0.6645+02	0.5264+00
0.690+01	0.3547−01	0.5991−01	0.5921+00	0.7082+02	0.5254+00
0.700+01	0.3448−01	0.5826−01	0.5918+00	0.7541+02	0.5244+00
0.710+01	0.3353−01	0.5668−01	0.5916+00	0.8026+02	0.5234+00
0.720+01	0.3262−01	0.5516−01	0.5914+00	0.8536+02	0.5225+00
0.730+01	0.3174−01	0.5370−01	0.5912+00	0.9072+02	0.5217+00
0.740+01	0.3090−01	0.5229−01	0.5909+00	0.9636+02	0.5208+00
0.750+01	0.3009−01	0.5094−01	0.5907+00	0.1023+03	0.5200+00
0.760+01	0.2932−01	0.4964−01	0.5905+00	0.1085+03	0.5193+00
0.770+01	0.2857−01	0.4839−01	0.5904+00	0.1150+03	0.5185+00
0.780+01	0.2785−01	0.4719−01	0.5902+00	0.1219+03	0.5178+00
0.790+01	0.2716−01	0.4603−01	0.5900+00	0.1291+03	0.5171+00
0.800+01	0.2649−01	0.4491−01	0.5898+00	0.1366+03	0.5165+00
0.900+01	0.2098−01	0.3565−01	0.5885+00	0.2339+03	0.5110+00
0.100+02	0.1702−01	0.2897−01	0.5875+00	0.3816+03	0.5070+00
0.110+02	0.1408−01	0.2400−01	0.5868+00	0.5977+03	0.5041+00
0.120+02	0.1185−01	0.2021−01	0.5862+00	0.9041+03	0.5018+00
0.130+02	0.1010−01	0.1724−01	0.5858+00	0.1327+04	0.5001+00

M	$\dfrac{p}{p^*}$	$\dfrac{T}{T^*}$	$\dfrac{\rho}{\rho^*}$	$\dfrac{p_0}{p_0^*}$	$\dfrac{T_0}{T_0^*}$
0.140+02	0.8715−02	0.1489−01	0.5855+00	0.1896+04	0.4986+00
0.150+02	0.7595−02	0.1298−01	0.5852+00	0.2649+04	0.4975+00
0.160+02	0.6678−02	0.1142−01	0.5850+00	0.3625+04	0.4966+00
0.170+02	0.5917−02	0.1012−01	0.5848+00	0.4873+04	0.4958+00
0.180+02	0.5279−02	0.9030−02	0.5846+00	0.6445+04	0.4952+00
0.190+02	0.4739−02	0.8109−02	0.5845+00	0.8402+04	0.4946+00
0.200+02	0.4278−02	0.7321−02	0.5844+00	0.1081+05	0.4942+00
0.220+02	0.3537−02	0.6054−02	0.5842+00	0.1728+05	0.4934+00
0.240+02	0.2973−02	0.5089−02	0.5841+00	0.2656+05	0.4928+00
0.260+02	0.2533−02	0.4338−02	0.5839+00	0.3945+05	0.4924+00
0.280+02	0.2185−02	0.3742−02	0.5839+00	0.5697+05	0.4920+00
0.300+02	0.1903−02	0.3260−02	0.5838+00	0.8021+05	0.4917+00
0.320+02	0.1673−02	0.2866−02	0.5837+00	0.1105+06	0.4915+00
0.340+02	0.1482−02	0.2539−02	0.5837+00	0.1494+06	0.4913+00
0.360+02	0.1322−02	0.2265−02	0.5837+00	0.1985+06	0.4911+00
0.380+02	0.1187−02	0.2033−02	0.5836+00	0.2597+06	0.4910+00
0.400+02	0.1071−02	0.1835−02	0.5836+00	0.3353+06	0.4909+00
0.420+02	0.9714−03	0.1665−02	0.5836+00	0.4275+06	0.4908+00
0.440+02	0.8852−03	0.1517−02	0.5835+00	0.5390+06	0.4907+00
0.460+02	0.8099−03	0.1388−02	0.5835+00	0.6726+06	0.4906+00
0.480+02	0.7438−03	0.1275−02	0.5835+00	0.8316+06	0.4906+00
0.500+02	0.6855−03	0.1175−02	0.5835+00	0.1019+07	0.4905+00

찾 아 보 기

가역과정   19
가열 1차원유동   286-296
경사충격파   109
경사충격파 관계식   111-115
공기역학적힘   27
과대팽창유동   190
과소팽창유동   192
균일엔트로피유동   57
극초음속유동   7, 8

노즐목   180
노즐유동   181
농축부   230

단열과정   19
단위절차   388
등엔트로피과정   19
등엔트로피관계식   23, 24

Rayleigh 곡선   293, 294
Reynolds 전달정리   38, 41
로켓 엔진   180
Riemann 불변양   247

마찰 1차원 유동   270-285
마하반사   146
마하원추   79
면적법칙   354
면적-속도관계식   178

물질도함수   35-37
뭉툭한 물체   28
미끄럼유선   138

반사충격파   224
분리충격파   117
분자모델   15-17
비기체상수   12
비정상 1차원 특성곡선방정식   229
비회전류   301-308

선형아음속유동   319
선형초음속유동   330
선형충격파관   239
선형화압력계수   316, 319
선형화유동   309-354
수직충격파 관계식   65-71
수직충격파 위치   192
수직충격파해   89-101

아음속유동   4, 5
압력-꺾임각 선도   134
압력측정   411
압축성계수   1, 2
얇은 초음속 날개이론   338
에너지방정식   49, 52-57
Eulerian도함수   35
연속방정식   42, 43, 45
연속체   8

열량적완전기체   14
열적완전기체   14
와도   301
완전기체   9, 10, 11, 13
완전팽창   188, 191
운동량방정식   45, 48, 49
원추대칭   362
원추유동   359-373
Hugoniot식   102, 105
유동모델   32
유동장의 기술   35
유동질식   188
유선형물체   28
유심팽창파   255
유한검사체적방법   32
유한물질체적방법   32
유한압축파   262
유한파   241, 255
음속값   83, 88
음속의 정의   72, 73, 75
음파방정식   231
음파이론   228
이동충격파   215
일반기체상수   12
1차원 선형파   247
1차원 특성곡선해법   244
임계마하수   350
임계압력비   187

자유경계면에서의 반사   207
적합조건 방정식   386
정규반사   131
정체값   81-83
조파항력   354
준 1차원유동   173-210

천음속유도   5, 7
초음속 노즐설계   395
초음속유동   7
초음속유동의 가시화   411
초음속풍동   173, 181
초음속확산기   199-207
초임계날개   354
축소노즐   179
충격파 가시화   416
충격파 강도   95
충격파관   265
충격파 교차   138, 143
충격파 극좌표   123-127
충격파-팽창파 이론   164

Karman-Tsien 법칙   329
Crocco 정리   60, 61

특성곡선결정   378, 380
특성마하수   84, 89

Fanno 곡선   279-281
파동방정식   236
팽창파팬   154
Prandtl 관계식   93, 96
Prandtl-Glauert 법칙   327, 328
Prandtl-Meyer 팽창파   153
Prandtl-Meyer함수   157

항력-발산 마하수   354
확대노즐   179
확산기 수축비   204
희박부   230

저자약력

노오현

1963	서울대학교 공과대학 공학사
1968	미국 Tufts University 대학원 공학석사
1972	미국 New York University 대학원 공학박사
1992~1993	한국항공우주학회 회장
2003	AIAA Associate Fellow
1974~현재	서울대학교 기계항공공학부(항공우주공학전공) 교수
2001	대한민국 학술원 회원

압축성 유체 유동

초판발행	2004년 8월 10일
중판발행	2022년 6월 10일
지은이	노오현
펴낸이	안종만·안상준
편 집	전채린
기획/마케팅	장규식
표지디자인	이수빈
제 작	고철민·조영환
펴낸곳	(주)**박영사**
	서울특별시 금천구 가산디지털2로 53, 210호(가산동, 한라시그마밸리)
	등록 1959. 3. 11. 제300-1959-1호(倫)
전 화	02)733-6771
f a x	02)736-4818
e-mail	pys@pybook.co.kr
homepage	www.pybook.co.kr
ISBN	89-10-70011-4 93450

정 가   34,000원